普通高等教育农业农村部"十三五"规划教材

全国高等农林院校"十三五"规划教材

病 毒 学

第 二 版

王小纯　主编

中国农业出版社

北 京

第二版编写人员名单

主　编　王小纯（河南农业大学）

副主编　吴艳涛（扬州大学）

　　　　刘维全（中国农业大学）

　　　　祖向阳（河南科技大学）

编　者（以姓氏笔画为序）

　　　　于永乐（青岛农业大学）

　　　　王小纯（河南农业大学）

　　　　任惠英（青岛农业大学）

　　　　刘维全（中国农业大学）

　　　　吴艳涛（扬州大学）

　　　　张　洁（福建农林大学）

　　　　张小荣（扬州大学）

　　　　张晓婷（河南农业大学）

　　　　赵海泉（安徽农业大学）

　　　　祖向阳（河南科技大学）

　　　　柴家前（山东农业大学）

　　　　程振云（郑州大学）

第一版编审人员名单

主　　编　王小纯（河南农业大学）

副 主 编　吴艳涛（扬州大学）

　　　　　王立群（东北农业大学）

编写人员（以姓氏笔画为序）

　　　　　王小纯（河南农业大学）

　　　　　王立群（东北农业大学）

　　　　　牛颜冰（山西农业大学）

　　　　　任惠英（青岛农业大学）

　　　　　刘维全（中国农业大学）

　　　　　陈　陆（河南农业大学）

　　　　　赵海泉（安徽农业大学）

　　　　　柴家前（山东农业大学）

主　　审　吴建国（病毒学国家重点实验室主任）

第二版前言

自 2007 年第一版《病毒学》出版以来，在一些高等院校广泛使用，且深受好评。鉴于病毒学发展的新形势，本次编写经过编委反复讨论后，决定遵循第一版的编写大纲及编写要求，即突出基础性、系统性、新颖性和多样性特点，在此基础上增加实用性，补充病毒学研究领域的新成果。作为一本基础病毒学教材，要妥善处理基础性、系统性和前沿性之间的关系，在传授病毒学基础知识的同时，培养学生对病毒学研究的兴趣，以适量的篇幅将病毒学研究的精华介绍给学生是本教材编写的宗旨。为了实现这一目标，我们对编写人员及章节进行了局部调整，将病毒学领域的优秀青年教师充实到编写队伍中，以培养后继力量。在近两年的时间内，通过反复修改，如期完成了编写任务。

本教材共十四章，由河南农业大学、中国农业大学、扬州大学、郑州大学、山东农业大学、福建农林大学、安徽农业大学、河南科技大学及青岛农业大学等具有丰富教学经验的教师合作编写而成。分工如下：第一章和第十二章由王小纯编写，第二章和第七章由祖向阳编写，第三章和第九章由刘维全和于永乐编写，第四章由赵海泉编写，第五章和第六章由吴艳涛和张小荣编写，第八章由程振云编写，第十章由柴家前编写，第十一章由任惠英编写，第十三章由张浩编写，第十四章由张晓婷编写；全书由王小纯和祖向阳统稿。在本教材编写过程中，武汉大学 胡远扬 教授、中国科学院武汉病毒研究所张忠信、肖庚富研究员等给予了热情的帮助、关心和支持，特别是对编写大纲提出了许多宝贵的建议和支持；河南农业大学教务处及生命科学学院、中国农业出版社等在本教材的编写和出版过程中给予了极大的支持和指导，在此一并表示诚挚的感谢！

本教材涉及内容十分广泛，适合作为高等农业、林业、师范等院校有关专业的病毒学课程教材，也可以作为有关院校相关专业的教师和研究生的参考书。由于编者的水平和能力所限，缺憾和不足之处在所难免，恳请广大师生、同行专家和读者批评指正。

王小纯

2018 年 6 月 18 日

第一版序言

　　病毒是危害人类健康和人类生产活动的一类重要病原微生物，同时作为生命最简单的结构形式，病毒也成为了解生命现象的起源的重要工具。2000 年前后，艾滋病、SARS、禽流感、传染性海绵样脑病等传染病的出现，引起人类对病毒病危害性的高度重视。在人类和病毒不断斗争的过程中，越来越多的病毒经过改造后造福于人类，动植物病毒的研究一直为生物科学领域的一大热点。

　　病毒学以地球上最微小的非细胞生物——病毒为研究对象，主要研究病毒的理化性质、结构与功能特点、生命活动规律及与人类和其他生物相互关系等问题。病毒学是微生物学的重要领域，是生物学专业不可或缺的重要分支学科。长期以来，没有适合我国高等农业院校教学的教材，使病毒学基础教育与病毒学发展现状严重脱节。令人欣慰的是，由长期活跃在病毒学教学和研究一线的中青年教师、博士编写的《病毒学》即将出版。该教材涵盖面广，不仅系统地介绍了病毒学基础理论、人类关注的病毒研究概况和病毒学研究方法，还增加了病毒与宿主相互作用、病毒基因工程等内容。全书内容翔实，丰富而新颖，既介绍了病毒学的基本知识，又反映了病毒学研究的最新发展动态和方向。相信本书的出版，将为我国生物类专业本科生教育教学做出重要贡献。

陈焕春

2007 年 5 月 12 日

第一版前言

人类刚战胜天花、脊髓灰质炎等"瘟疫"的肆虐，却因全球气候变化、生态环境恶化、人员交往频繁以及其他不明因素的影响，又不断面临一些新生"瘟疫"的威胁，艾滋病、禽流感、非典型肺炎、疯牛病、登革热、病毒性肝炎等层出不穷，严重威胁着人类健康和社会发展。这些"瘟疫"的元凶就是病毒。由于病毒结构简单和常常来去踪迹难觅，因而是生物界迄今发现得最少、也是人类最难驾驭的一类病原微生物。病毒一方面能够引起人类及动植物各种疾病，严重危害人类生存和农牧业生产；另一方面，又可用于消除害虫、构建外源基因表达载体，为人类服务；同时病毒作为生命最简单的结构形式，还为研究生物大分子结构及其功能、基因组高效表达与调控、生物进化等提供最佳模型。病毒学涉及医学、兽医、环境、农业、工业等广阔领域，已成为人们认识生命本质、发展国民经济和保证人畜健康而必须深入研究的重点学科。然而，我国高等农业院校一直没有合适的病毒学教材，病毒学基础教育与病毒学发展严重脱节，体现在：①病毒仅仅是微生物学的部分章节内容；②病毒作为动物传染病学、植物病理学、动物病理学等专业基础课的部分章节内容，这些课程常常侧重于组织器官及机体的病理变化、传染途径与防治措施。由于新发现病毒不断增加，病毒学研究也从机体、细胞水平向分子水平不断深入，因而上述病毒学讲授内容显得少而陈旧，不能反映病毒学发展的方向和全貌。而一些专著，如分子病毒学、医学病毒学、植物病毒学等研究又太深，不适应于本科教学。针对上述不足，我们在编写本书时贯穿了以下指导思想。

1. **基础性** 本教材拟以生物科学、生物技术、微生物学等专业本科生为教授对象，在总论中系统介绍病毒学基础知识，包括病毒的概念，研究历史与发展方向，形态结构与分类，病毒复制与遗传变异，病毒与宿主在分子、细胞及机体水平的互作，病毒研究方法及病毒基因工程等。本书编写采用深入浅出、通俗易懂的写作风格，配有大量的图表，便于学生理解掌握。

2. **系统性** 本教材既包括病毒学基础知识（总论），又包括对人类、农牧业生产危害巨大的病毒的详细论述（各论）。既满足学生对病毒学基础知识了解的需要，又能培养学生对某些具体病毒研究的兴趣。各论既是学生利用基础知识的实战训练，又能使学生对病毒有更深入、全面的认识，使学生对具体病毒的发现、研究认识及防治利用有一个全面的了解。

3. **新颖性** 首先本教材吸收国内外病毒学优秀教材、专著及国际病毒学大会的最新研究成果，如增加病毒与宿主在细胞及分子水平上的互作，新病毒种类的发现，病毒载体及基因治疗的研究进展，利用病毒进行生物防治的战略，植物抗病毒育种的新思路等；其次，本教材反映现代病毒学研究核心与进展，将 HIV、肝炎病毒、朊病毒等作为独立的章节进行阐述，总结近两年人类对 SARS 及禽流感研究的成果，体现了《病毒学》与时俱进的特点。

4. 多样性　各论中涉及医学病毒、畜牧业病毒、人畜共患病毒、昆虫病毒、植物病毒和噬菌体，不同类群的病毒采用不同的编排方式，既体现人们关注与研究的焦点，又尽量体现病毒研究自身特点。如医学病毒受动物模型的限制，应用基础研究进展缓慢，植物病毒受细胞系限制，分子水平研究进展缓慢，而昆虫病毒既有细胞系，昆虫又易于人工饲养，有利于病毒基础研究。使学生认识到各种病毒研究各有优势和限制，但研究结果可以相互借鉴、渗透，从而推动了病毒学的发展。在动物病毒有关章节简要介绍一些发病特征、诊断、流行及免疫防治常识；昆虫病毒这一章，侧重于病毒分子生物学及应用研究（如病毒表达载体，重组病毒杀虫剂等）的介绍；植物病毒则详述了病毒传播机理、防治策略及抗病毒育种的策略等内容。

面对病毒学发展的新形势及整个生命科学的迅猛发展，接受主编全国高等农业院校"十一五"统编教材"病毒学"，倍感责任重大。作为一本基础病毒学教材，妥善处理基础性、先进性和系统性之间的关系，在传授病毒学基础知识的同时，培养学生对病毒学研究的兴趣，以适量的篇幅将病毒学研究的精华介绍给学生是本书编写的宗旨。为了实现这一目标，在中国农业出版社的支持下，迅速组成以活跃在病毒学教学和研究一线的中青年教师、博士为主体的编委，反复讨论编写大纲，在近一年的时间内三易其稿，如期完成了编写任务。

全书共14章，由河南农业大学、中国农业大学、扬州大学、东北农业大学、山东农业大学、山西农业大学、安徽农业大学和青岛农业大学具有丰富教学经验的教师合作编写而成。在本书编写过程中，加拿大女皇大学 Eric B Carstens 教授、武汉大学胡远扬教授、中国科学院武汉病毒研究所陈新文研究员等给予了热情的帮助、关心和支持，特别是对编写大纲提出过许多宝贵的建议和支持。本书初稿完成后承蒙病毒学国家重点实验室主任吴建国教授审定，提出了宝贵的修改意见。陈焕春院士亲自为本书作序，给予编委很大的鼓励。中国农业出版社、河南农业大学教务处及河南农业大学生命科学学院各级领导在本书的编写和出版过程中给予了极大的支持和指导，在此一并表示诚挚的谢意！

本书涉及内容十分广泛、在许多方面也是一次改革的尝试，由于编写时间短、编者的水平和能力有限，缺憾和不足之处在所难免。恳请广大师生、同行专家和读者批评指正，以便重印和修订时及时改正。

王小纯
2007 年 7 月

目　　录

第一章 绪 论

病毒学（virology）是以病毒（virus）这一特殊的生命形态为研究对象的自然科学。病毒学同其他自然科学一样，是人类文明发展到一定阶段的必然产物，是人类生产和生活实践活动的结晶。病毒无处不在，空气、大海、土壤、南极冰层中都能找到它们的身影。病毒是地球上数量最为庞大的生命形式，如果把地球上的病毒首尾相接，能连成一条2亿光年的长链。生活在地球上的人类时刻遭受着病毒的侵袭，每个人身上至少会携带4种病毒，常见的有肠道病毒、水痘病毒、疱疹病毒和疣病毒等。人一生中可能被多种病毒攻击，艾滋病、病毒性肝炎、严重急性呼吸综合征（SARS）、流感、狂犬病等这些刺耳的名字使得人们对于病毒深恶痛绝。病毒性传染病已经成为最为常见，也是人类最难攻克的疾病种类之一，严重威胁着人类的健康。因此，在深入学习这门学科之前，我们有必要了解病毒学的发展史、病毒的概念和一般特性及病毒的起源和进化等，以便对病毒学的研究和发展有基础的认识。

第一节 病毒的发现与研究历史

虽然病毒作为一种病原体被发现仅在1个世纪以前，但是人类在数千年的生产和生活实践活动中，不断丰富与病毒引起的疾病进行斗争的经验，积累了不少有关的知识。随着科学技术的进步，病毒研究获得了巨大的发展，其发展历程大体上可分为4个阶段：病毒病的经验认识阶段、病毒病的病原研究阶段、以病毒的化学本质与结构为主题和在细胞水平上阐明病毒性质的研究阶段、以研究病毒感染的分子机制及病毒与宿主的相互作用关系为中心的病毒分子生物学研究阶段。

一、病毒病的经验认识阶段

病毒病在古代就有相关记载。公元前4世纪，古希腊的Aristotle记述了患狂犬病犬的疯狂和暴怒，可通过咬啮将病原传给其他动物和人，并引起类似的疾病。公元2世纪Aurelianus对此做了清楚的描述：受咬之初，常有无名的焦躁、易怒、厌水，最后发展到恐水。法国人Pasteur在1884年发明了狂犬病疫苗，对狂犬病的治疗做出了巨大贡献。

晋代葛洪在《肘后方》中已有对天花病征的详细记载。明代隆庆年间（1567—1572），我国率先发明人痘接种法预防天花，并先后传至俄国、日本、朝鲜、土耳其及英国。清初，张璐在《医通》一书中描述了采用人痘接种预防天花的方法。1682年，康熙皇帝曾下令在全国范围内种痘。当时的人痘接种有很严重的副作用，接种死亡率很高。18世纪90年代，英国医生Edward Jenner从挤奶工人很少得天花中获得灵感，发明了接种牛痘预防天花的方法，由于其副作用小，很快在英国及欧洲大陆应用牛痘取代人痘接种预防天花，挽救了上千万人的生命。尽管他并不了解传染病的病因，但这却是以后预防疾病的基础。

宋代农学家陈旉在《农书》中记载了家蚕"高节""脚肿"等病症，现在我们知道是由家蚕核型多角体病毒引起的疾病。第一个记载的植物病毒病当属郁金香碎色花病，至今荷兰阿姆斯特丹的博物馆还保存着一张1619年荷兰画家的一幅得病的郁金香静物画。因为病花特别漂亮，当时一株受感染植株的球茎或种苗，可以换到数头公牛、猪或绵羊，几吨谷物，甚至一个磨坊。人类对于诸如此类的病毒性疾病的认识和研究都为病毒的发现创造了条件。

二、病毒病的病原研究阶段

烟草花叶病毒（*Tobacco mosaic virus*，TMV）的鉴定在病毒学发展史上起划时代作用。1886年，Mayer 用患烟草花叶病的叶片提取液注射健康烟草的叶脉，发现能引起花叶病，证明这种植物疾病具有传染性。1892年，Ivanovski 不但重复和证实了 Mayer 的传毒试验，而且还进一步发现通过细菌过滤器的烟草病叶汁液仍具有感染性，他的实验结果证实了这是一类新的病原因子。遗憾的是，因拘泥于当时盛行的病原细菌学说，他未意识到这一现象的重要意义，认为致病是由细菌产生的毒素引起的。1898年，Beijerinck 在不了解 Ivanovski 工作的情况下，同样进行了烟草花叶病病叶汁液过滤试验，也证实通过细菌过滤器的病叶汁液接种健康烟草植株，能引起同样的疾病。同时他还发现，此滤液中的侵染性物质可在琼脂凝胶中以一定的速度扩散，而细菌只能滞留在琼脂表面。依据这些实验结果，Beijerinck 指出引起烟草花叶病的致病因子有三个特点：①能通过细菌过滤器；②仅能在感染的细胞内繁殖；③在体外非生命物质中不能生长。据此，Beijerinck 做出了对病毒学的发展具有划时代意义的结论：引起烟草花叶病的是一种比细菌更小的病原体，他称之为"传染性活液"，并给以拉丁名"virus"（病毒），从而开创了病毒学独立发展的历程。

在 Beijerinck 发现烟草花叶病毒的同时，德国细菌学家 Loeffier 和 Frosh 发现引起牛口蹄疫的病原也可通过细菌过滤器，这是人们所知的第一个由病毒引起的动物病例。1911年，Rous 发现了引起鸡恶性肿瘤的劳斯肉瘤病毒（RSV）。

1915年，Towart 观察到生长在琼脂培养基上的葡萄球菌菌落如果受污染，经过一段时间后，这些菌落就变得光滑而透明（即噬菌斑）；如果纯的葡萄球菌菌落粘一点噬菌斑上的物质，不久也会变得透明。从而 Towart 发现了一种可以连续传递的、裂解细菌的物质。由于这种物质能通过细菌过滤器，Towart 推断它是一种"滤过性病毒"，生长在细菌细胞内并裂解它所感染的细菌。可惜的是，Towart 仅以简短的笔记形式发表了他的这项成果，第一次世界大战使他的工作不得不中断。1917年，d'Herelle 发现了细菌裂解现象，并证明裂解因子在传递中还能增殖，他命名这种裂解因子为细菌噬菌体。

自病毒发现直到20世纪30年代初，世界上许多科学家主要通过过滤性实验的方法，相继发现了近百种病毒病害，包括流感、脊髓灰质炎、脑炎、狂犬病、兔黏液瘤、马铃薯花叶病、马铃薯卷叶病和马铃薯条斑病、黄瓜花叶病、小麦花叶病等，并将这些形形色色疾病的病原体都归为"滤过性病毒"，并在机体水平上研究了病毒感染的症状、传播途径、传播介体和感染宿主的范围以及病毒的繁殖特征等。人们还发现许多重要的病毒生物学现象，如一种病毒通过变异可产生致病力强弱有所改变的毒株；同一病毒的不同毒株彼此拮抗；将患病毒病植株的叶汁注入动物体内后，所制备的动物血清能与病叶叶汁产生特异性反应等。在这一阶段，人们对病毒本质的认识还很肤浅，认为病毒是一种与细菌类似的病原体，所不同的仅在于病毒必须在活的细胞内才能繁殖，再就是体积十分微小，以致在显微镜下不能见到，能够通过细菌过滤器。这也正是在那一时期把病毒称为"超显微"的滤过性病毒的原因。

三、病毒的化学本质、结构和细胞水平上的病毒性质研究阶段

进入20世纪30年代，生物化学界掀起了"蛋白质热"，受此影响，人们开始了对病毒化学本质与结构的研究。主要研究结果是蛋白质变性剂、甲醛、氧化剂、强酸、强碱、高温皆对病毒有害，而较温和的蛋白质沉淀剂、低温和中性 pH 一般对病毒无害，由此推测病毒活性与蛋白质有关。1935年，美国生物化学家 Stanley 发现烟草花叶病毒的侵染性能被胃蛋白酶破坏，在这一现象的启示下，他用硫酸铵沉淀的方法从患病的烟叶汁液中纯化了烟草花叶病毒，得到了病毒的结晶，并证明了这种结晶再溶解后仍有感染性、致病性，从而做出了病毒学的一个历史性结论：烟草花叶病毒是一种自我催化的蛋白质，它的增殖需要活体细胞的存在。凭借此发现，他与 Northrop 一起

获得 1946 年的诺贝尔化学奖。

　　Stanley 等的结论并没有被全部的病毒学家所接受，特别是英国的 Bawden 及 Pirie 提出了质疑。他们发现 TMV 的提纯液及晶体中还含有相当量的硫和磷，这两种元素是蛋白质无而核酸有的，并于 1936 年发表了研究结果：TMV 是一种核蛋白。这两种不同的结论引起了当时病毒学界的重视，并做了许多动植物病毒（包括噬菌体）的分离、提纯及分析，终于达到一致的结论，即病毒是由蛋白质和核酸两部分组成，有些病毒颗粒外包裹着脂膜。此后的研究证实核酸可以分为 RNA 及 DNA 两类，并进一步区别出单链 RNA 及 DNA 和双链 RNA 及 DNA，同时发现有些病毒除核酸和蛋白质外，还含有一定量的脂类及糖类（表 1-1）。最重要的是在 1936 年后的 10 年间有大量实验证明核酸是感染、致病及复制的主体。包括 Schramm 在内的一些研究者证明了 T 噬菌体侵入细菌内部的是其核酸 DNA，而留在细菌外壁的是其蛋白质衣壳。

表 1-1　几种病毒的化学组成的比较

（引自谢天恩等，2002）

病毒	RNA	DNA	蛋白质	脂类	糖类
烟草花叶病毒	5%		95%		
番茄斑矮病毒	5%		71%	19%	5%
家蚕核型多角体病毒		8%	92%		
大蚊虹彩病毒		13%	82%	5%	
大肠杆菌噬菌体 T2、T4、T6		55%	40%		5%
大肠杆菌噬菌体 f1、fd、M13		12%	88%		
狂犬病毒	4%		96%		
Rous 肉瘤病毒	2%		62%	35%	1%
流感病毒	1%		74%	19%	6%
脊髓灰质炎病毒	26%		74%		

　　Stanley 等的工作揭示了病毒的化学本质，推动了病毒理化性质的研究。在这一阶段，人们还运用电子显微镜、超速离心、X 射线衍射等新技术进行了病毒的结构研究。1939 年，Kausche 等首次用电子显微镜观察了病毒，直接证实烟草花叶病毒是杆状颗粒。同时，病毒的测定和培养方法研究也有了新的突破。1940 年，Delbruck 建立了定量研究噬菌体复制的方法，阐明了噬菌体的繁殖周期。1949 年，Enders 等在动物细胞培养物中，培养脊髓灰质炎病毒获得成功。病毒学逐渐从医学微生物学和流行病学的一个分支发展成为一门独立的生物学科。该阶段侧重于病毒理化特征、结构与生物学特性研究。

四、病毒的分子生物学研究阶段

　　进入 20 世纪 50 年代后，分子生物学迅速兴起，飞跃发展。病毒是分子生物学研究的理想材料，同时，病毒学中的很多重大课题需要以分子生物学的理论和技术方法去研究、认识和解决。在此基础上，以病毒分子生物学为研究内容的分子病毒学（molecular virology）的兴起和发展已成必然，病毒学研究进入一个崭新的发展阶段。

　　对细菌病毒的研究成果有：发现 DNA 是 DNA 噬菌体的遗传物质，病毒核酸可以整合到宿主细胞 DNA 中，细胞基因可以被病毒从一个细胞传递到另一个细胞；了解到调节遗传信息转录和翻译的某些机制的某些问题。

　　对动物病毒的研究成果有：发现某些 RNA 动物病毒中存在逆转录酶，它催化病毒的遗传信息反向转录，即从 RNA 到 DNA；小 RNA 病毒蛋白质翻译内部起始机制、多肽前体加工机制；一些病毒引起相关细胞转化，一些病毒感染引起细胞融合，产生合胞体；有囊膜病毒在细胞膜上成熟时，伴随着宿主组分掺入病毒粒子内；阐明了一些病毒基因的结构与功能的关系，以及一些病毒的基因表达调控原理；阐明了某些病毒致病与免疫的分子机制；发现羊瘙痒病是由一种蛋白质感染因子引起，并命名为"prion"等。

对植物病毒的研究也取得重大进展，包括：阐明 TMV 的突变反映到一个基因产物——TMV 的外壳蛋白——的结构上；发现卫星病毒和具有多分基因组病毒；发现类病毒（viroid），它是相对分子质量很低的 RNA，没有蛋白质的存在。

总之，在这一阶段，人们运用分子生物学理论和技术方法致力于研究病毒基因组结构、功能和表达调控机制，病毒蛋白质结构、功能和合成的方式，以及各类病毒的感染、繁殖和致病机制，更深层次地了解病毒与宿主相互作用关系，特别是肿瘤病毒与肿瘤发生的关系，不断地探索病毒性疾病诊断、预防和治疗的新技术和新方法，认识那些尚未证实病因的可疑病毒性疾病的病原本质，使病毒学研究的面貌焕然一新。

第二节　病毒与病毒学

病毒学（virology）是以病毒这一特殊的生命形态为研究对象的自然科学。虽然从人类发现病毒至今仅百余年，但病毒学以其飞速的发展及广阔的前景，已成为具有完整知识体系的基础生物学科。

一、病毒的概念与特点

（一）病毒的概念

病毒（virus）一词最早被古罗马人用来表示生物来源的毒素。19 世纪，随着微生物学的兴起，人们认识到细菌是许多传染性疾病的病原因子，故将"病毒"作为细菌病原体的同义语。自从发明光学显微镜和建立微生物培养方法之后，人们相继发现一些传染病的病原因子不能用常规的细菌学方法检查出来，也不能在光学显微镜下观察到，如 Pasteur 发现的引起狂犬病的病原因子。因此，人们就把能借助光学显微镜看到的原虫、真菌、细菌和螺旋体等病原体与"病毒"区别开来，以"病毒"这一术语专指那些在光学显微镜上看不到、在人工培养基上也不能生长的、性质尚不明确的病原因子。1898 年，Beijerinck 证明患烟草花叶病的叶汁中存在着一种可以通过细菌过滤器的新病原体，称之为滤过性病毒（filterable virus）。随着病毒学的发展，发现体积微小、能通过细菌过滤器并非这类病原因子的最本质特征，所以，病毒学工作者后来逐渐放弃了"滤过性病毒"这一术语，而以"病毒"取而代之。

同所有的生物一样，病毒是一类有基因、有繁殖和进化过程并占据着特殊的生态学地位的生物实体。特殊的是，病毒是一种体积非常微小、结构极其简单的生命形式。它们在细胞外环境以形态成熟的完整颗粒形式，即以病毒体（virion）存在。病毒体具有一定的大小、形状、密度和化学组分，甚至可以纯化结晶，像化学大分子一样不表现出任何生命特征。但是，病毒体具有感染性，即在一定条件下能进入细胞。一旦病毒进入宿主细胞，病毒体便会解体，释放出病毒基因组，利用宿主细胞的合成机构进行复制与表达，从而进行病毒的繁殖，并随之表现出遗传、变异等一系列生命活动特征。由此可见，病毒是一类既具有化学大分子属性和生物体基本特征，又具有细胞外感染性颗粒形式和细胞内繁殖性基因形式的十分独特的生物类群。

长期以来，人们从流行病学或公共卫生学的观点出发，总是把病毒归于微生物范畴，但从理论生物学观点着眼，病毒与其他微生物迥然不同（表 1-2）。1966 年，Lwoff 和 Tournier 指出了病毒不同于其他生物的 5 个特点。

表 1-2 病毒与其他微生物的区别

类型	在无生命的培养基中生长	二等分裂繁殖	核酸类型	有无自己的核糖体	是否含有胞壁酸	敏感性		
						制霉菌素	抗生素	干扰素
真菌	+	有性，无性△	D+R	+	+	+	-	-
细菌	+	+	D+R	+	+	-	+	-
螺旋体	-或+	+	D+R	+	+	-	+	-
支原体	+	+	D+R	+	-	-	+	-
立克次体	-	+	D+R	+	+	-	+	+
衣原体	-	+	D+R	+	+	-	+	+
病毒	-	-（复制）	D或R	-	-	-	-	+

注：D代表DNA，R代表RNA；△真菌的有性繁殖是指雌雄细胞核融合后增生，无性繁殖包括孢子生成、出芽增殖及菌丝断裂增殖。

1. 没有细胞结构 动物、植物和微生物都是由细胞构成，即细胞是构成这些生物体的基本单元。病毒不具有细胞结构，一些简单的病毒仅由核酸和包围着核酸的蛋白质外壳（coat）构成，故可把它们视作核蛋白分子。一些复杂的病毒的蛋白质外壳外还有脂双层膜结构，所以有人把病毒称为亚细胞生物或分子生物。

2. 仅有一种类型的核酸 其他生物细胞内都同时存在着 DNA 和 RNA。对于一种病毒而言，病毒体中只具有一种核酸，或者是 DNA，或者是 RNA。因此，病毒可根据核酸类型分为 DNA 病毒和 RNA 病毒。另外，其他生物的遗传信息都由 DNA 编码，而在 RNA 病毒中，全部遗传信息都由 RNA 编码，这在生物界中也是极其独特的现象。

3. 特殊的繁殖方式 绝大多数生物通过构成机体的各种组分数量有秩序地增加而生长，通过双分裂的方式进行繁殖。病毒没有生长，繁殖也不是以双分裂的方式进行。病毒感染敏感的宿主细胞后，病毒核酸进入细胞，一方面通过自我复制产生子代病毒核酸，另一方面进行表达，合成新的病毒蛋白质，然后由这些新合成的病毒组分装配成子代病毒体，并通过一定的方式释放到细胞外。所以病毒的繁殖方式是十分特殊的，是在分子水平上进行的。病毒的这种特殊繁殖方式称为复制（replication）。

4. 缺乏完整的酶系统和能量合成系统，也没有核糖体 生物体的一切代谢活动都需要在酶的催化下进行，也需要一定的能量。病毒无完整的酶系统，也没有能量合成系统。尽管有些病毒的病毒体中含有某些酶，有些病毒在复制过程中还能合成一些酶，但远不能满足病毒复制的需要。病毒的复制必须利用宿主细胞的酶，或者将宿主的酶修饰后再利用。病毒在复制过程中，基本上是利用宿主的能量合成系统。病毒没有核糖体，在病毒的复制过程中，病毒利用宿主细胞的核糖体进行自身的蛋白质合成，甚至可直接利用一些宿主细胞成分。

5. 绝对的细胞内寄生 病毒是一种严格的细胞内寄生物，在细胞外不表现出任何生命特征，它的一切生命活动都只有在活的宿主细胞内才能进行。有些微生物，如麻风杆菌、立克次体、衣原体等也寄生于细胞内，但它们有一套染色体基因、核糖体及其他相应的细胞结构，有或多或少完整的能量释放和利用系统。它们寄生于细胞内，只是某些特殊的外源营养物质或者外源的代谢中间体有赖于细胞提供，而自身基因组的表达不需要宿主细胞装置，这种寄生是细胞水平的寄生。而病毒进入细胞后，进行生命活动的只是病毒的基因组，病毒核酸提供遗传信息，利用宿主细胞的酶、能量合成系统、核糖体以及合成子代病毒核酸和蛋白质必需的前体，来完成病毒自身的生命活动。因此，病毒的寄生是基因水平的寄生。

为概括病毒的本质，病毒学工作者一直在试图给"病毒"一个科学而严谨的定义。Lurin 等（1968）指出，病毒是一种生物实体，其基因组能利用宿主细胞的合成系统在活细胞内复制，并合成能将病毒基因组转移到其他细胞中去的特殊颗粒的核酸分子（DNA 或 RNA）。Dulbacco 等

（1980）认为，病毒颗粒或病毒体是一团能够自主复制的遗传物质，它们被蛋白质外壳所包围，有的还有一层囊膜（envelope），以保护遗传物质免遭环境破坏，并作为将遗传物质从一个宿主细胞传递给另一个宿主细胞的载体。

病毒一般由基因组（DNA 或 RNA）和蛋白质外壳构成。然而，1971 年 Diener 发现了一种只含小分子 RNA 而不含蛋白质的类病毒（viroid），说明自然界中存在比病毒更简单的致病因子，这一发现对病毒的定义提出了挑战。1981—1983 年，人们又发现 RNA 病毒颗粒中存在一种与类病毒相似的 RNA 分子，其复制和衣壳化都需要依赖于辅助病毒，称为拟病毒（virusoid）或卫星（satellite）。1982 年 Prusiner 发现引起羊瘙痒病的病原体是一种分子质量约 27ku 的蛋白质（不包含核酸），称之为蛋白侵染子或朊病毒（prion）。类病毒、拟病毒和朊病毒又称亚病毒（subvirus）。因此，现在病毒有真病毒（euvirus）和亚病毒之分。真病毒系指人们通常定义的病毒。比真病毒更为简单的亚病毒的发现，极大地丰富了病毒学的内容，使人们对病毒的本质又有了新的认识。

综上所述，病毒的定义随着分子病毒学的发展而不断更新。现在认为病毒是一种介于生命和非生命之间的一种物质形式，是一种比较原始的、有生命特征的、能自我复制和专性细胞内寄生的非细胞生物。

（二）病毒性质的两重性

病毒是最简单的生命体，不同的条件下表现的形式和功能不同。

1. 病毒生命形式具有两重性　首先，病毒具有细胞外形式和细胞内形式的两重性。存在于细胞外环境时，病毒没有复制活性，但保持感染活性，以病毒颗粒形式存在。一旦进入细胞内，病毒解体释放出核酸分子（DNA 或 RNA），依靠细胞内环境的条件进行复制，为病毒的基因组形式。其次，病毒有结晶型与生命活动型两种生命形式。晶体是一个化学概念，是很多化合物存在的一种形式。1935 年 Stanley 首先将烟草花叶病毒提纯为结晶体，以后许多动物病毒，如脊髓灰质炎病毒亦可提纯为结晶体。

2. 病毒病理学的两重性

（1）病毒的致病性与非致病性具有相对性　在分子水平、细胞水平和机体水平，病毒的致病性可能有不同的表现。在细胞水平有细胞病变作用，但在机体水平可能并不显示临床症状。例如单纯疱疹病毒，在体外细胞培养中有杀细胞作用，但在机体神经元内可长期潜伏而不一定显示致病性。又如风疹病毒，在细胞培养中并无杀细胞作用，但可引起严重的临床疾病，如先天畸形。所以病毒的致病性是相对的。一种病毒对一宿主为致病性，对另一宿主则为非致病性。一种病毒对同一宿主，在一个时期为致病性，在另一个时期为非致病性。可见病毒有致病性和非致病性的两重性。

（2）病毒感染的急性和慢性　病毒感染所致的临床症状有急性和慢性之分，有的病毒一般只表现急性感染而很少表现慢性感染，如流行性感冒、乙型脑炎等。有的病毒，既有急性过程，又有慢性过程，例如麻疹病毒，急性发病时称为麻疹，慢性发病时称为亚急性硬化性全脑炎。

（三）病毒的起源

病毒的原始祖先从何而来？现代病毒从何而来？病毒的起源与进化问题是病毒学研究的重要内容之一。由于病毒特别小，只有在电子显微镜下放大几十万倍才能看到，加上病毒在漫长的演化史中没有"化石"或"遗体"可供研究，所以病毒发生和进化的研究相当困难。目前关于病毒起源有 3 种假说。

"退化假说"认为病毒是由较高级的细胞内寄生生物退化形成的。受外界环境的影响，细胞内寄生生物逐渐丢失大部分遗传物质，只保留了最基本的复制和维持寄生生活所必需的基因，不能自身繁殖，必须依赖于宿主细胞才能完成基本的新陈代谢和繁殖，并在此基础上演变为病毒。产生这一假说的依据是，在细胞内环境中寄生的细菌与病毒之间，还存在着像立克次体和衣原体这样一些中间形式。因此推测，由寄生于细胞内的细菌首先退化为立克次体，再退化为衣原体，最后退化为病毒。

"细胞来源假说"认为病毒是由细胞某些组分脱离了细胞的调控系统而自成体系形成的一组能在细胞内复制的生物，病毒基因组可能就是细胞染色体或线粒体的部分基因。首先就 DNA 病毒而言，很多病毒的基因组在许多方面与细菌质粒十分相似，温和性噬菌体能以原噬菌体（prophage）形式与宿主染色体结合，并作为正常细胞基因的一部分长期延续。另外，某些病毒的基因组 DNA 与宿主细胞 DNA 存在序列同源性等。这些事实都支持这一假说，DNA 病毒可能是某些细胞基因组分演变而来，或许还要通过重组产生。当然，这些细胞的遗传物质要演变为病毒，还需要获得蛋白质外壳，利用某些蛋白质的自我装配（self-assembly）来完成。这种可能是存在的，然而这一假说要说明 RNA 病毒的起源却是十分困难的，因为细菌和其他生物体的 mRNA 都不能像病毒的基因组那样进行复制。

第三种假说认为病毒起源于自主复制的 RNA 分子。小而简单的 RNA 分子具有 RNA 酶活性、自我剪接的核酶活性和催化以 RNA 为引物合成 poly（C）的功能，即 RNA 分子具有催化与进化相关的 3 个化学反应能力，使 RNA 为病毒起源的假说变得更有吸引力（Cech，1986）。首先是 RNA 的形成与复制，然后演变出 RNA-蛋白质介导的一系列反应，第三步产生了 DNA，DNA 由于比 RNA 稳定而最终成为遗传信息的载体。另一方面，核糖在进化等级上位于脱氧核糖之前，尿嘧啶也比胸腺嘧啶简单，因此，很有可能原始的基因组为 RNA 基因组，并在进化过程中由于突变的选择而逐渐被更为稳定的 DNA 基因组所取代。这一假说认为病毒与宿主共进化。类病毒和卫星 RNA 病毒仍保留部分的 RNA 催化活性，被一些学者认为是生命形式出现以前的 RNA 世界化石。

以上 3 种假说都难以圆满地解释病毒的起源，但这些假说给人启示病毒的起源是复杂和多元的，不同的病毒可能有着不同的起源。

（四）病毒的宿主范围

病毒是严格的细胞内寄生物，几乎可以感染所有的细胞生物。病毒又具有宿主特异性，就某一特定的病毒而言，它仅能感染一定种类的细菌、植物或动物。因此可根据病毒的宿主性质将其划分为细菌病毒 [bacteria virus，或称为噬菌体（bacteria phage 或 phage）]、植物病毒（plant virus）和动物病毒（animal virus）。

1. 细菌病毒 几乎所有的细菌都受到噬菌体的侵染，其中以感染大肠杆菌（*Escherichia coli*）的 T 系噬菌体和 λ 噬菌体研究得最为充分。噬菌体的宿主范围十分严格，一般都不超过细菌属的界限，甚至在宿主的不同品系之间也存在着特异性。亦有少数种类的细菌至今未见噬菌体感染的报道，这也可能是分离和检查方法的问题所致。

另外，感染真菌的病毒称为真菌病毒（mycovirus），已发现的真菌病毒主要感染藻状菌、子囊菌、半知菌和担子菌。在放线菌、酵母菌中都发现有病毒存在。支原体、立克次体和衣原体也有病毒感染的报道。

2. 植物病毒 已经鉴定的植物病毒有 900 多种，其中以种子植物为宿主的病毒最为普遍，如水稻、各种麦类、玉米、马铃薯、豆类、番茄、甜菜、柑橘、烟草等都有多种病毒病害发生。在低等植物中，蕨类植物的病毒感染较为少见，但在藻类植物中发现有病毒以及病毒状颗粒（virus like particle，VLP）存在。有的植物病毒的宿主范围极窄，有的宿主范围却相当广，如烟草花叶病毒的宿主范围可达 30 多个科的 350 多种植物。

3. 动物病毒 广义的动物病毒包括感染原生动物、无脊椎动物和脊椎动物的病毒。在一些寄生性的原生动物如痢疾内变形虫、疟原虫和纳氏虫中，都曾发现有病毒状颗粒存在，它们属于原生动物病毒（protozoal virus）。无脊椎动物病毒（invertebrate virus）主要存在于昆虫纲、蜘蛛纲和甲壳纲动物中，其中以昆虫病毒（insect virus）最为常见。已发现昆虫病毒约 1 600 种，主要侵染鳞翅目昆虫，其他依次为膜翅目、双翅目、鞘翅目、脉翅目昆虫。在腔肠动物和软体动物中，也发现有病毒感染。以脊椎动物为宿主的病毒称为脊椎动物病毒（vertebrate virus），通常称为动物病毒。能感染人类的病毒达 300 多种，称为医学病毒。它们引起人的多种疾病，其危害程度远远地超过其他微生物所引起的疾病。除医学病毒外，研究得较多的是与人类健康和经济利益有直接相关的、感染家禽畜和某些野生脊椎动物的病毒。

应当指出，按病毒的宿主性质来划分，其界限不甚明确。许多脊椎动物病毒、植物病毒能以无脊椎动物以及某些真菌为传播介体。作为介体的无脊椎动物有的只是机械地将病毒传播给动物或植物，有的却能支持病毒的繁殖。在后一种情况下，脊椎动物病毒或植物病毒感染无脊椎动物，在其体内繁殖，并通过它们传播给动物或植物。以吸血的蚊、白蛉和蠓等节肢动物为介体，在哺乳动物和禽类等脊椎动物中广泛传播的病毒称为虫媒病毒（arboviruses），如经伊蚊传播的登革热病毒（*Dengue virus*）、经库蚊传播的乙型脑炎（即日本脑炎）病毒（*Japanese encephalitis virus*）都属此类。很多植物病毒也能以昆虫、螨、线虫和真菌为介体在植物中传播，如水稻矮缩病毒（*Rice dwarf virus*）以叶蝉为介体传播，黄瓜花叶病毒（*Cucumber mosaic virus*，CMV）以蚜虫为介体传播。

对以无脊椎动物（主要是昆虫）为传播介体并能在其体内繁殖的动物病毒和植物病毒来说，无脊椎动物是它们的替代宿主，病毒往往对其没有致病作用，但有的亦能引起相应的组织病理变化。如果一种病毒对其某一宿主无致病性，这种病毒称为该宿主的过客病毒（passenger virus），反之则为病原病毒（pathogenic virus）。

二、病毒学研究的任务与目的

病毒学研究的任务在于阐明病毒的性质及其与宿主的关系。其研究内容涉及病毒的形态结构、理化性质、起源进化、分类命名、繁殖、遗传变异、病毒与病毒之间及病毒与宿主之间的相互作用关系等。病毒学研究的目的有以下几个方面。

1. 通过研究病毒了解生命的一些基本问题　病毒就其性质而言，是生命最原始的形态，在宿主细胞外与一般生物大分子没有什么区别，但病毒一旦侵入细胞后就发生一系列的变化，体现生命物质的基本特征，如增殖子代、遗传与变异以及与宿主细胞间的相互反应等。病毒的这种特征，揭示了病毒具有生命与非生命双重属性的特殊本质，因此，研究病毒的目的之一是通过对病毒的认识，进一步了解生命的一些基本问题。病毒学研究一直是分子生物学研究的前沿领域。由于细胞外病毒的相对简单性和细胞内病毒与宿主细胞相互作用的复杂性，分子生物学家一直把病毒作为研究遗传物质复制、遗传信息传递、突变以及其他分子生物学课题极好的模型。几乎所有的细胞内的生命过程都可利用病毒进行研究，例如核酸复制、基因定位、转录和控制、mRNA 的翻译和控制、RNA 和蛋白质的拼接以及其他方式的加工、颗粒装配、点突变和移码突变、癌变等问题，在很大程度上须借助病毒作为研究工具予以阐明。很多分子生物学的知识，如真核 DNA 复制、插入基因、重叠基因、增强子和逆转录等，都是通过病毒学研究获得的。可见病毒学研究无论是在阐明现代生物学的重大课题方面，还是在促进生物技术发展方面都有十分重要的作用。病毒学的深入发展必将更迅猛地推动现代生物学的进步。

2. 预防和控制各种病毒性疾病的发生和流行　病毒能使人类、家畜和作物发生很多严重的传染病，因此，研究病毒的目的之二是为了有效防止和控制各种病毒性疾病的发生和流行。据初步统计，人类 60%～70% 的传染病由病毒感染引起，从常见的流行性感冒、肝炎、麻疹、腮腺炎、狂犬病、脑炎，到艾滋病、某些癌症、流行性出血热、阿尔茨海默症及重症急性呼吸综合征等，这些病毒性疾病严重威胁着人类的生命健康。由于病毒能使家禽、家畜、野生动物、农作物、林木果类及其他许多经济动植物致病，因而给人类的经济活动、生态环境造成了极大的危害。只有进行病毒学研究，认识病毒的特性、感染方式、传播途径和致病机制，才能有效地控制和消灭这些病毒病害，保护人类的健康和人类赖以生存的环境，使人类的经济活动免遭损失。

3. 利用病毒为人类造福　利用病毒作为外源基因的表达载体和构建工程病毒，制备亚单位疫苗等。病毒也能侵袭对人类有害的生物，因而病毒成为生物防治的重要手段。例如，用噬菌体对细菌的裂解作用来治疗霍乱、痢疾和伤寒等细菌性疾病，利用鼠类的病毒来杀灭破坏牧场的害鼠，利用昆虫病毒来防治有害昆虫等。这些病毒传播快，毒力强，对人畜及其他有益的动植物无害，不会造成环境污染，所以已广泛地用于害虫生物防治，并为建立无公害的农林牧业提供了极大的潜力。

三、病毒学的发展趋势

病毒研究在控制传染性疾病中起着巨大的作用，继根除天花后，又战胜了脊髓灰质炎。现代病毒学研究出现以下的发展趋势。

（一）病毒功能基因组学和功能蛋白质组学的研究

利用宏基因组学技术、蛋白质组学技术、结构分子生物学技术，从基因组、蛋白质组和三维空间结构水平认识病毒，了解它们的致病机制和诊断治疗。

建立系统生物学理论体系，从动态的、整体的角度对重大的病毒性疾病（如艾滋病、乙型肝炎等）和某些癌症的相关基因的分离、定位、克隆、结构与功能，蛋白质的修饰加工、转运定位、作用模式、空间构象变化等相互关系的规律，以及特定条件下这些组分间的相互关系进行研究，以探讨病毒的致病机制、肿瘤的发生和致癌的原因。

（二）病毒分子病理学研究

对病毒粒子结构与功能、病毒复制机制和病毒基因结构与调控等问题的深入了解，为在分子水平上研究病毒与宿主的相互作用即病毒分子病理学奠定了基础。这一领域以病毒与宿主的相互作用为研究对象，研究病毒与一定发育分化水平的靶细胞的关系，将分子水平研究与细胞水平和机体水平的研究密切结合，以求进一步阐明发病、致癌、免疫等机制。实质上，它是病毒学与分子生物学、细胞生物学和免疫学结合的交叉学科。

（三）新生病毒及新生病毒病研究

所谓新生，有两方面含义：一方面，在世界范围内新的传染疾病不断出现；另一方面，一些过去已经得到控制的恶性传染病死灰复燃，还有一些过去发现的温和型病原正以新的传播方式在不同地区大范围流行。据不完全统计，近20年发现了30多种新的烈性病原体，其中一半以上是新病毒，给人类健康、社会经济发展和国家安全造成了严重的危害。因此，针对新生传染性和烈性疾病的研究就愈加迫切。加强有关科研体系的构建，建立兼顾突发性传染病和生物恐怖防范研究的基础设施，构筑我国预防医学创新体系任重道远。

（四）疫苗及抗病毒药物的研究

病毒感染引起多种疾病，严重危害人类的健康和生命。多数病毒病没有对应的特效药，注射疫苗依然是预防病毒病的最主要手段，面对不断增加的新病毒，研制针对新生病毒的疫苗是目前病毒学研究的重要任务。DNA疫苗（或基因疫苗、DNA免疫）是20世纪90年代以来建立和发展的一新型免疫理论和技术。将目的基因克隆于真核表达载体后，直接将DNA注入机体，使其在体内表达抗原，诱发特异性免疫应答。DNA免疫不仅可诱导特异性体液免疫反应，还可诱发特异性杀伤性T淋巴细胞的反应。研究表明，以不同病毒抗原编码基因为基础的DNA免疫，可诱发针对性不同的特异性细胞毒性T淋巴细胞反应。因此，DNA疫苗已成为抗病毒感染、抗肿瘤免疫的新型疫苗研制热点。同时，随着分子病毒学的不断发展，对病毒认识逐渐深入，结合病毒复制的生命周期，针对病毒吸附、进入、复制、出芽等各个阶段的药物层出不穷，研发特异性更强、副作用更小、更经济实惠的抗病毒药物，是目前病毒防治的又一重要内容。

四、病毒学分支及其相互关系

病毒学作为一独立学科于20世纪50年代后建立起来，随着科学技术的进步、技术手段的日趋发展，病毒学的研究日益深入和广泛，在此基础上，派生出许多彼此独立但又相互关联的病毒学专业学科，如动物病毒学、植物病毒学、昆虫病毒学、肿瘤病毒学、细菌病毒学和病毒生态学、分子病毒学等；普通病毒学主要是讨论病毒的本质、病毒的结构与功能的相似性和特点等，概括各方面共同的理论和概念。

（一）细菌病毒学

细菌病毒学亦称噬菌体学，这是一门以噬菌体为研究对象的病毒学专业学科。其任务是阐明噬菌体的性质、噬菌体与宿主细菌的相互关系及其在各相关实践领域中的应用。噬菌体是研究病毒复制、遗传、感染过程的极好材料。从 1938 年 Delbruck、Luria 和 Hershey 等在美国建立噬菌体小组开始，一大批病毒学工作者集中对大肠杆菌 T 系噬菌体和 λ 噬菌体等进行了系统的研究，获得了包括噬菌体的复制周期、溶原性、转导作用、遗传物质属性、噬菌体的整合感染、基因的精细结构、基因表达的控制以及突变的分子机制等一系列重要知识。

噬菌体的研究是分子生物学发展的基石。细菌病毒学的发展不但极大地丰富了病毒学的知识内容，而且带动了其他病毒学专业学科的发展。某些噬菌体系统可以作为动物的肿瘤病毒的研究模型，噬菌体与宿主细菌的实验系统为其他各类病毒研究提供了可借鉴的模型系统，噬菌体的定量测定方法和阐明噬菌体复制周期的方法都迅速移植于其他各专业病毒学研究。

另一方面，由于有些噬菌体直接与病原微生物的致病机制有关，或是能选择性地与病原微生物结合而可用于菌种鉴定，所以具有重要的医学意义。有些噬菌体能够感染人类生产实践中使用的工业和农业微生物，因而与经济有密切的关系。由某些噬菌体构建的病毒载体和一些噬菌体酶在基因工程领域有重要的应用价值。

（二）动物病毒学

动物病毒学以人与其他脊椎动物病毒为研究对象，通常把与人类疾病发生有关的病毒归为医学病毒范畴，并在此基础上建立了以这些病毒为研究对象、目的在于解决临床病毒病的病原学诊断、进行针对性治疗及控制以保障人类健康的医学病毒学。相应地，把与农业生产相关的家禽和家畜、其他经济动物、水产动物和一些重要的野生动物疾病有关的病毒感染、病原学诊断、检疫监测、预防治疗研究常称为兽医病毒学。

医学病毒一直是人们最为关注的研究对象，医学病毒学历来是病毒学研究最活跃的领域。半个世纪以来取得了一系列重大的研究成果，例如证实流感病毒基因组由多个 RNA 分子构成；发现 RNA 肿瘤病毒的癌基因和逆转录酶；完成猴病毒 40（*Simian virus 40*，SV40）的序列测定；阐明腺病毒 DNA 的转录本有拼接加工；揭示 RNA 肿瘤病毒的转化基因（*Src*）的产物是磷酸激酶；发现乙型肝炎病毒（*Hepatitis B virus*，HBV）DNA 复制有逆转录过程；利用高分辨率的 X 射线晶体衍射阐明鼻病毒和脊髓灰质炎病毒的三维结构等。由于研究理论与技术方法不断进步，特别是分子病毒学的建立和发展，医学病毒学的基础研究和应用研究都发生了深刻变化。一些新病毒，如人类免疫缺陷病毒（*Human immunodeficiency virus*，HIV）、人嗜 T 淋巴细胞病毒（*Human T lymphotropic virus*，HTLV）、丁型肝炎病毒（*Hepatitis D virus*，HDV）等相继被发现；病毒的持续性感染，病毒与细胞受体的相互作用，病毒毒力产生的分子机制，病毒感染的分子流行病学等方面的研究工作不断深入；基因工程疫苗、基因工程生产干扰素和其他抗病毒多肽均获得成功；更为迅速、灵敏的病毒性疾病的诊断方法逐步建立；传统的全病毒疫苗不断被改进；病毒感染的化学治疗也有新的进步。

自劳斯肉瘤病毒发现以来，人们相继发现许多能引起动物肿瘤以及与人类肿瘤有关的病毒。为了研究肿瘤的病毒病因、肿瘤病毒的性质、病毒的致转化和致癌机制以及肿瘤疾病防治，从医学病毒学和兽医病毒学中派生出病毒学的新分支——肿瘤病毒学。在 DNA 肿瘤病毒方面，以猴病毒 40 为模型对病毒转化细胞的机制进行了深入的研究，同时在阐明人类肿瘤的病毒病因方面做了大量工作。在 RNA 肿瘤病毒方面，自 1970 年 Temin 和 Baltimore 发现逆转录酶并阐明 RNA 肿瘤病毒致癌问题的重要性以来，发现了病毒癌基因与细胞癌基因，揭示了一些病毒癌基因产物的性质及作用机制，初步阐明了 RNA 肿瘤病毒的致病机制。肿瘤病毒学的发展不仅提供了病毒与癌症关系的重要信息，而且也为人类攻克这一顽疾带来希望。

医学病毒学和兽医病毒学的研究对象密切相关。许多病毒是人畜共患，如流感病毒、SARS 冠状病毒等。医学病毒学研究的许多工作须以动物为实验模型进行研究。同时医学病毒学的进步和发展又为兽医病毒学研究提供了新的理论、技术和方法。所以这两门专业病毒学科相互依存，共同发展。

（三）植物病毒学

植物病毒学主要研究粮食作物、经济植物、药用植物和观赏植物等致病病毒的性质，以及病毒感染的病原学监测、检疫、针对性处理与控制。植物病毒材料来源方便，易于纯化，与其他病毒比较，结构更为简单，所以病毒学的一些开创性工作都是以植物病毒为材料。例如，在烟草花叶病毒的研究中，证实 RNA 是 RNA 病毒的遗传物质。在植物病毒的研究中，发现了不能独立在细胞内复制的卫星病毒；基因组由数个独立的核酸分子构成，这些核酸分子分别包装在不同的颗粒中，并且只有这些颗粒的复合体才具有感染性的多分体病毒（*Multicomponent virus*）；以及类病毒、拟病毒等亚病毒病原因子。除了这些基础研究的成果外，对植物病毒的感染方式及传播途径、植物病毒疾病的发生和流行规律、诊断和防治方法等应用研究也进行了大量的工作，积累了丰富的知识。植物病毒学研究起步较早，但由于病毒和宿主植物的特殊性，以及缺乏像噬菌体和动物病毒研究那样有效的实验系统，所以其基础研究落后于细菌病毒学和动物病毒学研究。

有些植物病毒能在昆虫内繁殖，既是植物病毒又是昆虫病毒，表明病毒在进化过程中，已能选择性地适应在这两类宿主中生活。有些植物病毒与动物病毒关系密切，分类地位相同，如植物弹状病毒（*Phyto rhabdovirus*）、植物呼肠孤病毒（*Phyto reovirus*）。另外，许多植物病毒按照目前的分类，虽与动物病毒划在不同的病毒类群，但它们的基因组结构与复制方式十分相似。因此，植物病毒学和动物病毒学研究存在一定的内在联系，这种联系不仅表现在植物病毒与动物病毒的起源和进化关系方面，还意味着这两门专业学科的发展相互依赖，各自的研究思想和方法可以互为借鉴。

（四）昆虫病毒学

昆虫病毒学起步较晚，落后于植物病毒学、动物病毒学和细菌病毒学。但近 50 年来，昆虫病毒学得到迅速发展。昆虫病毒学研究的直接目的是保护益虫、杀灭害虫。近年来利用病毒进行农林害虫的生物防治已快速发展，全世界注册的病毒杀虫剂近 40 种。由于昆虫病毒材料易获得、昆虫组织培养技术发展迅速，使昆虫病毒成为研究病毒侵染机制及增殖方式、病毒与宿主的互作等病毒感染的分子机制的最佳模型。随着昆虫分子病毒学研究的深入，昆虫病毒表达载体成为昆虫病毒应用研究的一个重要领域。1983 年，Smith 等首次利用杆状病毒成功表达人干扰素。之后，杆状病毒作为一种高效的真核表达系统广泛应用于疫苗和具有重要价值的蛋白质的表达。尤其是 Bac-to-Bac 表达体系的商品化，极大地促进了杆状病毒作为真核表达载体和基因治疗载体方面的应用。另外，还进行了浓核病毒、野田村病毒等载体的研制。

昆虫病毒种类繁多，形态特异，普遍地存在潜伏性感染。许多动物病毒和植物病毒都能在昆虫介体中增殖，从广义上讲，它们也属于昆虫病毒。昆虫病毒的这种特殊地位表明，昆虫病毒学与动物病毒学和植物病毒学有着十分密切的联系。由于发现每一个病毒超家族都含昆虫宿主，它们或以昆虫为宿主进行复制，或以昆虫为媒介进行传播，因此推测昆虫病毒是现存动物病毒和植物病毒祖先的宿主，可见昆虫病毒在研究病毒进化中具有重要意义。虫媒病毒和以昆虫介体进行传播的植物病毒，分别是昆虫病毒学和动物病毒学，以及昆虫病毒学和植物病毒学研究的共同内容。在应用研究中，昆虫病毒学研究对于切断病毒通过介体传播的途径、防治动物和植物的病毒性疾病具有特殊意义。

（五）病毒生态学

病毒在整个自然生态系统占据着特殊的位置，动物病毒、植物病毒等各类病毒都是相应各类生物生态体系的不可分割的一部分。病毒生态学是从群体水平研究病毒与其他生物之间，以及病毒与非生物环境之间的相互关系的病毒学分支学科，它是病毒学的一个新兴的研究领域。通过病毒生态学研究，阐明病毒在生态环境中的存在状态、时空动态分布、与其他生物的相互关系以及非自然环境对其的影响，从而进一步揭示病毒的生物学特性，为控制病毒性疾病的流行、保护生态环境和开发有益的病毒资源提供理论根据。

目前，病毒生态学研究中最为活跃的方向，是了解病毒在非生物环境中的活动及其控制的环境病毒学（enviroment virology），其重点又在水生病毒研究。20世纪50年代末，印度发生水源性甲型肝炎暴发流行，80年代中后期我国新疆暴发的非甲非乙型肝炎及上海暴发的甲型肝炎流行，皆说明环境病毒学研究的重要性。

第三节　病毒学研究资源

病毒学是基础和应用生物学的一门十分活跃的分支，有成千上万的创业者正在身体力行，有关病毒学刊物的相继发行，无疑对病毒学的发展起到了积极的促进作用。本节对国内外病毒学研究领域中的主要专业期刊、著名的研究机构、权威的病毒学网站等病毒学研究资源作一简介，为进一步巩固学习成果、培养学习兴趣、拓宽学习视野、掌握病毒学研究发展趋势奠定基础。

一、国内外主要的病毒学专业期刊

病毒学主要外文专业期刊有 *Journal of Virology*（《病毒学杂志》）、*Virology*（《病毒学》）、*Journal of General Virology*（《普通病毒学杂志》）、*Journal of Medical Virology*（《医学病毒学杂志》）、*Virus Research*（《病毒研究》）、*Journal of Virological Methods*（《病毒学方法杂志》）、*Intervirology*（《国际病毒学》）、*Archives of Virology*（《病毒学文献》）、*Antiviral Research*（《抗病毒研究》）、*Virus Genes*（《病毒基因》）、*Virology ＆ AIDS Abstracts*（《病毒学及艾滋病文摘》）等。

病毒学主要中文期刊有《病毒学报》《中国病毒学》《实验和临床病毒学杂志》等。

二、国内外著名的病毒学研究机构

国外病毒学研究机构有美国国家卫生研究院（NIH）、全美传染病军事研究院（马里兰州）、德国 Robert Koch 研究所、德国马堡流感研究协会、法国巴斯德研究院。

国内病毒学研究机构有中国预防医学科学院、中国人民解放军军事医学科学院、中国科学院武汉病毒研究所、中国科学院微生物研究所、中国疾病预防控制中心、武汉大学、中山大学、北京协和医学院等。

三、国内外权威的病毒学网站

国外病毒学专业网站有 http://www.virology.net/、http://talk.ictvonline.org/；相关网站有：http://www.jbc.orgt/、http://www.ncbi.nlm.nih.gov/ 和 http://www.elsevier.com/ 等。

国内病毒学专业网站有微生物菌（毒）种保藏中心（http://www.virus.org.cn/）、病毒学国家重点实验室（http://klv.whu.edu.cn/）、中国病毒资源基础数据库（http://www.viruses.nsdc.cn/）和中国病毒性病原调查专业数据库（http://www.viruses.nsdc.cn/chinavpi/）等。

思　考　题

1. 病毒与其他生物相比具有什么特点？

2. 简述病毒学的研究内容及发展趋势。

主要参考文献

陈新文，石正丽，2004. 新生病毒疾病的研究现状及发展趋势 [J]. 中国科学院院刊，19（2）：96-100.

范盛涛，高玉伟，夏咸柱，2014. 病毒宏基因组学在医学领域的应用 [J]. 中国生物制品学杂志，27（2）：285-288.

侯云德，2002. 21 世纪的医学病毒学研究趋向 [J]. 医学研究通讯，10（31）：2-5.

温纳克，2002. 基因和病毒 [M]. 朱键敏，译. 杭州：浙江人民出版社.

向近敏，2004. 病毒分子生态学 [M]. 武汉：武汉大学出版社.

谢天恩，胡志红，2002. 普通病毒学 [M]. 北京：科学出版社.

杨复华，2000. 病毒学 [M]. 长沙：湖南科学技术出版社.

周圣涛，刘锐，赵霞，等，2010. 病毒蛋白质组学：病毒学研究前沿 [J]. 中国科学：生命科学，40（9）：767-777.

Bernard N Fields，David M Knipe，Peter M Howley，et al，1996. Fields Virology [M]. Lippincott Williams & Wilkins Press.

Bruce A Voyles，2001. Biology of Viruses [M]. Mc Graw Hill.

第二章　病毒的形态、结构与分类

病毒没有细胞结构但有遗传、自我复制等生命特征，是最微小的生命体。由于人类的视觉所限，病毒因其形体小而不易被发现。但病毒影响了人们的生活，人们感知到了它的存在。20 世纪30 年代电子显微镜的出现，才使人类看到了病毒的形态。X 射线衍射技术以及现代分子生物学和生物化学分析技术的发展使人类了解了病毒的空间结构、基因组结构及化学组成。随着人们发现的病毒数量增多以及对其本质认识的深化，病毒的分类得到不断完善。

第一节　病毒的形态与大小

病毒是结构简单、体积极微小、需要用电子显微镜才能观察的非细胞微生物。病毒的种类繁多，形态、大小各异，学习和掌握病毒的形态学知识，对于认识、发现病毒以及对病毒的鉴定、分类十分重要。

一、病毒的形态

20 世纪 30 年代，电子显微镜的问世敲开了病毒形态学领域的大门。1935 年 Stanley 首次获得了烟草花叶病毒（*Tobacco mosaic virus*，TMV）的结晶；1939 年 Kausche 在电子显微镜下看到了TMV，并在 1943 年第一次拍摄了 TMV 的照片。随着电子显微镜技术的改进和 X 射线衍射技术的应用，人们对病毒形态、大小的认识进一步得到深化。

病毒以病毒颗粒的形式存在，一个形态和结构上完整的病毒颗粒称为病毒粒子（viron）。电子显微镜下的病毒大小、形态多种多样，但多为对称结构，大致可以分为球形、杆状、弹状、砖状及蝌蚪状 5 种基本形态。多数动物病毒和某些植物病毒为球形病毒，如人类的脊髓灰质炎病毒、动物的腺病毒和植物的花椰菜花叶病毒。杆状病毒是常见的植物病毒，如烟草花叶病毒。弹状病毒形似子弹头，如狂犬病毒。引起天花的痘病毒形似砖状。蝌蚪状病毒目前仅见于细菌病毒——噬菌体，如 T 偶数噬菌体（图 2-1）。随着电子显微镜技术的发展，人们对病毒的形态观察越来越细，不断发现新的病毒形态，如丝状的大肠杆菌 f1 噬菌体、卵圆形的疱疹病毒等。此外还发现呈多形性的

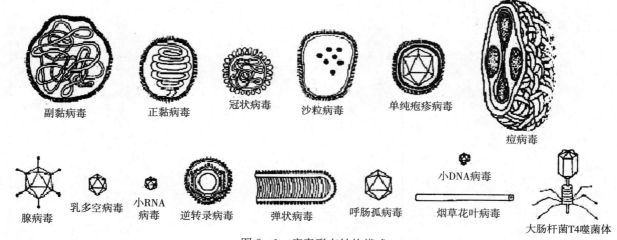

副黏病毒　　正黏病毒　　冠状病毒　　沙粒病毒　　单纯疱疹病毒

痘病毒

腺病毒　　乳多空病毒　　小RNA病毒　　逆转录病毒　　弹状病毒　　呼肠孤病毒　　小DNA病毒　　烟草花叶病毒

大肠杆菌T4噬菌体

图 2-1　病毒形态结构模式

病毒，如流感病毒（*Influenza virus*），新分离的毒株呈丝状，经细胞稳定传代后则转变为拟球形的颗粒。

二、病毒的大小

病毒极其微小，其大小测量单位为纳米（nm，即 10^{-9} m）。病毒大小可以用电子显微镜直接、准确地测量。此外，也可通过分级过滤、超速离心和电泳等方法间接测定。不同病毒大小差别很大，直径范围为 20～200nm，多在 100nm 左右。如人类免疫缺陷病毒［HIV，即艾滋病（AIDS）病毒］的直径为 100～120nm，流行性感冒病毒直径为 80～120nm，动物的疱疹病毒直径为 100～150nm，番茄斑萎病毒直径为 70～90nm。目前发现的最大病毒是痘病毒，其直径为 300～450nm，比最小的细菌（200～250nm）还要大，染色后在光学显微镜下隐约可见；而最小的病毒是菜豆畸矮病毒，直径仅为 9～10nm，比血清蛋白分子（22nm）还要小。

第二节　病毒的对称性

病毒的形态与其他生物体一样，是生命本身所固有的，是病毒结构的外在表现。虽然病毒的形态千差万别，但并非无章可循。螺旋对称和二十面体对称是病毒的基本对称机制；有些结构比较复杂的病毒，是由螺旋对称和二十面体对称相结合而成的，称之为复合对称。此外，还有一种较少见的对称方式，就是复杂对称。

一、螺旋对称

螺旋对称可以形象地描述为一种"螺旋形楼梯"的结构。病毒核酸分子围绕"中心轴"形成螺旋，蛋白质亚基排列在螺旋外侧，形成螺旋对称病毒的衣壳。螺旋对称衣壳（螺旋两端的除外）的每个亚基严格等价，并与相邻亚基以最大数目的次级键结合，保证衣壳结构处于稳定状态。

螺旋对称衣壳可以用螺旋长度、螺旋内径、螺旋外径、螺距以及每一圈螺旋所含的壳粒数目等参数来描述。壳粒的形状、大小和壳粒之间作用的方式决定了衣壳的直径，而衣壳的长度又与病毒核酸的分子长度有关，即衣壳几乎总是和核酸盘旋后所形成的螺旋长度相等。

螺旋对称的病毒主要是一些 RNA 病毒和植物的杆状病毒。TMV 是发现最早、研究最清楚的一种病毒，并已成为螺旋对称的模式病毒（图 2-2）。TMV 无囊膜，外观呈狭窄的杆状，长 300nm，外径为 15nm，内径为 4nm。TMV 由 95% 衣壳蛋白和 5% 单链 RNA（ssRNA）组成。衣壳是由 2 130 个呈皮鞋状壳粒排列而成的螺旋对称结构，每个壳粒有 158 个氨基酸，相对分子质量为 17 500，壳粒的排列呈右手螺旋形，共盘旋 130 圈，螺旋的螺距为 2.3nm，每一圈螺旋上有 16.33 个壳粒。TMV 的核酸共含 6 390 个核苷酸，相对分子质量为 $2×10^6$，并位于距轴心 4nm 处以相等的螺距盘绕于衣壳内，嵌于壳粒的凹巢内。核酸同样也是以右手螺旋形式盘旋 130 圈，每圈有 49 个核苷酸。从数量上看约每 3 个核苷酸与 1 个壳粒匹配结合。

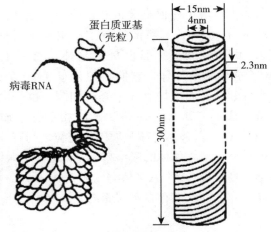

图 2-2　烟草花叶病毒结构模型
（引自周德庆，2002）

当然，并不是所有病毒的螺旋衣壳都是刚性的，如流感病毒的衣壳就是细长柔软的，整个病毒折叠在圆形的囊膜中。

二、二十面体对称

二十面体对称的病毒符合一种柏拉图体（Platonic solid）的形式，它由 20 个等边三角形组成，含 12 个顶点和 30 条棱。若以相对应的顶点为轴旋转 72°，其形状不变，即旋转 5 次复位，称为 5 重对称轴；若以相对应三角形面的中心连线为轴旋转 120°，其形状不变，即旋转 3 次复位，称为 3 重对称轴；若以相对应棱的中心连线为轴旋转 180°，其形状不变，即旋转 2 次复位，称为 2 重对称轴。因此，二十面体又称 5∶3∶2 旋转对称实体。

从结晶学角度看，二十面体对称的病毒服从"准等价构造的二十面体原理"。准等价构造二十面体的原理是指在少数原子构成的体系中，大小相近的原子形成孤立的十二次配位体时，二十面配位体在能量分布上最均匀、最稳定，也最有利于能量的利用。因每个配位原子都是等效的，即每个原子周围的原子是均匀分布的，它们的连线交角都是 60°。

从拓扑学角度看，二十面体对称的病毒服从于 Euler 定理，即满足：①多面体的任何两个顶点（不一定是相邻的）可以用一串棱相连接；②多面体上除同一个面周边棱以外的任意直线段所构成的圈均可使多面体分割成两部分；③多面体的顶点数减棱数加面数等于 2。二十面体对称的病毒均有 12 个顶点、30 条棱和 20 个面，是拓扑等价的多面体。壳粒以拓扑等价多面体的任意形式排列，都可以组成高度有序的稳定结构。同时，壳粒在一个小面积的区域内便于对称排列、等价或准等价的成键结合。所以，壳粒以二十面体对称排列比其他的立体结构更稳定、更合理。

动物腺病毒是二十面体对称病毒的典型代表，没有囊膜，直径为 70～80nm，衣壳呈二十面体对称（图 2-3）。

腺病毒的衣壳由 252 个球状壳粒组成，每个壳粒的直径为 8～9nm。包括称为五邻体（penton）的壳粒 12 个，分布在二十面体的 12 个顶点，与周围的 5 个六邻体（hexon）壳粒毗邻。每个五邻体壳粒的直径为 8nm，是由相同的肽链形成的三聚体，每条肽链的相对分子质量为 8.5×10^4。在每个五邻体上还着生一根末端带有顶球的纤维蛋白，称为纤突（spike）。纤突的纤维蛋白结构不对称，长度为 10～30nm，一般也是三聚体。衣壳上其他 240 个壳粒为六邻体，它们均匀分布在 20 个面上。每个六邻体的周围均有 6 个壳粒围绕，也是由相同肽链组成的三聚体，每条肽链的相对分子质量为

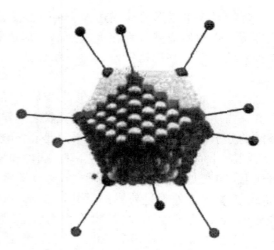

图 2-3　腺病毒的结构模型
（引自周德庆，2002）

1.08×10^5。六邻体壳粒与周围的壳粒之间有 3 种联结排列方式：（a）1 个六邻体与同一三角形面上的另外 6 个六邻体的联结排列；（b）1 个六邻体与位于相邻 2 个三角形棱及面上的 6 个六邻体的联结排列；（c）1 个六邻体与 1 个五邻体及 5 个六邻体的联结排列。腺病毒核酸是线状双链 DNA，以高度卷曲的状态存在于衣壳内。

三、复合对称

自然界中也有一些病毒同时具有上述两种对称方式，如大肠杆菌 T4 噬菌体由头部、颈部和尾部组成。头部为二十面体对称，尾部为螺旋对称，构成复合对称（图 2-4）。

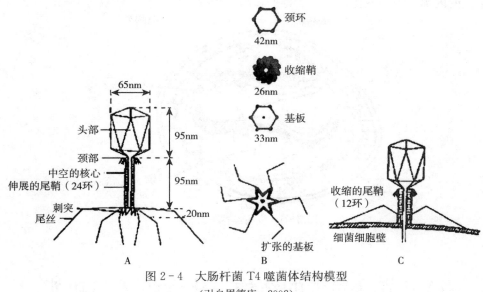

图 2-4　大肠杆菌 T4 噬菌体结构模型

(引自周德庆，2002)

A. 游离的 T4 噬菌体粒子　B. 尾部的 4 处横切面　C. 尾鞘收缩和微管插入细菌细胞壁

（一）头部

T4 噬菌体头部长 95nm，宽 65nm，在电子显微镜下呈椭圆形。头部衣壳由 212 个直径为 6nm 的壳粒组成，每个壳粒由 8 种蛋白质组成，蛋白质含量占 76%～81%。T4 噬菌体的核酸是一条长约 50μm 的线状双链 DNA（dsDNA），折叠盘绕包被在头部衣壳内。

（二）颈部

颈部位于头部和尾部的连接处，包括颈环和颈须两部分。颈环为一六角形中空的盘状构造，直径为 36～37.5nm，上面等距离着生 6 根颈须，颈须的作用是裹住吸附前的尾丝。

（三）尾部

尾部构造较为复杂，由尾鞘（tail sheath）、尾管（tail tube）、基板（base plate）、尾丝（tail fiber）和刺突（tail pin）等几个主要部件组成。

1. 尾鞘　尾鞘长 95nm，含有 144 个相对分子质量为 55 000 的壳粒，缠绕成 24 环的螺旋，当尾鞘收缩时可变短、变粗，螺旋数减至 12 环。每个壳粒由 2 种结构蛋白组成。

2. 尾管　尾管在尾鞘内部，直径为 8nm，与尾鞘等长，也由 24 环螺旋组成。尾管中空，其中央孔道直径为 2.5～3.5nm，是头部核酸（基因组）注入宿主细胞时的必经之路。

3. 基板　基板连接在尾部的末端，是结构复杂、中央有孔的六角形盘状物，直径为 30.5nm。基板每个角上各结合一长的尾丝和短的刺突。

4. 尾丝　尾丝长 140nm，直径为 2nm，并折成等长的 2 段。当噬菌体未吸附细菌时，尾丝在尾部中间缠绕或由颈须缠牢，一旦与宿主细胞表面的特异受体接触后，尾丝散开并能专一地吸附在敏感宿主细胞表面的相应受体上。

5. 刺突　刺突长 20nm，具有在尾丝特异吸附后的固着功能。

四、复杂对称

痘病毒具有独特的形态，其病毒粒子在电子显微镜下呈卵圆形（图 2-5），在干燥的病理标本中病毒粒子呈砖形，属于复杂对称病毒。该病毒的中央部分为核心，呈哑铃状，直径为 100～200nm。紧贴于核心周围的是一层透明带，宽 9nm，由短小突起组成的栅栏状结构位于透明带中。在哑铃状核心的凹陷处有两个称为侧体的结构，侧体最宽处 60～80nm。病毒的最外面是双层囊膜，双层囊膜的内部为可溶性蛋白。痘病毒的核酸位于核心区，是线状双链 DNA。

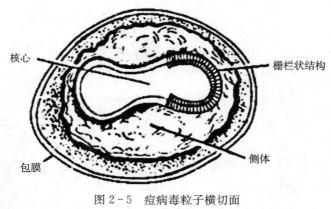

图 2-5　痘病毒粒子横切面

（引自周长林，2003）

第三节　病毒的结构、化学组成与功能

病毒主要由核酸和蛋白质组成，核酸是病毒的遗传物质，蛋白质构成了包裹核酸的衣壳。有些病毒衣壳外包被来自于宿主的脂膜。

一、病毒的结构

病毒结构简单，其基本结构是由核酸（DNA 或 RNA）和蛋白质外壳（capsid，衣壳）组成的核蛋白。有些病毒还特有一些辅助结构。

（一）病毒的基本结构

1. 病毒基因组　病毒基因组位于病毒粒子的中心，由一种类型的核酸构成，含 DNA 的称为 DNA 病毒，含 RNA 的称为 RNA 病毒。DNA 病毒核酸多为双链，RNA 病毒核酸多为单链。病毒基因组差异极大，最大的痘病毒含有数百个基因，最小的细小病毒仅有 3～4 个基因。病毒核酸是病毒遗传信息的载体，主导病毒的生命活动、形态发生、遗传变异和感染性。

2. 衣壳　病毒核酸外面紧密包围着一层蛋白质外壳，即病毒的衣壳。衣壳是由许多壳粒（capsomere）按一定几何形状聚合而成，每个壳粒由一至数条结构多肽构成，是电子显微镜下可辨别的形态学亚单位。致密稳定的衣壳赋予病毒固有的形状，保护内部核酸免遭外环境核酸酶的破坏，还有辅助感染等功能。

病毒的核酸与衣壳组成核衣壳（nucleocapsid），它就是简单、成熟而完整的病毒粒子，如脊髓灰质炎病毒，也是任何（真）病毒所必须具备的基本构造。有囊膜病毒的核衣壳又称为核心（core）。

（二）病毒的辅助结构

1. 囊膜　有些复杂的病毒，在核衣壳外还有由糖蛋白和脂类构成的囊膜（envelope）。囊膜是某些病毒以出芽（budding）方式释放时从宿主细胞膜或细胞核膜获得的，具有保护核衣壳的作用，它还是决定这类病毒粒子感染专一性的结构基础。有些囊膜病毒的囊膜上有纤突等附属物。囊膜主要见于动物病毒，如流感病毒具有囊膜，同时囊膜上也有纤突（spike），流感病毒囊膜纤突的成分是血凝素和神经氨酸酶，协助病毒与宿主细胞受体结合，促使病毒囊膜与宿主细胞膜融合。有囊膜病毒对脂溶剂和其他有机溶剂敏感，失去囊膜后便丧失了感染性。随着研究的不断深入，人们也发现极少数的植物病毒以及至少一种噬菌体也具有囊膜结构。

2. 触须样纤维　腺病毒是唯一具有触须样纤维（fiber）的病毒，腺病毒的触须样纤维是由线状聚合多肽和一球形末端蛋白组成，位于衣壳的各个顶角。触须样纤维吸附于敏感细胞，与致病作用有关。此外，触须样纤维还可凝集某些动物红细胞。

3. 病毒携带的酶　某些病毒核心携带促进病毒核酸合成的酶，如流感病毒携带依赖 RNA 的 RNA 聚合酶，这些病毒在宿主细胞内要靠它们携带的酶合成感染性核酸。

二、病毒的化学组成与功能

病毒的基本化学组成是核酸和蛋白质。有囊膜的病毒和某些无囊膜的病毒除核酸和蛋白质外，还含有脂类和糖类。有的病毒还含有聚胺类化合物、无机阳离子等组分。

（一）病毒的核酸及其功能

1. 病毒的核酸　核酸是病毒的基因组，是遗传信息和生物活力的物质基础，也是病毒分类鉴定的重要依据（表 2-1）。迄今发现的病毒均只含一种核酸，或者是 DNA，或者是 RNA。病毒核酸依据性质可以分为 4 种，即双链 DNA（dsDNA）、单链 DNA（ssDNA）、双链 RNA（dsRNA）和单链 RNA（ssRNA）。在动物病毒中，这 4 种核酸均有发现，但多数是 dsDNA 和 ssRNA。植物病毒的核酸多是 ssRNA。在微生物病毒中，噬菌体核酸多数是线状 dsDNA，个别为 ssDNA 或 ssRNA；真菌病毒核酸有 dsRNA 和 ssRNA；而藻类病毒只发现了 dsDNA 病毒。依据 ssRNA 的功能特点，又可分为正链 RNA 和负链 RNA。依据核酸分子形状，病毒核酸有线状的，也有环状的。

核酸作为遗传物质，其大小与含量因病毒而异。DNA 的相对分子质量为 $1.6 \times 10^6 \sim 250 \times 10^6$；RNA 的相对分子质量为 $2 \times 10^6 \sim 13 \times 10^6$。一般来讲，同种病毒的核酸含量相当恒定，不同种病毒的核酸含量差异极大。病毒核酸量与其大小、结构和功能有一定的相关性，结构复杂的病毒核酸含量较高，结构简单的病毒核酸含量较低。如 MS2 和 Qβ 病毒较小，其核酸相对分子质量仅 1×10^6，只能编码 3～4 种蛋白质；而较大的病毒，如 T 偶数噬菌体的核酸相对分子质量可高达 $1.0 \times 10^8 \sim 1.6 \times 10^8$，占病毒粒子质量的一半或更多，可编码 100 多种蛋白质。

病毒核酸的碱基组成同其他生物一样，即 DNA 含有腺嘌呤（adenine，A）、胸腺嘧啶（thymine，T）、鸟嘌呤（guanine，G）和胞嘧啶（cytosine，C）4 种碱基；而 RNA 是以尿嘧啶（uracil，U）替代了 DNA 中的胸腺嘧啶。不同病毒的碱基组成差别很大，例如有些病毒的鸟嘌呤和胞嘧啶的含量（G+C 含量）高达 74%，而有些病毒只含 35%。同一个属的病毒，核酸的碱基组成大致相同，但排列顺序可能明显不同。同细胞生物一样，病毒核酸中也存在稀有碱基，例如大肠杆菌 T 偶数噬菌体就以 5-羟甲基胞嘧啶代替了胞嘧啶。

表 2-1　若干有代表性的病毒核酸类型

核酸类型		动物病毒	植物病毒	微生物病毒
DNA	ssDNA 线状	细小病毒	玉米条纹病毒	尚未发现
	ssDNA 环状	尚未发现	尚未发现	大肠杆菌的 ΦX174 和 M13 噬菌体
	dsDNA 线状	单纯疱疹病毒	尚未发现	大肠杆菌的 T 系与 λ 噬菌体
	dsDNA 环状	猴病毒 40	尚未发现	铜绿假单胞菌的 PM2 噬菌体
RNA	ssRNA 线状	艾滋病病毒	烟草花叶病毒	大肠杆菌的 MS2 和 Qβ 噬菌体
	dsRNA 线状	哺乳动物正呼肠孤病毒	玉米矮缩病毒	假单胞菌的 Φ6 噬菌体

2. 病毒核酸的功能　病毒核酸具有遗传功能和致病作用。

（1）遗传信息载体　核酸是遗传物质，细胞生物是这样，非细胞生物的病毒也不例外。但病毒的遗传物质不仅是 DNA，RNA 同样也是遗传物质。

1952 年，Hershey 和 Chase 将大肠杆菌分别置于含有放射性同位素 ^{32}P 和 ^{35}S 的培养基中培养，获得含 ^{32}P-DNA（病毒核心）或含 ^{35}S-蛋白质（病毒衣壳）的两种噬菌体。然后再用含 ^{32}P-DNA

（病毒核心）或含^{35}S-蛋白质（病毒衣壳）的两种噬菌体分别进行感染实验，结果证明DNA是噬菌体的遗传物质。1956年，Faenkle-Conrat用TMV的RNA与亲缘关系相近的霍氏车前花叶病毒（*Holmes ribgrass mosaic virus*，HRV）的蛋白质衣壳进行重建，然后用此杂合病毒再去感染烟草，结果烟叶上出现的是典型的TMV病斑，而不是HRV病斑，这个植物病毒重建实验证明了RNA是RNA病毒的遗传物质。

（2）致病作用　病毒对宿主细胞具有致病作用，这是病毒感染后，在宿主细胞内复制增殖、裂解、释放过程对细胞的破坏作用，其实质也是病毒核酸遗传性在致病能力上的体现。有人将病毒粒子的核酸与蛋白质拆分开来，分别感染敏感细胞，发现病毒蛋白质有感染性，但并不使细胞出现细胞病理变化，而只有核酸部分才能使细胞发病，从而证明病毒核酸具有致病性。

（二）病毒蛋白质及其功能

1. 病毒的蛋白质　蛋白质是病毒粒子的又一重要组成部分，占病毒粒子总量的70%以上。构成病毒粒子的蛋白质种类因病毒种类不同而异。结构简单的小型病毒，例如小RNA病毒和披膜病毒，只有少数几种蛋白质；而结构复杂的大型病毒，例如痘病毒，有30多种蛋白质。不同病毒粒子的氨基酸种类及比例不同，甚至同种不同株间也不同。

病毒粒子的蛋白质可分为结构蛋白和非结构蛋白。结构蛋白构成病毒粒子的衣壳，也是囊膜的组成成分，赋予病毒粒子各种不同的形态。非结构蛋白在病毒粒子复制增殖过程中起作用，主要是存在于病毒粒子中的酶蛋白。根据功能，还可以将病毒粒子中的蛋白质分为衣壳蛋白、囊膜蛋白和酶蛋白3类。

（1）衣壳蛋白　衣壳蛋白占病毒蛋白质成分的绝大部分。构成病毒衣壳蛋白的最小形态学单位是壳粒，壳粒按一定排列方式形成了病毒衣壳，使病毒具有特定的对称外形。同时衣壳包裹病毒核酸，对其具有保护作用。

（2）囊膜蛋白　囊膜是衣壳外面的一层包膜结构，多见于某些复杂的病毒，特别是动物病毒。一般认为囊膜是来自宿主细胞膜或核膜，但有病毒蛋白（囊膜蛋白）附着或插入其中。有些囊膜蛋白是糖蛋白，与病毒识别细胞受体有关。

（3）酶蛋白　虽然病毒粒子无复杂、完整的酶系统，但有些病毒粒子含酶蛋白。某些动物病毒，特别是大型的、结构比较复杂的病毒粒子含有多种酶。如呼肠孤病毒病毒粒子含有RNA聚合酶和甲基转移酶，这些酶与病毒核酸连接在一起。

2. 病毒蛋白质的功能

（1）保护病毒核酸　这是病毒蛋白质的主要功能之一。病毒核酸处于蛋白质构成的衣壳内部，避免了各种理化因子的破坏。如可以避免紫外线对核酸的钝化作用，避免核酸酶的降解或剪切作用等。

（2）决定病毒感染、吸附的特异性　病毒粒子的衣壳蛋白与敏感细胞表面受体具有互补性和特殊的亲和力，是保证病毒特异吸附宿主的物质基础，即感染的前提。人们发现只有衣壳没有核酸的病毒具有感染性，但致病性明显降低；而只有核酸没有衣壳的病毒可以致病，但对宿主感染的特异性及能力明显降低。

（3）病毒抗原的主要成分　病毒蛋白质是病毒的主要抗原，可诱导机体发生特异的免疫应答，产生相应的免疫抗体或致敏淋巴细胞。事实上感染病毒的机体产生的特异性中和抗体并不是直接作用于病毒核酸，而是与病毒粒子的蛋白质结合，使病毒丧失感染能力。

（4）具有毒性作用　病毒蛋白质是使动物机体发生各种毒性反应的主要成分，使感染的机体表现发热、血压降低、血象改变及全身性症状等。

（5）酶的作用　主要是指病毒粒子中的酶蛋白的作用。某些病毒含有一定种类和数量的酶蛋白，尤其是结构复杂的大型病毒粒子携带较多的酶。如噬菌体尾部带有溶菌酶，对寄主细胞壁和细胞膜有溶解功能，以利于噬菌体吸附后的侵入；劳斯肉瘤病毒具有的逆转录酶、流感病毒具有的

RNA 聚合酶等在病毒核酸的生物合成上起重要作用。此外，有些动物病毒还含有蛋白质激酶。

（三）病毒的脂质

病毒粒子中的脂质主要是磷脂和胆固醇，分别占 50%～60% 和 20%～30%。病毒粒子所含的脂质大部分是囊膜的成分，来自于宿主细胞的细胞膜或核膜，因此具有宿主细胞的某些特性。如流感病毒的囊膜具有与正常动物细胞相同的抗原性。Kates 等人对流感病毒感染细胞中磷的分布进行分析发现，流感病毒的脂质大部分来源于感染前就存在于宿主细胞的脂质，只有小部分病毒磷脂来源于感染细胞新合成的脂质。

在实践中，可依据囊膜的有无将病毒分为无囊膜病毒和有囊膜病毒两类。

1. 无囊膜病毒 无囊膜病毒不含脂质，对乙醚等有机溶剂不敏感，用乙醚处理后不丧失感染性。如细小病毒、小 RNA 病毒、呼肠孤病毒、乳多空病毒及腺病毒等。

2. 有囊膜病毒 因为脂质是囊膜的重要组成成分，这类病毒粒子用乙醚、甲醇、氯仿、脱氧胆酸盐或磷脂酶等处理后会丧失感染性。如披膜病毒、正黏病毒、副黏病毒、白血病病毒、弹状病毒和疱疹病毒都含有囊膜脂质，均易被脂溶剂灭活。其中披膜病毒脂质含量占病毒粒子干物质的 50% 以上，是已知病毒中含脂量最高的。

（四）病毒的糖类及其功能

核糖是所有病毒核酸的组成成分。除了核糖之外，有些病毒还含有其他糖类。有囊膜的动物病毒，其囊膜中的糖蛋白由寡聚糖侧链与蛋白质共价结合而成，有些病毒囊膜含有糖脂类。如流感病毒囊膜中含有糖蛋白，其糖侧链位于病毒粒子表面，在病毒吸附和侵入细胞过程中是细胞识别的信号。糖蛋白还是重要的免疫原，如抗流感病毒血凝素的免疫血清具有明显的病毒中和作用，水疱性口炎病毒的糖蛋白能使动物机体产生中和抗体。另外，在一些噬菌体 DNA 的嘧啶碱基上发现有葡萄糖的存在。

（五）病毒的其他化学成分

除了上述成分外，在有些病毒粒子中还发现了多胺等有机阳离子和金属离子等无机阳离子。

1. 有机阳离子 大部分多胺是阳离子，与核酸的磷酰基阴离子具有亲和力。在静电引力作用下，这些有机阳离子能和核酸结合在一起。近年来发现愈来愈多的病毒，如 T2 及 T4 噬菌体、流感病毒、疱疹病毒、雀麦花叶病毒、黄瓜花叶病毒等含有多胺类化合物。

2. 无机阳离子 研究发现大多数病毒粒子都含有金属离子。Loring 及其助手发现铁、镁、铜、铝等金属的离子与 TMV 牢固地连接在一起。这些无机阳离子主要是与病毒的核酸相连，用螯合剂处理可使大部分金属解离下来。

这些有机和无机阳离子均与病毒核酸结合，而且是无规则结合，结合量受环境影响，也对病毒的构象产生一定的影响，但对病毒粒子的侵染力无明显作用。

第四节 病毒的分类与命名

自 1898 年 Beijerinck 首次提出"病毒"的概念以来，时过百余年。病毒的种类由最初的几十种发展到今天的 6 000 多种，为使如此多的病毒种类能够得到科学的命名和分类，病毒工作者做出了不懈的努力，国际病毒分类委员会（International Committee on Taxonomy of Viruses，ICTV）也提出和多次修订了病毒的命名和分类原则。根据病毒的形态学、生物化学、免疫学、流行病学、分子生物学等方面性质，按其共性和个性特征加以分类，建立了由目、科（亚科）、属和种等各级分类单元构成的病毒分类系统。目前，病毒分类学这一门重要的基础学科已开始走向成熟。

一、病毒分类与命名发展概述

病毒的分类与命名进程大致可以分为两个重要历史阶段。1966 年以前，不同领域的病毒学者根据自己的研究结果，先后提出和建立一些病毒分类系统，该阶段属于个体研究时期。1927 年，美国的 Johnson 建议为一种病毒命名时，应该用首先发现该病毒的寄主的普通名，再加上"virus"和一个数字，如用 tobacco virus 1 代表烟草病毒 1 号。1935 年，Johnson 和 Hoggan 根据传播方式、自然寄主或鉴别寄主、体外存活期、致死温度以及独特的症状等 5 个性状共鉴定了约 50 个病毒，并分为若干个组群。此后病毒学者先后发表了 10 多个病毒分类方案，但限于当时的研究水平及缺乏国际交流，这个时期提出的病毒分类方案具有较大的局限性，未能得到多数病毒学家的认可和广泛应用。1966 年，在国际微生物学会莫斯科会议上，成立了国际病毒命名委员会（International Committee on Nomenclature of Viruses，ICNV），1973 年改名为国际病毒分类委员会（International Committee on Taxonomy of Viruses，ICTV）。从此病毒分类与命名由国际会议来确定，病毒分类与命名步入新阶段。迄今为止，ICTV 已先后发表了 9 次病毒分类报告，病毒的分类与命名成果显著。

二、病毒分类原则

病毒的分类依据是随着病毒学研究的深入逐渐完善的。在病毒分类和鉴定过程中，病毒学工作者先后提出至少 49 项指标作为分类依据。但是，随着分子生物学技术的广泛应用，人们对病毒本质有了更深的了解，发现原先使用的部分分类特性如汁液中病毒浓度、热处理疗效、交叉保护、致死温度、体外存活期、稀释限点、每个蛋白质亚基的氨基酸残基数等对病毒的分类鉴定意义不大；而一些反映病毒本质的特性如基因组末端结构、基因组结构、复制策略、转录特点等特性则成为病毒分类鉴定的新的重要依据。由 ICTV 提出的病毒的分类标准越来越明确且接近病毒的本质，包括病毒粒体特性、基因组结构和复制特性、病毒抗原性质和生物学特性等的 8 项分类原则得到世界公认。

（一）核酸类型、结构及分子质量

病毒核酸是 DNA 还是 RNA，是单链还是双链，是线形还是环形，是整段还是分段，RNA 是正链还是负链，相对分子质量是多少，其分子质量占整个病毒粒子质量的百分比，鸟嘌呤加胞嘧啶（G+C）的含量等，均是病毒分类的重要依据。

利用病毒核苷酸序列和碱基比例分析的方法确定病毒的亲缘关系，是现代病毒学分类的重要方法。

动物 DNA 病毒中，除细小病毒是单链外，其余都是双链；动物 RNA 病毒中，除呼肠孤病毒是双链外，其余都是单链。植物病毒中，除花椰菜花叶病毒是 dsDNA 外，其余均是 RNA；而植物 RNA 病毒中，除呼肠孤病毒是 dsRNA 外，其他均为 ssRNA。细菌病毒中，囊状噬菌体科为 dsRNA，光滑噬菌体科为 ssRNA，丝状噬菌体科和微小噬菌体科为 ssDNA，其余科均为 dsDNA。

（二）病毒的形态和大小

动物病毒、植物病毒大多呈球形，少数植物病毒呈杆状，噬菌体呈蝌蚪形。狂犬病毒呈子弹状，疱疹病毒呈卵圆形，痘病毒呈砖状。还有的病毒为多形性，如流行性感冒病毒。通常无囊膜病毒形态较稳定，有囊膜病毒容易变形或残缺。病毒的大小包括它的长度、宽度和直径。

（三）病毒的形态结构

病毒衣壳有螺旋对称、二十面体对称、复合对称和复杂对称等类型。多数病毒衣壳是二十面体对称和螺旋对称，少数的是复合对称，只有痘病毒科是复杂对称。此外，病毒有无囊膜、二十面体衣壳的壳粒数目、螺旋对称衣壳的直径等均为病毒分类的原则。

（四）病毒对乙醚、氯仿等脂溶剂的敏感性

病毒对乙醚、氯仿等脂溶剂的敏感性是用于检查病毒囊膜中脂质的。大多数有囊膜病毒对乙醚等脂溶剂敏感。但痘病毒的有些属对乙醚不敏感，而对氯仿敏感。

(五)病毒血清学性质和抗原性

这是病毒分类的最基本指标，用血清学方法可以鉴定到型、亚型甚至株。中和试验、血凝试验、补体结合试验、琼脂扩散、免疫荧光等经典方法常在实验室中应用。随着免疫学的发展，检测手段不断提高，现已经开始广泛应用被动反向血凝、免疫电子显微镜、固相放射免疫测定、酶联免疫吸附试验等比较敏感的方法。

病毒抗原的特异性是由蛋白质多肽链中折叠部分的抗原决定簇决定的，分析蛋白质肽链可以更科学、更准确地对病毒进行分类，判断病毒间的亲缘关系。

(六)病毒在细胞培养上的特性

病毒在细胞培养上的特性包括病毒对细胞和宿主的特异性、病毒在感染细胞内的复制过程、包涵体的产生和细胞病理变化及能否诱发细胞凋亡等。

(七)对脂溶剂以外其他理化因子的敏感性

1. 对酸的稳定性 将病毒置于 pH3 的溶液中 30min 后，再测定其毒力，滴度仍大于原滴度 1/10 的称为耐酸性病毒。如肠道病毒、呼肠孤病毒、轮状病毒都属耐酸性病毒。

2. 病毒的耐热性 通常是以 50℃ 处理 30min 作为试验标准。病毒耐热性常受环境的影响，如脊髓灰质炎病毒在含左旋半胱氨酸和左旋胱氨酸的培养基中，可以增强其耐热性。有的病毒能产生抗热突变株和温度敏感突变株。

3. 加入二价阳离子后的稳定性 例如肠道病毒在 Mg^{2+} 等存在时可增强其抗热性。

(八)流行病学特点

流行病学特点包括宿主范围、传播方式和媒介种类及临床病理学特征等，例如虫媒病毒的归属是根据流行病学划分的。

三、病毒的习惯分类方法

除国际通用的病毒分类方法外，人们习惯上仍根据病毒的宿主将病毒分为脊椎动物病毒、无脊椎动物病毒、植物病毒、微生物病毒 4 类。另外，医学上常根据临床及流行病学特点将病毒分为 10 类：①呼吸道病毒群（流感病毒、副流感病毒等）；②肠道病毒群（脊髓灰质炎病毒、柯萨奇病毒等）；③肝炎病毒群（甲型肝炎病毒、乙型肝炎病毒等）；④皮肤及黏膜病毒群（痘病毒、疱疹病毒等）；⑤虫媒病毒群（脑炎病毒、登革热病毒等）；⑥神经系统病毒群（狂犬病毒等）；⑦眼病毒群（腺病毒等）；⑧唾液腺病毒群（腮腺炎病毒等）；⑨慢病毒群（某些缓慢增殖、进行性感染的病毒）；⑩肿瘤病毒群（DNA 肿瘤病毒及 RNA 肿瘤病毒等）。此分类方法虽然比较粗糙，但由于使用简便，所以至今仍沿用。

四、国际病毒分类委员会的病毒命名规则

历史上有许多的病毒命名方法，如以宿主的种名加上症状的特点组合起来的名称，这种命名方法即俗名法，烟草花叶病毒就是根据此类方法命名的。1927 年 Johnson 认为病害的名称应该和病毒名字分开，提出目录法命名，即采用寄主植物的普通名称加病毒"virus"一词，再按照病毒种类不同，顺序加上号码，例如"tobacco virus 1"（烟草病毒 1 号＝烟草花叶病毒）。这种命名法完全去掉了症状名称。Holmes 曾提出拉丁双名法。这些命名法大多来自于实践，有些对于试验和研究人员非常适用，但很多病毒的名称完全不能反映病毒的种属特征，而且随着病毒知识的增加，人们逐渐认识到应该按照病毒的多种特征对病毒进行统一命名。

1971 年国际病毒命名委员会第一次报告公布了 18 项病毒的命名规则；1975 年国际病毒分类委员会（ICTV）马德里会议上对其中 5 条进行了修改，删除 2 条，变成 16 条；1980 年 4 月 ICTV 讨论通过删除原第 11、12、13 条，以新的 8 条取代，并新建第 22 条，同时还制定了一组"种"的描述和命名标准；1991 年 ICTV 第五次报告又废除了原有的第 4、13 条，并对原有的第 5、12、14

和20条进行了修改，形成了20条规则；1995年ICTV第六次报告将病毒命名规则改为30条；1998年新的分类和命名规则共包括9个部分41条，使用至今。

（一）一般规则

1. 病毒的分类和命名应是国际性的，并普遍适用于所有病毒。

2. 国际病毒分类系统采用目（order）、科（family）、亚科（subfamily）、属（genus）、种（species）分类单元。

3. ICTV不统一规定病毒种以下的分类和命名。关于病毒种以下的血清型、基因型、病毒株、变异株和分离株的命名由公认的国际专家小组确定。

4. 对人工产生的病毒和实验室构建的杂交病毒，分类上不予以考虑。这些病毒的命名也同样由公认的国际专家小组负责。

5. 分类单元只有在病毒代表种的特性得到了充分了解，在公开出版物上进行描述后，才能建立，以便与相似的分类单元相区别。

6. 当病毒种有明确的科，而属未确定时，这一病毒种在分类上称为该科的未确定种（unassigned species）。

7. 与命名规则2个分类单元相关联，并且获得ICTV批准的名称是唯一可以接受的。

（二）分类单元的命名规则

8. 如果分类单元的建议名称遵守ICTV公布的命名规则，并且适合于已设立的分类单元，那么这些建议名称是有效名（valid name），在ICTV第六次报告中记录已批准的国际名称或经过ICTV表决批准的分类建议名称是接受名（accepted name）。

9. 现有的病毒名称和分类单元只要是用的，就应该保留。

10. 病毒及其分类单元的命名不遵守优先法则（the rule of priority）。

11. 在提出新分类单元名称时，不使用人名。

12. 分类单元的名称应便于使用、记忆，以谐音名（euphonious name）最好。

13. 在提出新名称时，不使用下标、上标、连字符、斜线和希腊文字。

14. 新名称不应与已通过的名称有重复，所选用的新名称也不应与正在使用的或过去使用的名称相似或相近。

15. 如果缩拼词（sigla）是由几个研究小组提议的，而且对这一领域的病毒学研究者是有意义的，可以接受作为分类单元的名称。

16. 在提议多个候选名称（candidate name）时，相关的分会委员会应首先向ICTV常务委员会做出推荐，然后由ICTV常务委员会决定哪一个候选名称是可以被认可的。

17. 当某一分类单元建议缺少适当的名称时，这一分类单元仍然可以被批准，其待定名将保留到有一个建议名被ICTV接受为止。

18. 由于所选用的新病毒名称完全或部分不隐含分类单元的任何意义，这样就会出现下列情况：①一些病毒名称因缺乏特征的描述，被排斥在该分类单元外，但这些病毒却是这一已命名的分类单元的成员；②一些迄今尚未描述的病毒似乎被排斥于该分类单元外，但这些病毒却可能属于这一已命名的分类单元；③一些病毒表面上看似属于这一分类单元，但这些病毒却是其他不同分类单元的成员。

19. 新分类单元名称的选用应考虑国家或地区敏感性的问题，当一些名称已被病毒学工作者在公开出版物上广为使用时，该名称或其派生名称应该是命名的优先选择，而不应该考虑这一名称源自哪一个国家。

20. 名称的改变、新名称以及分类单元的设立和分类单元排列的建议，应正式提交给ICTV常务委员会。在做出决定之前，ICTV分会委员会和研究小组应进行充分的协商。

（三）关于种的规则

21. 病毒种是指构成一个复制谱系（replicating lineage）、占有一个特定生态位（ecological niche）、具有多原则分类（polythetic class）特性的病毒。

22. 当 ICTV 分会委员会不能肯定某一个新种的分类地位，或不能将这一新种确定在已设置的属中时，新种将作为暂定种（tentative species），列于适当的属或科中。按一般分类而言，暂定种的名称不应与已批准的名称重复，选择不相似或不相近于现在和过去一直使用的名称。

23. 种名由少数几个有实际意义的词组成，但不应只是由宿主名加"病毒"（virus）构成。

24. 种的名称必须赋予种恰如其分的鉴别特征。

25. 已经广泛应用的数字、字母及其组合可用作种名形容词。但新提出的种名中，数字、字母及其组合不再单独作为种名形容词，现存在的数字或字母名称，仍可以继续保留。

（四）关于属的规则

26. 属是一群具有某些共同特征的种。

27. 属名的词尾是 "-virus"。

28. 通过一个新属名的同时，必须承认一个代表种（type species）。

（五）关于亚科的规则

29. 亚科是一群具有某些共同特征的属，这一分类单元只在需要解决复杂等级结构问题时才使用。

30. 亚科名的词尾是 "-virinae"。

（六）关于科的规定

31. 科是一群具有某些共同特征的属（不管这些属是否组成了亚科）。

32. 科名的词尾是 "-viridae"。

（七）关于目的规则

33. 目是一群具有某些共同特征的科。

34. 目名的词尾是 "-virales"。

（八）关于亚病毒因子的规则

35. 有关病毒分类的规则也适用于类病毒（viroid）。

36. 类病毒种的末位单词是 "viroid"，属的词尾是 "-viroid"，亚科的词尾是 "-viroinae"（只用于需要这一分类单元时），科的词尾是 "-viroidae"。

37. 逆转座子（retrotransposon）在分类和命名中被考虑作为病毒。

38. 卫星病毒和传染性蛋白颗粒（朊病毒）不按病毒分类，而采用任意分类（arbitrary classification），这种任意分类对专门领域的研究工作者似乎是有用的。

（九）关于书写的规则

39. 按分类学惯例，病毒目、科、亚科、属的认可名称均用斜体印刷，名称的第一个字母需大写。

40. 种的名称用斜体印刷，第一个词的首字母需大写，除专有名词或专有名词的一部分之外，其他词首字母一律不大写。

41. 按规范的分类学惯例，分类单元的名称应置于分类单元的术语之前。各分类单元的例子如：*Reoviridae*（科），*Phytoreovirus*（属），*Wound tumor virus*（种）等。

五、国际病毒分类委员会的分类系统

国际病毒分类委员会（International Committee on Taxonomy of Viruses，ICTV）是目前最权威的病毒分类组织，其主要职能包括：①制定国际通用的病毒分类准则；②对病毒分类并命名；③将病毒分类系统分享给全球病毒研究人员；④维护病毒分类及名称查询索引。目前为止，IC-

TV 已发布 9 次报告。第九次报告长达 1 327 页，将目前 ICTV 所认定的 2 284 种病毒和类病毒归入 349 属、19 亚科、87 科和 6 目，并公布了卫星病毒和朊病毒的种类。与第八次报告相比，第九次报告新增 3 个目、14 个科、8 个亚科、60 个属、约 386 个病毒种。第九次报告保留了第八次报告的一些特点，明确"种"为病毒分类系统中的最小分类阶元，在每一个确定种下面列出至少一个、至多几十个不等的病毒型或病毒分离株，每个型或分离株列出其基因组（或基因）在 GenBank 上的登录号。第九次报告的病毒分类目、科、亚科及属详细信息和代表种信息见表 2-2。

以前的国际病毒分类系统仅包含 3 个病毒目，第九次报告将以前根据 RNA 病毒进化关系提出的小 RNA 病毒超家族和芜菁黄花叶病毒超家族正式列为小 RNA 病毒目（*Picornavirales*）和芜菁黄花叶病毒目（*Tymovirales*），将原来的疱疹病毒科提升为疱疹病毒目（*Herpesvirales*），使病毒目总数达到 6 个。新设的 3 个病毒目中，疱疹病毒目包括脊椎动物病毒和无脊椎动物病毒，芜菁黄花叶病毒目只包括原超家族的植物病毒部分，而小 RNA 病毒目既包括脊椎动物病毒和无脊椎动物病毒，也包括藻类病毒和植物病毒。小 RNA 病毒目的设立突破了一个病毒目中只含动物病毒或只含植物病毒的框架，病毒目依据基因组分子进化关系确定，为今后根据病毒进化关系设立更多病毒目提供了参考。

表 2-2　国际病毒分类系统第九次报告

目/order	科/family	亚科/subfamily	属/genus	代表种/type species	宿主/host
dsDNA 病毒					
有尾噬菌体目 *Caudovirales*	肌尾噬菌体科 *Myoviridae*	—	T4 样噬菌体属 "*T4-like viruses*"	肠杆菌 T4 噬菌体 *Enterobacteria phage T4*	细菌
			I3 样病毒属 "*I3-like viruses*"	分枝杆菌 I3 噬菌体 *Mycobacterium phage I3*	细菌
			ΦKZ 样噬菌体属 "*PhiKZ-like viruses*"	假单胞杆菌 ΦKZ 噬菌体 *Pseudomonas phage phiKZ*	细菌
			P1 样噬菌体属 "*P1-like viruses*"	肠杆菌 P1 噬菌体 *Enterobacteria phage P1*	细菌
			P2 样噬菌体属 "*P2-like viruses*"	肠杆菌 P2 噬菌体 *Enterobacteria phage P2*	细菌
			Mu 样噬菌体属 "*Mu-like viruses*"	肠杆菌 Mu 噬菌体 *Enterobacteria phage Mu*	细菌
			SP01 样噬菌体属 "*SP01-like viruses*"	芽孢杆菌 SP01 噬菌体 *Bacillus phage SP01*	细菌
			ΦH 样噬菌体属 "*ΦH-like viruses*"	盐杆菌 ΦH 噬菌体 *Halobacterium virus ΦH*	古细菌
	长尾噬菌体科 *Siphoviridae*	—	λ 样噬菌体属 "*λ-like viruses*"	肠杆菌 λ 噬菌体 *Enterobacteria phage λ*	细菌
			SP β 样噬菌体属 "*SPbeta-like viruses*"	杆菌 SP β 噬菌体 *Bacillus phage SPbeta*	细菌
			T1 样噬菌体属 "*T1-like viruses*"	肠杆菌 T1 噬菌体 *Enterobacteria phage T1*	细菌
			T5 样噬菌体属 "*T5-like viruses*"	肠杆菌 T5 噬菌体 *Enterobacteria phage T5*	细菌
			L5 样噬菌体属 "*L5-like viruses*"	分枝杆菌 L5 噬菌体 *Mycobacteria phage L5*	细菌

（续）

目/order	科/family	亚科/subfamily	属/genus	代表种/type species	宿主/host
有尾噬菌体目 *Caudovirales*	长尾噬菌体科 *Siphoviridae*	—	C2 样噬菌体属 "*C2-like viruses*"	乳球菌 C2 噬菌体 *Lactococcus phages C2*	细菌
			ψM1 样噬菌体属 "*ψM1-like viruses*"	甲烷杆菌 ψM1 噬菌体 *Methanobacterium phage ψM1*	古细菌
			ΦC31 样噬菌体属 "*PhiC31-like viruses*"	链霉菌 ΦC31 噬菌体 *Streptomyces phage PhiC31*	细菌
			N15 样噬菌体属 "*N15-like viruses*"	肠杆菌 N15 噬菌体 *Enterobacteria phage N15*	细菌
	短尾噬菌体科 *Podoviridae*		Phieco32 样病毒属 "*Phieco32-like viruses*"	肠杆菌 Phieco32 噬菌体 *Enterobacteria phage Phieco32*	细菌
			BPP-1 样病毒属 "*BPP-1-like viruses*"	沙门菌 BPP-1 噬菌体 *Salmonella phage BPP-1*	细菌
			ε15 样病毒属 "*Epsilon15-like viruses*"	沙门菌 ε15 噬菌体 *Salmonella phage epsilon15*	细菌
			LUZ24 样病毒属 "*LUZ24-like viruses*"	假单胞杆菌 LUZ24 噬菌体 *Pseudomonas phage LUZ24*	细菌
			P22 样噬菌体属 "*P22-like viruses*"	肠杆菌 P22 噬菌体 *Enterobacteria phage P22*	细菌
			N4 样噬菌体属 "*N4-like viruses*"	肠杆菌 N4 噬菌体 *Enterobacteria phage N4*	细菌
		自复制短尾噬菌体亚科 *Autographivirinae*	T7 样噬菌体属 "*T7-like viruses*"	肠杆菌 T7 噬菌体 *Enterobacteria phage T7*	细菌
			ΦKMV 样病毒属 "*PhiKMV-like viruses*"	肠杆菌 ΦKMV 噬菌体 *Enterobacteria phage phiKMV*	细菌
			SP6 样噬菌体属 "*SP6-like viruses*"	肠杆菌 SP6 噬菌体 *Enterobacteria phage SP6*	细菌
		小短尾噬菌体亚科 *Picovirinae*	Φ29 样噬菌体属 "*Phi29-like viruses*"	芽孢杆菌 Φ29 噬菌体 *Bacillus phage Phi29*	细菌
			AHJD 样噬菌体属 "*AHJD-like viruses*"	葡萄球菌 AHJD 噬菌体 *Staphylococcus phage AHJD*	细菌
—	瓶状病毒科 *Ampullaviridae*	—	瓶状病毒属 *Ampullavirus*	酸菌瓶形病毒 *Acidianus bottle-shaped virus*	细菌
—	双尾病毒科 *Bicaudaviridae*	—	双尾病毒属 *Bicaudavirus*	酸菌双尾病毒 *Acidianus two-tailed virus*	细菌
—	球状病毒科 *Globuloviridae*	—	球状病毒属 *Globulovirus*	耐热杆菌球形病毒 *Pyrobaculum spherical virus*	细菌
—	复层噬菌体科 *Tectiviridae*	—	复层噬菌体属 *Tectivirus*	肠杆菌噬菌体 PRD1 *Enterobacteria phage PRD1*	细菌
—	覆盖噬菌体科 *Corticoviridae*	—	覆盖噬菌体属 *Corticovirus*	伪交替单胞菌噬菌体 PM2 *Pseudoalteromonas phage PM2*	细菌
—	芽生噬菌体科 *Plasmaviridae*	—	芽生噬菌体属 *Plasmavirus*	无胆甾原体噬菌体 L2 *Acholeplasma phage L2*	细菌

（续）

目/order	科/family	亚科/subfamily	属/genus	代表种/type species	宿主/host
—	脂毛噬菌体科 *Lipothrixviridae*	—	α脂毛噬菌体属 *Alphalipothrixvirus*	热变形菌病毒1型 *Thermoproteus tenax virus 1*	古细菌
			β脂毛噬菌体属 *Betalipothrixvirus*	冰岛硫化叶菌线形病毒 *Sulfolobus islandicus filamentous virus*	古细菌
			γ脂毛噬菌体属 *Gammalipothrixvirus*	酸菌线形病毒1型 *Acidianus filamentous virus 1*	古细菌
			δ脂毛噬菌体属 *Deltalipothrixvirus*	酸菌线形病毒2型 *Acidianus filamentous virus 2*	细菌
—	小杆状噬菌体科 *Rudiviridae*	—	小杆状噬菌体属 *Rudivirus*	冰岛硫化叶菌杆状病毒2型 *Sulfolobus islandicus rod-shaped virus 2*	古细菌
—	微小纺锤形噬菌体科 *Fuselloviridae*	—	微小纺锤形噬菌体属 *Fusellovirus*	硫化叶菌微小纺锤形病毒1型 *Sulfolobus spindle-shaped virus 1*	古细菌
—	—	—	盐末端蛋白病毒属 *Salterprovirus*	澳大利亚盐盒菌病毒1型 *His 1 virus*	古细菌
—	微滴形病毒科 *Guttaviridae*		微滴形病毒属 *Guttavirus*	新西兰硫化叶菌微滴形病毒 *Sulfolobus newzealandicus droplet-shaped virus*	古细菌
—	痘病毒科 *Poxviridae*	脊椎动物痘病毒亚科 *Chordopoxvirinae*	正痘病毒属 *Orthopoxvirus*	痘苗病毒 *Vaccinia virus*	脊椎动物
			副痘病毒属 *Parapoxvirus*	口疮病毒 *Orf virus*	脊椎动物
			禽痘病毒属 *Avipoxvirus*	鸡痘病毒 *Fowlpox virus*	脊椎动物
			山羊痘病毒属 *Capripoxvirus*	绵羊痘病毒 *Sheeppox virus*	脊椎动物
			野兔痘病毒属 *Leporipoxvirus*	黏液瘤病毒 *Myxoma virus*	脊椎动物
			猪痘病毒属 *Suipoxvirus*	猪痘病毒 *Swinepox virus*	脊椎动物
			软疣痘病毒属 *Molluscipoxvirus*	人传染性软疣病毒 *Molluscum contagiosum virus*	脊椎动物
			亚塔痘病毒属 *Yatapoxvirus*	亚巴猴肿瘤病毒 *Yaba monkey tumor virus*	脊椎动物
			鹿痘病毒属 *Cervidpoxvirus*	鹿痘病毒 W-843-83 *Deerpox virus W-848-83*	脊椎动物
		昆虫痘病毒亚科 *Entomopoxvirinae*	α昆虫痘病毒属 *Alphaentomopoxvirus*	西方五月鳃角金龟子昆虫痘病毒 *Melolontha melolontha entomopoxvirus*	无脊椎动物
			β昆虫痘病毒属 *Betaentomopoxvirus*	桑灯蛾昆虫痘病毒'L' *Amsacta moorei entomopoxvirus 'L'*	无脊椎动物
			γ昆虫痘病毒属 *Gammaentomopoxvirus*	淡色摇蚊昆虫痘病毒 *Chironomus luridus entomopoxvirus*	无脊椎动物

（续）

目/order	科/family	亚科/subfamily	属/genus	代表种/type species	宿主/host
—	非洲猪瘟病毒科 *Asfarviridae*	—	非洲猪瘟病毒属 *Asfivirus*	非洲猪瘟病毒 *African swine fever virus*	脊椎动物、无脊椎动物
—	虹彩病毒科 *Iridoviridae*	—	虹彩病毒属 *Iridovirus*	无脊椎动物虹彩病毒6型 *Invertebrate iridescent virus 6*	无脊椎动物
			绿虹彩病毒属 *Chloriridovirus*	无脊椎动物虹彩病毒3型 *Invertebrate iridescent virus 3*	无脊椎动物
			蛙病毒属 *Ranavirus*	蛙病毒3型 *Frog virus 3*	脊椎动物
			淋巴囊肿病毒属 *Lymphocystivirus*	淋巴囊肿病毒1型 *Lymphocystis disease virus 1*	脊椎动物
			肿大细胞病毒属 *Megalocytivirus*	传染性脾肾坏死病毒 *Infectious spleen and kidney necrosis virus*	脊椎动物
—	藻类 DNA 病毒科 *Phycodnaviridae*	—	绿藻病毒属 *Chlorovirus*	小球藻病毒1型 *Paramecium bursaria chlorella virus 1*	藻类
			球石粒病毒属 *Coccolithovirus*	钙板金藻病毒86 *Emliliania huxley virus 86*	藻类
			细小微胞藻病毒属 *Prasinovirus*	细小微胞藻病毒 SP1 *Micromonas pusilla virus SP1*	藻类
			金藻病毒属 *Prymnesiovirus*	短丝金藻病毒 PW1 *Chrysochromulina brevifilum virus PW1*	藻类
			褐藻病毒属 *Phaeovirus*	长囊水云褐藻病毒1型 *Ectocarpus siliculosis virus 1*	藻类
			针晶藻病毒属 *Raphidovirus*	赤潮异弯藻病毒1型 *Heterosigma akashiwo virus 1*	藻类
—	杆状病毒科 *Baculoviridae*	—	甲型杆状病毒属 *Alphabaculovirus*	苜蓿银纹夜蛾核型多角体病毒 *Autographa californica multiple nucleopolyhedrovirus*	无脊椎动物
			乙型杆状病毒属 *Betabaculovirus*	苹果蠹蛾颗粒体病毒 *Cydia pomonella granulovirus*	无脊椎动物
			丙型杆状病毒属 *Gammabaculovirus*	红头松树叶蜂核型多角体病毒 *Neodiprion lecontei nucleopolyhedrovirus*	—
			丁型杆状病毒属 *Deltabaculovirus*	魏仙库蚊核型多角体病毒 *Culex nigripalpus nucleopolyhedrovirus*	—
—	线头病毒科 *Nimaviridae*	—	白斑综合征病毒属 *Whispvirus*	白斑综合征病毒 *White spot syndrome virus*	无脊椎动物
疱疹病毒目 *Herpesvirales*	疱疹病毒科 *Herpesviridae*	疱疹病毒甲亚科 *Alphaherpesvirinae*	单纯疱疹病毒属 *Simplexvirus*	人疱疹病毒1型 *Human herpesvirus 1*	脊椎动物
			水痘病毒属 *Varicellovirus*	人疱疹病毒3型 *Human herpesvirus 3*	脊椎动物
			马立克氏病病毒属 *Mardivirus*	禽疱疹病毒2型 *Gallid herpesvirus 2*	脊椎动物

（续）

目/order	科/family	亚科/subfamily	属/genus	代表种/type species	宿主/host
疱疹病毒目 *Herpesvirales*	疱疹病毒科 *Herpesviridae*	疱疹病毒甲亚科 *Alphaherpesvirinae*	传染性喉气管炎病毒属 *Iltovirus*	禽疱疹病毒 1 型 *Gallid herpesvirus 1*	脊椎动物
		疱疹病毒乙亚科 *Betaherpesvirinae*	巨细胞病毒属 *Cytomegalovirus*	人疱疹病毒 5 型 *Human herpesvirus 5*	脊椎动物
			鼠巨细胞病毒属 *Muromegalovirus*	鼠巨细胞病毒 1 型 *Murid herpesvirus 1*	脊椎动物
			玫瑰疱疹病毒属 *Roseolovirus*	人疱疹病毒 6 型 *Human herpesvirus 6*	脊椎动物
			长鼻动物病毒属 *Proboscivirus*	象疱疹病毒 1 型 *Elephantid herpesvirus 1*	脊椎动物
		疱疹病毒丙亚科 *Gammaherpesvirinae*	淋巴滤泡病毒属 *Lymphocryptovirus*	人疱疹病毒 4 型 *Human herpesvirus 4*	脊椎动物
			蛛猴疱疹病毒属 *Rhadinovirus*	松鼠猴疱疹病毒 2 型 *Saimiriine herpesvirus 2*	脊椎动物
			玛卡病毒属 *Macavirus*	狷羚疱疹病毒 1 型 *Alcelaphine herpesvirus 1*	脊椎动物
			马疱疹病毒属 *Percavirus*	马疱疹病毒 2 型 *Equid herpesvirus 2*	脊椎动物
	异疱疹病毒科 *Alloherpesviridae*	—	蛙疱疹病毒属 *Batrachovirus*	蛙疱疹病毒 1 型 *Ranid herpesvirus 1*	脊椎动物
			鲤鱼疱疹病毒属 *Cyprinivirus*	鲤鱼疱疹病毒 3 型 *Cyprinid herpesvirus 3*	脊椎动物
			鲑鱼疱疹病毒属 *Salmonivirus*	鲑鱼疱疹病毒 1 型 *Salmonid herpesvirus 1*	脊椎动物
			鮰鱼疱疹病毒属 *Ictalurivirus*	鮰鱼疱疹病毒 1 型 *Ictalurid herpesvirus 1*	脊椎动物
	软体动物疱疹病毒科 *Malacoherpesviridae*	—	牡蛎疱疹病毒属 *Ostreavirus*	牡蛎疱疹病毒 1 型 *Ostreid herpesvirus 1*	无脊椎动物
—	腺病毒科 *Adenoviridae*	—	哺乳动物腺病毒属 *Mastadenovirus*	人腺病毒丙型 *Human adenovirus C*	脊椎动物
			禽腺病毒属 *Aviadenovirus*	禽腺病毒甲型 *Fowl adenovirus A*	脊椎动物
			富 AT 腺病毒属 *Atadenovirus*	羊腺病毒丁型 *Ovine adenovirus D*	脊椎动物
			鱼腺病毒属 *Ichtadenovirus*	鲟鱼腺病毒 A *Sturgeon adenovirus A*	脊椎动物
			唾液酸酶腺病毒属 *Siadenovirus*	蛙腺病毒 *Frog adenovirus*	脊椎动物
—	多瘤病毒科 *Polyomaviridae*	—	多瘤病毒属 *Polyomavirus*	猴病毒 40 *Simian virus 40*	脊椎动物
—	乳头瘤病毒科 *Papillomaviridae*		甲型乳头瘤病毒属 *Alphapapillomavirus*	人乳头瘤病毒 32 型 *Human papillomavirus 32*	脊椎动物
			乙型乳头瘤病毒属 *Betapapillomavirus*	人乳头瘤病毒 5 型 *Human papillomavirus 5*	脊椎动物

（续）

目/order	科/family	亚科/subfamily	属/genus	代表种/type species	宿主/host
			丙型乳头瘤病毒属 *Gammapapillomavirus*	人乳头瘤病毒 4 型 *Human papillomavirus 4*	脊椎动物
			丁型乳头瘤病毒属 *Deltapapillomavirus*	欧洲驼鹿乳头瘤病毒 *European elk papillomavirus*	脊椎动物
			戊型乳头瘤病毒属 *Epsilonpapillomavirus*	牛乳头瘤病毒 5 型 *Bovine papillomavirus 5*	脊椎动物
			己型乳头瘤病毒属 *Zetapapillomavirus*	马乳头瘤病毒 1 型 *Equine papillomavirus 1*	脊椎动物
			庚型乳头瘤病毒属 *Etapapillomavirus*	苍头燕雀乳头瘤病毒 *Fringilla coelebs papillomavirus*	脊椎动物
			辛型乳头瘤病毒属 *Thetapapillomavirus*	灰鹦鹉乳头瘤病毒 *Psittacus erithacus timneh papillomavirus*	脊椎动物
			壬型乳头瘤病毒属 *Iotapapillomavirus*	小鼠乳头瘤病毒 *Mastomys natalensis papillomavirus*	脊椎动物
—	乳头瘤病毒科 *Papillomaviridae*	—	癸型乳头瘤病毒属 *Kappapapillomavirus*	棉尾兔乳头瘤病毒 *Cottontail rabbit papillomavirus*	脊椎动物
			子型乳头瘤病毒属 *Lambdapapillomavirus*	犬口腔乳头瘤病毒 *Canine oral papillomavirus*	脊椎动物
			丑型乳头瘤病毒属 *Mupapillomavirus*	人乳头瘤病毒 1 型 *Human papillomavirus 1*	脊椎动物
			寅型乳头瘤病毒属 *Nupapillomavirus*	人乳头瘤病毒 41 型 *Human papillomavirus 41*	脊椎动物
			卯型乳头瘤病毒属 *Xipapillomavirus*	牛乳头瘤病毒 3 型 *Bovine papillomavirus 3*	脊椎动物
			辰型乳头瘤病毒属 *Omikronpapillomavirus*	棘鳍鼠海豚乳头瘤病毒 *Phocoena spinipinnis papillomavirus*	脊椎动物
			巳型乳头瘤病毒属 *Pipapillomavirus*	仓鼠口腔乳头瘤病毒 *Hamster oral papillomavirus*	脊椎动物
—	多分 DNA 病毒科 *Polydnaviridae*	—	茧蜂病毒属 *Bracovirus*	柳毒蛾盘绒茧蜂病毒 *Cotesia melanoscela bracovirus*	无脊椎动物
			姬蜂病毒属 *Ichnovirus*	齿唇姬蜂病毒 *Campoletis sonorensis ichnovirus*	无脊椎动物
—	泡囊病毒科 *Ascoviridae*	—	泡囊病毒属 *Ascovirus*	草地贪夜蛾泡囊病毒 1q *Spodoptera frugiperda ascovirus 1q*	无脊椎动物
—			根前毛菌病毒属 *Rhizidiovirus*	根前毛菌病毒 *Rhizidiomyces virus*	真菌
—	拟态病毒科 *Mimiviridae*	—	拟态病毒属 *Mimivirus*	棘刺变形虫拟态病毒 *Acanthamoeba polyphaga mimivirus*	原生动物、脊椎动物
ssDNA 病毒					
—	丝杆状噬菌体科 *Inoviridae*		丝状噬菌体属 *Inovirus*	肠杆菌 M13 噬菌体 *Enterobacteria phage M13*	细菌
			短杆状噬菌体属 *Plectrovirus*	无胆甾原体 L51 噬菌体 *Acholeplasma phage L51*	细菌

（续）

目/order	科/family	亚科/subfamily	属/genus	代表种/type species	宿主/host
—	微小噬菌体科 *Microviridae*	微小噬菌体亚科 *Microvirinae*	微小噬菌体属 *Microvirus*	肠杆菌 ΦX174 噬菌体 *Enterobacteria phage Phi X174*	细菌
		蘑菇状噬菌体亚科 *Gokushovirinae*	衣原体微小噬菌体属 *Chlamydiamicrovirus*	衣原体噬菌体 1 型 *Chlamydia phage 1*	细菌
			蛭弧菌微小噬菌体属 *Bdellomicrovirus*	蛭弧菌噬菌体 MAC1 *Bdellovibrio phage MAC1*	细菌
			螺原体微小噬菌体属 *Spiromicrovirus*	螺原体噬菌体 4 型 *Spiroplasma phage 4*	细菌
—	双生病毒科 *Geminiviridae*	—	玉米线条病毒属 *Mastrevirus*	玉米线条病毒 *Maize streak virus*	植物
			曲顶病毒属 *Curtovirus*	甜菜曲顶病毒 *Beet curly top virus*	植物
			番茄伪曲顶病毒属 *Topocuvirus*	番茄伪曲顶病毒 *Tomato pseudo-curly top virus*	植物
			菜豆金色黄花叶病毒属 *Begomovirus*	菜豆金色黄花叶病毒 *Bean golden yellow mosaic virus*	植物
—	圆环病毒科 *Circoviridae*	—	圆环病毒属 *Circovirus*	猪圆环病毒 1 型 *Porcine circovirus 1*	脊椎动物
			鸡贫血病毒属 *Gyrovirus*	鸡贫血病毒 *Chicken anaemia virus*	脊椎动物
—	指环病毒科 *Anelloviridae*	—	甲型细环病毒属 *Alphatorquevirus*	细环病毒 1 型 *Torque teno virus 1*	脊椎动物
			乙型细环病毒属 *Betatorquevirus*	小细环病毒 1 型 *Torque teno mini virus 1*	脊椎动物
			丙型细环病毒属 *Gammatorquevirus*	中型细环病毒 1 型 *Torque teno midi virus 1*	脊椎动物
			丁型细环病毒属 *Deltatorquevirus*	树鼩细环病毒 *Torque teno tupaia virus*	脊椎动物
			戊型细环病毒属 *Epsilontorquevirus*	狨猴细环病毒 *Torque teno tamarin virus*	脊椎动物
			己型细环病毒属 *Zetatorquevirus*	夜猴细环病毒 *Torque teno douroucouli virus*	脊椎动物
			庚型细环病毒属 *Etatorquevirus*	猫细环病毒 *Torque teno felis virus*	脊椎动物
			辛型细环病毒属 *Thetatorquevirus*	犬细环病毒 *Torque teno canis virus*	脊椎动物
			壬型细环病毒属 *Iotatorquevirus*	猪细环病毒 1 型 *Torque teno sus virus 1*	脊椎动物
—	矮缩病毒科 *Nanoviridae*	—	矮缩病毒属 *Nanovirus*	地三叶草矮化病毒 *Subterranean clover stunt virus*	植物
			香蕉束顶病毒属 *Babuvirus*	香蕉束顶病毒 *Banana bunchy top virus*	植物
—	细小病毒科 *Parvoviridae*	细小病毒亚科 *Parvovirinae*	细小病毒属 *Parvovirus*	小鼠细小病毒 *Minute virus of mice*	脊椎动物

（续）

目/order	科/family	亚科/subfamily	属/genus	代表种/type species	宿主/host
—	细小病毒科 *Parvoviridae*	细小病毒亚科 *Parvovirinae*	红视症病毒属 *Erythrovirus*	人细小病毒 B19 *Human parvovirus B19*	脊椎动物
			依赖病毒属 *Dependovirus*	腺联病毒 2 型 *Adeno-associated virus 2*	脊椎动物
			阿留申病毒属 *Amdovirus*	阿留申水貂病毒 *Aleutian mink disease virus*	脊椎动物
			牛犬细小病毒属 *Bocavirus*	牛细小病毒 *Bovine parvovirus*	脊椎动物
		浓核症病毒亚科 *Densovirinae*	浓核症病毒属 *Densovirus*	鹿眼蛱蝶浓核症病毒 *Junonia coenia densovirus*	无脊椎动物
			艾特拉病毒属 *Iteravirus*	家蚕浓核症病毒 *Bombyx mori densovirus*	无脊椎动物
			短浓核症病毒属 *Brevidensovirus*	埃及伊蚊浓核症病毒 *Aedes aegypti densovirus*	无脊椎动物
			烟色大蠊浓核症病毒属 *Pefudensovirus*	烟色大蠊浓核症病毒 *Periplaneta fuliginosa densovirus*	无脊椎动物

DNA 和 RNA 逆转录病毒

目/order	科/family	亚科/subfamily	属/genus	代表种/type species	宿主/host
—	嗜肝 DNA 病毒科 *Hepadnaviridae*		正嗜肝 DNA 病毒属 *Orthohepadnavirus*	乙型肝炎病毒 *Hepatitis B virus*	脊椎动物
			禽嗜肝 DNA 病毒属 *Avihepadnavirus*	鸭乙型肝炎病毒 *Duck hepatitis B virus*	脊椎动物
—	花椰菜花叶病毒科 *Caulimoviridae*	—	花椰菜花叶病毒属 *Caulimovirus*	花椰菜花叶病毒 *Cauliflower mosaic virus*	植物
			碧冬茄病毒属 *Petuvirus*	碧冬茄脉明病毒 *Petunia vein clearing virus*	植物
			大豆褪绿斑驳病毒属 *Soymovirus*	大豆褪绿斑驳病毒 *Soybean chlorotic mottle virus*	植物
			木薯脉花叶病毒属 *Cavemovirus*	木薯脉花叶病毒 *Cassava vein mosaic virus*	植物
			杆状 DNA 病毒属 *Badnavirus*	鸭跖草黄化斑驳病毒 *Commelina yellow mottle virus*	植物
			东格鲁病毒属 *Tungrovirus*	水稻东格鲁杆状病毒 *Rice tungro bacilliform virus*	植物
—	前病毒科 *Pseudoviridae*	—	前病毒属 *Pseudovirus*	啤酒酵母 Ty1 病毒 *Saccharomyces cerevisiae Ty1 virus*	真菌、植物
			半病毒属 *Hemivirus*	黑腹果蝇 copia 病毒 *Drosophila melanogaster copia virus*	真菌、无脊椎动物
			塞尔病毒属 *Sirevirus*	大豆 SIRE1 病毒 *Glycine max SIRE1 virus*	植物
—	变位病毒科 *Metaviridae*	—	变位病毒属 *Metavirus*	啤酒酵母 Ty3 病毒 *Saccharomyces cerevisiae Ty3 virus*	真菌、植物、无脊椎动物
			游移病毒属 *Errantivirus*	黑腹果蝇 gypsy 病毒 *Drosophila melanogaster gypsy virus*	无脊椎动物
			远缘病毒属 *Semotivirus*	人蛔虫 Tas 病毒 *Ascaris lumbricoides Tas virus*	无脊椎动物

（续）

目/order	科/family	亚科/subfamily	属/genus	代表种/type species	宿主/host
—	逆转录病毒科 *Retroviridae*	正逆转录病毒亚科 *Orthoretrovirinae*	甲型逆转录病毒属 *Alpharetrovirus*	禽白血病病毒 *Avian leukosis virus*	脊椎动物
			乙型逆转录病毒属 *Betaretrovirus*	小鼠乳腺瘤病毒 *Mouse mammary tumor virus*	脊椎动物
			丙型逆转录病毒属 *Gammaretrovirus*	小鼠白血病病毒 *Murine leukemia virus*	脊椎动物
			丁型逆转录病毒属 *Deltaretrovirus*	牛白血病病毒 *Bovine leukemia virus*	脊椎动物
			戊型逆转录病毒属 *Epsilonretrovirus*	大眼鲥鲈皮肤肉瘤病毒 *Walleye dermal sarcoma virus*	脊椎动物
			慢病毒属 *Lentivirus*	人类免疫缺陷病毒 1 型 *Human immunodeficiency virus 1*	脊椎动物
		泡沫病毒亚科 *Spumaretrovirinae*	泡沫病毒属 *Spumavirus*	猴泡沫病毒 *Simian foamy virus*	脊椎动物
dsRNA 病毒					
—	囊状噬菌科 *Cystoviridae*	—	囊状噬菌体属 *Cystovirus*	假单胞菌 Φ6 噬菌体 *Pseudomonas phage Φ6*	细菌
—	呼肠孤病毒科 *Reoviridae*	刺突呼肠孤病毒亚科 *Spinareovirinae*	正呼肠孤病毒属 *Orthoreovirus*	哺乳动物正呼肠孤病毒 *Mammalian orthoreovirus*	脊椎动物
			水生动物呼肠孤病毒属 *Aquareovirus*	水生动物呼肠孤病毒 A 型 *Aquareovirus A*	脊椎动物
			科罗拉多蜱传热症病毒属 *Coltivirus*	科罗拉多蜱传热症病毒 *Colorado tick fever virus*	脊椎动物、无脊椎动物
			水稻病毒属 *Oryzavirus*	水稻齿叶矮化病毒 *Rice ragged stunt virus*	植物、无脊椎动物
			斐济病毒属 *Fijivirus*	斐济病病毒 *Fiji disease virus*	植物、无脊椎动物
			真菌呼肠孤病毒属 *Mycoreovirus*	真菌呼肠孤病毒 1 型 *Mycoreovirus 1*	真菌
			质型多角体病毒属 *Cypovirus*	质型多角体病毒 1 型 *Cypovirus 1*	无脊椎动物
			昆虫非包涵体病毒属 *Idnoreovirus*	昆虫非包涵体病毒 1 型 *Idnoreovirus 1*	无脊椎动物
			迪诺维纳病毒属 *Dinovernavirus*	假鳞斑伊蚊呼肠孤病毒 *Aedes pseudoscutellaris reovirus*	无脊椎动物
		无刺突呼肠孤病毒亚科 *Sedoreovirinae*	环状病毒属 *Orbivirus*	蓝舌病毒 *Bluetongue virus*	脊椎动物、无脊椎动物
			东南亚十二 RNA 病毒属 *Seadornavirus*	班纳病毒 *Banna virus*	脊椎动物
			微胞藻呼肠孤病毒属 *Mimoreovirus*	细小微胞藻呼肠孤病毒 *Micromonas pusilla reovirus*	藻类
			河蟹呼肠孤病毒属 *Cardoreovirus*	中华绒螯蟹呼肠孤病毒 *Eriocheir sinensis reovirus*	无脊椎动物
			轮状病毒属 *Rotavirus*	轮状病毒 A 型 *Rotavirus A*	脊椎动物
			植物呼肠孤病毒属 *Phytoreovirus*	伤瘤病毒 *Wound tumor virus*	植物、无脊椎动物

（续）

目/order	科/family	亚科/subfamily	属/genus	代表种/type species	宿主/host
—	双节段 RNA 病毒科 *Birnaviridae*	—	水生动物双节段 RNA 病毒属 *Aquabirnavirus*	传染性胰脏坏死病毒 *Infectious pancreatic necrosis virus*	脊椎动物
			禽双 RNA 病毒属 *Avibirnavirus*	传染性法氏囊病毒 *Infectious bursal disease virus*	脊椎动物
			昆虫双 RNA 病毒属 *Entomobirnavirus*	果蝇 X 病毒 *Drosophila X virus*	无脊椎动物
—	单组分病毒科 *Totiviridae*	—	单组分病毒属 *Totivirus*	啤酒酵母病毒 L-A *Saccharomyces cerevisiae virus L-A*	真菌
			维克多病毒属 *Victorivirus*	维多利亚长蠕孢病毒 190S *Helminthosporium victoriae virus 190S*	真菌
			梨形鞭毛虫病毒属 *Giardiavirus*	梨形鞭毛虫病毒 *Giardia lamblia virus*	原生动物
			利什曼原虫病毒属 *Leishmaniavirus*	利什曼原虫 RNA 病毒 1－1 *Leishmania RNA virus 1－1*	原生动物
—	双组分病毒科 *Partitiviridae*		双组分病毒属 *Partitivirus*	艾特金菌病毒 *Atkinsonella hypoxylon virus*	真菌
			黑鱼斑点病毒属 *Blosnavirus*	黑鱼斑点病毒 *Blotched snakehead virus*	脊椎动物
			隐孢子病毒属 *Cryspovirus*	隐孢子虫病毒 *Cryptosporidium parvum virus*	原生动物
			α 潜隐病毒属 *Alphacryptovirus*	白三叶草潜隐病毒 1 号 *White clover cryptic virus 1*	植物
			β 潜隐病毒属 *Betacryptovirus*	白三叶草潜隐病毒 2 号 *White clover cryptic virus 2*	植物
—	小双节段 RNA 病毒科 *Picobirnaviridae*		小双节段 RNA 病毒属 *Picbirnavirus*	人小双节段 RNA 病毒 *Human picobirnavirus*	脊椎动物
—	青霉病毒科 *Chrysoviridae*	—	青霉病毒属 *Chrysovirus*	产黄青霉病毒 *Penicillium chrysogenum virus*	真菌
—	低毒病毒科 *Hypoviridae*	—	低毒病毒属 *Hypovirus*	栗疫病霉菌低毒病毒 1 号 *Cryphonectria hypovirus 1*	真菌
—	内源 RNA 病毒科 *Endornaviridae*	—	内源 RNA 病毒属 *Endornavirus*	蚕豆内源 RNA 病毒 *Vicia faba endornavirus*	植物
—		—	一品红潜隐病毒属 *Polemovirus*	一品红潜隐病毒 *Poinsettia latent virus*	植物

（一）ssRNA 病毒

目/order	科/family	亚科/subfamily	属/genus	代表种/type species	宿主/host
单分子负链 RNA 病毒目 *Mononegavirales*	博尔纳病毒科 *Bornaviridae*	—	博尔纳病毒属 *Bornavirus*	博尔纳病病毒 *Borna disease virus*	脊椎动物
	弹状病毒科 *Rhabdoviridae*		水疱性病毒属 *Vesiculovirus*	水疱性口炎印第安纳病毒 *Vesicular stomatitis Indiana virus*	脊椎动物、无脊椎动物
			狂犬病毒属 *Lyssavirus*	狂犬病毒 *Rabies virus*	脊椎动物

（续）

目/order	科/family	亚科/subfamily	属/genus	代表种/type species	宿主/host
单分子负链RNA病毒目 *Mononegavirales*	弹状病毒科 *Rhabdoviridae*	—	暂时热病毒属 *Ephemerovirus*	牛暂时热病毒 *Bovine ephemeral fever virus*	脊椎动物、无脊椎动物
			粒外弹状病毒属 *Novirhabdovirus*	传染性造血器官坏死病毒 *Infectious hematopoietic necrosis virus*	脊椎动物
			细胞质弹状病毒属 *Cytorhabdovirus*	莴苣坏死黄化病毒 *Lettuce necrotic yellows virus*	植物、无脊椎动物
			细胞核弹状病毒属 *Nucleorhabdovirus*	马铃薯黄矮病毒 *Potato yellow dwarf virus*	植物、无脊椎动物
	丝状病毒科 *Filoviridae*	—	马尔堡病毒属 *Marburgvirus*	维多利亚湖马尔堡病毒 *Lake Victoria marburgvirus*	脊椎动物
			埃博拉病毒属 *Ebolavirus*	扎伊尔埃博拉病毒 *Zaire ebolavirus*	脊椎动物
	副黏病毒科 *Paramyxoviridae*	副黏病毒亚科 *Paramyxovirinae*	腮腺炎病毒属 *Rubulavirus*	腮腺炎病毒 *Mumps virus*	脊椎动物
			禽副黏病毒属 *Avulavirus*	新城疫病毒 *Newcastle disease virus*	脊椎动物
			呼吸道病毒属 *Respirovirus*	仙台病毒 *Sendai virus*	脊椎动物
			亨尼病毒属 *Henipavirus*	亨德拉病毒 *Hendra virus*	脊椎动物
			麻疹病毒属 *Morbillivirus*	麻疹病毒 *Measles virus*	脊椎动物
		肺病毒亚科 *Pneumovirinae*	肺病毒属 *Pneumovirus*	人呼吸道合胞体病毒 *Human respiratory syncytial virus*	脊椎动物
			变位肺病毒属 *Metapneumovirus*	禽异肺病毒 *Avian metapneumovirus*	脊椎动物
—	正黏病毒科 *Orthomyxoviridae*	—	甲型流感病毒属 *Influenzavirus A*	甲型流感病毒 *Influenza A virus*	脊椎动物
			乙型流感病毒属 *Influenzavirus B*	乙型流感病毒 *Influenza B virus*	脊椎动物
			丙型流感病毒属 *Influenzavirus C*	丙型流感病毒 *Influenza C virus*	脊椎动物
			托高土流感病毒属 *Thogotovirus*	托高土流感病毒 *Thogoto virus*	脊椎动物、无脊椎动物
			鲑传染性贫血病毒属 *Isavirus*	鲑传染性贫血病毒 *Infection salmon anemia virus*	脊椎动物
—	布尼亚病毒科 *Bunyaviridae*	—	正布尼亚病毒属 *Orthobunyavirus*	布尼亚维拉病毒 *Bunyamwera virus*	脊椎动物、无脊椎动物
			汉坦病毒属 *Hantavirus*	汉坦病毒 *Hantaan virus*	脊椎动物
			内罗毕病毒属 *Nairovirus*	杜贝病毒 *Dugbe virus*	脊椎动物、无脊椎动物
			白蛉热病毒属 *Phlebovirus*	裂谷热病毒 *Rift Valley fever virus*	脊椎动物、无脊椎动物
			番茄斑萎病毒属 *Tospovirus*	番茄斑萎病毒 *Tomato spotted wilt virus*	植物、无脊椎动物

（续）

目/order	科/family	亚科/subfamily	属/genus	代表种/type species	宿主/host
—	沙粒病毒科 *Arenaviridae*	—	沙粒病毒属 *Arenavirus*	淋巴细胞性脉络丛脑膜炎病毒 *Lymphocytic choriomeningitis virus*	脊椎动物
—	蛇形病毒科 *Ophioviridae*	—	蛇形病毒属 *Ophiovirus*	柑橘鳞皮病毒 *Citrus psorosis virus*	植物
—	—	—	巨脉病毒属 *Varicosavirus*	莴苣巨脉伴随病毒 *Lettuce big-vein associated virus*	植物
—	—	—	纤细病毒属 *Tenuivirus*	水稻条纹病毒 *Rice stripe virus*	植物、无脊椎动物
—	—	—	δ病毒属 *Deltavirus*	丁型肝炎病毒 *Hepatitis delta virus*	脊椎动物
（＋）ssRNA 病毒					
	光滑噬菌体科 *Leviviridae*		光滑噬菌体属 *Levivirus*	肠杆菌 MS2 噬菌体 *Enterobacteria phage MS2*	细菌
			异光滑噬菌体属 *Allolevivirus*	肠杆菌 Qβ 噬菌体 *Enterobacteria phage Qβ*	细菌
—	裸露 RNA 病毒科 *Narnaviridae*	—	裸露 RNA 病毒属 *Narnavirus*	啤酒酵母 20S 裸露 RNA 病毒 *Saccharomyces 20S narnavirus*	真菌
			线粒体病毒属 *Mitovirus*	栗寄生疫霉菌线粒体病毒 1 型 *Cryphonectria mitovirus 1*	真菌
小 RNA 病毒目 *Picornavirales*	小 RNA 病毒科 *Picornaviridae*	—	肠道病毒属 *Enterovirus*	人肠道病毒 C 型 *Human enterovirus C*	脊椎动物
			鼻病毒属 *Rhinovirus*	人鼻病毒 A 型 *Human rhinovirus A*	脊椎动物
			心脏病毒属 *Cardiovirus*	脑炎心肌炎病毒 *Encephalomyocarditis virus*	脊椎动物
			口蹄疫病毒属 *Aphthovirus*	口蹄疫病毒 *Foot-and-mouth disease virus*	脊椎动物
			肝炎病毒属 *Hepatovirus*	甲型肝炎病毒 *Hepatitis A virus*	脊椎动物
			双埃柯病毒属 *Parechovirus*	人双埃柯病毒 *Human parechovirus*	脊椎动物
			马鼻炎病毒属 *Erbovirus*	马乙型鼻炎病毒 *Equine rhinitis B virus*	脊椎动物
			崎病毒属 *Kobuvirus*	爱知病毒 *Aichi virus*	脊椎动物
			捷申病毒属 *Teschovirus*	猪捷申病毒 *Porcine teschovirus*	脊椎动物
			禽肝炎病毒属 *Avihepatovirus*	鸭甲型肝炎病毒 *Duck hepatitis A virus*	脊椎动物
			塞尼卡病毒属 *Senecavirus*	塞尼卡谷病毒 *Seneca Valley virus*	脊椎动物
			萨佩洛病毒属 *Sapelovirus*	猪萨佩洛病毒 *Porcine sapelovirus*	脊椎动物
			震颤病毒属 *Tremovirus*	禽脑脊髓炎病毒 *Avian encephalomyelitis virus*	脊椎动物

（续）

目/order	科/family	亚科/subfamily	属/genus	代表种/type species	宿主/host
	双顺反子病毒科 Dicistroviridae	—	蟋蟀麻痹病毒属 Cripavirus	蟋蟀麻痹病毒 Cricket paralysis virus	无脊椎动物
	海洋 RNA 病毒科 Marnaviridae	—	海洋 RNA 病毒属 Marnavirus	赤潮异弯藻病毒 RNA 病毒 Heterosigma akashiwo RNA virus	藻类
	传染性软腐病病毒科 Iflaviridae	—	传染性软腐病病毒属 Iflavirus	传染性软化病病毒 Infectious flacherie virus	无脊椎动物
小 RNA 病毒目 Picornavirales	植物小 RNA 病毒科 Secoviridae	豇豆花叶病毒亚科 Comovirinae	豇豆花叶病毒属 Comovirus	豇豆花叶病毒 Cowpea mosaic virus	植物
			蚕豆病毒属 Fabavirus	蚕豆萎蔫病毒 1 号 Broad bean wilt virus 1	植物
			线虫传多面体病毒属 Nepovirus	烟草环斑病毒 Tobacco ringspot virus	植物
		伴生病毒亚科 Sequivirinae	伴生病毒属 Sequivirus	欧防风黄点病毒 Parsnip yellow fleck virus	植物
			水稻矮化病毒属 Waikavirus	水稻东格鲁球状病毒 Rice tungro spherical virus	植物
			温州蜜柑矮缩病毒属 Sadwavirus	温州蜜柑矮缩病毒 Satsuma dwarf virus	植物
			樱桃锉叶病毒属 Cheravirus	樱桃锉叶病毒 Cherry rasp leaf virus	植物
			番茄托拉多病毒属 Torradovirus	番茄托拉多病毒 Tomato torrado virus	植物
—	马铃薯 Y 病毒科 Potyviridae	—	马铃薯 Y 病毒属 Potyvirus	马铃薯 Y 病毒 Potato virus Y	植物
			布兰布 Y 病毒属 Brambyvirus	黑莓 Y 病毒 Blackberry virus Y	植物
			甘薯病毒属 Ipomovirus	甘薯轻型斑驳病毒 Sweet potato mild mottle virus	植物
			柘橙病毒属 Macluravirus	柘橙花叶病毒 Maclura mosaic virus	植物
			黑麦草花叶病毒属 Rymovirus	黑麦草花叶病毒 Ryegrass mosaic virus	植物
			小麦花叶病毒属 Tritimovirus	小麦线条花叶病毒 Wheat streak mosaic virus	植物
			大麦黄花叶病毒属 Bymovirus	大麦黄花叶病毒 Barley yellow mosaic virus	植物
—	杯状病毒科 Caliciviridae	—	兔病毒属 Lagovirus	兔出血症病毒 Rabbit hemorrhagic disease virus	脊椎动物
			纽伯里病毒属 Nebovirus	纽伯里病毒 1 型 Newbury 1 virus	脊椎动物
			诺如病毒属 Norovirus	诺沃克病毒 Norwalk virus	脊椎动物
			札幌病毒属 Sapovirus	札幌病毒 Sapporo virus	脊椎动物
			水疱疹病毒属 Vesivirus	猪水疱疹病毒 Vesicular exanthema of swine virus	脊椎动物

（续）

目/order	科/family	亚科/subfamily	属/genus	代表种/type species	宿主/host
—	星状病毒科 *Astroviridae*	—	禽星状病毒属 *Avastrovirus*	火鸡星状病毒 *Turkey astrovirus*	脊椎动物
			哺乳动物星状病毒属 *Mamastrovirus*	人星状病毒 *Human astrovirus*	脊椎动物
	野田村病毒科 *Nodaviridae*	—	α野田村病毒属 *Alphanodavirus*	野田村病毒 *Nodamura virus*	无脊椎动物
			β野田村病毒属 *Betanodavirus*	条纹鲹神经坏死病毒 *Striped jack nervous necrosis virus*	脊椎动物
—	T4病毒科 *Tetraviridae*	—	βT4病毒属 *Betatetravirus*	松天蛾β病毒 *Nudaurelia β virus*	无脊椎动物
			ωT4病毒属 *Omegatetravirus*	松天蛾ω病毒 *Nudaurelia ω virus*	无脊椎动物
—	黄症病毒科 *Luteoviridae*	—	黄症病毒属 *Luteovirus*	大麦黄矮病毒PAV *Barley yellow dwarf virus-PAV*	植物
			马铃薯卷叶病毒属 *Polerovirusv*	马铃薯卷叶病毒 *Potato leaf roll virus*	植物
			豌豆耳突花叶病毒属 *Enamovirus*	豌豆耳突花叶病毒1号 *Pea enation mosaic virus 1*	植物
—	番茄丛矮病毒科 *Tombusviridae*	—	香石竹环斑病毒属 *Dianthovirus*	香石竹环斑病毒 *Carnation ringspot virus*	植物
			番茄丛矮病毒属 *Tombusvirus*	番茄丛矮病毒 *Tomato bushy stunt virus*	植物
			绿萝病毒属 *Aureusvirus*	绿萝潜隐病毒 *Pothos latent virus*	植物
			燕麦病毒属 *Avenavirus*	燕麦褪绿矮化病毒 *Oat chlorotic stunt virus*	植物
			香石竹斑驳病毒属 *Carmovirus*	香石竹斑驳病毒 *Carnation mottle virus*	植物
			坏死病毒属 *Necrovirus*	烟草坏死病毒A *Tobacco necrosis virus A*	植物
			黍花叶病毒属 *Panicovirus*	黍花叶病毒 *Panicum mosaic virus*	植物
			玉米褪绿斑驳病毒属 *Machlomovirus*	玉米褪绿斑驳病毒 *Maize chlorotic mottle virus*	植物
套病毒目 *Nidovirales*	冠状病毒科 *Coronaviridae*	冠状病毒亚科 *Coronavirinae*	甲型冠状病毒属 *Alphacoronavirus*	甲型冠状病毒1 *Alphacoronavirus 1*	脊椎动物
			乙型冠状病毒属 *Betacoronavirus*	鼠冠状病毒 *Murine coronavirus*	脊椎动物
			丙型冠状病毒属 *Gammacoronavirus*	禽冠状病毒 *Avian coronavirus*	脊椎动物
		环曲病毒亚科 *Torovirinae*	白鳊病毒属 *Bafinivirus*	白鳊病毒 *White bream virus*	脊椎动物
			环曲病毒属 *Torovirus*	马环曲病毒 *Equine torovirus*	脊椎动物

（续）

目/order	科/family	亚科/subfamily	属/genus	代表种/type species	宿主/host
套病毒目 *Nidovirales*	动脉炎病毒科 *Arteriviridae*	—	动脉炎病毒属 *Arterivirus*	马动脉炎病毒 *Equine arteritis virus*	脊椎动物
	杆状套病毒科 *Roniviridae*	—	头甲病毒属 *Okavirus*	鳃相关病毒 *Gill-associated virus*	无脊椎动物
—	黄病毒科 *Flaviviridae*	—	黄热病毒属 *Flavivirus*	黄热病毒 *Yellow fever virus*	脊椎动物、 无脊椎动物
			瘟病毒属 *Pestivirus*	牛病毒性下痢病毒 *Bovine viral diarrhea virus*	脊椎动物
			丙型肝炎病毒属 *Hepacivirus*	丙型肝炎病毒 *Hepatitis C virus*	脊椎动物
—	披膜病毒科 *Togaviridae*	—	甲病毒属 *Alphavirus*	辛德毕斯病毒 *Sindbis virus*	脊椎动物、 无脊椎动物
			风疹病毒属 *Rubivirus*	风疹病毒 *Rubella virus*	脊椎动物
—	戊肝病毒科 *Hepeviridae*	—	戊型肝炎病毒属 *Hepevirus*	戊型肝炎病毒 *Hepatitis E virus*	脊椎动物
—	杆状 RNA 病毒科 *Barnaviridae*	—	杆状 RNA 病毒属 *Barnavirus*	蘑菇杆状病毒 *Mushroom bacilliform virus*	真菌
—	雀麦花叶病毒科 *Bromoviridae*	—	苜蓿花叶病毒属 *Alfamovirus*	苜蓿花叶病毒 *Alfalfa mosaic virus*	植物
			雀麦花叶病毒属 *Bromovirus*	雀麦花叶病毒 *Brome mosaic virus*	植物
			黄瓜花叶病毒属 *Cucumovirus*	黄瓜花叶病毒 *Cucumber mosaic virus*	植物
			等轴不稳环斑病毒属 *Ilarvirus*	烟草条纹病毒 *Tobacco streak virus*	植物
			油橄榄病毒属 *Oleavirus*	油橄榄潜隐病毒 2 号 *Olive latent virus 2*	植物
			环斑病毒属 *Anulavirus*	天竺葵带斑病毒 *Pelargonium zonate spot virus*	植物
芜菁黄花叶病 毒目 *Tymovirales*	甲型线形病毒科 *Alphaflexiviridae*	—	青葱 X 病毒属 *Allexivirus*	青葱 X 病毒 *Shallot virus X*	植物
			灰霉 X 病毒属 *Botrexvirus*	灰霉病毒 X *Botrytis virus X*	真菌
			黑麦草潜隐病毒属 *Lolavirus*	黑麦草潜隐病毒 *Lolium latent virus*	植物
			印度柑橘病毒属 *Mandarivirus*	印度柑橘环斑病毒 *India citrus ringspot virus*	植物
			马铃薯 X 病毒属 *Potexvirus*	马铃薯 X 病毒 *Potato virus X*	植物
			核盘菌弱化病毒属 *Sclerodarnavirus*	核盘菌弱化相关病毒 *Sclerotinia sclerotiorum debilita-tion-associated RNA virus*	真菌

（续）

目/order	科/family	亚科/subfamily	属/genus	代表种/type species	宿主/host
芜菁黄花叶病毒目 *Tymovirales*	乙型线形病毒科 *Betaflexiviridae*	—	香石竹潜隐病毒属 *Carlavirus*	香石竹潜隐病毒 *Carnation latent virus*	植物
			柑橘病毒属 *Citrivirus*	柑橘叶斑病毒 *Citrus leaf blotch virus*	植物
			凹陷病毒属 *Foveavirus*	苹果茎痘病毒 *Apple stem pitting virus*	植物
			发形病毒属 *Capillovirus*	苹果茎沟病毒 *Apple stem grooving virus*	植物
			葡萄病毒属 *Vitivirus*	葡萄 A 病毒 *Grapevine virus A*	植物
			纤毛病毒属 *Trichovirus*	苹果褪绿叶斑病毒 *Apple chlorotic leaf spot virus*	植物
	丙型线形病毒科 *Gammaflexiviridae*		真菌线形病毒属 *Mycoflexivirus*	灰霉病毒 F *Botrytis virus F*	真菌
	芜菁黄花叶病毒科 *Tymoviridae*	—	芜菁黄花叶病毒属 *Tymovirus*	芜菁黄花叶病毒 *Turnip yellow mosaic virus*	植物
			玉米雷亚朵非纳病毒属 *Marafivirus*	玉米雷亚朵非纳病毒 *Maize rayado fino virus*	植物、无脊椎动物
			葡萄斑点病毒属 *Maculavirus*	葡萄斑点病毒 *Grapevine fleck virus*	植物
—	长线形病毒科 *Closteroviridae*	—	长线形病毒属 *Closterovirus*	甜菜黄化病毒 *Beet yellow virus*	植物
			葡萄卷叶病毒属 *Ampelovirus*	葡萄卷叶伴随病毒 3 型 *Grapevine leafroll-associated virus 3*	植物
			毛形病毒属 *Crinivirus*	莴苣传染性黄化病毒 *Lettuce infectious yellows virus*	植物
—	帚状病毒科 *Virgaviridae*	—	真菌传杆状病毒属 *Furovirus*	土传小麦花叶病毒 *Soil-borne wheat mosaic virus*	植物
			大麦病毒属 *Hordeivirus*	大麦条纹花叶病毒 *Barley stripe mosaic virus*	植物
			花生丛簇病毒属 *Pecluvirus*	花生丛簇病毒 *Peanut clump virus*	植物
			马铃薯帚顶病毒属 *Pomovirus*	马铃薯帚顶病毒 *Potato mop-top virus*	植物
			烟草花叶病毒属 *Tobamovirus*	烟草花叶病毒 *Tobacco mosaic virus*	植物
			烟草脆裂病毒属 *Tobravirus*	烟草脆裂病毒 *Tobacco rattle virus*	植物
—	—	—	柑橘糙皮病毒属 *Cilevirus*	柑橘糙皮病毒 C *Citrus leprosis virus C*	植物
—	—	—	欧洲山梨环斑病毒属 *Emaravirus*	欧洲山梨环斑相关病毒 *European mountain ash ringspot-associated virus*	植物
—	—	—	甜菜坏死黄脉病毒属 *Benyvirus*	甜菜坏死黄脉病毒 *Beet necrotic yellow vein virus*	植物

（续）

目/order	科/family	亚科/subfamily	属/genus	代表种/type species	宿主/host
—	—	—	南方菜豆花叶病毒属 *Sobemovirus*	南方菜豆花叶病毒 *Southern bean mosaic virus*	植物
—	—	—	欧尔密病毒属 *Ourmiavirus*	欧尔密甜瓜病毒 *Ourmia melon virus*	植物
—	—	—	悬钩子病毒属 *Idaeovirus*	悬钩子丛矮病毒 *Raspberry bushy dwarf virus*	植物
—	—	—	伞形病毒属 *Umbravirus*	胡萝卜斑驳病毒 *Carrot mottle virus*	植物
亚病毒					
类病毒 *Viroids*	马铃薯纺锤形块茎类病毒科 *Pospiviroidae*	—	马铃薯纺锤形块茎类病毒属 *Pospiviroid*	马铃薯纺锤形块茎类病毒 *Potato spindle tuber viroid*	植物
			啤酒花矮化类病毒属 *Hostuviroid*	啤酒花矮化类病毒 *Hop stunt viroid*	植物
			椰子死亡类病毒属 *Cocadviroid*	椰子死亡类病毒 *Coconut cadang-cadang viroid*	植物
			苹果锈果类病毒属 *Apscaviroid*	苹果锈果类病毒 *Apple scar skin viroid*	植物
			锦紫苏类病毒属 *Coleviroid*	锦紫苏类病毒1号 *Coleus blumei viroid 1*	植物
	鳄梨日斑类病毒科 *Avsunviroidae*	—	鳄梨日斑类病毒属 *Avsunviroid*	鳄梨日斑类病毒 *Avocado sunblotch viroid*	植物
			桃潜隐花叶类病毒属 *Pelamoviroid*	桃潜隐花叶类病毒 *Peach latent mosaic viroid*	植物
			茄潜隐类病毒属 *Elaviroid*	茄潜隐类病毒 *Eggplant latent viroid*	—
卫星病毒 *Satellite virus*	蜜蜂慢性麻痹卫星病毒组 *Chronic bee-paralysis satellite virus*	—	—	蜜蜂慢性麻痹卫星病毒 *Chronic bee-paralysis satellite virus*	无脊椎动物
	烟草坏死卫星病毒组 *Tobacco necrosis satellite virus-like*	—	—	烟草坏死卫星病毒 *Tobacco necrosis satellite virus*	植物
卫星核酸 *Satellite nucleic acid*	单链DNA卫星核酸组 *Single stranded satellite DNAs*	—	—	番茄曲叶病毒卫星DNA *Tomato leaf curl virus satellite DNA*	植物
	双链RNA卫星核酸组 *Double stranded satellite RNAs*	—	—	酵母M卫星核酸 *M satellites of yeast*	真菌

（续）

目/order	科/family	亚科/subfamily	属/genus	代表种/type species	宿主/host
		—	大单链卫星 RNA 亚组 Large single stranded satellite RNAs	番茄黑环病毒卫星 RNA Tomato black ring virus satellite RNA	植物
卫星核酸 Satellite nucleic acid	单链 RNA 卫星核酸组 Single stranded satellite RNAs	—	小线状单链卫星 RNA 亚组 Small linear single stranded satellite RNAs	黄瓜花叶病毒卫星 RNA Cucumber mosaic virus satellite RNA	植物
		—	环状单链卫星 RNA 亚组 Circular single stranded satellite RNAs	烟草环斑病毒卫星 RNA Tobacco ringspot virus satellite RNA	植物
朊病毒 Prion	哺乳动物朊病毒 Mammalian prions	—	—	羊瘙痒症朊病毒 Scrapie prion	脊椎动物
	真菌朊病毒 Fungal prions	—	—	URE3 朊病毒 [URE3] prion	真菌

思 考 题

1. 病毒有哪些形态？如何测量病毒大小？
2. 病毒粒子对称机制有哪几种？各举一例加以介绍。
3. 病毒的主要化学组成及其功能是什么？
4. 病毒分类的原则包括哪几方面？

主要参考文献

洪健，周雪平，2006.ICTV 第八次报告的最新病毒分类系统 [J]. 中国病毒学（1）：84-96.

黄文林，2015. 分子病毒学 [M]. 3 版. 北京：人民卫生出版社.

黄秀梨，2003. 微生物学 [M]. 北京：高等教育出版社.

路福平，2005. 微生物学 [M]. 北京：中国轻工业出版社.

闵航，2003. 微生物学 [M]. 北京：科学技术文献出版社.

沈萍，2000. 微生物学 [M]. 北京：高等教育出版社.

殷震，刘景华，1997. 动物病毒学 [M]. 2 版. 北京：科学出版社.

张忠信，2012.ICTV 第九次报告对病毒分类系统的一些修改 [J]. 病毒学报，28（5）：595-599.

周德庆，2002. 微生物学教程 [M]. 北京：高等教育出版社.

周长林，2003. 微生物学 [M]. 北京：中国医药科技出版社.

第三章　病毒的复制

第一节　病毒复制概论

病毒是自然界最小的具有特殊结构和化学组成的生物，无活细胞所具备的细胞器，如核糖体、线粒体等，也无完整的代谢酶系统和能量系统，不能进行新陈代谢和独立复制。因此，病毒只有进入活的易感宿主细胞内，由宿主细胞提供合成病毒核酸与蛋白质的原料、能量、必要的酶等，病毒才能增殖。病毒增殖的方式不是二分裂，而是自我复制。即以病毒核酸为模板，在 DNA 聚合酶或 RNA 聚合酶及其他必要因素作用下，合成子代病毒的核酸和蛋白质，装配成完整病毒颗粒并释放至细胞外。病毒的增殖只能在活的宿主细胞内进行，这是一种完全不同于其他生物的繁殖方式。因此，了解细胞的超微结构及其功能，特别是其中对病毒增殖具有重要意义的超微结构，是认识病毒增殖过程和规律的必要前提。

一、病毒复制的场所——细胞

1. 细胞膜　细胞膜（cytomembrane）是细胞最外层的薄膜结构。尽管细胞膜的厚度及形态随细胞种类的不同而异，但所有细胞的膜性结构的基本构成类似。流动镶嵌学说是目前已被广泛接受的膜结构学说。该学说认为细胞的膜结构是以磷脂双层为基础的流动性液相膜结构，膜蛋白以非共价插入或镶嵌在膜分子中，某些膜蛋白的膜外部分结合有糖类，形成糖蛋白。因蛋白质分子存在亲水性和疏水性，形成其只能在膜结构表面平移而不能随意翻转的非对称结构。细胞膜具有保护细胞的作用，对细胞内外物质呈现选择性通透作用。病毒感染细胞时，细胞膜是病毒粒子遇到的第一个屏障。细胞膜外层表面的特性，特别是各种受体的存在，决定着病毒粒子能否对其发生特异性吸附。细胞膜及其下层细胞质的运动，则是对已经吸附的病毒粒子实现内吞作用的基础。对于无囊膜病毒来说，细胞膜是病毒感染末期子代病毒粒子脱离细胞的最后一个屏障。而对于大多数有囊膜病毒来说，细胞膜则是其增殖环节的最后一个阶段——病毒粒子在细胞膜上出芽成熟，因病毒感染发生成分改变的细胞膜成为病毒的最外层结构——囊膜。

2. 细胞质　细胞质（cytoplasm）是位于细胞膜之内、细胞核之外的胶状体，内含多种细胞器，如线粒体、内质网、高尔基体、中心体、核糖体和溶酶体等，以及脂肪滴、色素颗粒等细胞内含物。细胞质是病毒蛋白质合成以及绝大多数 RNA 病毒的核酸复制场所。个别 DNA 病毒（如痘病毒）的 DNA 合成也在细胞质内完成。另外，多数病毒粒子的装配过程也在细胞质内进行。某些病毒（如狂犬病毒）还可在细胞质内形成包涵体。

3. 细胞器　细胞器包括线粒体、内质网、高尔基体、中心体、核糖体和溶酶体等。

（1）线粒体　线粒体（mitochondria）为散于细胞质中的椭圆形颗粒，直径为 $0.1\sim0.2\mu m$。具有双层膜结构，内层膜向内折叠成嵴。线粒体腔内或嵴上吸附有大量的酶类，如三羧酸循环酶系、脂肪酸氧化酶系及呼吸链酶系，是进行生物氧化和产生 ATP 的细胞器，是生命活动的动力站。线粒体内还携带可以复制和表达的 DNA，称为线粒体基因。

（2）内质网　内质网（endoplasmic reticulum）是细胞质内广泛分布的具有膜结构的扁囊、小管或小泡连接形成的连续的三维网状膜系统，分为粗面内质网和光面内质网两种。粗面内质网表面附有核糖体，其功能是合成蛋白质大分子，并把它们从细胞输送出去或在细胞内转运到其他部位。光面内质网表面无核糖体附着，参与糖类和脂质的合成。

（3）高尔基体 高尔基体（Golgi apparatus）是意大利科学家 Camilo Golgi 在 1898 年发现的，位于细胞核附近，为网状膜结构，呈扁平囊泡状，彼此平行排列，并常与内质网相连接。高尔基体与细胞内物质的储存、聚集和转运有关，参与细胞的胞饮和胞吐过程、溶酶体的形成以及糖蛋白和黏多糖的合成等。

（4）中心体 中心体（centrosome）是动物及低等植物细胞中一种重要的细胞器，位于细胞核附近的细胞质中，由直径 $0.15\sim0.2\mu m$、长 $0.3\sim0.5\mu m$ 的两个中心粒相互垂直排列构成，无膜结构。中心体与细胞的有丝分裂有关。

（5）核糖体 核糖体（ribosome）又称核蛋白体或核糖核蛋白体，是直径为 $15\sim35nm$ 的球形颗粒，由蛋白质和 RNA 组成。真核生物核糖体由大小两个亚基构成，沉淀系数分别为 60S 和 40S。多个核糖体同时连接在一条 mRNA 链上形成聚核糖体，是细胞合成蛋白质的主要场所。病毒蛋白质的合成也发生在核糖体上。研究表明，即使是细胞核内增殖的病毒（如腺病毒），其蛋白质的合成也发生在细胞质内的核糖体上。

（6）溶酶体 溶酶体（lysosome）是单层脂蛋白膜包围而成的细胞器，直径 $25\sim800nm$，分散在细胞质内。溶酶体内含有核酸酶、磷脂酶、蛋白酶、糖苷酶等许多酶类，对进入其内的蛋白质、糖类、脂类、核酸和黏多糖等进行消化。但这些酶封闭在脂膜内，与细胞的其余部分隔离，从而防止细胞发生自我消化。但在细胞受伤、缺氧或发生某些病毒感染时，溶酶体膜的通透性增高，溶酶体内的酶渗出进入细胞质内，引起细胞自溶。这也是某些细胞感染病毒后死亡的原因之一。在某些病毒的感染细胞过程中，病毒粒子被内吞入细胞，存在于内吞小体中，由于溶酶体与内吞小体的膜融合，酶类释放，使病毒粒子部分降解，从而有助于病毒脱壳和核酸释放。

4. 细胞核 细胞核（nucleus）外周有膜，称为核膜，内为核质。核膜为双层膜结构，外层核膜上附有核糖体，并常与内质网相连。核膜上有小孔，称为核孔。核内还有一个或几个核仁，由 RNA、DNA 和蛋白质构成，参与核糖体 RNA 的合成，并与遗传信息的传递有关。细胞核是细胞的控制中心，在细胞的代谢、生长、分化中起着重要作用。大多数 DNA 病毒和少数 RNA 病毒的核酸在细胞核内合成，然后转运到细胞质内，在核糖体上完成蛋白质的合成，并装配成核衣壳。某些核内增殖的 DNA 病毒（如疱疹病毒）会形成核内包涵体，并在核膜上出芽时获得囊膜。

二、病毒复制及研究方法

病毒感染敏感的宿主细胞，首先是通过病毒粒子表面的吸附蛋白与细胞表面的受体特异性结合，然后病毒以一定方式进入细胞，经过脱壳，释放出病毒基因组，再在病毒基因组控制下，进行病毒成分的合成和核酸复制，最终组装成完整的病毒颗粒。病毒的这种增殖方式称为复制（replication）。自病毒吸附于细胞开始，到产生成熟子代病毒从感染细胞释放到细胞外的复制过程称为病毒的复制周期（virus replication cycle）。一个完整的复制周期包括吸附与侵入、脱壳、病毒蛋白的合成与核酸复制、病毒粒子的装配和释放等阶段。病毒的吸附与侵入、脱壳又称病毒感染的起始。病毒的复制是一个连续不断的进行性过程，直至把细胞成分耗尽后该过程才终止。不同种属的病毒各有其独特的复制方式。病毒的复制周期可概括于图 3-1。

研究病毒复制周期最经典的方法是"一步法生长试验"（one-step growth experiment），该试验最初是为研究噬菌体复制而建立的，后推广到动物病毒和植物病毒复制研究中。试验中采用适宜感染复数（multiplicity of infection，m.o.i.）的病毒感染，经过一个吸附阶段，洗涤细胞去除未被吸附的病毒，这样所有的细胞同时被感染，增殖就是同步单周期的。然后继续培养并定时取样测定培养物中的病毒效价。以感染时间为横坐标，病毒效价为纵坐标，绘制出的具有病毒特征性的繁殖曲线，即一步生长曲线（one-step growth curve）（图 3-2）。

一步生长曲线反映了病毒在细胞培养物中复制的动力学性质。在感染后的短时间内，接种的病

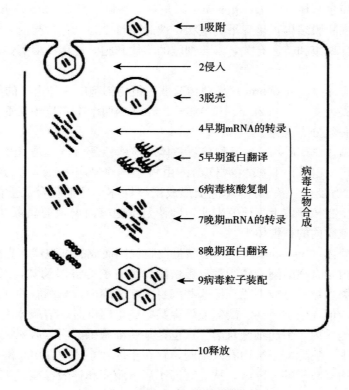

图 3-1 病毒的复制周期

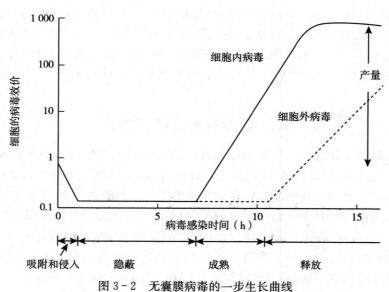

图 3-2 无囊膜病毒的一步生长曲线

毒消失，即使在细胞内也不能检测到有感染力的病毒粒子，只有当新的病毒粒子产生后，感染性才恢复。自病毒在受感染细胞内消失到细胞内出现新的感染性病毒的这段时间称为隐蔽期（eclipse period）。不同病毒的隐蔽期长短不同，一般持续几个小时，然后感染进入快速生长期，最后是平台期。平台期可能是由于所有感染细胞达到其产生病毒的最大能力，或感染细胞死亡或溶解。从感染到平台期这段时间代表病毒一个复制周期所需时间。不同种类的病毒、同种病毒在不同培养温度以及感染不同类型的宿主细胞，复制周期的时间长短有差异。

　　研究病毒复制的特点及不同病毒在复制各阶段中的差异，对于理解疾病的病理发生和对病毒感染的预防、诊断及治疗均有重要意义。

第二节　病毒的复制周期

病毒的复制是一个非常复杂的过程，大致可以分为 4 个主要的连续阶段，即吸附与侵入、脱壳、病毒生物大分子的合成、病毒粒子的装配和释放。

一、吸附与侵入

（一）吸附

吸附（attachment）是指病毒与宿主细胞表面接触并进而发生稳定结合的过程。病毒的吸附过程一般分两个阶段。首先是非特异性吸附，即病毒与宿主细胞以静电引力而结合。这种作用是非特异性的、随机的，可发生在细胞表面任何部位。这个时候的环境因素，如 pH、温度、离子强度等可影响和改变这种结合，一旦条件改变，病毒就会从细胞上脱离下来。随后发生的是病毒的特异性吸附，即病毒的表面蛋白（配体）与细胞膜上的受体特异性结合。

1. 病毒吸附蛋白　病毒表面上能够识别特异的宿主细胞受体的结构蛋白，称为病毒吸附蛋白（virus attachment protein，VAP）。病毒吸附蛋白与宿主细胞表面受体结合后，能够启动病毒粒子或者病毒核酸进入宿主细胞的过程。

病毒吸附蛋白与病毒宿主范围、组织嗜性甚至致病性有关。病毒吸附蛋白一般是比较保守的，这样可以保持一种病毒具有相同的组织嗜性。病毒吸附蛋白受体结合域上某些氨基酸的突变能够影响病毒对受体识别、细胞亲嗜性和发病机制。如脊髓灰质炎病毒 Mahoney 株壳体的单一氨基酸突变可使病毒获得对小鼠的感染性，使小鼠发生脊髓灰质炎。鸡传染性支气管炎病毒（IBV）被公认为是冠状病毒的代表性病毒，主要引起鸡的一种称为传染性支气管炎的急性高度接触性传染病。IBV 是通过 S 蛋白与细胞受体结合并介导病毒与宿主细胞的膜融合，S 蛋白决定病毒亲嗜性和组织嗜性。免疫压力选择和基因重组导致 S 基因发生变异后，IBV 呈现出由嗜呼吸器官、泌尿器官向嗜生殖器官和消化道变化，目前已有呼吸型、肾型、肠型、腺胃型以及多型混合等临床型出现。猪呼吸道冠状病毒（PRCV）被认为是猪传染性胃肠炎病毒（TGEV）基因缺失变异株，序列同源性达 96%。由于猪传染性胃肠炎病毒 S 基因 5′端碱基缺失或者缺失引起开放阅读框的改变，导致 TGEV 组织亲嗜性从小肠迁移到呼吸道从而演化成 PRCV，并降低 TGEV 毒力，变为弱毒或无毒力的 PRCV 毒株。

多数病毒只用一种病毒吸附蛋白来调节其吸附和进入宿主细胞或与细胞融合。也有些病毒，如副黏病毒，通过使用不同的蛋白，即血凝素-神经氨酸酶（HN）和融合蛋白（F）来完成吸附和融合过程。更复杂的病毒，携带多种不同的黏附蛋白和融合蛋白。如疱疹病毒科的伪狂犬病毒 gC 和 gD 糖蛋白在吸附过程中都起作用，病毒吸附到细胞是由 gC 糖蛋白与硫酸乙酰肝素结合启动的，随后，gD 糖蛋白与稳定的二级吸附有关，并启动病毒粒子囊膜和质膜的融合过程，此过程主要由 gB 和 gH-gL 复合体完成。一些病毒吸附蛋白和细胞受体见表 3-1。

2. 病毒的受体　病毒的受体是那些可直接与天然的病毒粒子特异结合的细胞表面分子，比如人类免疫缺陷病毒（HIV）的 CD4 受体、小 RNA 病毒科和腺病毒科共用的 CAR 受体和整合素受体 αVβ3 等。有些细胞表面还存在一类可使细胞表面颗粒聚集从而帮助病毒粒子进入细胞的因子，此类因子作用的特异性不如受体强，通常称为吸附因子（attachment factor），如某些细胞表面的寡聚唾液酸是流感病毒、仙台病毒、呼肠孤病毒 3 型、猪轮状病毒、鼠多瘤病毒和犬细小病毒等多种病毒的共同吸附因子。病毒受体或吸附因子主要是细胞膜上的蛋白质或糖类，这里必须指出，不一定每个细胞表面都有特定病毒的特异受体或相关吸附因子。细胞有无特定病毒的受体或相关吸附因子，直接影响细胞对相关病毒的易感性及病毒感染的组织嗜性。

病毒吸附细胞的过程可在几分钟到几十分钟内完成。吸附效率一般与易感细胞种类有关，西方马脑炎病毒在鸡胚成纤维细胞上 30min 内的吸附率达 85％。狂犬病毒在 BHK-21 细胞上的吸附也可在 30min 内完成。病毒学实践中以病毒感染细胞时，通常只感染 30～60min，即可达到感染目的。但对某些病毒来说，似乎需要更长一些时间才能获得最大量的病毒吸附，例如口蹄疫病毒对悬浮培养的牛舌上皮的吸附需要 15～30min，但其对牛肾或猪肾单层细胞的吸附，却需 80～90min 才能完成。相同条件下病毒吸附水平的差异反映了细胞表面受体或吸附因子的多寡。

表 3-1　常见病毒吸附蛋白和细胞受体

（引自 Fenner S，2011）

病　　毒	科	病毒吸附蛋白	细胞受体
人类免疫缺陷病毒	逆转录病毒科	gp120 糖蛋白	CCR5，CCR3，CCR4（硫酸肝素蛋白聚糖）
禽白血病病毒	逆转录病毒科	gp85 糖蛋白	组织肿瘤坏死因子相关蛋白 TVB
小鼠白血病病毒	逆转录病毒科	gp30	MCAT-1
牛白血病病毒	逆转录病毒科	gp51	BLV 受体 1
脊髓灰质炎病毒	小 RNA 病毒科	VP_1	PVR（CD155）-Ig 家族
柯萨奇病毒 B	小 RNA 病毒科	VP_1	CAR-Ig 家族
手足口病病毒-野生病毒	小 RNA 病毒科	VP_1	各种整合素
手足口病病毒-细胞适应性病毒	小 RNA 病毒科	VP_1	硫酸肝素蛋白聚糖
猫杯状病毒	杯状病毒科	VP_1	FjAM-A（猫相关黏附分子-A）
腺病毒	腺病毒科	五邻体	αVβ3，αVβ5 整合素
单纯疱疹病毒 1	疱疹病毒科	gC、gD	HveA（疱疹病毒侵入因子 A）
EB 病毒	疱疹病毒科	gp350/220	CD21，CR2（补体受体 2）
伪狂犬病毒	疱疹病毒科	gC、gD	CD155-Ig 家族
猫细小病毒	细小病毒科	TfR	TfR-1（转铁蛋白受体-1）
甲型流感病毒	正黏病毒科	血凝素（HA）	唾液酸
甲型流感病毒	正黏病毒科	血凝素（HA）	9-O-乙酰水杨酸
犬瘟热病毒	副黏病毒科	H 蛋白	SLAM（信号转导淋巴细胞激活分子）
新城疫病毒	副黏病毒科	HN 蛋白	唾液酸
轮状病毒	呼肠孤病毒科	VP_6 蛋白	各种整合素
呼肠孤病毒	呼肠孤病毒科	σ1 蛋白	JAM（连接黏附分子）
鼠肝炎病毒	冠状病毒科	S 蛋白	CEA（癌胚抗原）-Ig 家族
传染性胃肠炎病毒	冠状病毒科	S 蛋白	氨肽酶 N
淋巴细胞性脉络丛脑膜炎病毒	沙粒病毒科	GP_1 蛋白	α 肌营养不良蛋白聚糖
登革热病毒	黄病毒科	E 蛋白	硫酸肝素蛋白聚糖
狂犬病毒	弹状病毒科	G 蛋白	乙酰胆碱，NCAM（神经黏附分子）

病毒受体（包括吸附因子）的功能除特异性吸附病毒粒子外，还可能通过以下 3 种方式辅助病毒侵入细胞：一是受体与病毒结合后，引发病毒粒子或吸附蛋白的构象发生改变；二是受体的聚集或固定可以引发细胞膜形成陷窝，以实现病毒的内吞作用；三是受体与病毒结合后，可引导病毒向细胞膜上的侵入位点移动。

（二）侵入

侵入（penetration）是吸附完成后的连续过程。与吸附不同的是，侵入是一个耗能过程。目前发现病毒侵入细胞主要有 3 种方式：一是通过内吞作用（endocytosis）进入，如水疱性口炎病毒、登革热病毒均可通过此种方式侵入细胞；二是病毒囊膜同细胞膜融合，将核衣壳送入细胞，如流感病毒；三是病毒吸附诱使细胞膜发生局部通透性改变后，其核酸或核衣壳直接转入胞质，如小RNA 病毒。无囊膜病毒只能以第一种和第三种方式侵入，有囊膜病毒主要以第二种方式进入。值得指出的是，同种病毒进入同种细胞也可能有不同的方式。

1. 内吞作用　病毒吸附于细胞表面后，通过类似于细胞吞噬的内吞方式被摄入细胞。大多数病毒利用该方式进入细胞。这是因为许多病毒需要低 pH 依赖的构象改变启动融合、穿入和脱壳，而内吞作用对于这些病毒是决定性的，因为内吞途径能出现酸化作用。对于不需要严格低 pH 依赖过程的病毒，内吞也是很好的进入细胞的方式，因为内吞小体提供了一种方便快捷的跨膜和胞质转运方式，尤其对于在核内复制的病毒，内吞小体能将携带的病毒转运到核孔附近，便于向核膜移位（图 3-3）。该途径分网格蛋白依赖性（clathrin dependent）内吞作用、小窝蛋白依赖性（caveolin dependent）内吞作用、巨胞饮作用（macropinocytosis）以及网格蛋白和小窝蛋白非依赖性（clathrin independent & caveolin independent）内吞作用。

网格蛋白依赖性内吞作用发生时，病毒与细胞膜表面特异性受体结合后，引发膜受体分子构象的改变，通过信号传递，最终导致网格蛋白在病毒所在局部的细胞膜内侧聚集，并形成细胞膜穴样内陷。病毒粒子被裹进陷窝后，开口处细胞膜融合，形成完整的内吞小体，将病毒-受体复合物吞入细胞中。

小窝蛋白依赖性内吞作用，由病毒与受体结合后转移到小窝蛋白富集的凹陷区触发，在一系列信号转导后诱发该凹陷区的进一步内陷，导致内吞小体的形成和脱离。

巨胞饮作用则是一种非特异的内吞形式，它不完全依赖病毒与受体的结合，而是在某些因素刺激下，由细胞骨架的肌动蛋白驱使细胞膜发生皱褶并形成较大的原始内吞小体（巨胞饮体）。痘苗病毒、疱疹病毒 1 型等较大的病毒粒子可以通过此途径实现内化。

网格蛋白和小窝蛋白非依赖性内吞作用与质膜上抗胆固醇抽提剂的微小区域密切相关。特殊的配体可以不依赖网格蛋白或小窝蛋白进入细胞，这可能是与网格蛋白或小窝蛋白依赖性内吞作用同时发生的。总的来说，非依赖性的内吞作用只有在网格蛋白或小窝蛋白的功能被特异抑制后才能观察到，这一现象是在研究脂质类似物的摄取过程中发现的。此外，淋巴细胞性脉络丛脑膜炎病毒（*Lymphocytic choriomeningitis virus*，LCMV）及流感病毒可以通过此途径侵入细胞。

2. 与细胞膜融合　囊膜病毒多以这种方式侵入细胞。膜融合发生于细胞表面或胞质中的内吞小体内。囊膜病毒与膜的融合方式可分为两类，一类为非 pH 依赖型，其在中性 pH 下即可发生融合，如 HIV-1、疱疹病毒、冠状病毒、仙台病毒等；另一类为 pH 依赖型，在 pH 为 5～6 的条件下才能发生融合，如流感病毒、水疱性口炎病毒。前者囊膜直接与质膜融合，后者先以受体介导的内吞作用进入细胞，后在内吞小体酸性环境下触发融合（图 3-3）。但是无论哪种情况都需要囊膜上具有细胞融合活性的囊膜糖蛋白或融合蛋白介导。以流感病毒和 HIV 为例，囊膜糖蛋白在宿主细胞内以前体蛋白（流感病毒为 HA_0，HIV 为 gp160）形式合成，然后被蛋白酶裂解为表面亚单位（流感病毒为 HA_1，HIV 为 gp120）及跨膜亚单位（流感病毒为 HA_2，HIV 为 gp41）。表面亚单位用于识别及结合宿主细胞的特异性受体，跨膜亚单位包含融合肽区域，是病毒融合的功能单位，介导病毒囊膜和细胞质膜融合，病毒核衣壳得以进入胞质。

3. 直接进入　某些无囊膜的二十面体病毒能直接通过细胞膜进入细胞质，如小 RNA 病毒中的脊髓灰质炎病毒，该病毒在 pH 中性或酸性环境下，细胞表面受体与病毒粒子的结合导致病毒结构蛋白构象发生改变，VP_4 蛋白释放，VP_1 蛋白氨基末端突出病毒表面，并插入细胞膜内形成小孔，将病毒基因组 RNA 注入细胞质内，衣壳部分则仍留在细胞膜上。

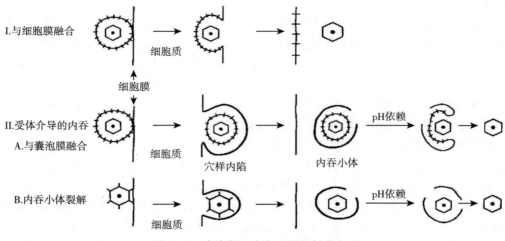

I.与细胞膜融合 细胞质

细胞膜

II.受体介导的内吞
A.与囊泡膜融合 细胞质 穴样内陷 内吞小体 pH依赖

B.内吞小体裂解 细胞质 pH依赖

图 3-3 病毒侵入宿主细胞的部分方式

二、脱　壳

病毒侵入细胞后，病毒的囊膜和衣壳去除而病毒核酸释放出来的过程称为脱壳（uncoating）。病毒脱壳后病毒的颗粒形式从感染细胞内消失，存在于细胞内的是病毒的基因组。囊膜病毒脱壳包括脱囊膜和脱衣壳两个步骤，无囊膜病毒只需脱衣壳，脱壳方式因病毒而异。

有囊膜病毒的脱壳过程是从膜融合过程中病毒囊膜的脱去开始的，其核衣壳也通常由此开始解离，在到达遗传物质复制的场所后，核衣壳便完全解离，以开始基因的正常复制和表达。以逆转录病毒为例，其囊膜在侵入细胞时通过膜融合脱去，进入细胞质后，其基因组 RNA 在核衣壳内使用自身逆转录酶进行逆转录，核衣壳则在运输逆转录产物 DNA 进入细胞核后才发生解离。

无囊膜病毒的脱壳过程通常包括病毒结构蛋白构象的改变、分子间作用力减弱、结构蛋白的逐渐解离，最后衣壳蛋白被裂解。以腺病毒 2 型为例，病毒粒子在与细胞膜特异性吸附时即开始部分纤突的脱落，内吞进入细胞后，随着衣壳蛋白构象发生改变，分子间作用力减弱，核衣壳中的蛋白酶被激活，导致衣壳蛋白裂解，将病毒基因组注入细胞核，衣壳蛋白解聚，完成脱衣壳过程。

三、病毒生物大分子的合成

病毒侵入宿主细胞并脱壳后，利用细胞合成核酸和蛋白质的原料、场所、机制和能量，完成自身生物大分子的合成。病毒的生物大分子合成包括 mRNA 的转录、mRNA 的翻译、病毒核酸的复制等重要内容。

动物细胞内的合成系统只能识别和翻译单顺反子 mRNA，而无法识别 mRNA 链中的多重启动信号。病毒的 mRNA 一般是多顺反子 mRNA（polycistonic mRNA），需通过各种方式翻译产生多种蛋白质。DNA 病毒将其多顺反子 mRNA 转录产物裂解或剪接为单顺反子 mRNA 分子。RNA 病毒大多在胞质内复制，没有 RNA 加工通道及剪接酶，因此只能通过其他途径，或者是基因组分节段，一般每个节段分子即为一个基因；或者是其多顺反子基因组通过转录的终止及起始，产生单顺反子 RNA 转录物；或者是采用重叠的套式系列（nested set）RNA，每个转录分子再翻译为单个蛋白分子；或者从同一 mRNA 中多个翻译起始密码子 AUG 处选择性地翻译起始；或者是病毒多顺反子 RNA 翻译为多聚蛋白，然后裂解为所需的多个蛋白分子。大多数病毒蛋白需要各种翻译后加工，诸如磷酸化（以便与核酸结合）、脂肪酰化（以便膜插入）、糖基化、十四烷基化或多聚蛋白裂解。在高尔基体或转运囊泡（transport vesicle）等细胞器中的细胞蛋白酶，对某些病毒的成熟与组装至关重要。像正黏病毒的血凝素糖蛋白及副黏病毒的融合蛋白，只有经细胞蛋白酶的加工，病毒才具有感染性。刚合成的病毒蛋白还必须转运到病毒在细胞装配的相应部位。

细胞内病毒核酸的复制和蛋白质的合成是连续的，有些过程是同时进行的，为方便描述和理解，可以人为的划分成如下几个阶段。

（一）mRNA 的转录

在病毒的复制过程中，病毒 mRNA 对于编码病毒基因组复制和病毒粒子装配所需要的病毒蛋白是必需的。因此，由病毒基因组转录出 mRNA 是复制过程的关键步骤。单链正链 RNA[（＋）ssRNA]病毒的基因组无需任何转录，可直接作为翻译的模板与核糖体结合，进行全长或部分翻译。除此之外的其他病毒基因组均需转录为 mRNA，然后再进行蛋白表达。在细胞核内复制的 DNA 病毒利用细胞 DNA 依赖的 RNA 聚合酶Ⅱ执行转录功能；在细胞质复制的双链 DNA 病毒携带 DNA 依赖的 RNA 聚合酶；杆状病毒利用宿主 RNA 聚合酶Ⅱ转录病毒的早期基因和 RNA 聚合酶基因，然后利用病毒自身编码的 RNA 聚合酶转录晚期基因。因为宿主不具备由 RNA 复制 RNA 的能力，因此，除逆转录病毒外，RNA 病毒需有自身编码的独特的 RNA 依赖的 RNA 聚合酶（RdRp）。RNA 依赖的 RNA 聚合酶担负了复制酶和转录酶的双重功能，能以病毒 RNA 为模板复制子代病毒的基因组，也将病毒增殖期间需要的蛋白质和酶类的基因转录成为 mRNA。负链 RNA 病毒基因组 RNA 和双链 RNA 病毒基因组不能直接作为 mRNA 用于翻译，必须借助病毒衣壳中携带的 RNA 聚合酶以参与感染。

（二）mRNA 的翻译

由 DNA 病毒和 RNA 病毒转录的 mRNA 或者单链正链 RNA 病毒的 RNA 直接作为 mRNA，于宿主的核糖体上翻译出病毒酶（包括 DNA 或 RNA 聚合酶）以及其他早期蛋白。早期蛋白主要用于抑制细胞的正常生物合成。这些蛋白质主要通过对细胞 RNA 聚合酶的抑制（尤其是对 RNA 聚合酶Ⅱ的抑制），以及对细胞特异性蛋白系统的关闭，抑制宿主的生物合成。目前认为小 RNA 病毒对细胞合成的抑制是通过对细胞 mRNA 在翻译时的结合部位（帽结合复合体）的破坏，导致细胞 mRNA 无法与核糖体结合，从而抑制细胞本身的生物合成。病毒 RNA 没有帽结构，所以不受影响，仍可与核糖体结合，翻译病毒蛋白。病毒早期翻译的另一些主要产物是酶。这些酶是细胞无法提供的，必须由病毒自身合成，这些酶在病毒晚期转录和晚期翻译中，占有极为重要的地位。

（三）病毒核酸的复制

病毒核酸的复制过程因病毒和核酸链（类型）的不同而有差异。任何一种病毒的复制策略，不仅与病毒基因组的性质密切相关，而且与基因组信息的表达也密切相关。DNA 病毒特别是双链 DNA 病毒的复制机制与真核细胞有相似之处，但 RNA 病毒差别较大。无论怎样的病毒复制策略，所有病毒都必须在感染早期转录出功能性 mRNA，以借助细胞的翻译机制合成参与病毒基因组复制的病毒蛋白。Baltimore（1978）根据病毒核酸及其转录和复制方式的异同将其归纳为 6 种类型，后来发展为 7 种。

1. 双链 DNA 病毒 此类病毒具有双链 DNA，包括痘病毒以及乳多空病毒、腺病毒和疱疹病毒。其中只有痘病毒粒子携带依赖病毒 DNA 的 RNA 聚合酶，其他 3 类病毒都是利用宿主细胞的转录酶。

痘病毒的脱壳过程分为两个步骤：首先是脱除外膜，露出类核体——核心，核心内的转录酶此时开始活化，转录出早期 mRNA；随后病毒核心进一步脱蛋白，使病毒 DNA 游离出来。早期 mRNA 合成蛋白，包括胸苷激酶、DNA 聚合酶和 DNA 酶等酶类以及可在成熟病毒粒子中发现的其他一些蛋白质，但病毒结构蛋白大多是晚期产生的，即晚期 mRNA 翻译产物。

乳多空病毒、腺病毒和疱疹病毒都在细胞核内转录 mRNA。mRNA 在产生后立即离开细胞核，进入细胞质，并与核糖体结合，形成聚核糖体。疱疹病毒的早期和晚期转录没有明显界限，其所翻译的蛋白质也无明显的早、晚期之分。但乳多空病毒和腺病毒的结构蛋白都是晚期蛋白，产生于病毒 DNA 复制之后。其早期蛋白也是一些酶类和少数非结构蛋白。上述病毒的 DNA 复制是半保留复制型。首先，双链解开为两条单链；然后，以每条单链为模板合成一条新互补链。这样，子代双链 DNA 中一条链来自母链，即母代的一半被保留下来。

2. 单链 DNA 病毒　如细小病毒，以 DNA 作为模板合成一条相应的新链，新链与老链之间以氢键连接。新合成的双链 DNA 中间体再按半保留模式复制出又一对双链 DNA。其中不含母代 DNA 的新双链 DNA 作为转录 mRNA 的模板，不能继续复制新的双链 DNA。而含母代 DNA 的新双链 DNA 则按全保留复制模式，以双链 DNA 的负链作为模板复制出新的单链子代 DNA。所谓全保留复制，是指母代双链 DNA 在复制子链过程中，一方面作为模板产生子链，另一方面母链又重新结合，结果在产生的两个子代中，一个仍是母代原来的双链。

3. 具有 RNA 中间体的双链 DNA　如嗜肝 DNA 病毒科病毒，其基因组部分为双链 DNA，部分为单链 DNA。首先在 DNA 聚合酶的作用下合成互补链，形成一个完整的超螺旋双链 DNA 结构。在细胞 RNA 聚合酶 II 的催化下转录，产生的全长正链 RNA 可指导病毒转录酶翻译，并作为负链 DNA 的模板，负链 DNA 则作为合成双链 DNA 的模板。

4. 单链正链 RNA 病毒　单链正链 RNA 病毒基因组可以直接作为 mRNA，同时又是合成互补 RNA 的模板，互补负链 RNA 可以作为复制子代基因组 RNA 的模板。它们可分为两类，一类产生亚基因组 mRNA，一类不产生。

产生亚基因组 mRNA 的单链正链 RNA 病毒，包括星状病毒、杯状病毒、披膜病毒、冠状病毒和动脉炎病毒等，基因组 RNA 先指导合成非结构蛋白的前体，包括病毒 RNA 依赖的 RNA 聚合酶（RdRp）。这种酶催化 RNA 复制，同时可转录一种或多种亚基因组 mRNA，指导病毒结构蛋白的合成，并与复制的基因组一起装配到子代病毒颗粒中（图 3-4）。

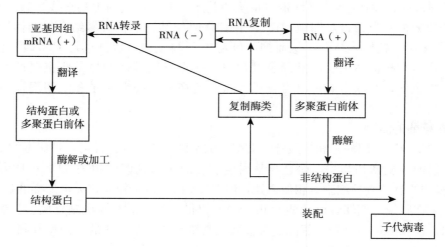

图 3-4　产生亚基因组 mRNA 的单链正链 RNA 病毒复制流程

不产生亚基因组 mRNA 的单链正链 RNA 病毒，如小 RNA 病毒和黄病毒等，以基因组 RNA 为模板直接合成单一多聚蛋白前体。多聚蛋白前体本身具有蛋白水解酶功能，经酶解后产生非结构蛋白和结构蛋白，非结构蛋白能催化 RNA 复制，产生的子代基因组与结构蛋白装配形成子代病毒颗粒（图 3-5）。

5. 单链负链 RNA[（一）ssRNA] 病毒　副黏病毒、弹状病毒、丝状病毒、沙粒病毒和正黏病毒等都属于该类 RNA 病毒。它们具有单链 RNA，但不能直接作为 mRNA，需借助结合于病毒粒子上的依赖 RNA 的 RNA 聚合酶产生 mRNA 并翻译成病毒蛋白。通过反基因组的合成，催化复制子代 RNA，并与结构蛋白和依赖 RNA 的 RNA 聚合酶装配形成子代病毒颗粒（图 3-6）。

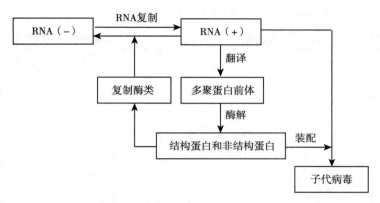

图 3-5　不产生亚基因组 mRNA 的单链正链 RNA 病毒复制流程

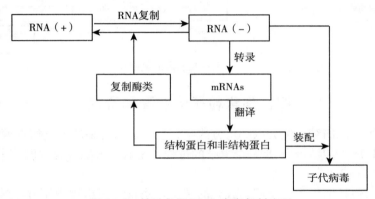

图 3-6　单链负链 RNA 病毒复制流程

6. 双链 RNA 病毒　呼肠孤病毒是该类病毒的代表，母代双链 RNA 病毒在其携带的依赖 RNA 的 RNA 聚合酶的作用下，转录出单链 RNA，其大小与各基因组片段相等。新合成的单链 RNA 大多直接作为合成子代 RNA 的模板，合成互补 RNA 链，结合形成一个新的双链 RNA，母代双链 RNA 仍保留下来。每个节段的负链利用病毒中存在的转录酶在胞质内转录产生 mR-NA。这些正链 RNA 又作为复制的模板，结果产生的双链 RNA 又作为进一步转录 mRNA 的模板（图 3-7）。

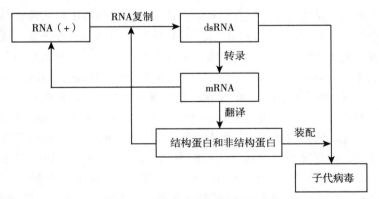

图 3-7　双链 RNA 病毒复制流程

7. 逆转录病毒　这类病毒基因组为（＋）ssRNA。病毒感染宿主细胞时，首先在病毒逆转录酶的催化下，合成 RNA/DNA 杂交分子，切除杂交分子中的 RNA 后，以 DNA 为模板合成双链 DNA，双链 DNA 整合于细胞染色体，即前病毒（provirus）。病毒子代 RNA 则由整合的病毒 DNA 转录而来。母代和子代 RNA 都能呈现 mRNA 的作用，又可作为基因组 RNA 装配到子代病毒颗粒。这类病毒包括白血病病毒等逆转录病毒科病毒（图 3-8）。

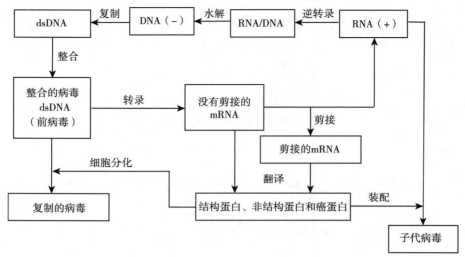

图 3-8 逆转录病毒的复制流程

四、病毒粒子的装配和释放

病毒生物大分子合成的结构组分以一定方式结合，组装成完整的子代病毒颗粒，这一复制阶段称为装配（assembly）。病毒的装配是一个复杂的过程，是病毒成熟和释放的一个必要步骤。

（一）装配

动物病毒的装配包括两个主要步骤：衣壳的装配，病毒基因组被识别并包装入衣壳中。另外，囊膜病毒还需经过囊膜化过程。病毒衣壳一般由病毒结构蛋白装配形成的，有些病毒的衣壳蛋白亚基能以类似结晶作用的方式自发地装配成病毒衣壳，例如烟草花叶病毒螺旋衣壳就是以自我装配方式进行的。有些病毒在装配过程中可能还需利用不同的辅助因子，如支架蛋白（scaffolding protein）或伴侣蛋白（chaperone）。

正在装配的病毒必须从装配场所存在的 RNA 或 DNA 库中专一性识别其基因组核酸并包装入衣壳。病毒核酸包装是一个复杂的过程，是由蛋白质与蛋白质及蛋白质与核酸之间的相互作用引起的。病毒基因组的包装通常包括在基因组中的一个核酸包装信号序列（即包装序列，Pac 序列）和能够识别并结合到此序列上的病毒结构成分。病毒结构蛋白或病毒包装酶可识别病毒核酸包装序列，并得以从细胞大量核酸库中特异选择和包装病毒基因组，具体机制目前尚不十分清楚。核酸包装进衣壳的方式主要有两种：一种以乳多空病毒为代表，病毒基因组与组蛋白首先形成微型染色体，然后病毒结构蛋白以病毒微型染色体为支架，不同构象的蛋白亚基之间特异识别与聚合逐渐装配形成封闭的病毒颗粒，将核酸包埋其中。另一种以噬菌体、腺病毒、疱疹病毒等为代表，其机制为病毒结构蛋白在细胞内预先形成前衣壳，然后病毒基因组被特异识别并包装进入衣壳，形成完整的病毒颗粒。DNA 病毒基因组一般被包装于预先组成的前衣壳中，而 RNA 病毒则是组成 RNA-蛋白质的复合体，该复合体促进进一步的病毒装配。以脊髓灰质炎病毒的装配为例，病毒 mRNA 的初始翻译物经初始裂解成早期蛋白 P_1、P_2、P_3。P_1 聚集形成五聚体（14S），进一步裂解成病毒的结合蛋白（VP_0、VP_1、VP_3），VP_0、VP_1、VP_3 聚集形成 74S 的前衣壳，病毒蛋白外壳的自体组装完成。如果病毒 RNA 与前衣壳结合，则引发 VP_0 切割为 VP_2 和 VP_4，VP_4 能固定 RNA 分子，立即组装为有感染性的成熟病毒颗粒。

囊膜病毒在装配过程中还必须从细胞的某一膜结构中获得脂质双层。在一些病毒中，病毒囊膜化步骤发生于完整核衣壳装配之后，而有些病毒的囊膜化过程与外壳的装配相随进行。还有些病毒经历短暂的囊膜化后去囊膜，并在装配过程中发生再次囊膜化（reenvelopment）。囊膜化的位置一般为高尔基体膜、内质网膜、核膜和质膜。对于大多数病毒，病毒糖蛋白的导向和滞留的位置决定了发生囊膜化的细胞内定位。如冠状病毒小外膜蛋白（E 蛋白）主要保留在内质网-高尔基体中间小室中，它是决定冠状病毒囊膜化的场所和性质的关键。布尼亚病毒两种糖蛋白 $G_1 \sim G_2$ 异源二聚体中 G_1 胞质尾的高尔基体定位信号，引导其转运并滞留在高尔基复合体的胞质面，该异源二聚体聚集的区域决定着该病毒的出芽场所。一些在质膜进行囊膜化的病毒如披膜病毒、弹状病毒、副黏病毒、正黏病毒和逆转录病毒等，其病毒糖蛋白需通过分泌途径运输到细胞的质膜并决定了病毒在质膜发生囊膜化，在质膜囊膜化过程中有助于病毒直接释放到细胞外。如甲病毒的主要糖蛋白 E_1 和 E_2 形成的聚合体被转运到质膜后，在质膜上形成环绕结构，便于与由衣壳蛋白（C）和基因组 RNA 组成的核衣壳相结合，并为膜弯曲提供张力，从而促进出芽过程。出芽需要糖蛋白和衣壳之间的协同作用，二者缺一不可。大多数有囊膜病毒在分泌途径中的单一场所经历装配和囊膜化过程，但有些病毒则具有更为复杂的相互作用，这些相互作用包括去囊膜化和再囊膜化过程。如疱疹病毒衣壳装配产物是一大二十面体结构，该结构过于庞大以至于不能从核孔运出。为将病毒释放到细胞外，疱疹病毒已进化到能够充分利用细胞分泌途径。第一阶段，病毒衣壳通过核膜出芽进入核膜腔隙，获得初始囊膜，新包被病毒的囊膜与外核膜相融合，从而将衣壳释放到胞质，在这里被膜蛋白（tegument protein）与衣壳结合，随后衣壳向高尔基体衍生的囊泡出芽发生再次囊膜化，含有囊膜化的成熟病毒粒子的囊泡转运至质膜后发生融合，病毒粒子得以释放到胞外区。

（二）释放

1. 裂解（lysis）　大多数无囊膜病毒成熟后，都聚集在细胞质或细胞核内，当细胞完全裂解时释放出来。

2. 出芽（budding）　所有有囊膜的动物病毒，都通过细胞膜结构出芽时获得一层囊膜后才能成熟。尽管有些囊膜病毒在内膜上出芽，然后在空泡内被运到细胞表面，但多数囊膜病毒是从细胞膜出芽的。在细胞膜的一个区域，病毒糖蛋白取代细胞蛋白后插入脂质双层结构中，这种被裂解了的病毒糖蛋白分子单体再互相连接成寡聚体，形成典型的杆状或棒状囊膜突起，这种囊膜突起包括一段突出于细胞膜外表面的亲水区、一段疏水跨膜区和一段稍微突入胞质内面的短亲水区。二十面体对称的病毒（如披膜病毒），核衣壳的每个蛋白质分子都直接连接到膜糖蛋白寡聚体的胞浆区上，然后形成核衣壳周围的囊膜。螺旋对称的病毒，其基质蛋白黏附于糖蛋白囊膜突起的胞浆区上，核衣壳通过识别基质蛋白，从而诱发出芽（图 3-9A）。囊膜病毒粒子的释放并不破坏质膜的完整性，所以感染的细胞在几小时或几天的时间内排出大量病毒颗粒而不发生明显的细胞病变。许多从质膜出芽的病毒都非致细胞病变的，这或许与持续感染有关。

3. 细胞外吐（exocytosis）　黄病毒、冠状病毒和布尼亚病毒等通过向高尔基体或粗面内质网出芽获得囊膜后，包含着病毒的囊泡转运至质膜，然后通过细胞外吐作用释放病毒粒子（图 3-9B）。

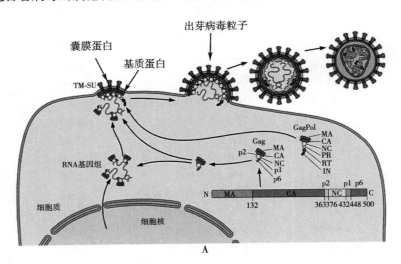

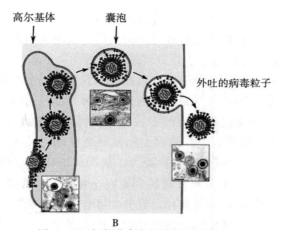

B

图 3-9　有囊膜病毒的成熟和释放

A. 含基质蛋白的病毒粒子通过质膜出芽，同时获得囊膜

B. 病毒向高尔基体或粗面内质网出芽获得囊膜，然后转运至质膜并通过细胞外吐释放

（引自 Flint S J et al，2004）

五、不同病毒的复制过程特征比较

不同科的病毒，其侵入方式、核酸复制场所以及病毒成熟和出芽部位均有差异。表 3-2 按病毒科罗列了上述相关参数，可以从整体上比较病毒的复制特征。

表 3-2　不同科属病毒的复制特征比较

病毒科	核酸类型	侵入方式	核酸复制场所	装配和出芽部位
痘病毒科	dsDNA	多种	细胞质	细胞质
非洲猪瘟病毒科	dsDNA	网格蛋白介导内吞	细胞质	细胞膜
虹彩病毒科	dsDNA	多种	细胞核或细胞质	细胞质
疱疹病毒科	dsDNA	多种	细胞核	核膜
腺病毒科	dsDNA	网格蛋白介导内吞	细胞核	细胞核
多瘤病毒科	dsDNA	小窝蛋白介导内吞	细胞核	细胞核
乳头瘤病毒科	dsDNA	网格蛋白和小窝蛋白介导内吞	细胞核	细胞核
细小病毒科	ssDNA	网格蛋白介导内吞	细胞核	细胞核
嗜肝 DNA 病毒科	dsDNA-RT	网格蛋白介导内吞	细胞核或细胞质	内质网
逆转录病毒科	ssRNA-RT	膜融合和网格蛋白介导内吞	细胞核	细胞膜
呼肠孤病毒科	dsRNA	网格蛋白介导内吞	细胞质	细胞质
副黏病毒科	（-）ssRNA	膜融合	细胞质	细胞膜
弹状病毒科	（-）ssRNA	膜融合	细胞质	细胞膜
杆状病毒科	（-）ssRNA	膜融合	细胞质	细胞膜
正黏病毒科	（-）ssRNA	网格蛋白介导内吞	细胞核	细胞膜
布尼亚病毒科	（-）ssRNA	网格蛋白介导内吞	细胞质	高尔基体膜
沙粒病毒科	（-）ssRNA	网格蛋白介导内吞	细胞质	细胞膜
冠状病毒科	（+）ssRNA	膜融合和网格蛋白介导内吞	细胞质	内质网
动脉炎病毒科	（+）ssRNA	网格蛋白介导内吞	细胞质	内质网
小 RNA 病毒科	（+）ssRNA	小窝蛋白介导内吞和膜插入	细胞质	细胞质
星状病毒科	（+）ssRNA	小窝蛋白介导内吞和膜插入	细胞质	细胞质
披膜病毒科	（+）ssRNA	网格蛋白介导内吞	细胞质	细胞膜
黄病毒科	（+）ssRNA	网格蛋白介导内吞	细胞质	内质网

第三节　病毒的非增殖性感染

病毒对敏感细胞的感染并不一定都能导致病毒复制，产生有感染性的病毒子代。根据最终的结果，病毒对敏感细胞的感染可分为两类：一类是增殖性感染（productive infection），这类感染发生于病毒能在其内完成复制循环的允许细胞（permissive cell）内，并以有感染性的子代病毒粒子产生为特征；另一类是非增殖性感染（non-productive infection），这类感染由于病毒或细胞的原因，致使病毒的复制在病毒侵入敏感细胞后的某一阶段受阻，导致病毒感染的不完全循环，结果不能产生有感染性的子代病毒粒子。在此过程中，由于病毒与细胞的相互作用，虽然亦可能导致细胞发生某些变化，甚至产生细胞病变，但在感染细胞内，不产生有感染性的子代病毒粒子。病毒的非增殖性感染也称为病毒的异常复制。

一、非增殖性感染的类型

病毒的非增殖性感染主要有三种类型：流产感染（abortive infection）、限制性感染（restrictive infection）和潜伏感染（latent infection）。

（一）流产感染

流产感染是指病毒虽然可以进入细胞，但不能完成复制的感染过程。这是一类普遍发生的非增殖性感染。依其发生原因，可以将之分为依赖于细胞的流产感染和依赖于病毒的流产感染两类。

1. 依赖于细胞的流产感染　将病毒感染的并能在其中完成复制循环的细胞称为允许细胞，反之则称为非允许细胞。病毒感染非允许细胞后，常能进入早期复制，然而因可能缺乏装配时所需的酶、tRNA，缺乏晚期基因的表达，或者缺乏参与表达成分转运、活化的细胞因子，或者囊膜病毒没能获得囊膜等原因，导致病毒不能完成复制过程，引起流产感染。允许细胞与非允许细胞的划分是相对于某一特定的病毒而言的。一种病毒的允许细胞可能是另一种病毒的非允许细胞，反之亦然。例如猴肾细胞是 SV40 的允许细胞，但人腺病毒感染猴肾细胞则会导致流产感染发生。

2. 依赖于病毒的流产感染　这类流产感染系由基因组不完整的缺损病毒（defective viruses）感染引起。这类病毒因一个或多个病毒自我复制必需基因缺损，丧失了其正常功能，所以它们无论是感染允许细胞还是非允许细胞，都不能完成复制循环。

（二）限制性感染

这类感染系因细胞的瞬时允许性产生。其结果或是病毒持续存在于感染细胞内不能复制，直到细胞成为允许性细胞，病毒才能繁殖；或是一个细胞群体中仅有少数细胞产生病毒子代。例如人乳头瘤病毒可感染上皮细胞，其早期基因的转录可在各分化期的上皮细胞中进行。但是由于晚期基因转录仅能在分化成熟的鳞状上皮细胞中进行，所以只有进入终末分化的鳞状上皮细胞的病毒才能完成复制过程。

（三）潜伏感染

这类感染的显著特征是在感染细胞内有病毒基因组持续存在，但并无感染性病毒颗粒产生，而且感染细胞也不会被破坏。潜伏感染的另一个极端情况是由于病毒基因的功能表达导致宿主基因表达的改变，以致正常细胞转化为恶性细胞。

二、缺损病毒

广义的缺损病毒包括所有病毒，因其必须在寄主细胞内才能进行复制。狭义的缺损病毒是指基因组上一个或多个病毒自我复制必需基因功能缺乏，它的复制需依赖其他病毒基因或基因组的辅助活性，否则在活的允许细胞内也不能完成复制。有些病毒因基因组缺损严重而丧失其全部的生物活性（即非生物）。有生物活性的缺损病毒主要有下列五类：依赖辅助病毒的缺损病毒、插入（重组）

性缺损病毒、卫星病毒、伪装性缺损病毒和条件性缺损病毒。

（一）依赖辅助病毒的缺损病毒

依赖辅助病毒的缺损病毒通常称为 DI（defective interfering）颗粒，是病毒复制时产生的一类亚基组缺失突变体（subgenomic deletion mutant）。无论是动物病毒，还是植物病毒和噬菌体在自然感染或实验感染时，都可能产生各自相关的 DI 颗粒。病毒在细胞中以高拷贝数传代时，易产生 DI 颗粒。

DI 颗粒具有三个特征：缺陷性、干扰性和富集性。缺陷性是指 DI 颗粒基因组都存在缺失，不同的 DI 颗粒缺损的程度是不同的，有的可达到 90％，但无论缺损多少，都必须保留有病毒复制起始序列和病毒壳体化序列，仍具有与完全病毒相同的形态特征、结构蛋白组成与抗原性。干扰性是指 DI 颗粒干扰同源完全病毒的生长。由于 DI 颗粒基因组有缺损，故不能完成复制循环，而必须依赖同源的完全病毒才能复制。同时，由于 DI 基因组较其完全病毒小，因而复制更为迅速，在与同源完全病毒共感染时更易占据优势，从而干扰其复制。富集性是指 DI 颗粒能耗费同源完全病毒而富集自己。

在病毒感染时普遍产生的 DI 颗粒能污染病毒制备物，并给病毒的生物学活性带来深刻且通常是有害的影响。DI 颗粒干扰标准病毒的复制可能是某些病毒分离、培养困难的原因之一，DI 颗粒在病毒持续性感染的形成中也可能起着重要作用。

（二）插入（重组）性缺损病毒

以 λ 噬菌体及肿瘤病毒为例，这类缺损病毒并非简单的游离存在于细胞内，而是以 DNA 形式整合到宿主细胞 DNA 内，类同于逆转录病毒增殖周期中的前病毒形式。此类缺损病毒的基因整合常导致细胞转化和肿瘤的发生。

（三）卫星病毒

卫星病毒是一类基因组缺损、需要依赖辅助病毒基因才能复制及表达和完成增殖的亚病毒。与依赖辅助病毒的缺损病毒不同的是，它不是由其辅助病毒的基因缺失产生的，而是存在于自然界中的一种绝对缺损病毒，它们的形态结构和抗原性都与辅助病毒不同，其基因组与辅助病毒的基因组也很少有同源性。如细小病毒科中的腺联病毒（AAV）是一种卫星病毒，它只能在辅助病毒腺病毒或疱疹病毒感染的细胞核内复制，并且它还可干扰腺病毒的复制以及腺病毒引起的细胞转化。若是 AAV 单独感染细胞，则会导致流产感染发生。大肠杆菌 P4 噬菌体缺乏编码衣壳蛋白的基因，需辅助病毒大肠杆菌 P2 噬菌体同时感染，且依赖 P2 噬菌体合成的壳体蛋白装配成含 P2 壳体 1/3 左右的 P4 壳体，与较小的 P4 噬菌体 DNA 组装成完整的 P4 噬菌体颗粒，完成增殖过程。常见的卫星病毒还有丁型肝炎病毒（HDV）、卫星烟草花叶病毒（STMV）、卫星玉米白线花叶病毒（SMWLMV）、卫星稷子花叶病毒（SPMV）等。

（四）伪装性缺损病毒

这种缺损病毒粒子具有病毒的完整衣壳，但衣壳内的病毒核酸被细胞源性核酸所代替。这种类型的缺损病毒常见于多瘤病毒和噬菌体，其生物学意义不明。

（五）条件性缺损病毒

条件性缺损病毒是一类基因组发生突变的条件致死病毒突变体，它们在允许条件下能够正常繁殖，在非允许条件或限制条件下导致流产感染发生，如温度敏感病毒突变体。某些条件缺损病毒也能干扰野生型病毒复制，它们的许多生物学特性与 DI 颗粒相似。

除上述的卫星病毒外，缺损病毒均为病毒的非正常形式，对正常病毒的感染起干扰作用。缺损病毒主要有以下生物学意义：

1. 基因转移与表达 已经发现缺损的乳头瘤病毒和腺病毒经常携带少量宿主细胞基因，这些基因可随缺损病毒的感染而转移给另一些细胞，并且有所表达。

2. 毒力调节 缺损病毒，尤其是 DI 颗粒和卫星病毒，由于具有明显的干扰完整病毒复制的作用，在自然感染时，起着减弱病毒感染力的作用。例如长期被呼肠孤病毒感染的乳鼠，体内积累有大量缺损病毒，形成机体对病毒感染的抵抗。

3. 病毒与宿主的进化　插入性缺损病毒转化的细胞，病毒的插入基因将成为自身基因组的成分并可以稳定传代。另外，许多病毒携带部分细胞基因并继续传给子代病毒。病毒与细胞这种基因互用现象在病毒和宿主的进化上起着重要作用。

思　考　题

1. 病毒的复制周期可分为哪几个阶段？试述各阶段的主要过程及特点。
2. 举例说明病毒的特异性吸附与细胞受体的关系。
3. 以腺病毒、SARS 冠状病毒、流感病毒和人类免疫缺陷病毒为例，阐述其基因组的复制过程。
4. 有囊膜的病毒如何成熟与释放？
5. 试述病毒的非增殖性感染类型及发生原因。

主要参考文献

扈荣良，2014. 现代动物病毒学［M］. 北京：中国农业出版社.

Anne M H，1994. Virus receptors：binding, adhesion strengthening, and changes in viral structure［J］. J Virol，68（1）：1-5.

Chazal N，Gerlier D，2003. Virus entry, assembly, budding, and membrane rafts［J］. Microbiol Mol Biol Rev，67（2）：226-237.

David M K，Peter M H，Diane E G，et al，2001. Fields Virology［M］. 4th ed . Phildelphia：Lippincott-Raven Publishers.

Dimiter S Dimitrov，2004. Virus entry：molecular mechanisms and biomedical applications［J］. Nat Rev Microbiol，2（2）：109-122.

Garoff H，Hewson R，Opstelten D J，1998. Virus maturation by budding［J］. Microbiol Mol Biol Rev，62（4）：1171-1190.

Marsh M，Helenius A，2006. Virus entry：open sesame［J］. Cell，124（4）：729-740.

Sieczkarski S B ，Whittaker G R，2002. Dissecting virus entry via endocytosis［J］. J Gen Virol，83（Pt 7）：1535-1545.

第四章 病毒的遗传变异

遗传和变异是生命的基本特征。遗传是生物的亲代与子代之间的相似性，变异则是亲代与子代之间、子代各个体之间的差异性。病毒虽然是一种极为简单的生命形式，但同样表现出遗传变异这一基本的生命特征。由于核酸复制的有序性，病毒在以复制的方式进行世代延续时，亲代病毒能将自身的形态结构、宿主范围、毒力、抗原性以及对理化因子的敏感性等一系列性状准确地传递给子代病毒，这是病毒的遗传表现。另一方面，病毒在世代延续时，可能因各种各样的原因使得某些个体的核酸发生改变，并随之带来这些个体性状的改变，因而病毒的个体之间便出现了差异，这就是病毒的变异。大多数病毒具有明显的遗传稳定性，但由于病毒不具有细胞的结构，其遗传变异易受周围环境的影响。病毒的基因以核酸形式在细胞内繁殖，在繁殖过程中，病毒的核酸更易受细胞内环境的影响而发生改变，这就决定了病毒的遗传具有较大的变异性。

第一节 病毒的突变

病毒的突变是因其基因组的碱基序列改变，可以是单一的核苷酸改变，也可以是数个核苷酸增加或减少的改变。所有的病毒都能够产生突变。突变的产物称为突变体（mutant）或称为变异体（variant）。突变是可以遗传的。

一、病毒的突变规律

病毒的突变可分为自发突变和诱发突变。自发突变（spontaneous mutation）是指自然状态下发生的突变，诱发突变（induced mutation）是指经诱变剂处理发生的突变。

（一）自发突变

1. 突变是自发产生的 1943 年，Luria 和 Delbruck 用统计学原理设计了波动试验，证明了基因的自发突变，并且证明自发突变与环境条件是不对应的。1952 年，Lederberg 夫妇设计了影印培养法，直接证明突变是预先存在的，与相应的环境因素无关。

2. 自发突变的随机性和突变率 自发突变在时间、地点上是随机的、偶然的，但有一定的突变率。突变率是病毒核酸复制一次每个基因的自然突变的概率。DNA 病毒自发突变率极低，每个掺入核苷酸的自发突变率仅 $10^{-11} \sim 10^{-8}$。RNA 病毒的自然突变率高，每个掺入核苷酸的自发突变率高达 $10^{-6} \sim 10^{-3}$。这种自发突变率差异的原因是 RNA 聚合酶缺少校正阅读活性，导致 RNA 病毒基因组复制忠实度低。

3. 各个突变的发生彼此无关 基因突变是随机的、独立的，两个不同突变同时发生的概率是两者各自发生概率的乘积。

4. 突变的可逆性与回复突变 突变是可逆的，回复突变也有一定的概率。回复突变包括真正回复突变和抑制基因突变两种。真正回复突变是突变基因被改变的碱基对在第二次突变时恢复成原来的碱基顺序，真正恢复野生型基因及其功能，而抑制基因突变则在核酸的不同位置上发生第二次突变抑制了原来突变基因的表达，恢复野生型表型，而不是直接变回原来的野生基因型。

（二）诱发突变

自发突变的发生概率很低，一般在 $10^{-9} \sim 10^{-6}$。某些物理、化学因子可以诱发突变，提高突变率，这些因子称为诱变剂（mutagen）。理化诱变剂引起的突变率可提高到 $10^3 \sim 10^4$。

1. 化学诱变 为了获得诱发突变，可将病毒悬液（或它们的感染性核酸）置于适当的化学诱变剂中，或将药物添加于支持病毒复制的培养细胞中。处理的结果使病毒感染性下降或产量减少，而在残存的病毒中能找到比原来群体中的比例要大得多的突变型。常用的化学诱变剂有如下几类。

（1）碱基类似物　一类与正常碱基类似的化合物，在 DNA 复制时可以替代正常碱基掺入 DNA，在 DNA 再次复制时，这些类似物发生异构，和错误的碱基配对，导致碱基置换发生。典型的化合物有 2-氨基嘌呤和 5-溴嘧啶。

（2）嵌入诱变　某些疏水的结构扁平的化合物，能够插入 DNA 链的两个碱基之间，导致在 DNA 复制时碱基的增加或缺失，最终产生移码突变。常见的有吖啶类染料。

（3）改变 DNA 结构的诱变　这类化合物可以直接使碱基发生变化，在 DNA 复制时造成错误配对，产生碱基置换。常用的有羟胺、亚硝酸、各种烷化剂（亚硝基胍、氮芥）等。

化学诱变可能使核酸的碱基配对发生错误；也可能是先破坏核酸，然后又间接地刺激核酸修复而引起突变。如果病毒的突变只是遗传物质的改变，而不出现表型的变化，称为沉默突变（silent mutation）。病毒突变的表型变化，可表现为空斑和痘斑的形态学特征及抗原结构、酶活性、毒力、宿主范围和组织特异性等变化。有些基因型的突变体，也可以直接从它们核酸的结构改变检查出来。

毒力增加或降低的病毒突变体在医学上是十分重要的。根据现有的遗传学知识和体外培养病毒技术的进展，改变培养条件，例如利用病毒对不同温度和 pH 的敏感度不同，就可挑选突变型以供生产活疫苗之用。在实际应用上，如用于制备疫苗，就要求毒株能保持一定的遗传稳定性。

在动物病毒遗传学研究中，应用突变株，特别是温度敏感突变株，对几类 DNA 病毒已绘出初步的遗传图谱，其中多瘤病毒和 SV40 的遗传图谱已达到相当精细的地步，对流感病毒每个基因片段的功能已有了较深入的了解。应用限制性内切酶，在 DNA 的指定部位造成突变或缺失，从而提高了按照人们愿望获得变异的能力。

2. 物理诱变

（1）紫外线　紫外线（波长在 136～397nm）是非电离辐射，使核酸上的胸腺嘧啶形成二聚体，引起病毒变异或死亡。

（2）电离辐射　电离辐射包括 X 射线、α 射线、β 射线、γ 射线等。其共同特点是波长短、能量大，打断大分子的键，或使被照射的物质分子发生电离作用，形成游离基，后者与大分子结合可使之变性失活。直接作用是辐射直接击中 DNA 链，造成 DNA 损伤，DNA 重接后可能产生缺失、倒位、易位、重复等畸变。间接作用是辐射使 DNA 周围的水分子发生电离，产生大量游离基，这些游离基又可与 DNA 发生作用，使碱基氧化，在复制时发生错配，导致突变。

二、病毒突变体的种类

突变之所以能识别出来，是由于突变体的表型发生了变化，故能与野生型相区别。表型特征容易检查和计算，而且相当稳定。根据突变体的表型特征可将突变体分为以下几种。

（一）条件致死突变体

只能在特定的宿主内增殖，不能在非特定的宿主内增殖，而它的亲代则在特定的或非特定的两种宿主内都能增殖的病毒突变体，称为条件致死突变体，又称为宿主限制突变体。这类突变体的特点是某种病毒在实验者所拟定的条件下不能复制（致死），而在另一些条件下可以复制，并产生突变体的子代。这类突变体之所以重要，是由于采用单种选择试验就可以获得。在这些突变体中，缺损可发生于任何一个基因上。

在实验室内应用于病毒研究的条件致死突变体，用得最多的是温度敏感突变体（temperature sensitive mutant）。这种突变体的亲代（毒力强的野生型病毒株）在正常和引起突变的两种温度下都能增殖。如脊髓灰质炎病毒的温度敏感条件致死突变体和单纯疱疹病毒的温度敏感突变体等就是这样。温度敏感突变体有较高的回复到原来病毒特性的突变率（10^{-4}），但是通过多次诱变之后，可获得稳定的突变体。温度敏感突变体中的缺损存在于受损基因所支配的蛋白质一级结构，最终可引起二级或三级结构的改变。这样，核酸中一个核苷酸的变化可导致多肽链中一个氨基酸的更换，由于某个氨基酸的更换，蛋白质内部的结合力发生了改变，引起蛋白质结构改变，只要温度稍升高，蛋白质结构就会发生根本性的改变。温度敏感突变体对病毒功能的生物化学分析很重要，而且这种突变体的毒力比野生型病毒的低。将野生型病毒通过新宿主如鸡胚或细胞的低温培养法而获得突变体，称为冷适应突变体。冷适应突变体事实上也是温度敏感体，在低温下能很好地生长（冷适应），而在高温时就不能生长（温度敏感），两者之间没有严格的界限。这种方法能迅速减毒，是制备减毒病毒疫苗的一种有效方法。目前人类使用的几株病毒性疾病的减毒疫苗如脊髓灰质炎病毒、麻疹病毒、风疹病毒等是用这种方法生产的。

（二）蚀斑突变体

病毒在侵染敏感细胞死亡时产生的大小或外形不同于野生型蚀斑的突变体，称为蚀斑突变体。蚀斑大小不同的突变体对琼脂中存在的多糖抑制物的敏感性，决定了突变体的表型。蚀斑大小不同的突变体还有其他一些性质，例如腺病毒、猪水疱疹病毒以及麻疹病毒的大蚀斑突变体，从宿主细胞中释放出来的速度比小蚀斑突变体快，而且猪水疱疹病毒和麻疹病毒大蚀斑突变体比小蚀斑突变体释放得完全，又如马脑炎病毒在增殖时，小蚀斑突变体比大蚀斑突变体更加依赖二氧化碳和叶酸，而且对温度更敏感，口蹄疫病毒的大蚀斑突变体比小蚀斑突变体对酸更稳定。病毒蚀斑突变体的形态实际上反映了病毒在某种细胞中的增殖特征，蚀斑形态便于观察，又便于定量，更重要的是每个蚀斑能代表单个病毒的增殖性状，可用来分析病毒变异的机制。

（三）抗原突变体

病毒的抗原性由病毒表面蛋白质的抗原决定簇决定，抗原变异的病毒突变体可依据病毒的血清学试验（如血凝抑制试验、补体结合试验、免疫沉淀试验和中和试验等）结果来判断。利用特异抗原突变体结合核酸序列分析可进行突变基因的研究，并能对突变体某些蛋白的三维结构和定位进行分析。

（四）共变体

病毒由于突变而表现出的多方面特性同时变化的突变体，称为共变体或多效体。这种变化反映了病毒的一种蛋白质与病毒的几种性质有联系，如脊髓灰质炎病毒的胱氨酸依赖突变体和结构蛋白突变体是共变体；又如流感病毒衣壳中一种蛋白质发生了变化，就对糖蛋白抑制物的作用、抗原性以及在某些宿主内生长的能力产生影响。共变作用在病毒遗传学的应用上有实际意义，如挑选一种减毒变异体来制备疫苗，开始时可在试管试验中进行选择，而将比较麻烦的动物试验放在最后，作为选择特征之用；又如在寻找脊髓灰质炎减毒突变体时，在使用费用高的灵长类动物进行嗜神经毒力缺损的试验之前，可先按其在低温比在高温生长较好的特性进行挑选。

（五）适应新宿主突变体

病毒在侵染某种新宿主时不表现出该病毒感染宿主的明显症状，并常伴随着对原宿主毒力减退的突变体，称为适应新宿主突变体。对某种病毒或对这种病毒所引起的疾病进行研究，首先是要能在该种病毒的宿主（包括实验动物、鸡胚和细胞培养）中引起与该病毒感染有联系的特异性明显症状。但是有些病毒最初接种到实验宿主上时能产生明显症状，如感染性牛痘病毒，第一次接种到鸡胚绒毛尿囊膜上或家兔皮肤上，即可见到明显的痘斑，经多次传代仍能见到。而有些病毒最初接种实验动物仅出现轻微的感染症状，在连续传代后，才有规律地发现致死性感染，如脊髓灰质炎病毒和登革热病毒，最初接种到啮齿动物中仅出现轻微感染，须经长期连续传代才出现致死性感染。现在利用细胞培养，使新分离的病毒逐渐适应在某些细胞培养物上，经过传代便能产生蚀斑或细胞病变的病毒株。

（六）回复突变体

一个病毒突变体能通过三条途径回复到野生型表型：①真正的回复突变。在原来突变的核苷酸上发生回复突变，恢复野生型病毒的核苷酸序列。②基因内阻抑回复突变。在原来突变基因上的另一个位点发生突变，使突变体回复到野生型表型。③基因外阻抑回复突变。在原来突变基因外的另一个基因上发生突变，产生野生型病毒表型。后两条途径就是基因阻抑突变。阻抑突变体绕过原来突变体缺陷，产生表型为野生型的病毒，但病毒的基因型仍为突变基因（这类病毒突变体又称假回复突变体）。传统的回交试验可证明阻抑作用。假回复突变体与野生型病毒回交，杂交产生的子代表现为突变体表型。目前能用序列分析等分子生物学技术证明原来的突变体基因型。

三、病毒突变的分子机制

突变又称点突变，是核酸分子中一个或少数几个核苷酸对的增加、缺失或置换所造成的结构改变。

（一）碱基置换

在这种突变中，碱基对的数量没有变，只是一个碱基对被另一个碱基对所代替。碱基取代的方式有两种：一种是一个嘌呤被另一个嘌呤取代，或一个嘧啶被另一个嘧啶取代，称为转换；另一种是一个嘌呤被一个嘧啶取代，或一个嘧啶被一个嘌呤取代，称为颠换。许多病毒的突变都是由于转换或颠换产生的。错误配对是导致核苷酸取代和突变的主要理论基础，结果可能出现四种情况。

1. 错义突变 因碱基改变使相应氨基酸发生变化，进而使多肽失活或活性下降。如 ΦX174 噬菌体的温度敏感突变株 tsll6 的 B 基因的第 25 个核苷酸的 G 被 C 替换了，密码子 GAA（谷氨酸）变成了 CAA（谷氨酰胺）。改变了氨基酸也就改变了 B 蛋白的性质，使该突变型噬菌体只能在较低的温度下增殖，而不能在较高的温度下增殖。

2. 无义突变 碱基改变使编码某一氨基酸的密码子变为终止密码子，致蛋白质合成中断，产生无活性的多肽。如密码子 UAU（酪氨酸）变成了终止密码子 UAA（赭色突变）、UAG（琥珀突变），密码子 UCA（丝氨酸）变成了终止密码子 UGA（乳白色突变）。

3. 同义突变 突变后的密码子编码相同的氨基酸。如密码子 AAA 变成了 AAG，其编码的氨基酸仍然是赖氨酸。同义突变没有改变产物的氨基酸序列，这显然与密码子的简并性有关。

4. 中性突变 有些错义突变不影响或基本不影响蛋白质的活性，不表现出明显的性状变化，这种突变即中性突变。中性突变和同义突变又常称为沉默突变。

（二）移码突变

这种突变是在正常的碱基序列中插入或减少一个或多个碱基，造成突变位点下游密码子的错读，产生氨基酸顺序完全改变了的蛋白质。产生的蛋白质一般无活性。如 DNA 序列 3′-GAT CGT ACA TAT CCC-5′正常转录为 mRNA 序列为 5′-CUA GCA UGU AUA GGG-3′，编码的氨基酸多肽为 Leu-Ala-Cys-Ile-Gly，若在 DNA 序列第三与第四个碱基之间插入一个腺嘌呤 A，则 DNA 序列变为 3′-GAT ACG TAC ATA TCC C-5′正常转录为 mRNA 的序列为 5′-CUA UGC AUG UAU AGG G-3′，编码的氨基酸多肽 Leu-Cys-Met-Tyr-Arg。

第二节 病毒的基因重组

两种不同病毒感染同一细胞时，发生遗传物质（核酸）的交换，称为基因重组，其子代称为重组体，它们含有从每个亲代得来的核苷酸顺序。重组体遗传性稳定，具有两个亲代所没有的特性。发生基因重组的机制，在分段与不分段的基因中是不相同的。分段的基因重组，是由于分开的核酸分子的互相交换而引起的，因而某些子代又称为重排体。这种重组也称基因重排，常发生于两种活性（有感染性）病毒之间，或一种活性病毒与另一种灭活病毒之间，或两种灭活病毒之间，亦可发生于同种病毒的突变种中、同种不同株间或无关的病毒之间，甚至可发生在某些病毒和宿主细胞的基因组之间。不分段的基因重组，是由于两种病毒核酸分子发生断裂和交换而引起的，称为分子内重组。

一、杂　　交

杂交是两种病毒核酸的紧密结合，其结果是遗传物质发生交换，即基因重组。杂交重组经常出现在大肠杆菌噬菌体 T 系中。

二、活性病毒间的基因重组

同种病毒两个亲代突变株，可因重组而产生亲代野生型株。例如Ⅰ型脊髓灰质炎病毒的两个温度敏感突变毒株，当复制时发生基因重组，产生了与原来亲代相同的病毒。这种现象有利于在实验中研究病毒基因图和基因产物的功能等。重组也出现于同种不同亚型之间，例如流感病毒 A_0 和 A_1 亚型，可由于发生重组产生杂种，这种杂种具有一个亲代的血凝素和另一个亲代的神经氨酸酶。这种现象不单在实验室可以发生，也见于自然界。例如禽流感病毒与人流感病毒的神经氨酸酶很难区分，因此有人认为经过重组可产生新种（流行病毒），这种新种往往在人类中引起周期性流行。流感每隔 10 年左右发生一次世界大流行，有人就以这种重组产生新种的学说加以解释。

三、灭活病毒之间的基因重组

两个或两个以上的同种灭活病毒，感染同一细胞，可产生感染性病毒，这种现象称为多重复活。这些灭活病毒可能是不同基因受到了损伤，经过基因重组而复活。多重复活是两个病毒之间通过遗传物质的交换作用产生的。用紫外线照射灭活的呼肠孤病毒亦可发生多重复活，即使病毒颗粒在感染以前经过仔细分散，在三种血清型间也能发生多重复活，说明它们之间有深度的遗传关系。

四、活性病毒与灭活病毒间的基因重组

一株有活性的病毒和另一株有联系而基因型有区别的灭活病毒（加热或紫外线处理）之间，可通过基因重组发生交叉复活或标记拯救。通过基因重组可产生具有灭活亲代病毒的一个或多个遗传特征的有活性的子代。利用交叉复活可获得适合于生产疫苗特征的流感病毒毒株。例如，一个能在鸡胚中复制良好，并且又有快速生长特性的流感病毒 A 型毒株（含有不合乎要求的血凝素），经紫外线灭活后，再和另一株在鸡胚中复制不良、但含有合乎要求的血凝素（免疫原性抗原）的有活性流感病毒混合接种。经过重组后，由于快速生长的亲代被灭活，所以不能再复制，但它把快速生长的特征给予了在鸡胚中复制不良的活性株，使它获得了在鸡胚中复制良好的特性，并含有合乎要求的血凝素。

五、病毒与细胞之间的基因重组

病毒的 DNA 可整合到细胞基因组中，并且可能是动物产生恶性肿瘤的重要原因。现已证明，许多 DNA 病毒（如疱疹病毒、腺病毒和多瘤病毒）的 DNA，都能整合到细胞基因组中去。而 RNA 病毒（如白血病病毒）的存活和转移的正常方法就是把从 RNA 基因组逆转录的 DNA 整合到宿主细胞的基因组中。这样就可以认为，病毒基因成了一套被完全或部分阻遏的细胞基因，而病毒的复制则与解除阻遏有关。这种阻遏的解除，或者是因为其他基因的复活，或者是受外源性因子的影响。

上述交叉复活与多重复活等现象是基因重组的结果，是混合感染和多重感染中核酸相互作用的结果。

第三节　病毒基因组研究方法

病毒基因组的研究内容包括病毒基因组图谱构建、病毒功能基因研究等，是基于对基因的深入认识。病毒只含有一种核酸，分子质量比细胞生物小得多，这为病毒基因组序列测定及研究提供了基础。

一、病毒基因组图谱构建方法

病毒基因组图谱构建的常用遗传学方法有重组作图、重配作图和中间型杂交等。随着分子生物学技术的发展，构建病毒基因组图谱的方法还有物理作图与核酸序列分析，以及建立在此基础上的病毒转录图和多肽图。

（一）重组作图

构建病毒基因组图谱的重组作图方法与细菌遗传学中所使用的方法类似，其基本原理是当两株带有不同标记的病毒突变体感染同一细胞培养物时，其标记基因的位置越接近，突变体经过交换产生的病毒重组体频率越低。这样在查明了各株突变体的功能缺陷后，即可得知突变基因的排列顺序、距离及其功能，构建出病毒基因组图谱。在具单一分子病毒基因组中，重组通过断裂与重接机制或拷贝选择机制进行，两个突变体间的重组频率与其在染色体上的物理距离成比例。通过多组突变体重组试验，突变体间的重组频率出现一个连续的梯级数据，最大值可达50％。重组频率达50％时，两个突变体标记的基因间距离最远，这样就可以根据重组的频率大小排列各突变体标记基因在染色体上的精确位置。在具分段基因组的病毒中，可看到另外一种现象，当突变体成对杂交时，子代重组频率要么是非常高，要么就检测不到，呈现一种有或无的类型。子代中不出现重组是因为两个突变体标记的基因在一个片段上，杂交后不能在一个片段上重配，因而子代中检测不到重组子。若两个突变体标记的基因在不同的基因片段上，杂交后基因片段间重配产生大量具有非亲代表型的子代，从而可检测到高频率的重组。在这种情况下，重组率不呈梯级形式，这说明片段内的断裂与重接机制产生的重组检测不到。重组分析中最常用的突变体是条件致死突变体。在这类试验中，每个亲代突变体单独感染细胞，或两个突变体混合感染细胞。感染细胞在允许条件下和非允许条件下生长完成病毒复制。先统计非允许条件下混合感染病毒子代重组子数量及单独感染子代回复突变体数量，然后再统计允许条件下不同感染病毒子代总量，最后计算出突变体间的重组率和重组指数。

（二）重配作图

在重组试验中，重配具有有或无的自然特性，它也可以用来进行重配作图。重配率一般呈梯级形式出现，但突变体标记的基因不能根据这种频率排列在线性基因图上。突变体标记的基因中的一部分突变基因用这类突变体进行复制杂交统计学分析，可显示两突变体间没有关联，通过重配机制重组两突变体间没有联系是可想而知的。

（三）中间型杂交

中间型杂交是指用一个病毒的不同血清型或株系作为杂交的亲本进行的杂交。虽然杂交中有时一个或两个亲本也是突变体，但血清型和株系可提供更多的遗传标记。核酸的电泳迁移率经常作为血清型或株系的遗传学标记。在分段基因组病毒中，病毒基因组片段迁移率的多型性也可作为亲代的遗传学标记。这种方法可提供一个在分段基因组病毒中进行基因作图的途径。病毒蛋白电泳迁移率的多样性同样可作为血清型或株系的遗传学标记。一个重组子每个基因片段的亲代来源搞清楚，就能通过克隆这些片段确定每个蛋白的亲代来源。通过多个重组子克隆的分析，就能显示亲代的某个蛋白总是与亲代的特定基因片段一起出现，这样就确定了哪个蛋白是由哪个基因片段编码的。用这种方法可对多种病毒编码特异蛋白的基因进行定位和作图。

一般来讲，使用中间型杂交方法，两个亲代病毒株系间的任何不同特性都能定位到特定的基因上，唯一的条件是亲代基因组的限制性酶切片段能够用电泳分开，与特异性杂交信号反应。

（四）物理作图

由于病毒基因组较小，对于DNA病毒在提取病毒核酸以后，可以利用两种以上的限制性核酸内切酶分别及共同消化病毒核酸，获得不同的DNA片段，凝胶电泳分离计算出片段大小，并拼接出病毒基因组限制位点位置的物理图谱。对于RNA病毒，采用逆转录后的cDNA作相应的限制酶图谱，即物理图谱。

（五）核酸序列分析

利用分子生物学技术，目前已经测定了许多病毒的基因组序列，利用生物软件如 DNASIS、GCK、Bioedit 等可以对序列进行分析，获得以下信息：①由 DNA 序列可预测病毒的开放阅读框（ORF），预测病毒编码可能的蛋白质；②当预测的蛋白质序列与已知功能的蛋白质序列相似时，可以预测病毒蛋白质的功能；③据 DNA 序列可以确定作为基因表达信号的短序列元件。

（六）病毒转录图和多肽图

所有在克隆 DNA 序列基础上进行转录作图和多肽作图的方法都是首先在病毒系统中建立的。从转录图和多肽图获得的信息对解释病毒基因序列信息很有价值，如 mRNA 的 5′末端的位置、剪切位点等，这些信息对说明病毒调节机制是十分重要的。但是 DNA 序列分析、转录图和多肽图并不能解决遗传学中的所有问题，仅能提出遗传学中某些功能或调节机制的假设，而有了这些假设，我们可以设计试验验证它们。

二、病毒功能基因研究方法

病毒功能基因的研究主要在于确定功能基因序列并定位、基因功能的测定等。

（一）寻找 DNA 序列中的基因

获得 DNA 序列后，无论是单克隆片段还是整个基因组，都可以用多种方法来确定其中的基因，包括用人工或计算机进行序列筛查以寻找基因的特殊序列特征，以及对 DNA 序列进行实验分析。

1. 通过序列筛查（BLAST）定位基因 基因定位可以用序列筛查，因为基因具有明显特征，并非是核苷酸的随机排列，如核苷酸序列可以连续翻译为特定的氨基酸序列。通过 BLAST 比较不仅可以预测基因的功能，而且可以依据病毒基因组核苷酸序列确定基因的位置。目前，序列筛查是病毒基因定位十分简单且快捷的方法。

2. 定位基因 通过研究 DNA 片段转录的 RNA 分子来定位基因。所有的基因都要转录成 RNA，如果基因不连续，那么就会从原始转录物去除内含子并将外显子连接起来，因此对 DNA 上转录序列的作图可以用于定位外显子和整个基因。转录产物通常比基因编码部分长，因为转录开始于起始密码子上游几十个核苷酸，结束于终止密码子下游几十或数百个核苷酸。因此转录产物分析不能准确定位基因编码区的起始和终止位点，但它能显示基因所在的特定区域，并且可以定位外显子-内含子边界，通常这足以描述编码区。

（1）杂交可以检测某一片段是否含有表达序列 研究表达序列最简单的方法是杂交分析。RNA 分子可以用特殊的琼脂糖凝胶电泳分离，Northern 杂交可以确定一个 DNA 片段上的基因数目和每个编码区的大小。一些基因有两个或更多长度不等的转录物。因为有些外显子不是必需的，所以在成熟的 RNA 中可能不存在。如果是这样，含有一条基因的片段在 Northern 印迹中可能检测出两个或多个杂交带。多基因家族同样会遇到这一问题。

（2）cDNA 测序有助于对 DNA 片段进行基因作图 Northern 杂交和种属间印迹可以判断 DNA 片段中有无基因，但却不能给出基因的定位信息。获得定位信息最容易的方法是对相关的 cDNA 测序。cDNA 是 mRNA 的一个拷贝复制，对于基因的编码区，只在两端多出一些同时转录的序列。因此，将 cDNA 序列与基因组 DNA 序列相比较，就可以描述相应基因的定位并揭示外显子-内含子边界。

（3）准确定位转录物末端的方法 不完整的 cDNA 的存在意味着需要更有效的方法来定位基因转录物精确的起始和终止位点。一种方法是用 RNA 而不是 DNA 作为底物的 RT-PCR，首先用逆转录酶将 RNA 转变成为 cDNA，再用 *Taq* 聚合酶以 cDNA 为模板进行基因扩增。也可用 cDNA 末端快速扩增方法，即合成一段与所研究基因内部靠近起始处序列互补的特异引物，此引物与该基因的 mRNA 结合，在逆转录酶催化下合成相应的 cDNA。

另一种逆转录酶精确作图的方法是异源双链分析。如果将 DNA 片段克隆入 M13 载体中，就可以得到单链的 DNA。当与适当的 RNA 样品混合时，克隆 DNA 中的转录序列就会与相应的 mRNA 杂交，形成异源双链。

（二）基因功能的研究方法

一旦基因获得定位，那么接下来就要阐明其功能，这是基因组研究的困难之处。像基因定位一样，判定未知基因的功能也依靠计算机分析和试验研究。

1. 利用计算机分析基因功能　利用同源性检索确定一个新基因的功能。

2. 用试验分析确定一个新基因的功能

（1）基因失活是功能分析的关键　对于基因组较大的病毒，灭活特定基因的方法主要依赖于同源重组。灭活是特定的基因失活的最简单的方法，通过将病毒基因和与靶基因两端具有相同 DNA 序列的质粒或 PCR 产物在病毒感染的细胞体内进行同源重组来达到。对于基因组较小的病毒，直接采用基因工程的方法获得靶基因失活的病毒基因，转染宿主细胞后，可以研究病毒基因的功能。基因失活的表型效应有时很难确定。有些病毒的基因是蛋白质复制的必需基因，不能用基因失活的方法来研究基因功能。

（2）基因过表达以研究其功能　通过过表达生物体被检测基因的活性（功能获得），观察表型的改变。这些试验结果必须谨慎对待，因为需要区分造成表型变化的两种原因。一种是过表达基因的特殊功能造成的；另一种是所研究的基因正常情况下在某些组织中是失活的，由于该基因的过表达引起其他基因的表达变化，导致出现非特异性的表型变化。尽管有这种限制，过表达还是为基因功能提供了一些重要信息。

（3）利用体外转录与翻译体系研究病毒蛋白质的功能　推测病毒的某一蛋白质具有酶的活性，可以利用大肠杆菌或杆状病毒系统表达这种蛋白质，纯化后测定这种蛋白质是否具有预测的酶活性即可。例如验证病毒的 RNA 聚合酶活性，可以将病毒蛋白与地高辛标记的底物 NTP 和模板在一定 pH 的缓冲液中温浴一定时间，然后提取核酸进行分子杂交即可断定是否具有 RNA 聚合酶活性。

3. 对未知基因编码蛋白功能的深入研究

（1）可以用定点突变和缺失突变来研究基因的具体功能　失活和过表达可以确定基因的大致功能，但却不能提供蛋白质功能的详细信息。例如怀疑基因部分序列编码的氨基酸序列可以控制蛋白质的定位，或者负责蛋白质对物理或化学信号的反应。为验证这种假说，有必要缺失或改变基因中的相关序列，而使大部分序列不改变，但仍可合成蛋白质，并保留主要活性。可以使用各种定点突变或部分缺失突变的方法来研究蛋白质的功能。

（2）可以用报告基因和免疫细胞化学方法研究基因表达的时间和空间　基因功能的线索可以通过研究基因表达的时间和空间来获得。如果基因的表达限制在多细胞生物的特定器官或组织，或者器官或组织的某类细胞，那么这种定位信息就可以用来推测产物的一般功能。报告基因也可以用来研究生物体内基因的表达方式，报告基因的表达可用方便的方法检测到，如表达报告基因的细胞变蓝、发荧光或释放其他可见信号。因为报告基因要准确指示待测基因表达的时间和空间，就必须要与待测基因受同样的信号调节，这可以通过报告基因的 ORF 替代待测基因的 ORF 来实现。调节信号位于 ORF 上游的 DNA 区域内，这样报告基因的表达方式就和待测基因一样了，表达方式的研究可以通过检测报告基因信号来进行。

思　考　题

1. 怎样理解突变是自发产生的？

2. 诱发突变的因子有哪些？

3. 病毒突变体的种类有哪些？

4. 试述病毒突变的分子机制。

5. 试述病毒功能基因研究法的内容。

主要参考文献

傅继华，2001. 病毒学实用实验技术 [M]. 济南：山东科学技术出版社．

莽克强，2005. 基础病毒学 [M]. 北京：化学工业出版社．

王继科，曲连东，2000. 病毒形态结构与结构参数 [M]. 北京：中国农业出版社．

第五章　病毒和宿主细胞的相互作用

病毒是一种细胞内寄生物，必须依靠宿主细胞的生物大分子合成机制和能量进行复制。病毒复制的过程实质上就是病毒和宿主细胞相互作用的过程。本章将描述病毒感染引起的各种细胞病变，介绍病毒对宿主细胞的利用和促进复制的各种方法，以及宿主细胞对病毒感染的应答。

第一节　病毒感染的致细胞病变作用

病毒感染可以分为溶细胞感染和非溶细胞感染两大类，其中非溶细胞感染又有稳定态感染和整合感染两种形式。溶细胞感染直接造成细胞死亡，如脊髓灰质炎病毒感染细胞后会破坏中枢神经系统的神经元细胞，小儿麻痹症是神经元细胞死亡的严重后果。有些病毒在感染细胞后似乎并不严重影响细胞的生命活动，在相当一段时间里细胞和病毒共存，这类感染形式称为稳定态感染。而有些DNA病毒的全部或部分基因组，以及逆转录病毒基因组的互补DNA（cDNA）可以整合到细胞染色体中，并随着细胞的分裂而增殖。这种整合到宿主细胞基因组的病毒基因组称为前病毒，而感染形式称为整合感染。由于病毒的种类和性质不同，感染细胞的方式和途径不同，所以被感染细胞的表现亦不同。本节重点阐述病毒感染对真核细胞的致病变作用，对原核细胞的影响将在噬菌体一章进行论述。

一、细胞死亡

病毒感染宿主细胞后会影响细胞的基本代谢过程，如抑制细胞内生物大分子合成，改变细胞膜通透性，影响溶酶体及细胞器的功能等，最终引起宿主细胞死亡（图5-1）。此外，表面带有病毒抗原的细胞常是宿主免疫系统清除和破坏的目标。

二、细胞融合和合胞体细胞形成

有些病毒的囊膜上存在着有利于病毒囊膜和细胞膜融合的蛋白质，这种蛋白质也有促进相邻细胞间细胞膜融合的能力。细胞融合有利于病毒在细胞间的传播和逃脱宿主免疫应答。由两个以上细胞融合而成的多核巨细胞称为合胞体细胞（syncytium）。在慢病毒、副黏病毒、疱疹病毒等感染时，可见到合胞体细胞（图5-2）。这种合胞体细胞往往失去正常功能，不能长期存活。

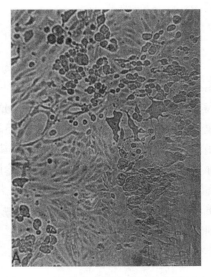

图5-1　肠道病毒感染引起的细胞死亡
（引自 Frederick A. Murphy，1999）

三、血吸附和血细胞凝集

感染正黏病毒、副黏病毒和披膜病毒的细胞获得了吸附红细胞的能力，这是由于细胞膜上出现的一些病毒糖蛋白可以与红细胞表面的相应受体结合的缘故（图5-3）。在机体外，这些病毒能使红细胞凝集，可作为实验室诊断的依据之一。

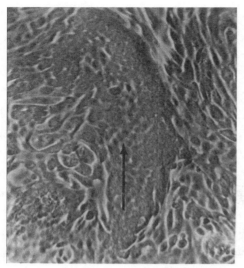

图 5-2　副黏病毒引起的细胞病变

（引自 Frederick A. Murphy，1999）

（箭头示细胞聚集成丛，形成合胞体）

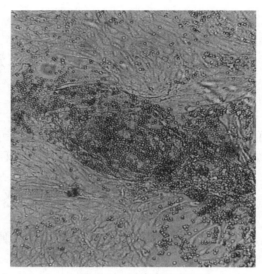

图 5-3　血吸附现象

（引自 Frederick A. Murphy，1999）

四、细胞膜渗透性的变化

　　某些病毒感染能增强细胞膜对离子的渗透性，例如允许钠离子的流入，增加细胞内钠离子的浓度。病毒 mRNA 的翻译比宿主细胞更能耐受高浓度的钠离子，渗透性的增强更有利于病毒 mRNA 的翻译。

五、包涵体的形成

　　细胞感染病毒后，出现一种称为包涵体（inclusion body）的特殊形态结构（图 5-4）。包涵体是病毒核酸和蛋白质在细胞内集中合成及装配成病毒粒子的场所，在染色后可用光学显微镜观察到。包涵体在细胞内的出现部位、大小和染色特征与病毒种类有关，可作为病毒性疾病的诊断依据之一。痘病毒、呼肠孤病毒、副黏病毒和狂犬病毒可在细胞质内形成包涵体，而疱疹病毒、腺病毒和细小病毒则在细胞核内形成包涵体。

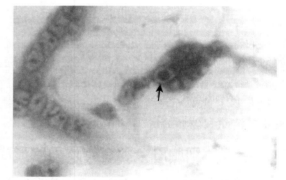

图 5-4　病毒感染细胞内的包涵体

（引自 David M. Knipe，2001）

六、细胞转化

　　致瘤病毒有使细胞发生转化的能力。与未转化细胞相比，转化细胞的生长调控机制出现紊乱，增殖速度明显加快。转化细胞的形态异常，染色体变型，细胞表面或细胞内部出现新的病毒特异性抗原。转化细胞是形成肿瘤的基础，但转化细胞并不必然形成肿瘤，因为肿瘤的形成还取决于机体的免疫生理状态。

第二节　病毒感染的分子机制

　　病毒必须穿过细胞膜，进入细胞质或细胞核内开始新的生命周期。细胞表面的许多分子均可作为病毒吸附到细胞的受体。经过细胞内吞作用或病毒囊膜与细胞膜的融合，病毒得以侵入细胞。痘病毒和大多数 RNA 病毒的基因组在细胞质中复制，而大多数 DNA 病毒的基因组在细胞核中复制。流感病毒是唯一在细胞核内复制的 RNA 病毒，逆转录病毒基因组的逆转录产物在细胞质中合成后也被转运到细胞核内复制。在细胞间或宿主间传播过程中，病毒颗粒的脂质囊膜和蛋白质衣壳可以防止核酸酶及一些化学因素对基因组的降解。当病毒进入新的宿主细胞后，这些保护性成分需要被去除，使病毒基因组得以转录和复制。

一、病毒对宿主细胞的侵入

副黏病毒等有囊膜的病毒能在中性 pH 时直接与细胞膜融合，核衣壳被释放到细胞质中。这些病毒通过囊膜上的整合蛋白与细胞表面受体结合，随后病毒的融合蛋白（F 蛋白）发生构型改变，诱导囊膜和细胞膜的融合。F 蛋白是由前体 F_0 经宿主细胞蛋白酶水解而成，分为 F_1 和 F_2 两个亚单位。F_1 亚单位的氨基端具有高度疏水性，能插入细胞膜启动融合，因此称为融合肽。

逆转录病毒也通过与副黏病毒相同的机制侵入细胞，但是病毒吸附细胞和诱导融合的作用由同一种蛋白质负责。例如，禽肉瘤/白血病病毒（*Avian sarcoma/leucosis virus*，ASLV）的囊膜糖蛋白 Env-A 具有 SU 和 TM 两个亚单位，其中 SU 亚单位与受体结合，TM 亚单位的羧基端是融合肽。人类免疫缺陷病毒（HIV）还需要另一种细胞表面蛋白，即共受体一起诱导融合。

流感病毒则首先以血凝素（HA）糖蛋白结合到细胞的唾液酸受体，随后被内吞到细胞质内。内吞小体体内的酸性环境引起病毒表面蛋白构型的改变，使得 HA 的融合多肽暴露，诱导病毒囊膜和内吞小体体膜融合。病毒囊膜上的 M_2 蛋白可作为氢离子进入的通道，引起病毒内部结构的酸性化，M_1 蛋白从核衣壳上解离，病毒基因组得以释放。抗病毒药物金刚烷胺可抑制 M_2 蛋白的离子通道活性，直接影响病毒的复制。

无囊膜病毒主要采用受体介导的内吞作用进入细胞。小 RNA 病毒（例如脊髓灰质炎病毒）吸附到特定细胞受体后，失去内部的衣壳蛋白 VP_4，并使衣壳蛋白 VP_1 亲脂性的氨基端插入细胞膜，在细胞膜上形成小孔，释放病毒 RNA 到细胞质。腺病毒、呼肠孤病毒等则利用自身携带的蛋白酶或细胞的蛋白酶破坏内吞小体膜而侵入细胞。

二、病毒蛋白质和基因组的入核机制

由于病毒蛋白质和基因组的分子质量很大，不能直接通过核孔，常需要利用细胞运转大分子的机制来进入细胞核。位于核内的蛋白质都带有特异性的核靶向信号，即核定位信号（nuclear localization signal，NLS）。NLS 不但是蛋白质在核内定位所必需的，而且还可以引导异源性的非核蛋白进入核内。细胞核膜由外膜和内膜及两层膜间的核周间隙组成，对大分子物质也是不通透的。由核孔、环孔颗粒、中央颗粒和隔膜等形成的核孔复合体遍布于核膜上，为各种分子进行跨核膜交换提供通道。

大分子物质被输送到核内的过程一般分为两个步骤。含有核定位信号的蛋白质先与可溶性的胞质受体蛋白结合，形成的复合体随后与核孔复合体的胞质面结合，这个过程通常称为锚定；继而，受体-配体复合体通过核孔复合体移位入核。锚定的过程不需要能量，而入核的过程则需消耗能量。由于细胞核与细胞质中鸟苷酸浓度存在差异，因此可以通过 GDP-GTP 的交换为蛋白质入核提供驱动力。入核后，受体-配体复合体解体，含有核定位信号的蛋白质被释放出来。

许多 DNA 病毒（例如腺病毒和疱疹病毒）进入细胞后，囊膜被释放到细胞质中，随后锚定在核孔复合体上，将其 DNA 注入核内。但迄今为止，介导病毒锚定在核孔复合体上的病毒蛋白仍未得到鉴定。

逆转录病毒通过其囊膜与细胞膜的融合将病毒核心释放到细胞质中。逆转录病毒核心由病毒 RNA 基因组及衣壳蛋白包裹的逆转录酶（RT）和整合酶（IN）等酶类组成。逆转录病毒的 DNA 合成发生在细胞质中，当 DNA 合成 4~8h 后，含有病毒 DNA、IN 及其他蛋白质的致整合复合体移位入核。随后病毒 DNA 整合到细胞染色体中，病毒开始转录。目前对于致整合复合体入核的机制知之甚少，但有一点比较明确，就是该复合体太大，无法通过核孔复合体。Moloney 鼠白血病病毒（*Moloney murine leukemia virus*，M-MuLV）仅能感染分裂细胞，说明有丝分裂时核膜的崩解是该病毒整合复合体进入核内的必要前提。与 M-MuLV 相反，HIV-1 的 DNA 能在非分裂细胞中进行复制。HIV-1 及慢病毒属的其他成员肯定具有某种机制将整合复合体转运入核。HIV-1 的 IN 蛋白中具有核定位信号，可能在入核过程中起作用。

与其他 RNA 病毒不同，流感病毒在细胞核内进行复制。当核衣壳与膜蛋白 M_1 分离并释放到细胞质中后，被迅速转运入核。核衣壳的入核依赖于核衣壳蛋白（NP）的核定位信号。裸露的病毒 RNA 并不锚定于核孔复合体，也不能被摄取入核；但如果存在 NP 蛋白时，病毒 RNA 能被转运入核。

三、病毒基因的转录和细胞基因转录的抑制

病毒基因组的复制和子代病毒粒子的形成都离不开病毒 mRNA 编码的蛋白质。正链 RNA 病毒的基因组可以直接作为 mRNA，而负链 RNA 病毒和 DNA 病毒则需要合成病毒 mRNA。如果病毒粒子本身含有 RNA 聚合酶，则病毒 mRNA 的合成对细胞的依赖较弱。如果病毒利用细胞的 RNA 聚合酶合成 mRNA，则需要通过一些特殊的方法来促进病毒基因的转录，同时抑制细胞 mRNA 的合成。

（一）抑制细胞基因的转录

许多 DNA 病毒依赖于细胞的 RNA 聚合酶 Ⅱ 来合成其 mRNA，它们可以竞争宿主细胞 RNA 聚合酶 Ⅱ 和转录因子，导致细胞基因转录受到抑制。对于不利用细胞 RNA 聚合酶 Ⅱ 进行复制的 RNA 病毒来说，其感染也可使细胞 RNA 合成受到抑制，这样更多的核苷酸将用于病毒 RNA 的合成。水疱性口炎病毒（*Vesicular stomatitis virus*，VSV）等 RNA 病毒抑制宿主细胞 RNA 合成往往发生在病毒基因转录之后。可能有两种病毒成分参与了对 RNA 聚合酶 Ⅱ 的抑制，第一种为从病毒基因组 3′端转录的大约 50 个核苷酸的 RNA 引导序列（leader RNA），另一种为病毒的 M 蛋白；其中 M 蛋白可改变主要的细胞转录因子 Ⅱ-D（transcription factor Ⅱ-D，TFⅡ-D）的结构并使其失活。除作用于 TFⅡ-D 外，流感病毒还可通过病毒的聚合酶切割细胞 mRNA 的帽子结构，非结构蛋白 NS_1 作用于与细胞 mRNA 3′端加工有关的多聚腺苷酸结合蛋白 Ⅱ〔poly（A）-binding protein Ⅱ，PAB - Ⅱ〕和切割与多聚腺苷酸化特异因子（cleavage and polyadenylation specificity factor，CPSF），显著减少细胞的 mRNA 的数量。

（二）病毒基因的高水平转录

在感染细胞里，DNA 病毒经历早期基因转录和晚期基因转录两个基本阶段。为了保证早期基因转录，病毒粒子中常包装了转录酶、转录因子或在早期基因的上游带有转录增强子。而为了有效转录晚期基因，有些病毒早期基因常编码一些转录激活蛋白，或者合成自身的 RNA 聚合酶来识别晚期基因的启动子。DNA 病毒侵入细胞后，有下列几种方法可颠覆宿主细胞的转录机制，迅速启动病毒 DNA 的有效转录。

1. 病毒粒子内包裹病毒编码的 RNA 聚合酶　痘病毒具有双链 DNA 基因组，但却在细胞质中复制。这些病毒已经进化出自身特有的转录和 DNA 复制方式，所有过程均发生在细胞质内，完全不依赖宿主细胞核。

2. 病毒粒子内包裹转录激活因子　单纯疱疹病毒（*Herpes simplex virus*，HSV）的 VP_{16} 蛋白是一种转录激活因子，被组装在病毒粒子里。病毒侵入细胞后，VP_{16} 和宿主细胞转录因子结合，再与早期基因启动子结合，可以特异地刺激病毒早期基因的表达。

3. 利用增强子促进早期基因转录　DNA 病毒早期基因上游常带有增强子序列，在病毒感染细胞后可以促进早期基因的表达。例如猿猴病毒 40（*Simian virus 40*，SV40）、多瘤病毒、人乳头瘤病毒、腺病毒和人巨细胞病毒的早期基因均带有增强子。

4. 激活晚期基因转录 许多病毒早期基因编码的产物中包括转录活化因子。SV40 的大 T 抗原和细胞转录因子结合，促进晚期基因转录和 DNA 复制。腺病毒的 E_{1A}、HSV 的 ICP4 和乳头瘤病毒的 E_2 蛋白都以改变细胞 RNA 聚合酶 II 活性的方式刺激病毒晚期基因的转录。

5. 促进 RNA 聚合酶 II 在病毒模板上的延伸 在病毒基因表达之前，RNA 聚合酶 II 对 HIV 基因组的转录效率非常低。然而，当 HIV 的 Tat 蛋白表达后，可作为一种新的转录激活因子调节 RNA 聚合酶 II 在病毒模板上的延伸。

（三）病毒利用宿主细胞 mRNA 的加工机制

mRNA 前体在细胞核合成并进入细胞质的过程中，常经过加工成熟。只有成熟 mRNA 才能被细胞的翻译体系有效地识别和利用。

1. 病毒 mRNA 的成熟 大多数病毒和细胞的 mRNA 带有 5′端帽子结构。这种结构能保护 mRNA 不受核酸外切酶切割而能被翻译起始因子所识别，因此是 mRNA 有效翻译必不可少的。除在大多数情况下利用细胞机制外，有些病毒（如痘病毒、水疱性口炎病毒）还以自身的酶进行 mRNA 加帽。流感病毒的 mRNA 合成时，直接从细胞 mRNA 获取帽子结构。

与 5′端帽子结构相似，3′端的多聚腺苷酸尾巴结构也起着增加 mRNA 分子的稳定性和提高 mRNA 翻译效率的作用。mRNA 加尾反应可由细胞或病毒的酶来完成。有些不能加尾的病毒 mRNA 必须将 3′端折叠成茎环结构，才能防止核酸酶的作用，保持在细胞内的稳定性。

2. 抑制细胞 mRNA 的加工成熟 由于所有病毒都必须利用宿主细胞的翻译系统来合成蛋白质，所以病毒不仅抑制与其竞争的细胞 mRNA 的合成，而且能抑制细胞 mRNA 的成熟。

流感病毒的 NS_1 蛋白既能抑制细胞 mRNA 的多聚腺苷酸化，又能抑制细胞 mRNA 前体的剪接。在 HSV 感染细胞里，病毒早期蛋白 ICP27 可抑制细胞 mRNA 前体的剪接，抑制细胞蛋白质合成；HSV 基因通常没有内含子，病毒 mRNA 合成后不需要经历剪接过程，因此病毒蛋白质的合成不受影响。

流感病毒还以另一种方法干扰和利用宿主细胞的 mRNA 的成熟。细胞新合成的转录子被病毒编码的内切酶切割，5′端帽子结构被用作病毒 mRNA 合成的引物，这样细胞 mRNA 因失去 5′端帽子结构而不能成熟。

四、病毒蛋白质的合成和细胞蛋白质合成的抑制

病毒在复制过程中需要利用宿主细胞的翻译系统尽可能多地合成蛋白质，同时抑制细胞的蛋白质合成。在病毒感染细胞里，蛋白质合成的生物化学过程发生了改变。病毒能在几个关键点调控宿主细胞的翻译过程。

（一）修饰细胞蛋白质翻译装置，抑制细胞 mRNA 的翻译，促进病毒蛋白质翻译

在蛋白质合成的起始阶段，许多病毒可以对翻译起始因子进行修饰，抑制细胞 mRNA 的翻译，为病毒 mRNA 的翻译提供充足的核糖体、翻译因子、氨基酸前体和 tRNA。病毒的调控主要作用于下面两个步骤：①40S 核糖体亚单位和 mRNA 的结合；②起始 tRNA（甲硫氨酰 tRNA，Met-tRNAi）和 40S 核糖体亚单位的结合。例如腺病毒、流感病毒等可以激活细胞内的蛋白激酶，使得翻译起始因子 eIF-2α 被磷酸化，抑制细胞蛋白质合成。在脊髓灰质炎病毒等小 RNA 病毒感染的细胞内，由于蛋白酶的切割，翻译起始因子——帽子结构结合蛋白 eIF-4G 亚单位失活，细胞蛋白质的合成显著减少。病毒 mRNA 没有 5′端帽子结构，40S 核糖体直接和 mRNA 5′端 UTR 区域的内部核糖体进入位点结合，因此病毒蛋白质的合成不受 eIF-4G 失活的影响。

病毒蛋白质可以和翻译延伸因子 eEF-1A 及 eEF-1B 发生作用，影响细胞蛋白质合成。HIV 的 MA 和 Pr55[gag]蛋白和 eEF-A 作用后，氨酰基 tRNA 和核糖体不能结合成复合物，蛋白质合成时多肽链的延伸中断。

（二）促进细胞 mRNA 的降解

降解宿主细胞 mRNA 是病毒更好地利用翻译系统的另一种手段。在 HSV、流感病毒和痘病毒感染细胞中，可以观察到完整的细胞 mRNA 减少。HSV 病毒粒子中包裹了早期基因 U_L41 编码的蛋白质，这种蛋白质随病毒感染进入细胞，可作为核酸酶分解细胞 mRNA。病毒感染产生的干扰素也能反馈激活细胞的核酸酶，降解核酸。

（三）抑制细胞 mRNA 转运，促进病毒 mRNA 输出

有些病毒蛋白质可以选择性地抑制细胞 mRNA 从核内输出。例如在腺病毒感染的细胞内，病毒 E_{1B} 和 E_4 蛋白可在细胞核包涵体内或附近存在，重新分配参与 mRNA 转运的细胞因子，一方面抑制了细胞 mRNA 转运到细胞质；另一方面促进了病毒 mRNA 在细胞质的积聚。

（四）增加细胞内阳离子浓度

某些病毒（例如披膜病毒科的辛德毕斯病毒和脑心肌炎病毒）感染能增加细胞膜对离子的通透性，增加细胞内钠离子、钾离子的浓度。病毒 mRNA 的翻译比宿主细胞更能耐受高浓度的离子，细胞内阳离子浓度的增加抑制了细胞 mRNA 的翻译，更有利于病毒 mRNA 的翻译。

（五）病毒蛋白质采用特殊的翻译策略

病毒能利用一些特殊的策略来扩大基因组的编码能力，合成更多的病毒蛋白质。

1. 合成多聚蛋白前体　单链 RNA 病毒（如小 RNA 病毒和黄病毒）先合成一种多聚蛋白的前体物，然后这种前体物经过解聚，形成各种功能性的蛋白质。这种策略的优点在于可以通过控制多聚蛋白加工的速度和进度，选择不同的切割位点，产生具有不同活性的蛋白质。例如黄病毒的基因组带有一种含 1 万多个碱基的开放阅读框，在感染的细胞里这种 mRNA 被翻译成多聚蛋白前体物，然后由病毒的丝氨酸水解酶和细胞的信号肽酶进行加工处理形成多种蛋白质。

2. 渗漏扫描机制　有些病毒 mRNA 能在重叠的开放阅读框（ORF）上编码两种蛋白质。仙台病毒 P/C 基因的翻译就是这样的一个例子。P 蛋白的翻译是在一个 ORF 上进行的，起始密码子在第 104 位核苷酸处；C 蛋白的合成则是在一个不同的 ORF 上完成的，其起始密码子位于第 81 位核苷酸处。至少有 4 种 C 蛋白（C′、C、Y_1 和 Y_2）源于不同起始密码子开始的翻译。第一个起始位点虽然有很好的旁侧序列，但是起始密码子 $ACG^{81/C}$ 却是一个不正常的起始密码子，所以起始的效率不会很高；第二个起始位点虽然含有一个正常的起始密码子 $AUG^{104/P}$，但它的旁侧序列却不太理想；第三个起始位点不仅含有一个正常的起始密码子 $AUG^{114/C}$，而且旁侧序列也非常理想。这样，由于第一、二个起始位点的效率不高，有时候核糖体会超越它们而去识别第三个起始位点，这种现象称为渗漏扫描。最后两个起始密码子（$AUG^{183/Y1}$ 和 $AUG^{201/Y2}$）则不是以渗漏扫描的机制来被翻译的，因为它们的旁侧序列是这 5 个中效率最低的两个。因此，渗漏扫描提供了一种由单一 mRNA 制造多种病毒蛋白的机制。对于一些多顺反子病毒 mRNA 而言，渗漏扫描通过对上下游起始密码子利用效率不同调节病毒蛋白质的丰度。

3. 核糖体 ORF 移位　核糖体 ORF 移位是指在 mRNA 信号的指导下，核糖体从一个 ORF 转移到另一个 ORF，且在新的 ORF 上继续翻译的过程。这种现象首先是在劳斯肉瘤病毒（*Rous sarcoma virus*，RSV）中发现的，现在已知其他病毒，如逆转录病毒、正链 RNA 病毒及单纯疱疹病毒，也能用这种方式来调控蛋白质的表达。在这些病毒的基因交接处存在一个共有的重复序列 UUUAAAC，这个序列很少编码蛋白质，主要参与基因的表达调控。绝大多数核糖体遇到这段序列时可以翻译它并沿转录单元继续翻译直至终止密码子出现。然而有些核糖体亚单位识别这些序列时由于一个核苷酸出现"滑脱现象"使得 ORF 发生移位，翻译出的蛋白质也将改变。这种机制使病毒得以调控不同蛋白质的合成速率，因为核糖体的一部分发生读码移位时，mRNA 从 5′端到 3′端的翻译速度也会发生改变。

4. 病毒转录产物的编辑　病毒 mRNA 编辑是指在 RNA 合成过程中插入一个或两个不配对的碱基，或者在原位上将一个碱基更换掉。这两种机制都能导致 mRNA 的序列不同于编码它的基因

组的序列，编辑了的 mRNA 序列也改变了蛋白质的序列和功能。mRNA 的编辑可以是在转录时进行的，也可以是在转录后来实现的。

已知副黏病毒和丝状病毒的 mRNA 存在编辑现象。在副黏病毒合成 RNA 时，病毒 RNA 聚合酶将一个或两个鸟嘌呤插入 P 基因转录子的特定位点上，这一过程允许副黏病毒的 P 基因编码三种不同的蛋白质：P 蛋白、V 蛋白和 W 蛋白。

5. 翻译终止的抑制 在病毒 mRNA 的翻译过程中，有时会通过抑制终止密码子实现某一病毒蛋白质的有限表达，从而产生一种羧基末端延伸的蛋白质。在鼠白血病病毒中，gag 和 pol 基因是由一种 RNA 编码的，而且它们之间只隔了一个琥珀终止密码子 UAG。在感染的细胞里琥珀终止密码子 UAG 被病毒解读为谷氨酸，通过通读 gag 基因的终止密码子（5%～10% 的效率），将 pol 基因表达为 Gag-Pol 融合蛋白，然后加工成 Gag 蛋白和 Pol 酶。

五、病毒对细胞 DNA 复制机制的颠覆

（一）抑制宿主细胞 DNA 的复制

不管是 DNA 病毒，还是 RNA 病毒，都能抑制宿主细胞 DNA 的合成，这样为病毒 DNA 合成提供各种元件和装置，还间接抑制了细胞蛋白质的合成。病毒感染抑制细胞 DNA 复制的机制可能有下列几种。

1. 抑制细胞蛋白质合成的间接效应 细胞 DNA 复制离不开一些蛋白质因子的参与。疱疹病毒感染细胞的 DNA 复制受抑制是由于细胞蛋白质合成被抑制的结果；而 HSV 和腺病毒的 DNA 复制相对独立，受细胞蛋白质因子的影响小，即使在细胞蛋白质合成被抑制情况下仍可进行 DNA 复制。

2. 病毒 DNA 能取代在正常位点复制的细胞 DNA 各种证据表明疱疹病毒感染细胞后，病毒 DNA 能从核膜上取代细胞 DNA 或引起细胞染色质转移至核外周。在这两种情况下，细胞 DNA 能从它们的正常复制位点移位，因为细胞 DNA 的合成仅出现在核质内（nuclear matrix）。核质内暴露的位点可为病毒 DNA 复制和晚期转录提供方便。

3. 细胞 DNA 的降解 痘病毒感染能迅速抑制细胞 DNA 的合成。病毒粒子携带的 DNA 酶能进入细胞核内，降解单链 DNA。

（二）确保病毒 DNA 复制的有效性

虽然宿主细胞酶可以用于病毒 DNA 的复制，但是并不是在任何条件下都能被病毒利用。除了利用宿主细胞的酶系统外，DNA 病毒还利用一些特殊的策略来确保基因组的复制。

1. 编码新的复制装置 痘病毒基因组的复制完全在细胞质内进行，不依赖于宿主细胞，所需的酶均由病毒编码。逆转录病毒自身携带逆转录酶，可将病毒基因组 RNA 逆转录为 DNA，而宿主细胞本身不含逆转录酶。疱疹病毒及杆状病毒可以编码 DNA 复制体系的主要成分，有 7 种病毒蛋白直接参与 DNA 的复制，包括 DNA 解旋酶、单链 DNA 结合蛋白等。此外，疱疹病毒还编码合成核苷酸前体的酶，如胸腺嘧啶激酶、核糖核苷还原酶等。

2. 诱导细胞 DNA 的合成 某些病毒，尤其是 DNA 致瘤病毒依赖于宿主细胞 DNA 复制机制。在病毒基因组复制前需要引发宿主细胞进入增殖状态，诱导静止的细胞或停止在 G_0 期的细胞进入 S 期。一些病毒早期蛋白与细胞的抑癌基因结合并使之失活，使细胞进入增殖期。SV40 和多瘤病毒编码一种称为大 T 抗原的蛋白，与细胞的 DNA 复制复合物结合，指导病毒 DNA 的合成。有些病毒的 DNA 基因组可以在宿主细胞内长期存在，例如逆转录病毒的基因组 cDNA 可整合到细胞的染色体上，EB 病毒（Epstein-Barr virus）的基因组可作为染色体的附加体存在于 B 淋巴细胞中。随着细胞染色体的复制，病毒的基因组 DNA 不断被扩增。

六、病毒利用宿主细胞成熟

在受感染细胞中，病毒的子代基因组和结构蛋白被转运到装配位点，按照特定机制聚集、装配

成病毒粒子。有囊膜病毒从细胞膜或核膜获得脂质囊膜。位于囊膜上的跨膜糖蛋白在合成后，经内质网和高尔基体的酶作用而成熟，到达细胞表面。

有些病毒装配后的颗粒不具感染性，经特定蛋白酶水解成为具有感染性的病毒颗粒。病毒蛋白的水解加工发生于病毒颗粒的装配后期或在病毒颗粒从宿主细胞中释放之后，由酶催化两个特定多肽链之间的共价键转换成较弱的非共价键，有利于多肽链的分开。同时，多肽链水解断裂部位出现一个新的羧基末端和氨基末端，有利于与其他蛋白质接触。

第三节　细胞对病毒感染的应答

机体在长期进化过程中形成了对病毒感染的应答能力，用来抑制病毒的复制和传播。这种应答的基础建立在细胞水平上，而且最早由细胞产生。

一、干扰素的产生及其抗病毒作用

干扰素（interferon，IFN）是一类在同种细胞上具有广谱抗病毒活性的蛋白质，宿主对病毒感染应答的一个主要方式是产生干扰素。干扰素除具有抗病毒活性外，还具有抗肿瘤、控制细胞生长和分化以及免疫调节等重要功能。

（一）干扰素的种类

IFN 是最早被发现的细胞因子，根据蛋白结构和细胞膜表面受体的差异可以分为 I 型、II 型和 III 型。

I 型 IFN 又称为抗病毒 IFN，包括 IFN-α、IFN-β、IFN-ε、IFN-ω 和 IFN-κ 等多种亚型。其中在人体内发现的 I 型干扰素有 IFN-α（14 种）、IFN-β、IFN-ε、IFN-ω 和 IFN-κ。其他已经鉴定出的 I 型 IFN 还包括 IFN-δ（猪和牛）、IFN-τ（猪和反刍动物）、IFN-ζ（小鼠和猪）。在已知 I 型干扰素中，对 IFN-α 和 IFN-β 的研究最为透彻，大多数有核细胞在病毒感染后均可产生。其他 I 型 IFN 的表达则具有组织特异性，如 IFN-ω 主要由白细胞产生，IFN-δ/ε 主要发现于雌性动物生殖道，IFN-κ 由表皮角质细胞产生。I 型 IFN 都通过细胞的 IFN-α/β 受体（IFNAR）起作用，几乎所有细胞类型均可表达 IFNAR。

II 型 IFN 又称为免疫 IFN，仅包括 IFN-γ 一个成员，通过细胞 IFN-γ 受体（IFN-γR）起作用。虽然几乎所有细胞均能表达 IFN-γR，但仅自然杀伤性细胞（natural killer cell，NK 细胞）、T 细胞和自然杀伤性 T 细胞（natural killer T cell，NKT 细胞）可产生 IFN-γ。

III 型干扰素是最新发现的一类 IFN，又称为 IFN-λ，其抗病毒作用与 I 型 IFN 相似（IFN-α 和 IFN-β）。目前，在人体内共发现 4 种亚型的 IFN-λ，分别为 IFN-λ₁（IL-29）、IFN-λ₂（IL-28A）、IFN-λ₃（IL-28B）和 IFN-λ₄。其中 IFN-λ₁、IFN-λ₂ 和 IFN-λ₃ 发现于 2003 年，IFN-λ₄ 最初被认为是一个假基因，直到 2013 年才发现很多人体内均可表达功能性 IFN-λ₄，而另外一些人群中由于单核苷酸多态性导致的移码突变造成 IFN-λ₄ 功能性缺失。IFN-λ 主要由上皮细胞产生，通过 IFN-λ 受体（IFNLR）起作用，IFNLR 也主要表达于上皮细胞表面。

（二）IFN 的诱生机制

IFN 是细胞对强烈刺激（如病毒感染）应答时的一过性分泌物。凡能在脊椎动物的各种类型细胞中增殖的病毒，尤其是 RNA 病毒，均可诱生 IFN-α 及 IFN-β；IFN-γ 仅由 T 细胞、NK 细胞和 NKT 细胞在受特异抗原及促有丝分裂因子的刺激后才能产生；IFN-λ 的表达局限于上皮细胞，其诱生方式与 I 型 IFN 相似。RNA 病毒诱生 IFN 的能力一般远远高于 DNA 病毒。含有类脂质的病毒诱生 IFN 的能力强，如在 DNA 病毒中，含有类脂质的痘苗病毒诱生 IFN 的能力比不含类脂质的乳多空病毒和腺病毒强；在 RNA 病毒中，含类脂质的正黏病毒诱生 IFN 的能力比不含类脂质的呼肠孤病毒强。

由病毒感染诱生 IFN 是一个比较复杂的过程。有证据表明，病毒复制过程中形成的双链 RNA 中间体是 IFN 的主要诱生剂。单链 DNA 和 RNA，以及双链 DNA 都不是 IFN 诱生剂或是非常弱的诱生剂。但是，并非所有病毒诱生 IFN 都归因于双链 RNA，例如在单核细胞内 IFN 的合成是由病毒囊膜上的糖蛋白诱生的。在某些情况下，灭活的病毒也是 INF 的强诱生剂，可见病毒的复制不是 IFN 诱生的必要条件。

细胞 IFN-α 和 IFN-β 基因的转录受到抑制蛋白的控制。这种抑制蛋白由细胞染色体编码，与 IFN 基因上游操纵基因相结合，阻止了 RNA 聚合酶活性的发挥，从而使得 IFN 基因的转录受到抑制。当病毒或其他 IFN 诱生因子作用细胞后，产生了一种同抑制蛋白结合的去抑制因子，两者结合使抑制蛋白的构型发生变化。构型改变的抑制蛋白不能和 IFN 的操纵基因结合，解除了对 IFN 基因转录的抑制，启动细胞合成 IFN。抗原刺激和病毒感染等诱生 IFN-γ 的早期刺激由单核细胞和巨噬细胞参与完成，随后 IL-12（interleukin-12，白细胞介素 12）作用于 NK 细胞和 T 细胞，启动 IFN-γ 的合成。

（三）IFN 的抗病毒机制

IFN 的抗病毒作用并不是直接灭活病毒，而是通过 IFN 同细胞表面受体结合而产生一组蛋白质来作用于病毒生命周期的一个或多个环节。病毒的入侵、脱衣壳、mRNA 的转录、蛋白质的翻译、基因组的复制、新生病毒粒子的装配和释放都能被 IFN 抑制。

Ⅰ型 IFN 可诱导 $2', 5'$-多聚腺苷合成酶（OAS）产生，进而激活晚期核酸酶 RNaseL，介导病毒 RNA 降解；也可以诱导属于真核翻译起始因子 2α（eIF-2α）家族的双链 RNA 依赖的蛋白激酶（PKR）产生，阻止二磷酸胍的再循环，从而阻断病毒 RNA 的翻译；还可诱导产生 Mx GTP 酶，限制病毒核衣壳蛋白定位；诱导产生干扰素刺激基因 15（ISG15）和三重基序蛋白（TRIM），干扰病毒粒子的释放；诱导产生 APOBEC3 蛋白，诱导病毒 DNA 的超突变。Ⅰ型 IFN 还可以通过上调 FasL、PDL-1 和 TRAIL 分子的表达，激活凋亡机制消除病毒感染细胞。此外，Ⅰ型 IFN 还可以通过调控天然免疫和获得性免疫抑制病毒在体内的复制。

Ⅱ型 IFN 除可诱导产生 OAS、PKR 和 Mx GTP 酶外，还可以诱导产生 dsRNA 特异性腺苷脱氨酶（ADAR），导致病毒蛋白的错误翻译，从而抑制病毒复制。与Ⅰ型 IFN 相似，Ⅱ型 IFN 也能够诱导细胞凋亡和调控天然免疫与获得性免疫反应，而且还能够诱导Ⅰ型 IFN 的产生。

Ⅲ型 IFN 虽然与Ⅰ型 IFN 识别完全不同的细胞受体，但引起的细胞内信号通路基本一致。由于Ⅰ型 IFNLR 主要局限于上皮细胞表达，因此被认为对呼吸系统、胃肠道和肝脏病毒感染的控制具有良好的应用前景。

不少病毒基因的编码产物可以拮抗 IFN 的抗病毒作用，它们作用于导致细胞基因转录被激活的信号传导途径，或者直接作用于 IFN 诱生的细胞抗病毒蛋白，也可抑制 IFN 的产生。

二、细胞凋亡

细胞凋亡（apoptosis）又称程序性细胞死亡（programmed cell death，PCD），是指在一定生理或病理条件下机体为维护内环境的稳定，通过有序的基因调控而诱导的细胞自杀。凋亡是一个耗能的主动过程，凋亡的细胞表现出特征性的形态改变，如细胞变圆、贴壁不牢、细胞膜起泡、细胞质及染色质浓缩、DNA 降解及核仁解体等。最终，凋亡的细胞裂解成凋亡小体并被吞噬细胞清除，但不会引发炎症反应。细胞凋亡既可以自发产生，也可由各种外界因素在一定条件下诱导产生。凋亡在维持组织、器官的正常功能和稳定上起着非常重要的作用。

（一）细胞凋亡的发生机制

凋亡过程可分为两个阶段：信号传递阶段和效应阶段。信号既可以是胞外的，也可以是胞内的。半胱氨酸天冬氨酸特异性蛋白酶（cysteinyl aspartate-specific proteinase，caspase）是细胞凋亡的中心调节分子，按发现的顺序依次命名为 caspase-1、caspase-2、caspase-3、…、caspase-14。

caspase 依据结构和功能分为三大类，第一类是炎症有关亚类，包括 caspase-1、caspase-4、caspase-5、caspase-11、caspase-12、caspase-13、caspase-14，主要参与促炎因子的成熟，在细胞凋亡进程中起辅助作用；第二类是凋亡启动亚类，包括 caspase-2、caspase-8、caspase-9、caspase-10，这一亚类蛋白酶位于级联反应上游，具有较长的原结构域，能参与启动下游的 caspase 蛋白酶；第三类是凋亡效应亚类，包括 caspase-3、caspase-6、caspase-7，位于级联反应下游，分子相对较小，缺少蛋白质结合结构域，降解细胞蛋白，导致细胞发生凋亡。凋亡发生是一个由 caspase 家族成员介导的蛋白酶级联反应过程，即在凋亡诱导信号的作用下，启动型 caspases 先通过结合特异辅因子而激活，发挥水解蛋白的作用，激活下游效应型 caspase，一旦效应型 caspase 被激活，便大范围地水解细胞蛋白，最终使细胞不可逆地走向死亡。

外源性信号通路也称为死亡受体信号通路（death receptor pathway），常见的死亡受体包括 Fas、TNF、DR3、DR4 和 DR5 等，死亡受体被各自的配体激活后，就能进一步结合细胞内其他也含有死亡结构域的分子，形成死亡诱导信号复合体，进一步激活 caspase，导致细胞凋亡。

内源性信号通路也称为线粒体信号通路（mitochondrial pathway），线粒体蛋白 SMACs 因线粒体膜透性增加而释放到细胞质中，与抑制凋亡蛋白结合，致其失活，促进凋亡。细胞色素 c 在线粒体凋亡诱导通道形成后从线粒体内释放出来，与凋亡蛋白酶激活因子-1（Apaf-1）和 ATP 结合，进一步结合 pro-caspase-9 产生蛋白复合物即凋亡体，然后召集并激活 caspase-3，引发 caspases 级联反应，导致细胞凋亡。

Bcl-2 是最主要的细胞凋亡调控基因之一。Bcl-2 家族有 20 名成员，多分布在细胞内膜系统，其中在线粒体外膜上分布最多，它们的变化调节着膜通道的开放和促凋亡信号分子的流动。Bcl-2 家族中的 Bcl-2 和 Bcl-xL 主要分布在线粒体外膜，抑制细胞色素 c 释放，具有抑制细胞凋亡的作用；而 Bad、Bid、Bax 和 Bim 主要分布在细胞质中，接收死亡信号后转移到线粒体中，促进细胞色素 c 释放，具有促进细胞凋亡的作用。

（二）病毒感染与细胞凋亡

作为宿主对病毒感染的一种应答形式，细胞凋亡意义重大。病毒利用多种途径来平衡受感染细胞的生长和死亡（图 5-5）。一方面，因感染细胞的过早死亡会大大减少病毒的数量，因此病毒进化出对抗感染细胞凋亡的一些策略，例如一些病毒基因编码的产物作用于感染细胞凋亡的效应因子，抑制或延缓感染细胞凋亡。另一方面，一些病毒的基因产物可以诱导感染细胞凋亡，更有利于子代病毒从感染细胞释放和传播。

腺病毒 E_{1A} 蛋白能增加 p53 蛋白的稳定性，诱导感染细胞凋亡；而 E_{1B}-19ku、E_{1B}-55ku 和 E_3 蛋白却都能抑制细胞凋亡。腺病毒 E_3 蛋白通过促进 Fas 受体降解来阻止感染细胞凋亡，而 E_{1B}-55ku 蛋白经拮抗 p53 的功能来抑制感染细胞凋亡。E_{1A}-19ku 蛋白质是 Bcl-2 蛋白的同源物，可以和 Bax 等蛋白结合，进而抑制感染细胞凋亡。已知的 Bcl-2 蛋白的同源物还有非洲猪瘟病毒的 LMW5-HL 蛋白和 EB 病毒的 BHRF1 蛋白等。

牛痘病毒编码的 Crm A 蛋白是一种丝氨酸蛋白酶抑制剂（serine protease inhibitor，Serpin），可以阻断 caspase-1 和 caspase-8 的活性，因而抑制感染细胞凋亡。痘苗病毒的 *B13R* 基因产物和 Crm A 类似，能抑制由 Fas 或 TNF-α 诱导的凋亡。昆虫杆状病毒的 p35 蛋白是一种广泛的细胞凋亡抑制剂，它能与包括启动 caspase 和效应 caspase 在内的 caspase-1、caspase-3、caspase-6、caspase-7、caspase-8、caspase-10 结合并促使其失活，但更倾向于抑制效应 caspase 活性。

Ⅰ型 IFN 通过各种途径诱导受病毒感染细胞的凋亡，限制病毒的复制与扩散。IFN 诱导的蛋白激酶 PKR 和 $2',5'$-多聚腺苷合成酶依赖的 RNaseL 是细胞凋亡的效应因子。前者是双链 RNA 依赖的蛋白激酶，能使翻译起始因子 eIF-2α 磷酸化并失活；后者可以降解 RNA，从而抑制蛋白质的合成。病毒具有巧妙的对抗 IFN 的策略，例如，HCV 的非结构蛋白 NS_{5A} 通过抑制 PKR 的活性建立持续感染。流感病毒的 NS_1 蛋白以及痘病毒编码的 E_{3L} 和 K_{3L} 两种蛋白都能阻止 PKR 发

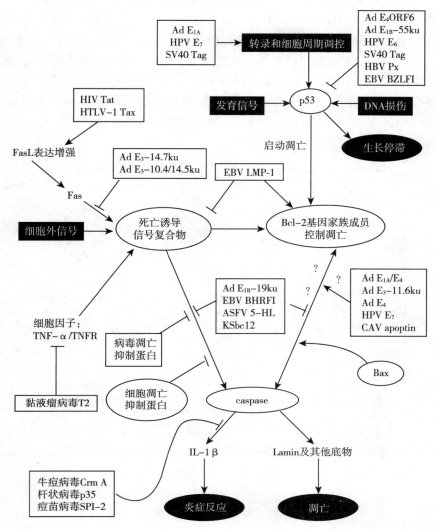

图 5-5　病毒感染对细胞凋亡的影响

(引自黄文林，2002)

挥作用。

　　许多病毒感染都能引发或抑制细胞的凋亡，它们的作用机制虽不相同，但都是作用于凋亡途径的不同环节或各种调控因子。病毒感染与细胞凋亡之间的关系十分复杂，仍有很多未知问题有待进一步研究。

三、细胞自噬

　　细胞自噬（autophage）是指细胞在受到外界环境因素的影响下，对其内部受损的细胞器、错误折叠的蛋白质和侵入其内的病原体进行降解的生物学过程。细胞自噬的调节涉及众多的基因表达和信号转导，主要途径是在溶酶体内进行的一种降解过程，在维持细胞内环境稳定方面发挥着重要作用。在病毒感染时，自噬可作为宿主细胞的一种重要防御机制发挥抗病毒作用，而病毒自身也能对抗宿主的自噬防御机制。

（一）细胞自噬的发生机制

　　目前已经发现多种因素都能诱导细胞发生自噬，如饥饿、生长因子缺乏、微生物感染、细胞器损伤、蛋白质错误折叠或聚集、DNA损伤等。自噬的发生过程可分为起始、延伸、闭合、成熟和降解几个阶段。在哺乳动物细胞内，第一步起始阶段是形成吞噬泡（phagophore），接着吞噬泡延伸、扩大、闭合形成具有双层膜的自噬体（autophagosome），在自噬体形成过程中会将部分细胞质成分包入其中。自噬体的成熟过程即自噬体与内体和/或溶酶体融合形成自噬溶酶体（autophagolysosome），被包裹进自噬溶酶体的成分在水解酶的作用下被分解成小分子，通过通透酶介导进入再循环利用（图5-6）。在分子水平，ULK1和ULK2复合物在自噬诱导阶段起关键作用，PI3K-Beclin1复合物在自噬体形成过程中起作用，Atg9负责介导转运膜成分形成自噬体，还有另两种连接系统——LC3-Ⅱ和Atg12-Atg5-Atg16L复合物则吞噬泡的延伸和扩大必需的。

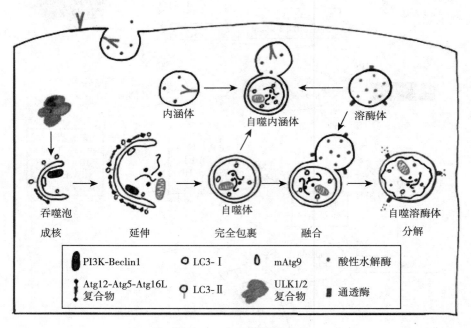

图5-6　自噬过程模式
（引自 Chiramel A I，2013）

（二）病毒感染与细胞自噬

1. 自噬的抗病毒功能　感染细胞通过自噬实现抗病毒功能主要有以下几种方式：

①通过降解新合成的病毒组分抑制病毒复制。如辛德毕斯病毒感染过程中就发现自噬相关的降解反应，通过p62依赖的方式降解病毒衣壳蛋白。

②选择性运送病毒核酸到内涵体小室，经Toll样受体（TLR）诱导天然免疫反应。如在柯萨奇病毒B3（CVB3）感染细胞中就发现存在自噬依赖性的TLR3激活。

③提呈病毒抗原至Ⅰ类主要组织相容性复合体（major histocompatibility complex Ⅰ，MHC-Ⅰ）和MHC-Ⅱ分子，诱导获得性免疫反应。已发现虽然在HSV-1感染早期，病毒抗原的提呈并不依赖于自噬，但在感染晚期，自噬参与病毒抗原的处理和向MHC-Ⅰ分子的提呈。另外，还发现Epstein-Barr病毒（EB病毒）感染细胞后，病毒蛋白EBNA1通过自噬相关的摄取和加工方式提呈至MHC-Ⅱ分子。

④通过线粒体质量控制和活性氧的产生调节天然免疫反应的激活。

2. 病毒对宿主细胞自噬的拮抗　在宿主细胞通过自噬信号通路发挥抗病毒活性的同时，发现不同病毒可通过不同的机制劫持自噬信号通路，从而避免自噬造成的病毒组分的降解和自噬介导的免疫激活，甚至可以利用自噬促进自身复制。常见的形式有以下几种：

（1）利用自噬促进病毒复制　大多数正链RNA病毒，如小RNA病毒、冠状病毒等，可以重塑细胞内膜结构，在病毒感染的细胞内，通过电子显微镜观察可发现类似于自噬体的双层膜囊泡结构（DMV），作为病毒在细胞内复制的"工厂"。虽然这些病毒的复制并不完成依赖于自噬的发生，但可利用自噬信号通路中的相关组分促进病毒的复制。

（2）通过自噬促进病毒的组装和释放　如乙型肝炎病毒（*Hepatitis B virus*，HBV）在复制周期的晚期阶段，病毒粒子的囊膜化与自噬诱导密切相关。在自噬功能缺陷的细胞内产生的完整病毒粒子的数量显著降低。

（3）利用自噬已知抗病毒天然免疫反应　研究发现，鼠巨细胞病毒（*Murine cytomegalovirus*，MCMV）感染诱导的细胞自噬选择性降解 NEMO（NF-κB 必需的调节分子），从而抑制 NF-κB 依赖的炎性反应。

第四节　病毒感染与细胞异常增殖

在人和动物体内，细胞的异常增殖可导致肿瘤的形成。随着对肿瘤发病机制研究的不断深入，现在已经认识到肿瘤是在多种因素作用下、多个基因改变和经历多个阶段发展而成的疾病。在致瘤因素中，病毒是一大类非常重要的因素，约 1/4 的病毒具有致肿瘤特性。

一、病毒感染的致瘤作用

目前已发现的 RNA 致瘤病毒都属于逆转录病毒科；而 DNA 致瘤病毒至少分属于 6 个科，分别是腺病毒科、疱疹病毒科、多瘤病毒科、乳头瘤病毒科、痘病毒科和嗜肝病毒科。

不同致瘤病毒诱生肿瘤能力差别很大。大多数逆转录病毒在感染宿主后几天内就能实质性地启动肿瘤生长，而其他的致瘤病毒则需要经过较长的潜伏期，而且只有一小部分的感染宿主最终发生恶性肿瘤。病毒感染并不总是不可避免地引起肿瘤，这反映出肿瘤形成涉及多种因素和多个发展阶段。也许病毒感染只是其中的一个因素或一个步骤。病毒能否诱发肿瘤取决于许多因素：①病毒的致瘤能力；②靶细胞的性质，例如存在未封闭的受体或细胞内诱发因子；③机体对病毒或被感染细胞的免疫反应能力。

致瘤病毒在体外能使正常细胞转化，转化细胞的特性与体内的肿瘤细胞相似。致瘤病毒的完整核酸（病毒基因组），甚至部分核酸（某些基因）也能使细胞转化。病毒在转化细胞内存在多样化的形式：①完整病毒粒子；②仅有病毒核酸，不能合成病毒外壳，需要其他辅助病毒提供外壳，使其产生完整病毒；③仅有病毒核酸与细胞基因组整合，不能产生完整病毒。有些病毒在诱发细胞转化后，常常不再产生感染性子代病毒，而是以核酸或核酸片段的形式存在。因此在肿瘤组织内含有病毒核酸片段或逆转录酶，可作为有致瘤病毒存在的证据之一。

病毒诱发的肿瘤具有由病毒基因决定的特异性抗原。同一种病毒诱发的肿瘤具有共同的抗原性，而化学致癌物质所诱发的肿瘤仅有个体的特异性抗原。这一特性对于应用特异性免疫预防病毒诱导的肿瘤具有重要的意义。

二、病毒致细胞异常增殖的机制

（一）病毒对原癌基因的激活

1981 年 Bishop 假设细胞内有潜在的能产生病毒癌基因的遗传物质，称为原病毒（protovirus），而后又称作原癌基因（proto-oncogene）。在正常细胞内，原癌基因的表达不影响细胞的功能，它们和肿瘤抑制基因一样是细胞生长和发育所必需的管家基因。当原癌基因因突变、插入、扩增而被激活时，就会使细胞增殖、分化和调控出现异常。致瘤病毒可以通过整合基因、病毒自身携带的癌基因及病毒的致癌蛋白与宿主细胞内源性癌基因相互作用，顺式、反式或通过类似生长因子介导的细胞信号传导途径等方式诱导细胞原癌基因过度表达。

1. 病毒整合基因顺式激活细胞原癌基因　顺式激活作用就是当病毒基因整合在细胞癌基因邻

近位点时，这段插入的序列对相邻的癌基因产生激活作用，启动癌基因转录。整合到细胞的病毒基因启动子可能与癌基因结合，从末端切去癌基因编码序列或是有效地去除含有负调节要素的非编码区域；在增强子插入时，病毒基因可能整合在癌基因的下游，而不是整合在细胞癌基因的转录位置，癌基因的转录不包含病毒序列。ALV（禽白血病病毒）可引起禽类 B 细胞肿瘤，病毒基因整合在细胞癌基因 *c-myc* 的外显子 1 与外显子 2 区域之间，或位于外显子 1 区域内，由于启动子插入而导致 *c-myc* 的顺式激活；ALV 还可通过整合在 *c-myc* 的下游，以病毒增强子的方式提高 *c-myc* 的转录与表达，而引起肿瘤。

2. 病毒蛋白反式激活细胞原癌基因　许多病毒的早期产物是特异的转录调控因子，它们并不直接与靶基因的启动子元件结合，而是通过反式激活作用，即病毒基因产物对癌基因产生激活。参与反式激活的病毒蛋白多为非结构蛋白。人 T 淋巴细胞白血病病毒Ⅰ型（HLTV-1）至少编码两种反式作用调节蛋白，一为 *tax* 基因产物 p40，是一种转录调节因子；二为 *rex* 基因产物 p27，是一种转录后调节因子。

3. 病毒通过信号传导激活细胞原癌基因　某些病毒基因编码的蛋白具有蛋白激酶活性，可以通过蛋白质磷酸化级联反应将病毒刺激信号逐渐放大，最后将其传至核内的转录机构，以调节特定基因的表达。人巨细胞病毒（HCMV）感染细胞后可产生与生长因子、细胞因子刺激相似的反应，胞内第二信使水平增高，原癌基因活化。

（二）病毒感染影响细胞周期

病毒引起机体增殖性病变的最基本特征是增殖失控，即表现为连续不断的细胞周期。分裂中的真核细胞必须经过细胞周期两个"控制点"：G_1/S 期过渡、G_2/M 期过渡，也就是 DNA 复制的起始与完成及细胞分裂的起始与完成。细胞周期的演进是在一系列调控因子的严谨而复杂的监控机制中进行，一些癌基因和抑癌基因可直接参与细胞周期的调节。近几年来随着对细胞周期调控研究的不断深入，人们发现外界因素对细胞的增殖及抗增殖作用最终都将体现在对细胞周期的影响上，病毒感染宿主细胞也是如此，它可通过直接或间接影响细胞周期调控因子而干扰细胞周期正常运行。

1. 病毒蛋白质与细胞抑癌基因产物结合　近年来，在对病毒致瘤的分子机制研究中，已发现许多病毒癌基因及细胞癌基因所编码的蛋白质是重要的信号转导分子，可能以特定的方式激活细胞内的信号转导通路，导致细胞增殖活性等一系列细胞表型的改变。细胞的肿瘤抑制基因编码的蛋白质在细胞分化中是重要的调节因子。例如视网膜母细胞瘤（retinoblastoma，Rb）蛋白 pRb 和 p53 肿瘤抑制蛋白可以阻止宿主细胞从 G_1 期进入 S 期，p53 还诱导细胞凋亡来阻止具有癌变倾向的突变细胞的产生。处于静止期的已分化细胞不太有利于病毒 DNA 的复制，因此病毒常通过影响细胞周期来增进 DNA 复制，DNA 致瘤病毒的癌基因编码的蛋白质，例如腺病毒的 E_{1B} 蛋白，可对抗细胞的肿瘤抑制蛋白，使得处于静止期的细胞进入 S 期。在某些情况下，病毒感染导致的细胞周期失调能最终引起细胞恶性转化。

2. 病毒蛋白质与细胞周期调控蛋白作用　细胞周期的运行主要受到包括细胞周期调控蛋白（cyclin）、细胞周期调控蛋白依赖性激酶（CDK）和细胞周期调控蛋白依赖性激酶抑制因子（CKI）及其相应的基因群和底物群所组成的网络体系的精确调控。研究显示，这一系列细胞周期调控蛋白在肿瘤发生中起着重要作用。病毒感染所转化的细胞中大多数有细胞周期调控蛋白高表达。致瘤病毒编码产物通过作用于这些关键蛋白而调控宿主细胞周期的运行，从而使宿主细胞发生转化。病毒转化后的细胞常对多种生长抑制信号不能做出有效反应，因而继续增殖，发生癌变。

3. 病毒感染与细胞增殖核抗原（PCNA）表达　PCNA 是真核生物聚合酶 δ 的辅助因子，与 p21 结合后失活从而阻碍细胞进入 S 期。它的表达是细胞增殖的标志。静止细胞 PCNA 表达极低，增殖活跃细胞 PCNA 表达明显增加。例如 HPV 阳性病例中 PCNA 阳性细胞数显著增高，成为阻断 HPV 在细胞增殖中的一个指标。

4. 病毒感染与细胞钙调素增高　研究发现病毒诱导的转化细胞中钙调素（CaM）含量较正常

细胞增高 2～3 倍，且 G_1 期大大缩短。Ca^{2+} 和 CaM 参与了细胞增殖的部分调控，并且主要通过促进 G_1/S 期过渡、G_2/M 期过渡和促进细胞进入有丝分裂 3 个环节来实现。

思　考　题

1. 病毒感染的致细胞病变作用有哪些？
2. 病毒如何在基因转录水平上利用细胞机制？
3. 病毒如何进行蛋白质的合成？
4. 干扰素有哪些主要类型？
5. 干扰素的抗病毒机制有哪些？
6. 阐述病毒感染与细胞凋亡的关系。
7. 阐述病毒感染与自噬的关系。

主要参考文献

成军，2011. 现代细胞自噬分子生物学 [M]. 北京：科学出版社.

成军，2012. 现代细胞凋亡分子生物学 [M]. 2 版. 北京：科学出版社.

唐槐静，段胜仲，洪嘉玲，等，2000. 肿瘤病毒诱导细胞异常增殖作用机制的研究进展 [J]. 病毒学报（1）：90 - 92.

Chiramel A I，Brady N R，Bartenschlager R，2013. Divergent roles of autophagy in virus infection [J]. Cells，2（1）：83 - 104.

David M Knipe，Peter M Howley，2001. Fundamental Virology [M]. 4th ed. Philadelphia：Lippincott Williams & Wilkins.

Dong X，Levine B，2013. Autophagy and viruses：adversaries or allies? [J]. Journal of Innate Immunity，5（5）：480 - 493.

Frederick A Murphy，E Paul J Gibbs，Marian C Horzinek，1999. Veterinary Virology [M]. 3rd ed. San Diego：Academic Press.

Lansing M Prescott，John P Harley，Donald A Klein，2002. Microbiology [M]. 5th ed. New York：McGraw-Hill Companies，Inc.

Lin F C，Young H A，2014. Interferons：Success in anti-viral immunotherapy [J]. Cytokine & Growth Factor Reviews，25（4）：369 - 376.

Richetta C，Faure M，2013. Autophagy in antiviral innate immunity [J]. Cellular Microbiology，15（3）：368 - 376.

第六章　病毒感染及其免疫应答和防治

病毒可通过多种途径侵入宿主机体，并在机体内复制。为了能够在自然界长期生存，病毒还必须具备一定的传播能力，即感染新的易感宿主并启动病毒和宿主相互作用的能力。在病毒感染过程中，会遇到宿主的特异性和非特异性免疫反应。除了急性感染外，病毒和宿主的相互作用还可以产生其他的结果，包括持续感染、潜伏感染和细胞转化等。病毒感染并不一定都能使宿主产生临床疾病，这主要与感染病毒的数量和途径，以及宿主的年龄、性别、免疫状态和品种等多种因素有关。即使"强毒"感染，也可能表现为亚临床或不明显感染。由病毒感染引起的疾病是动植物的主要传染病，但由于动植物器官及组织结构差异悬殊，病毒侵入及传播途径也相差悬殊，本章重点论述人及哺乳动物的病毒感染过程、机体产生的免疫应答过程以及病毒病的预防和治疗策略，昆虫及植物病毒感染与防治将在后面的章节介绍。

第一节　病毒感染的发生

一、病毒侵入机体的途径

病毒可通过多种途径侵入机体，包括呼吸道途径、消化道途径、泌尿生殖道途径以及皮肤、角膜、结膜途径。此外，在某些特殊情况下，病毒还可通过接种方式直接进入机体，如使用被病毒污染的医疗器具、被带毒动物叮咬等。

（一）呼吸道途径

呼吸道直接与外界相通，是与外界接触面最广的通道。人体每分钟与外界交换的气体可达 6L，许多病毒可以在呼吸道黏膜表面的细胞内复制，这可能是病毒经呼吸道感染最为常见的原因。呼吸道具有一些防御外界感染的机制，包括覆盖于上呼吸道的纤毛柱状上皮细胞和肺泡处的大量吞噬细胞等。但在机体抵抗力下降、侵入的病毒数量过多或毒力过强时，则可能发生感染。

（二）消化道途径

病毒可随食物进入消化道，因此消化道接触病毒的机会也非常大。消化道具有一定的防御功能，如胃内的消化液为酸性，不适合病毒的生长。另外，小肠内的胆汁和消化酶也对病毒具有一定的杀灭作用。能够经消化道感染的病毒应该具有抗酸能力，并能防止被蛋白酶消化或被胆汁破坏。经消化道侵入机体的病毒一般先侵入消化道黏膜细胞，但也有部分病毒可侵入消化道的防御细胞，如 T 淋巴细胞。由于环境的不同，像鼻病毒这样在呼吸道内能存活的病毒，却不能在消化道中生存。

（三）泌尿生殖道途径

许多经泌尿生殖道侵入机体的病毒可导致性传播疾病，如 HIV-1、单纯疱疹病毒（HSV）和人乳头瘤病毒等。泌尿生殖系统也有一定的保护机制，包括酸性环境和黏膜免疫等。病毒入侵后，可能在局部造成病变；也可穿过黏膜，通过血液和神经系统传递感染。

（四）皮肤、角膜、结膜途径

皮肤虽然直接和外界接触，但有很强的防御功能，一般情况下不容易被病毒感染。在皮肤局部受损或连续性遭到破坏时可发生感染。蚊虫叮咬和动物咬伤也是病毒经皮肤感染的途径。角膜和结膜出现损伤后容易被病毒感染，且病变一般较为局限，但也并非绝对，如 HSV 就可感染角膜，并通过神经纤维到达神经节。

二、病毒在机体内的扩散

（一）局部感染和系统感染

病毒可以通过呼吸道和消化道等多种途径进入机体，建立起最初的局部感染。随后病毒可以突破黏膜屏障，经血液、淋巴液或神经系统传递到机体的一定部位，感染特定组织器官的特定细胞群体，建立系统感染。

有些病毒主要造成局部感染，例如流感病毒、副流感病毒、鼻病毒、冠状病毒引起的上呼吸道感染，轮状病毒引起的胃肠道感染和乳头瘤病毒引起的皮肤感染。在这类感染中，病毒的传播主要发生在相邻细胞间，很少能穿越上皮细胞层。但有时病毒也会侵入局部淋巴结，甚至出现全身感染。

（二）上皮细胞的极性感染

病毒总是趋向于从上皮细胞的一极释放。如果病毒从黏膜层上皮细胞顶部释放，常发展为局部感染；而病毒从上皮细胞面向深层组织的一极释放，则有助于突破黏膜层发展为全身感染。在有些情况下，病毒从细胞的一极侵入细胞，而从另一极释放子代病毒。病毒释放方式的变化可以改变其毒力，例如，野生型仙台病毒从支气管上皮细胞的顶部释放，产生局部的支气管炎；突变的仙台病毒可以从细胞顶部和底部释放，增加组织嗜性和毒力。痘病毒、水疱性口炎病毒和一些逆转录病毒从上皮细胞底部组装和释放，而流感病毒、副流感病毒、SV40、脊髓灰质炎病毒、轮状病毒和仙台病毒常在上皮细胞顶部的表面组装和释放。并不是所有病毒都具有极性感染和释放的性质，而且有些病毒（例如脊髓灰质炎病毒）可以双向进入上皮细胞。即使是同一科的病毒，其释放方式也有可能不同。

（三）血源性传播

局部感染的病毒常通过血流或神经传递到靶组织。有时，病毒也可通过节肢动物叮咬或污染的针头，甚至输入污染的血制品直接造成血源性传播。局部感染的病毒最初释放到组织间液，然后进入淋巴系统。病毒在淋巴系统中未被清除，则可随淋巴液进入血液导致血源性传播。在机体免疫系统健全的情况下，大部分病毒在淋巴系统中被清除。尤其在淋巴结中，淋巴细胞和单核细胞可将病毒破坏和吞噬，但有些病毒，如 HIV、人嗜 T 淋巴细胞病毒（HTLV）等，能直接感染免疫细胞。当被感染的免疫细胞进入血液时，它们所携带的病毒也不断增殖释放，造成血源性传播。

当血液中出现病毒时称为病毒血症。病毒在血液中可为游离状态，也可寄居于感染细胞内。血液中的病毒浓度由病毒的复制和清除速度决定。病毒抗体产生后，抗体和病毒可形成复合物，有利于巨噬细胞的吞噬，因而病毒的浓度迅速减少。病毒血症一般为一过性的，但有些病毒（如 HBV）引起的病毒血症可持续很长时间，甚至维持终生。

（四）侵袭组织器官

血液中的病毒从血管中逸出，进一步侵袭特定的组织器官。目前对于这一过程有哪些影响因素还了解不多，只是对于病毒侵害中枢神经系统（central nervous system，CNS）的研究相对深入一些。在 CNS 的大部分区域都有微血管系统的毛细管细胞紧密绞合，并且还有一层致密的基底膜。但在脉络膜丛，毛细管细胞之间有孔隙，而且基底膜也比较稀疏。因此，推测脉络膜丛可能是脊髓灰质炎病毒和慢病毒（如维斯纳病毒）最初入侵和建立感染的部位。

（五）神经性传播

有些病毒建立局部感染后，可通过感染部位的神经末梢侵入神经细胞进行传播。狂犬病毒、疱疹病毒、冠状病毒、波纳病毒和部分虫媒病毒均具有神经传播的能力。还有一些病毒，如脊髓灰质炎病毒和呼肠孤病毒等，虽可经神经传播，但其主要传播方式是局部感染和血源性传播。HIV 等病毒能在脑内复制、增殖，但其传播途径为血源性，不能经神经传播。

大多数情况下，病毒要侵入神经细胞，必须先在其他细胞内复制和增殖，再通过感染部位的神经末梢进入神经细胞，并可通过突触进行神经细胞间的传递。病毒感染神经细胞后，子代病毒的释放方向不一样，导致的结果也不一样。如 α 疱疹病毒，当感染外周神经元后潜伏起来，在适当的时候病毒活化并增殖，子代病毒粒子从细胞向外周神经末梢释放，从而在皮肤上引起带状疱疹。而潜伏的 HSV 活化后，其子代病毒不仅可以向外周神经末梢释放，也可以向中枢神经系统方向释放，后者可导致严重的疾病，如致死性的病毒脑炎。

三、病毒感染机体的形式

（一）急性感染

所谓急性感染，是指病毒在感染机体后，短时间内即被清除或导致机体死亡。严重的急性感染可使机体表现临床症状，甚至死亡。除致死性疾病外，宿主一般能在症状出现后 1～3 周内清除体内的病毒。机体发生病毒急性感染并不总是表现症状，在很多情况下呈隐性感染，此时病毒在体内复制和产生子代病毒，但没有达到使机体产生症状的足够数量。对于隐性感染，可以通过检测机体内的病毒特异抗体来判断是否发生了感染。

（二）持续性感染

发生持续性感染时，病毒在机体内存活时间长，可达数年、数月，甚至终生，伴随或不伴随症状的出现。持续性感染包括慢性感染（chronic infection）、潜伏感染（latent infection）和慢发感染（slow infection）。

1. 慢性感染　发生慢性感染时，机体内长期存在病毒感染，甚至反复发作。一般情况下，病毒最终能被机体的免疫系统清除。

2. 潜伏感染　所谓潜伏感染，指病毒侵入机体后，并不引起明显的症状，也不复制出大量的病毒粒子，仅在一定的组织中潜伏存在。这些组织往往处于机体免疫系统监视范围以外。病毒潜伏感染较长时间后，由于机体发生生理性或病理性变化，潜伏的病毒可被激活并增殖。

3. 慢发感染　慢发感染，亦称迟发感染，指慢病毒等在感染机体后可出现或不出现急性症状，随着机体免疫系统的激活，大部分病毒被清除；但仍有少量病毒残留在机体内，并维持较低浓度，此过程可维持很长时间，并且不伴有症状的出现；然后，感染可呈急性复发状态，并进行性加重，往往引起宿主的死亡或其他严重后果。

病毒在机体内长期存活并建立持续感染必须具备两个条件：①病毒具有免疫逃避功能或机体有免疫功能缺陷，病毒可长期存在而不被机体免疫系统清除。如 HBV 容易在免疫缺陷人群中保持持续感染，HIV 则能够直接侵犯机体的免疫系统。②病毒的毒力不强，不会在短期内造成宿主死亡。许多能导致持续感染的病毒要么不具有杀细胞功能，要么能在侵入机体后关闭其杀细胞功能。如沙粒病毒没有致细胞病变效应，只要宿主不能完全清除感染细胞，就能建立持续感染状态。EB 病毒则可以改变其转录和复制方式，使其基因组长期存在于感染细胞内而不复制出子代病毒粒子，从而形成持续性感染。

第二节　抗病毒感染免疫应答

抗病毒感染免疫应答是机体建立的抵抗病毒感染的能力，包括非特异性免疫应答和特异性免疫应答两个方面。非特异性免疫应答是机体发育和进化过程中逐渐建立起来的一系列天然防御功能，主要由屏障结构、吞噬细胞及组织和体液中的抗病毒细胞因子组成。非特异性免疫应答是个体天生就有的，具有遗传性，对异物无特异性区别作用，对病毒感染起着第一线的防御作用。特异性免疫应答是机体出生后经主动和被动免疫方式获得的，包括体液免疫和细胞免疫两种。特异性免疫应答是个体接触病原体及其产物而产生的，具有严格的特异性和针对性，而且具有免疫记忆的特点，在消除病毒感染中占重要地位。

一、非特异性免疫应答

(一)屏障结构

健康完整的皮肤和黏膜构成了机体抗病毒感染的第一道防线。除机械屏障作用外,皮肤和黏膜的分泌物,例如皮脂腺分泌的不饱和脂肪酸和汗腺分泌的乳酸,也有杀灭病毒或防止病毒接触敏感细胞的作用。

血脑屏障是防止中枢神经系统发生感染的重要防卫结构,主要由软脑膜、脑毛细血管壁和包在血管壁外的星状胶质细胞形成的胶质膜所构成。这些组织结构致密,能阻止病原体及其他大分子物质由血液进入脑组织和脑脊液。血胎屏障可防止母体内的病原微生物通过,保护胎儿免受病毒感染。

(二)自然杀伤细胞

自然杀伤细胞(natural killer cell,NK 细胞)是一群既不依赖抗体参与,也不需要抗原刺激和致敏就能杀伤靶细胞的淋巴细胞,CD56 和 CD16 是其特征性的表面标志。NK 细胞能被病毒诱生的 IFN-α/β 所活化,像细胞毒性 T 淋巴细胞(cytotoxic T lymphocyte,CTL)一样产生穿孔素等效应分子,对于多种靶细胞(包括病毒感染的细胞)具有杀伤作用。在病毒感染的机体内,NK 细胞在特异性抗病毒免疫反应产生之前就已被活化,在感染早期有保护机体的作用。

NK 细胞的杀伤作用尽管是非特异的,但它却只杀伤靶细胞,而不会杀伤正常细胞。这表明 NK 细胞与靶细胞接触时遇到了与正常细胞不同的信号。目前尚不十分清楚靶细胞上的杀伤信号的来源,但某些病毒的产物很可能发挥了一定的作用。此外,一旦机体产生了特异性免疫反应,很可能通过与 CD16 受体的结合而给 NK 细胞提供杀伤信号。正常细胞上存在的抑制 NK 细胞杀伤的信号来源于Ⅰ类主要组织相容性复合体(major histocompatibility complex Ⅰ,MHC-Ⅰ)分子。很多病毒(尤其是疱疹病毒)能够抑制细胞 MHC-Ⅰ 分子的表达并使之逃避 T 细胞的识别,但却使 NK 细胞能更有效地杀伤病毒感染细胞。

除直接杀伤靶细胞外,NK 细胞还能产生大量的细胞因子。在某些早期病毒感染的个体内,白细胞介素(interleukin,IL)12(IL-12)的水平明显升高。IL-12 能强烈诱导 NK 细胞表达 IFN-γ,而 IFN-γ 在机体抗病毒感染中的作用可能较 NK 细胞对靶细胞的直接杀伤作用更为重要。NK 细胞还能利用其表面的 Fc 受体,与抗体特异结合,发挥抗体依赖的细胞介导细胞毒反应(antibody-dependent cell-mediated cytotoxicity,ADCC)杀伤病毒感染细胞,由于此途径需要相应的抗体与感染细胞结合,因此只有在病毒感染晚期或继发性感染时才能发挥作用。

(三)单核吞噬细胞

单核吞噬细胞包括血液中的单核细胞和组织中的巨噬细胞。单核细胞在骨髓分化成熟时进入血液,在血液中停留数小时至数月后,经血流随机分布到全身多种组织器官中,分化成熟为巨噬细胞。巨噬细胞寿命达数月以上,具有较强的吞噬功能。

由于单核细胞的游走和定殖能力,以及巨噬细胞在各种组织中所处的部位(例如肺脏中的肺泡巨噬细胞、肝脏中的肝巨噬细胞和皮肤中的朗格罕氏细胞),单核吞噬细胞是机体最初抵抗病毒入侵的免疫应答细胞。在病毒感染后的 24h 内,巨噬细胞是感染部位最主要的免疫细胞。皮肤、淋巴结、脾脏和肝脏等重要器官的树突状细胞吞噬了大部分的外来颗粒。

在机体产生对病毒感染的特异性免疫应答后,巨噬细胞的功能得到进一步加强。巨噬细胞的表面带有免疫球蛋白 Fc 和 C3b 受体,可以促进吞噬与抗体结合的病毒粒子。活性 T 细胞分泌的细胞因子吸引更多的单核细胞聚集到感染部位,分化成熟为巨噬细胞。这些巨噬细胞具有更强的吞噬和消化病毒粒子的能力。

除了直接的抗病毒作用外,巨噬细胞还能产生多种具有免疫调节作用的细胞因子,如 IL-12、肿瘤坏死因子 α(TNF-α)及 IL-1α 等。此外,巨噬细胞还具有加工处理和递呈抗原的功能,可在特异性抗病毒免疫中发挥一定的作用。

（四）补体系统

补体是存在于正常机体血清中，具有类似酶活性的一组蛋白质，具有潜在的免疫活性，激活后能表现出一系列的免疫生物学活性，能够协同其他免疫物质直接杀伤靶细胞和加强细胞免疫功能。

补体激活途径有经典途径和旁路途径两种。经典途径在病毒抗原-抗体复合物及非特异性激活物的作用下被激活，形成的攻膜复合物吸附于病毒感染细胞膜或病毒囊膜上，引起膜的损伤，起杀伤靶细胞和病毒的作用。补体激活还引起炎症反应和白细胞的聚集。补体旁路途径的激活不依赖于抗原-抗体复合物，主要针对有囊膜病毒感染，发生在病毒成熟和经过细胞膜出芽的过程中。由于旁路途径激活不需要抗体的参与，因此在病毒感染机体后能很快被激活。

（五）细胞因子

细胞因子是一类参与免疫调节和清除病毒感染的重要分子。单核细胞、淋巴细胞、NK 细胞、病毒感染或活化的成纤维细胞、内皮细胞等多种细胞均可产生多种细胞因子，包括干扰素、白细胞介素、肿瘤坏死因子（TNF）、转化生长因子（transforming growth factor，TGF）和集落刺激因子（colony-stimulating factor，CSF）等。

细胞因子的产量非常微小，却具有极高的活性。每种细胞因子都具有多种生物学功能，作用于一种以上的细胞。而不同的细胞因子可表现相似的效应，通过不同的信号转导途径产生协同作用。不同细胞因子在调节靶细胞功能时，又可表现拮抗作用。一般来说，一种细胞分泌的细胞因子激活另一种细胞分泌不同的细胞因子或表达特定的细胞因子受体，引起所谓的连锁反应。在机体内，细胞因子之间的关系错综复杂，没有一种生物学效应单靠一种细胞因子完成。

病毒感染细胞所产生的 I 型干扰素能直接作用于邻近的未感染细胞，使之具有抗病毒能力。I 型干扰素还具有免疫调节功能，如对 NK 细胞杀伤活性的增强作用，对细胞因子及其受体表达的调节作用、对 MHC-I 分子表达的诱导作用以及对记忆 T 细胞的促增殖作用等，在有些病毒感染的早期，NK 细胞产生的 TNF-α 及 IFN-γ 也具有一定的抗病毒功能。TNF-α 的作用较 I 型干扰素弱，但与 I 型干扰素具有协同效应。此外，TNF 还能促进 IL-12 诱导的 NK 细胞表达 IFN-γ。IFN-γ 则是巨噬细胞激活剂，能通过此途径发挥其抗病毒作用。病毒感染过程中也可检测到其他一些细胞因子的表达，包括 IL-12、IL-1α、IL-1β、IL-8、IL-10、IL-15、TGF-β 等。

二、特异性免疫应答

特异性免疫应答是指机体免疫系统受到抗原物质刺激后发生应答，免疫细胞对抗原分子进行识别，产生一系列复杂的连锁反应和表现出一定的生物学效应。这一过程包括抗原递呈细胞（巨噬细胞等）对抗原的处理、加工和递呈，抗原特异性淋巴细胞即 T、B 细胞对抗原的识别、活化、增殖、分化，产生免疫效应分子（抗体和细胞因子）和免疫效应细胞（CTL 和迟发型变态反应性 T 细胞），最终将抗原物质清除。特异性免疫应答的表现形式为体液免疫和细胞免疫，分别由 B、T 细胞介导。特异性免疫应答具有三大特点：一是特异性，即只针对某种特异性抗原物质；二是具有一定的免疫期，这与抗原的性质、刺激强度、免疫次数和机体反应性有关，从数月至数年，甚至终身；三是具有免疫记忆，一部分 T 细胞和 B 细胞分化为记忆性细胞。通过免疫应答，机体可建立对病毒感染的特异性抵抗力。

（一）抗体介导的免疫应答（体液免疫）

抗体亦称免疫球蛋白。应用化学分析和免疫电泳等方法，可将人的抗体进一步分为 IgG、IgM、IgA、IgD 和 IgE 等 5 类。其他动物抗体有 4 类，即 IgM、IgG、IgA 和 IgE，但在马、羊和家禽中尚未见报道有 IgE 类。IgD 在人血清中含量极低，生物学功能尚不清楚。IgE 是变态反应患者血清中特有的抗体，其抗病毒感染作用亦未阐明。IgM 是最大的抗体分子，由 5 个 IgG 等同分子形成五聚体，主要存在于血液内，组织液内含量极少，它是机体在受到初次抗原刺激后最早产生的一种抗体。因此，测定 IgM 是早期诊断病毒感染的一种常用方法。当机体再次受到抗原刺激时，IgM 的含量不再明显增高。IgM 中和病毒的能力弱，但具有较多的结合位点，能够很好地结合补体，故在依赖补体的细胞毒反应中起重要作用。IgG 是最主要的抗病毒抗体，也是血清中最重要的免疫球蛋白，约占免疫球蛋白总量的 75%。IgG 广泛分布于细胞外液和血液中，能够透过毛细血管壁。再次抗原刺激时，由于免疫记忆，会发生迅速的加强反应，IgG 量显著增高。IgG 参与所有的血清学反应，具有中和、补体结合、沉淀、凝集和抗毒素等免疫生物学活性。IgA 存在于黏膜分泌物、外分泌液及血清中。分泌性 IgA 常能耐受蛋白酶的消化作用，可经初乳传给子代。分泌性抗体在抵抗病毒感染，特别是某些局部性感染中具有重要作用。

抗体最初是由脾脏和淋巴结生发中心内的抗体生成细胞产生。病毒感染 2 周时，机体内的抗体水平达到高峰，2~4 周后开始下降。随着脾脏和淋巴结内浆细胞的减少，浆细胞开始迁移或聚集至骨髓，骨髓成为抗体产生的主要部位。如果再次感染，抗体的产生仍主要从脾脏和淋巴结开始，因为 B 细胞主要聚居在这些部位。记忆 B 细胞增殖并分化为浆细胞，这使脾脏和淋巴结短时间内出现大量抗体生成细胞。

机体在感染病毒或接种病毒疫苗后，可产生多种针对病毒蛋白的特异性抗体。病毒诱生的抗体能够经胎盘或初乳从母体传递到子代，对于保护子代在刚出生后的一段时间里免疫病毒感染十分必要。但是，这种被动传递的抗体可以干扰子代的主动免疫，因此在制定免疫程序时必须考虑到这一点。

（二）细胞介导的免疫应答（细胞免疫）

由免疫细胞而非抗体建立的特异性免疫称为细胞免疫。在监视和排除变异细胞与异物，以及清除细胞内寄生物等过程中，细胞免疫发挥着极为重要的作用。在病毒感染，特别是病毒核酸整合于宿主染色体以及病毒呈细胞至细胞方式传播的情况下，由于体液抗体接触不到病毒，细胞免疫就成为最主要的抗病毒免疫方式。以出芽方式增殖的病毒和致瘤病毒经常导致细胞表面抗原性的改变，机体的细胞免疫系统能识别细胞表面的异种抗原，随后产生效应，导致靶细胞的死亡。但是病毒感染细胞被杀伤并不一定都对宿主有利，感染后期细胞的裂解反而有利于子代病毒的扩散。

根据 T 细胞表面是否表达分化抗原 CD4 和 CD8，可将 T 细胞分为 $CD4^+$ T 细胞和 $CD8^+$ T 细胞两大群。$CD4^+$ T 细胞主要包括两个亚群：一是既能够协助 B 细胞产生抗体，也能协助其他 T 细胞分化成熟的辅助性 T 细胞（helper T cell，Th）；二是能够在细胞免疫效应阶段和 Ⅳ 型超敏反应中释放多种细胞因子，并导致局部炎症反应的迟发型超敏反应性 T 细胞（delayed-type hypersensitivity T cell，T_{DTH}）。$CD8^+$ T 细胞也分为两个亚群，包括能特异性识别和杀伤靶细胞的 CTL 细胞以及能够抑制其他免疫细胞功能的抑制性 T 细胞（suppressor T cell，T_S）。与抗体单独识别病毒蛋白质不同，T 细胞对病毒的识别需要同时识别病毒抗原和 MHC 分子。$CD4^+$ T 细胞识别与 MHC-Ⅱ 分子结合的病毒抗原多肽，而 $CD8^+$ T 细胞识别与 MHC-Ⅰ 分子结合的病毒抗原多肽。所有病毒蛋白质都可能是 T 细胞识别的靶分子，但这些分子必须通过抗原递呈细胞的加工处理并和 MHC 分子结合。

T 细胞抗病毒感染的主要机制是通过 $CD8^+$ T 细胞杀伤病毒感染的细胞，此外还通过产生一些细胞因子发挥作用。急性病毒感染过程中，$CD8^+$ T 细胞的反应可分为 3 个阶段：活化和增殖期、死亡期及免疫记忆期。感染初始阶段，在病毒抗原的作用下，$CD8^+$ T 细胞扩增 100~10 000 倍，并分化为病毒特异性 CTL，此过程一般持续 1 周。从第二周开始，大部分活化的 T 细胞随着病毒的清除和抗原量的减少开始凋亡，1 周内细胞减少 95% 以上。这种现象也称之为活化诱导的细胞死亡（activation-induced cell death，AICD），它是机体调节体内活化细胞数量并保持内环境稳定的机制。第三阶段的特征是机体产生一定数量能在体内存活数年的记忆 T 细胞。若机体再次被同种病毒感染，在 1~2d 内即可检测到细胞因子产生、$CD8^+$ T 细胞增殖且杀伤活性增强。这种加速反应有利于机体尽快清除体内的病毒。

CD4$^+$T 细胞是抗病毒抗体和 CTL 产生过程中必需的辅助细胞，其本身也能产生细胞因子发挥直接的抗病毒作用。在相关的动物模型上已证实缺少 CD4$^+$T 细胞时，机体抗病毒感染的能力明显降低。在人类中也发现 CD4$^+$T 细胞的功能与 HIV 的易感性密切相关。对于慢性病毒感染，CD4$^+$T 细胞的作用更为关键。在 HIV 等病毒感染时，如果 CD4$^+$T 细胞正常，体内 CD8$^+$T 细胞也能长期保持活性，并对感染有一定控制作用；而在 CD4$^+$T 细胞缺失个体中，CD8$^+$T 细胞的活性很快丧失而不能有效控制感染。

三、病毒免疫逃逸的机制

在机体通过免疫系统阻止病毒感染的同时，病毒也会通过多种方式突破机体免疫系统的各种功能而生存。

（一）感染免疫特赦部位

机体内存在一些免疫系统触及不到的部位，如眼前房、睾丸、中枢神经系统等，病毒可以通过对这些部位的感染而获得免疫逃逸。由于血脑屏障限制了淋巴细胞进入中枢神经系统，同时神经细胞几乎不表达 MHC-Ⅰ分子，许多病毒（如脊髓灰质炎病毒、柯萨奇病毒、麻疹病毒和 α 疱疹病毒）可以乘机感染神经细胞，甚至还有一些病毒（主要是疱疹病毒科成员）进一步利用神经细胞建立持续感染或潜伏感染。

（二）限制病毒基因的表达

病毒可选择性地减少细胞表面的病毒糖蛋白表达，这样有助于逃避抗体的中和作用。对于细胞内的病毒蛋白，病毒很难通过减少表达来逃避 T 细胞的识别，因为靶细胞上存在 1～100 个 MHC/多肽复合物分子就能被识别，但是疱疹病毒等在潜伏感染的神经细胞中可以完全关闭蛋白质的合成。

（三）病毒基因的突变

病毒可通过基因突变来逃避免疫应答，几乎所有的病毒都具有产生变异株或新血清型的能力。由于 RNA 多聚酶缺乏校对功能，在 RNA 病毒复制时尤其容易产生基因突变。流感病毒的基因组分节段，其血凝素（HA）和神经氨酸酶（NA）负责病毒吸附和进入细胞，寄主产生的中和抗体主要针对这两种蛋白质。HA 和 NA 变异后仍保留了原有的功能，但可使流感病毒逃避宿主体内已有抗体的作用。

除了基因突变造成的抗原漂移（antigenic drift）外，流感病毒还会发生整个基因片段被替换引起的抗原转移（antigenic shift）。当不同流感病毒毒株感染同一宿主时，基因片段之间的重组就有可能发生，由此产生的新毒株往往是造成流感大流行的主要原因。

（四）阻碍抗原递呈

HIV-1 和淋巴细胞性脉络丛脑膜炎病毒（*Lymphocytic choriomeningitis virus*，LCMV）等病毒可直接感染树突状细胞和巨噬细胞等抗原递呈细胞。另一些病毒则能干扰抗原递呈过程中对抗原的处理，例如 HSV 的 ICP47 蛋白与转运蛋白 TAP 结合，阻断了多肽向内质网运输的通道，病毒抗原不能以 MHC/多肽复合物的形式表达于细胞的表面。

（五）延缓病毒感染细胞的凋亡

病毒编码的一些蛋白质能延缓细胞凋亡，这有利于病毒在感染细胞中生存更长的时间。EB 病毒的 BHRF1 蛋白和腺病毒的 E$_{1B/19K}$蛋白都是 Bcl-2 蛋白同源物，起抑制细胞凋亡的作用。SV40 的 T 抗原可与 p53、pRb 等细胞周期调节蛋白结合，使得病毒感染细胞仍能存活和增殖。

（六）感染 T 细胞和 B 细胞

病毒干扰免疫应答最直接的方法是感染免疫细胞。HIV-1 利用 T 细胞 CD4 分子作为受体，感染并杀死 CD4$^+$T 细胞，这样使辅助 T 细胞丧失功能，逐渐使整个免疫系统功能丧失，导致 AIDS 发生。EB 病毒和 3 型柯萨奇病毒 B 等能感染 B 细胞，阻止抗体的产生。LCMV 亦可感染 B 细胞，递呈病毒多肽和 MHC-Ⅰ分子在 B 细胞表面，引起 CTL 的杀伤。

（七）干扰细胞因子和趋化因子的作用

目前已有证据表明多种病毒感染能干扰细胞因子的作用，如腺病毒蛋白 E_{1B}、E_3 能保护病毒感染的细胞免受 TNF 的杀伤。痘病毒 T_2 蛋白也能抑制 TNF 的活性，这种蛋白是 TNF 受体的同源物，能从感染细胞中释放出来与 TNF 结合，强烈抑制了 TNF 与其受体的结合，从而抑制了其抗病毒功能。又如 EB 病毒的 BCRF1 蛋白能阻断 IL-2 和 IFN-γ 的合成，黏液瘤病毒编码的一种分泌性蛋白能与 IFN-γ 结合，这些均抑制或干扰了细胞因子的作用。

（八）免疫耐受

病毒可通过免疫耐受的方式使机体不再对病毒抗原产生免疫应答，从而使病毒在机体内长期存在。如果病毒在胚胎发育期间感染胸腺，在胸腺基质里被 MHC 递呈的病毒抗原可导致特异的 T 细胞克隆缺失，即宿主将病毒抗原看作自身的一部分。最典型的病毒免疫耐受的例子是人类 HBV 感染，如果母体感染了 HBV，90% 的新生儿将成为病毒携带者。这些新生儿中，至少有一部分体内的 HBV 特异性 T 细胞克隆已在其发育的过程中在胸腺中经过了克隆排除。即使是成年人感染了 HBV，HBV 特异性 T 细胞克隆也可能在外周血中因为高浓度病毒抗原的过度刺激而被克隆排除。

第三节　病毒性疾病的防治

一、病毒性疾病发生的一般规律

由病毒感染引起的疾病是人类和动物的主要传染病。病毒性疾病的发生和流行必须具备三个基本条件，即传染源、传播途径和易感宿主。另外，环境因素、社会因素对病毒病的流行也有一定影响。传染源是指维持病毒生存繁殖并排出病毒的动物和人，即受感染的机体。患病个体和带毒个体，包括慢性和隐性感染的个体，都可以成为传染源。传播途径是指病毒从一个宿主侵入另一宿主所经过的途径。病毒性疾病的传播可分为直接接触和间接接触两种方式。直接接触传播是指在没有任何外界因素参与下，病毒通过传染源与易感宿主直接接触而引起感染的传播方式。间接接触传播是指在外界环境因素的参与下，病毒通过传播媒介感染易感宿主的传播方式。传播媒介可以是有生命的昆虫和野生动物，也可以是无生命的食物、饮水、空气和器具等。宿主的易感性是抵抗力的反面，指机体对于某种病毒感受性的大小。易感性的高低虽然与病毒的种类和毒力强弱有关，但主要还是由机体的遗传特征和特异性免疫状态等因素决定的。病毒性疾病的防治必须考虑病毒和宿主间相互作用的复杂性，采取针对传染源、传播途径和易感宿主的各种综合性措施。下面仅介绍疫苗和化学药物在病毒性疾病预防和治疗中的应用。

二、病毒疫苗

用疫苗进行预防接种，增强机体特异性免疫力，是预防病毒感染的有效方法。一种理想的病毒疫苗应具备如下基本条件：①能激起机体免疫系统的免疫记忆，对特定的病毒抗原可产生适当的免疫反应，包括天然免疫、细胞免疫和体液免疫等；②免疫持久，有较好的预防保护作用，最好有终生免疫力；③疫苗的安全性好，不致病，旁观者效应低，其毒种稳定、安全、有效、可控；④生物活性稳定，保存期长，易于运输；⑤价格低廉，使用方便，公众认知度高；⑥生产条件易于控制，经济可行。

目前普遍应用的病毒疫苗主要分为弱毒（活）疫苗和灭活疫苗两大类。随着分子病毒学研究的不断深入，相继出现了亚单位疫苗、活载体疫苗、重组活疫苗、基因缺失弱毒疫苗和核酸疫苗等多种疫苗。

（一）弱毒（活）疫苗

弱毒疫苗株病毒的毒力已经被充分致弱，但仍能在机体内有限增殖，引起的免疫刺激强度相当于亚临床自然感染。弱毒疫苗的用量小、成本低，机体产生的免疫力坚强而持久，适于大群体的免疫接种。当然，弱毒疫苗也有其弱点，其中最主要的是疫苗毒株的毒力稳定性问题。弱毒疫苗株可通过基因突变或与野毒株发生基因重组，引起毒力改变；在易感动物或细胞反复传代后发生毒力回升（返祖）。

1. 自然弱毒株疫苗 在同一种病毒的不同毒株之间，存在着毒力和免疫原性等诸多方面的差异。因此，实践中可以寻找和筛选自然界中毒力低而有较好免疫原性的病毒作为弱毒疫苗株。目前广泛应用的预防鸡新城疫的新城疫病毒 La Sota 株和 V4 株都是自然弱毒株。有些犬瘟热和犬细小病毒性肠炎的弱毒疫苗也由自然弱毒株制备。

应用具有交叉抗原的同属异种病毒强毒株也可进行疫病的免疫预防。这种强毒株对于自然宿主有致病性，但对于被免疫接种者来说却没有致病性。由于具有交叉保护性抗原，可在被接种者体内产生良好的免疫效果。众所周知，Edward Jenner 发现感染过牛痘病毒的挤奶女工对天花有免疫力，这是早期预防医学的杰出成就之一。应用火鸡疱疹病毒预防鸡的马立克氏病也是这方面的成功例子，马立克氏病也成为第一种可用疫苗预防的肿瘤疾病。

2. 人工致弱毒株疫苗 人工培养弱毒疫苗株的方法，主要有以下几种：

（1）连续通过异种动物或异种动物细胞 一些原来不能在异种动物体内或异种动物细胞上增殖的病毒，在长期多代的适应之后，逐渐具备了在新宿主（或细胞）中增殖的性能。

目前广泛应用的猪瘟兔化弱毒疫苗就是将猪瘟病毒连续通过家兔几百代培育而成的。将口蹄疫病毒连续通过乳兔或乳鼠，也已获得弱毒疫苗株。牛瘟病毒在通过家兔、鸡胚后，毒力减弱而成为弱毒疫苗株。狂犬病毒通过家兔育成的所谓"固定毒"，更是一个突出的例子。

通过异种动物细胞也能使病毒的毒力致弱，并且已经被实践所证明。例如，乙型脑炎病毒通过牛肾细胞、猴肾细胞或仓鼠肾细胞，均已分别获得了弱毒疫苗株。牛瘟病毒通过非洲绿猴肾细胞，犬瘟热病毒通过鸡胚细胞（先在鸡胚内适应几代），犬传染性肝炎病毒通过猪肾细胞等，也都分别获得了弱毒疫苗株。

（2）在同种细胞上驯化 某些病毒的宿主范围窄，例如马传染性贫血病毒，除自然宿主动物及其细胞以外，不感染其他动物及细胞。但在敏感细胞，例如在马属动物体外培养的白细胞或其他细胞培养物上长期反复传代后，也获得了弱毒疫苗株。即使那些感染范围较宽的病毒，例如脊髓灰质炎病毒和犬瘟热病毒，分别长期通过猴肾细胞和犬肾细胞等敏感细胞培养传代后也育成了弱毒疫苗株。

（3）选择条件致死性温敏突变株 一些呼吸道病毒的突变株在温度为 32～34℃的上呼吸道能够有效地复制，而在温度为 37℃的下呼吸道中生长受到限制。筛选突变株时，首先利用致突变原对野生病毒诱导，使其发生无义突变，然后通过它们的温敏表型进行鉴定。如流感病毒的温敏突变株的选育就是通过该方法获得的。温敏突变株的缺点是不太稳定，容易回复其毒力。相反，采用相似的手段培育筛选的冷适应突变株则具有相对稳定的特性。

3. 遗传重配疫苗 遗传重配疫苗适用于基因组分节段的病毒，如正黏病毒和轮状病毒等。其原理是将具有特殊保护性抗原的强毒株与弱毒株共感染鸡胚或培养细胞，通过毒株间基因组节段的重配，获得减毒活疫苗。目前流感病毒的冷适应重配疫苗和鸭-人毒株重配疫苗在人的临床试验中，已经取得有希望的结果。在动物中，用人流感病毒热敏株和马流感病毒野毒株进行遗传重配，也获得了减毒的重配马流感病毒疫苗，由于该重配疫苗能够表达马流感病毒的血凝素和神经氨酸酶，因而接种后能够使幼驹获得免疫保护。禽流感病毒以及蓝舌病病毒的遗传重配疫苗研究也取得了一定进展。

4. 病毒载体活疫苗 某些病毒的基因组内有一些复制非必需区域（如痘病毒的 TK 基因，腺病毒的 E_1 和 E_3 区等），将其切除、突变或在其中插入外源性基因片段后，均不影响病毒的复制。利用基因工程技术，可以将这些复制非必需区域克隆出来，将异源性病毒的保护性抗原基因及调控序列等插入其中，获得重组病毒。接种重组病毒后，不仅可以诱导机体产生针对异源性病毒的特异性免疫反应，而且能够获得针对载体病毒的免疫力。这样的基因工程重组疫苗称为病毒载体活疫苗。目前用于表达外源性病毒蛋白的载体病毒包括痘病毒、腺病毒、疱疹病毒和小 RNA 病毒等。

5. 基因缺失弱毒疫苗　通过分子病毒学研究，人们发现某些病毒的毒力基因或毒力相关基因与复制无关。这些基因缺失后，病毒的毒力丧失或明显减弱，但复制能力不变，同时保持着良好的免疫原性，由此制成的疫苗称为基因缺失弱毒疫苗。经基因工程技术可造成病毒一个基因的全部或部分缺失；也可以是两个基因或部分缺失，通过两个基因的协同作用使病毒致弱。由于缺失型疫苗是人为除去毒力基因，病毒往往不可能完全自行修复，因此疫苗在遗传特性上比较稳定。对于现有疫苗也可以通过改造来增加安全性。

疱疹病毒的基因组庞大，含有许多复制非必需区域，适合于研制基因缺失弱毒疫苗。猪伪狂犬病基因缺失弱毒疫苗（常缺失 TK、gE、gI 等毒力基因）是目前最为成功的例子，已经广泛应用于生产，取得良好效果。

（二）灭活疫苗

当不能获得安全的弱毒疫苗时，不管是由于没有发现弱毒株，还是因为弱毒株的毒力不稳定，使用灭活病毒作疫苗就成为一种合适的选择。灭活的脊髓灰质炎疫苗、流感病毒疫苗、甲型肝炎疫苗和狂犬病疫苗等都是常见的人用灭活疫苗。另外，还有大量的兽用疫苗也属灭活疫苗。病毒可使用化学或物理方法加以灭活，以消除其感染性，而保留其抗原性。通常使用的病毒灭活剂包括福尔马林、β-丙内酯以及非离子去垢剂 Triton X-100 等。

灭活病毒通常不能诱导与弱毒活疫苗相同的免疫反应，除非同时加入一种诱导免疫识别早期过程尤其是炎症反应的物质，即佐剂。佐剂有助于较少的抗原获得更有效的免疫。佐剂至少以如下 3 种不同的方式发挥作用：①以颗粒方式包裹抗原，起到缓释作用；②使抗原在接种部位聚积，激活抗原递呈细胞分泌细胞因子，以增加抗原特异性 T 细胞和 B 细胞；③直接刺激免疫反应。可用作佐剂的物质很多，如氢氧化铝、矿物油、灭活的结核分枝杆菌、脂质体和细胞因子等。

灭活疫苗采用已杀灭的病毒为制作材料，所以比较安全。但因病毒抗原在机体内不能增量，所以接种剂量大，而且需要反复接种来增强免疫力。此外，灭活疫苗引起细胞免疫的作用不强（特别是在不加佐剂的情况下），在以细胞免疫为主的病毒感染中，灭活疫苗的免疫效果不佳。

（三）亚单位疫苗

由病毒组分而不是全病毒制备的疫苗称为亚单位疫苗。利用基因工程技术可以将合适的病毒基因克隆入非致病病毒、细菌、酵母、昆虫细胞或植物细胞（生产可食用疫苗）以生产免疫原性蛋白。由于只有一部分病毒基因组用于构建疫苗，故疫苗中没有原始病毒的污染，也就解决了灭活全病毒疫苗潜在的遗传物质污染问题。

目前人的乙型肝炎亚单位疫苗已经取得了巨大的成功。该疫苗只包含单一的病毒结构蛋白HBsAg，它能自发地组装成病毒样颗粒。不管是在酵母、大肠杆菌还是在哺乳动物细胞中生产的HBsAg，都能形成这种病毒样颗粒，且在纯化过程中保持稳定。这一特性非常重要，因为纯化的HBsAg 单体蛋白并不能产生有效的保护性免疫反应。在小鼠中，低至 $0.025\mu g$ 的 HBsAg 颗粒都能诱导抗体产生，而且不需要佐剂的参与。在 6 个月时间内，人体分 3 次接种 $10\sim20\mu g$ 的 HBsAg 颗粒，在 95% 以上的受种者体内都有抗 HBsAg 抗体产生。这样就足以使人群乙型肝炎感染率降低至 3%，而安慰剂对照人群的乙型肝炎感染率却高达 25%。

（四）合成肽疫苗

合成肽疫苗是一种仅含免疫决定簇组分的小肽，即用人工方法按天然蛋白质的氨基酸序列合成保护性短肽，与载体连接后加佐剂所制成的疫苗。合成肽疫苗是由多个 B 细胞抗原表位和 T 细胞抗原表位共同组成，大多需与一个载体骨架分子相偶联。我国在口蹄疫合成肽疫苗研究方面已取得突破性进展，将口蹄疫病毒的抗原表位与猪 IgG 重链恒定区连接，在大肠杆菌中高效表达制成疫苗。用 2mL 该疫苗免疫猪，在 1 000 倍半数感染量（ID_{50}）病毒攻击下，可达到 100％保护。

（五）DNA 疫苗

DNA 疫苗采用 DNA 而不是蛋白质作为疫苗成分，其最简单的形式就是含编码病毒蛋白质基因的质粒 DNA。DNA 疫苗直接通过肌内或皮下注射等方式接种，另一个有效的接种方式是使用"基因枪"将包裹质粒 DNA 的微球注入体内。DNA 进入细胞后，指导病毒蛋白质的合成。部分病毒抗原被递呈到表达 MHC-I 分子的细胞表面，从而被 T 细胞识别。从已有的报道看，DNA 疫苗既能诱导体液免疫反应也能诱导产生 CTL，更重要的是在动物模型中产生了保护性免疫。

三、抗病毒药物

病毒复制的任何步骤都可以作为药物作用的靶点。然而，自 20 世纪 50 年代早期合成第一个抗痘病毒的药物缩氨基硫脲（thiosemicarbazone）起，历经 60 多年的研究，抗病毒药物总量仍然很少。主要原因有：①干扰病毒复制增殖的化合物同时对机体有副作用；②抗病毒药物必须保证 100％阻断病毒的生长，任何病毒逃避都是潜在危险，但要达到如此高的效率显然难度非常大；③很多医学上重要病毒（乙型肝炎病毒、丙型肝炎病毒、乳头瘤病毒等）没有合适的动物模型；④很多急性感染持续时间短，待发现疾病时，病毒已经不再复制，而且事实上已从机体中被清除了。此外，由于缺乏快速诊断试剂，即使存在有效的治疗，很多抗急性病毒性疾病的药物开发和市场也因此受阻。

（一）核苷类似物

很多病毒优先利用细胞的分子来合成病毒核酸，这样病毒聚合酶就可成为抗病毒药物的特异性靶点。现在使用的大多数特异性抗病毒药物都属于核苷类似物，它们是一类合成的与核苷类似的化合物，但是其核糖基或脱氧核糖基不完全或不正常。核苷类似物是以前药（prodrug）形式存在，其发挥作用时需要被磷酸化。在病毒感染的细胞内以磷酸化形式存在的核苷类似物，与正常的核苷竞争整合入病毒 DNA 或 RNA，结果导致核酸链的延伸终止。

利巴韦林（ribavirin）即病毒唑、三氮唑核苷，为广谱抗病毒药，在体内可抑制多种 DNA 和 RNA 病毒的复制，适用于病毒性支气管炎、带状疱疹和小儿腺病毒肺炎等的治疗。阿昔洛韦（aciclovir）为目前治疗疱疹病毒感染的首选药物。齐多夫定（zidovudine）为胸腺嘧啶核苷衍生物，是第一个用于治疗 HIV 感染的药物。

（二）逆转录酶抑制剂

逆转录酶是逆转录病毒复制合成的必需酶类，在病毒的复制周期中起着至关重要的作用，因此成功抑制逆转录酶的活性就可成功抑制逆转录病毒的复制。现在有 10 多种逆转录酶抑制剂应用于临床，根据其化学性质的不同，可分为核苷类逆转录酶抑制剂和非核苷类逆转录酶抑制剂。

拉米夫定（lamivudine）是一种核苷类逆转录酶抑制剂，能抑制乙型肝炎病毒的逆转录酶，使乙型肝炎病毒的 DNA 降至下限，对慢性乙型肝炎以及失代偿性乙型肝炎导致的肝硬化、肝移植后乙型肝炎复发有预防治疗作用。

奈韦拉平（nevirapine）为非核苷逆转录酶抑制剂，对核苷类似物有耐药性的病毒有效，能降低 HIV 母婴间传播，且用药只需每日 1 次，较其他疗法更简单易行。同类药物还有地拉韦定（delavirdine）、依法韦仑（efavirenz）、依米韦林（emivirine）等。

（三）蛋白酶抑制剂

很多病毒需要特异性的蛋白酶把多聚蛋白质切割为功能单元或在病毒颗粒的顺序组装过程中释放其功能组分。沙奎那韦（saquinavir）是用于治疗 HIV 感染的第一个蛋白酶抑制剂。它通过抑制蛋白酶对 Gag 和 Gag-Pol 蛋白的水解过程，从而干扰病毒的成熟过程，达到抑制病毒复制的目的。此类药物还有利托那韦（ritonavir）、茚地那韦（indinavir）、奈非那韦（nelfinavir）等。

（四）神经氨酸酶抑制剂

神经氨酸酶是呼吸道病毒复制的关键酶，能从糖蛋白、糖脂和寡糖等切割末端唾液酶残基，从而使流感病毒从感染细胞中释放，并在呼吸道传播。扎那米韦（zanamivir）是抗流感病毒的神经氨酸酶抑制剂，可选择性抑制 A 型和 B 型流感病毒的复制。

（五）细胞因子

细胞因子的来源复杂、种类繁多，用于抗病毒的细胞因子主要有干扰素、IL-2、IL-8、IL-10、IL-12 和肿瘤坏死因子等。各类细胞因子既可单独使用，又可联合使用。

干扰素是美国食品药品监督管理局（FDA）批准的第一个抗肝炎病毒药，目前临床使用的干扰素采用基因工程制造。IFN-α 的抗病毒作用最强，是国际公认的治疗慢性肝炎疗效较好的药物。当乙型肝炎病毒和丙型肝炎病毒患者病毒复制的时候，IFN-α 可发挥抗病毒作用。在应用 IFN-α 治疗丙型肝炎病毒患者时，有相当部分患者出现 IFN-α 抵抗现象，对 IFN-α 抵抗的丙型肝炎病毒患者，临床上进行再治疗困难很大。有人用 IFN-α、利巴韦林、金刚烷胺联合治疗方案能够逆转 IFN-α 的抵抗状态。

（六）特异性抗血清或免疫球蛋白

对于以体液免疫为主的病毒感染，采用特异性抗血清或免疫球蛋白进行感染后的治疗，往往可以取得很好的治疗效果。尤其是高免血清和精制的免疫球蛋白，在通过安全性检验且不存在生物安全问题的情况下，其特异性的治疗效果是其他药物所不能比拟的。特异性抗血清或免疫球蛋白在小鹅瘟病毒、犬瘟热病毒、传染性法氏囊病毒和鸭肝炎病毒等感染的治疗方面已经得到广泛应用。

思　考　题

1. 阐述病毒侵入机体并进行传播的机制。
2. 病毒如何逃避机体的免疫应答？
3. 如何预防病毒性疾病？
4. 试评价抗病毒药物的作用。

主要参考文献

唐槐静，段胜仲，洪嘉玲，等，2000. 肿瘤病毒诱导细胞异常增殖作用机制的研究进展 [J]. 病毒学报（1）：90-92.

David M Knipe, Peter M Howley, 2001. Fundamental Virology [M]. 4th ed. Philadelphia：Lippincott Williams & Wilkins.

Frederick A Murphy, E Paul J Gibbs, Marian C Horzinek, et al, 1999. Veterinary Virology [M]. 3rd ed. San Diego：Academic Press.

Lansing M Prescott, John P Harley, Donald A Klein, 2002. Microbiology [M]. 5th ed. New York：McGraw-Hill Companies, Inc.

第七章　病毒基因工程

基因工程是在生物化学、分子生物学和分子遗传学等学科的研究基础上逐步发展起来的，其中遗传信息传递的中心法则的确立、密码子通用性的确定及基因可切割和可转移现象的发现为基因工程的创立和发展奠定了理论和技术基础。基因工程是将外源基因插入载体，连接后导入受体生物，使外源基因在受体生物中表达或使受体生物获得新的遗传性状。病毒基因工程是基因工程技术在病毒学中的应用。病毒可感染动物、植物、真菌和细菌等几乎所有的生物体，且病毒具有结构简单、通过感染可大量复制、易于操作等特点，是基因工程研究和应用的绝佳材料。病毒基因工程研究内容包括病毒全基因组的克隆测序、基因功能鉴定、基因工程疫苗研制、抗病毒药物开发等，为病毒性疾病的预防、诊断和治疗提供先进的手段；通过对病毒基因组改造，构建基因工程载体，用于基因转移与表达、作物改良、疾病的基因治疗等方面。自 20 世纪 70 年代基因工程兴起后，病毒基因工程已成为基因工程大家族中一个不容忽视的重要部分，渗透到基因工程的方方面面，影响着基因工程的发展，并反映基因工程的发展水平，已广泛应用于医、农、牧、渔等产业，甚至与环境保护也有密切的关系。本章就病毒载体、病毒基因工程疫苗、基因治疗、病毒与生物防治等内容作详细阐述。

第一节　病毒载体

利用病毒能感染宿主细胞、在宿主细胞内进行繁殖并表达自身基因和外源基因的特点，设计并构建在真核细胞内表达目的基因的病毒载体。病毒载体作为基因转移和表达载体的主要特点有：病毒具有能够被宿主细胞识别的有效启动子；多数病毒在其感染周期中能够持续复制，使其基因组拷贝数达到相当高的水平；有些病毒具有控制自己复制的顺式和反式作用因子，能够在宿主细胞内长时间保持外源基因的高拷贝复制；有些病毒在它们的复制过程中能高效稳定地整合到宿主基因组，可以提高外源基因导入寄主细胞染色体的效率；病毒的外壳蛋白能够识别细胞受体，可作为感染剂将外源基因高效导入寄主细胞。目前，各种病毒载体已经广泛用于蛋白表达、疫苗制备、基因转移与基因治疗。无论是何种病毒载体，在构建和使用过程中都需要重视防止病毒本身的致病性以保证病毒载体的安全性。

根据外源基因与病毒基因组的整合方式，可将病毒载体分为置换型载体和插入型载体。置换型载体是最原始的载体类型，由外源基因置换对病毒基因组复制影响不大的基因构建而成；插入型载体的构建方式是指在病毒基因组中引入额外的亚基因组启动子，将外源基因插入此启动子的下游，随病毒的增殖使外源基因得以大量表达。病毒载体分为动物病毒载体、杆状病毒载体、植物病毒载体和噬菌体病毒载体等。

一、动物病毒载体

动物病毒在细胞中能形成较高的拷贝数，而且具有强大的启动子，是外源 DNA 在哺乳动物细胞中表达时首选的基因工程载体。目前常用的动物病毒载体有腺病毒载体、逆转录病毒载体、疱疹病毒载体、痘病毒载体等。

（一）腺病毒载体

腺病毒（Ad）基因组为双链线状 DNA，能广泛感染各种分化或者未分化的哺乳动物细胞。其基因组长约 36kb，两端各有一个反向末端重复区（ITR），长 103～162bp，ITR 内侧为病毒包装信号，是病毒复制必需区。基因组上分布着四个承担调节功能的早期基因（E_1、E_2、E_3 和 E_4）和一个负责结构蛋白表达的晚期基因。

目前的腺病毒载体大多以 2 型（Ad-2）和 5 型（Ad-5）为基础。被替代的基因主要有 E_1 和 E_3 区。E_1 区缺失的腺病毒载体可在提供 E_1 基因产物的包装细胞——293 细胞中增殖。E_3 为病毒复制非必需区，缺失 E_3 的载体插入外源片段容量可达到 8.5kb。这种腺病毒载体称为复制缺陷型腺病毒载体，因其安全性较好已被广泛应用于基因治疗的临床试验中。

另一种构建复制缺陷型重组腺病毒的方式是利用 AdEasy 腺病毒载体系统在细菌中进行同源重组获得。该系统中包括两个载体，一个为供外源基因克隆的穿梭载体 pShuttle，该质粒载体中有腺病毒基因的一段序列作为与腺病毒基因组进行同源重组时的同源臂；另一个为 33.4kb 的大质粒 pAdEasy，含有缺失 E_1 和 E_3 区的 Ad-5 基因组。首先将目的基因克隆到穿梭载体 pShuttle 中，然后将重组穿梭载体线性化后转化到含有 pAdEasy-1 的特殊菌株中，该菌株能提供在细菌内发生高效同源重组的因子，从而将重组穿梭载体中的含目的基因重组到 pAdEasy 中。提取重组的 pAdEasy 质粒 DNA，经合适的酶切后成为线形病毒 DNA，然后转染能提供 E_1 基因产物的 293 细胞即能获得重组病毒。该系统能够避免烦琐的病毒空斑纯化过程，即使是不熟悉病毒操作过程的研究者也很容易构建出重组病毒（图 7-1）。

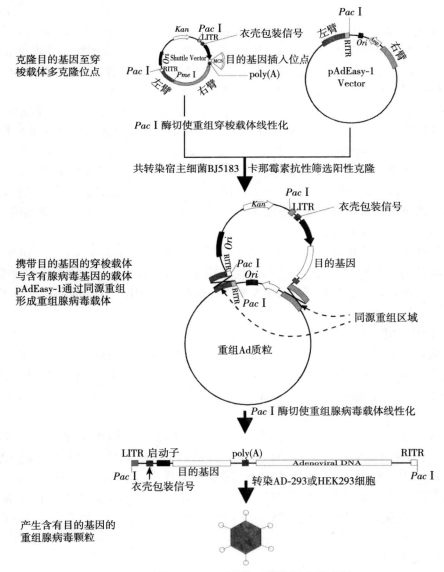

图 7-1　利用 AdEasy 系统构建重组腺病毒流程

与其他动物病毒载体比较，腺病毒载体具有以下优点：①宿主范围广。腺病毒广泛存在于人、哺乳动物和禽类的呼吸道、眼、消化道内，多数毒株为隐性感染。②安全。腺病毒基本不致病或只引起轻微的症状，腺病毒重组后，毒力进一步降低，可以安全地推广使用。并且腺病毒载体并不整合进宿主细胞基因组，而是以附加体形式游离在宿主细胞基因组外。③能同时表达多个基因。它是第一个可以在同一细胞株或组织中用来设计表达多个基因的表达系统。④插入外源基因容量大。通常复制缺陷型腺病毒可容纳约 8.7kb 的外源基因。⑤免疫途径简便。腺病毒可以在消化道和呼吸道增殖，使用简便（口服或气雾吸入）。目前腺病毒载体已被广泛应用于蛋白质的表达、RNA 干扰、基因治疗载体、肿瘤治疗和疫苗研制等。

但是，腺病毒载体在临床应用中也遇到了一些问题，主要是腺病毒载体具有以下几个缺陷：①外源基因表达持续时间较短；②缺乏靶向性；③有较强的自身的抗原性，即本身表达的病毒蛋白质所引起的宿主免疫反应。随着研究的深入，对腺病毒载体在转染效率、免疫原性、靶向性等方面进行有效的改进，是新一代腺病毒载体构建的目标。

（二）逆转录病毒载体

逆转录病毒载体为单链 RNA 病毒，可高效地感染许多类型的宿主细胞。病毒进入细胞后，其基因组 RNA 逆转录成双链 DNA，DNA 进入宿主细胞核并整合在细胞染色体中，且以此为模板合成病毒基因及子代基因组 RNA 然后装配成病毒颗粒。逆转录病毒基因组大约 10kb，含有三个最重要的基因，即 gag（编码核心蛋白）、pol（编码逆转录酶）和 env（编码病毒外膜蛋白），并依次由 $5'$ 向 $3'$ 方向排列。env 基因中包含病毒包装所必需的序列，同时两端存在长末端重复区（LTRS），用于介导病毒的整合。目前使用的逆转录病毒载体主要源于小鼠白血病病毒（Murine leukemia virus，MLV），其中病毒的大部分序列，如 gag、pol、env 缺失，仅保留病毒基因组 $5'$ 和 $3'$ 端的长末端重复序列（LTR）和包装信号 φ 及其相关序列。携带外源目的基因的逆转录病毒载体需要由能提供 Gag、Pol、Env 等结构蛋白的包装细胞〔packaging cell，如 ProPak（最常用）或 PA317 等细胞系〕才能成为成熟的重组"假病毒粒子"。因此将逆转录病毒载体 DNA 转染包装细胞后，能产生有感染能力的复制缺陷型病毒。这种复制缺陷型的重组病毒仅仅具备一次感染性，从而避免了在正常细胞间扩散感染，也降低了病毒本身的致癌性与致病性。重组病毒感染靶细胞，可使外源基因整合入靶细胞的染色体并稳定地表达。

逆转录病毒载体的主要优点是介导目的基因随机整合到宿主细胞染色体上，使外源基因稳定、持久地表达。其最大缺点是存在载体与人内源性逆转录病毒序列之间发生重组，产生有复制能力的人逆转录病毒的潜在危险，也存在原病毒 DNA 随机整合靶细胞染色体而激活染色体上癌基因或失活抑癌基因的可能性。

（三）单纯疱疹病毒载体

单纯疱疹病毒（HSV）是一种中等大小病毒，基因组为双链线状 DNA 分子，长达 152kb。HSV 可感染神经细胞，并形成潜伏感染，给病毒防治造成困难，但这一特性为构建嗜神经基因工程载体提供了方便。HSV 主要分为 HSV-1 和 HSV-2 两种类型，其中 HSV-1 载体在临床中应用更广泛。

HSV 作为载体具有以下优点：①基因组庞大，并已完成全序列测定，适于作大范围基因操作，可插入 30kb 以上的外源 DNA；②高侵染性以及广泛的宿主细胞类型，可感染脊椎动物各种类型的细胞，具有嗜神经性，为目前唯一合适于神经细胞的病毒载体；③在神经元内能进入潜伏状态，此时病毒 DNA 以附加体形式存在，部分基因可保持转录活性而不影响神经元的正常功能。但是HSV 感染细胞后引起的细胞毒反应会显著降低 HSV 载体的治疗作用，而且由于 HSV 不能整合入宿主细胞染色体，因此只能短暂表达。

（四）痘苗病毒载体

痘苗病毒为感染哺乳动物细胞的双链线状 DNA 病毒，基因组大小在 180kb 左右，其中 30kb

左右为非必需区，可以被外源 DNA 片段取代而不影响病毒的复制与繁殖。痘苗病毒容易培养、相当稳定并能在大多数哺乳动物细胞中复制繁殖，因此是一种理想的病毒载体。由于其基因组很大，因此只能通过先将目的基因克隆到转移载体上，然后将重组转移载体与野生型痘苗病毒 DNA 共转染哺乳动物细胞，在细胞内发生同源重组从而获得重组痘苗病毒。由于痘苗病毒本身是一种高效活疫苗，当将一种或几种外源基因引入该病毒时，能够构建出多价疫苗株，同时预防几种病原微生物引起的传染病，是目前痘苗病毒载体最吸引人的特点。

除上述介绍的病毒载体外，近年来新的病毒载体也在不断研发中，其中在临床前和临床试验中已验证的可用作外源基因转移和表达的病毒载体有腺相关病毒载体、慢病毒载体、仙台病毒载体等多种病毒载体。同时，为克服单一病毒载体的缺点，将两种或两种以上的病毒载体加以组合，形成嵌合病毒载体，如腺病毒/逆转录病毒载体、疱疹病毒/腺病毒载体等，也已进入临床前或临床试验中。

二、昆虫杆状病毒载体

杆状病毒是昆虫及某些甲壳类（如虾等）等无脊椎动物的重要病原体，可感染的昆虫达 600 多种。昆虫病毒颗粒呈杆状，具有高度的宿主特异性；由于病毒颗粒有多角体蛋白保护，故在环境中很稳定。主要代表为苜蓿银纹夜蛾核型多角体病毒（AcMNPV）和家蚕核型多角体病毒（BmN-PV）。杆状病毒是一类双链闭合环状 DNA 病毒，基因组大小为 90～160kb，如 AcMNPV 的基因组大小为 134kb，大约编码 154 个基因。杆状病毒基因组庞大，包含一些与病毒复制无关的非必需区，可作为外源基因的插入位点。

（一）外源基因插入杆状病毒载体的方式

由于杆状病毒基因组庞大，外源基因的克隆不能像细菌或酵母载体一样通过酶切连接的方式直接插入，而必须通过穿梭载体的介导。Bac-to-Bac 系统是当前最成熟的杆状病毒表达系统。Bac-to-Bac 意思为从细菌到杆状病毒，其本质上是将 AcMNPV 基因组 DNA 改造成可在细菌内复制，并能与供体质粒在细菌内发生转座，且同时对昆虫细胞保留感染性的大型穿梭载体。其转座原理基于 Tn7 转座子的专一位点转座系统，通过将杆状病毒 DNA 改造成可在大肠杆菌菌株中复制的 Bacmid 载体，即在杆状病毒基因组中含有能在大肠杆菌复制的 F 因子复制子、卡那霉素抗性基因、Tn7 转座接触位点以及 *lacZ'* 盒式结构，由于杆状病毒基因组为双链闭合环状 DNA 分子，因此这种 Bacmid 可以像质粒一样在大肠杆菌中以低拷贝形式复制。在转移载体中，外源基因位于多角体启动子的驱动下，两端分别为 Tn7 转座子的左、右端转座序列。当将重组转移载体转化到含有 Bacmid 的大肠杆菌中后，在辅助质粒提供的转座作用因子的介导下进行转座，将重组转移载体上含外源基因的表达盒式结构转座到 Bacmid 的 *lacZ'* 盒式结构中，破坏 α 互补。因此重组病毒可以通过简单的蓝白斑方法筛选，从白色菌落中分离的重组病毒 DNA 直接转染昆虫细胞即可以获得有感染性的重组病毒（图 7-2）。

（二）杆状病毒载体的优点

由于杆状病毒载体的容量大，感染、表达效率高，生物安全性好，因而在基因治疗、疫苗开发、药物筛选等医学各领域具有广泛的应用前景。杆状病毒作为一种优秀的真核表达载体还具有以下几个方面的优点。

1. 载体安全性高　杆状病毒迄今未发现对任何高等动物和植物细胞及个体有不良影响，相对其他病毒载体而言，它对人类的安全性是可以信赖的。

2. 具有克隆大片段外源基因能力　杆状病毒基因组大小差异很大（88～200kb），病毒可容纳大量外源 DNA 而不影响正常复制和 DNA 的包装，是一种同时进行多基因表达的首选载体。

3. 表达效率高　理论上讲外源基因的表达量应当和多角体或 *p10* 基因表达量相当，但实际上很难做到这一点。即便如此，该系统中外源基因的表达量相对其他真核细胞表达系统来说仍是相当

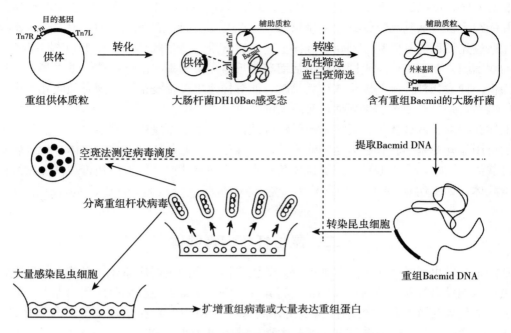

图 7-2　Bac-to-Bac 系统构建重组杆状病毒表达系统

可观的，往往可以达到细胞蛋白总量的 1%～10% 或更高。

4. 表达产物具有正确的后加工　大多数蛋白质表达后须在细胞中经过一定的修饰加工，输送到细胞一定的位置或分泌出，才能具有生物活性。昆虫细胞对蛋白质表达后修饰加工与哺乳动物接近，能识别并正确地进行信号肽切除、多肽切割、高级结构形成、蛋白质定位、磷酸化和糖基化等，表达产物通常具有很高的生物活性。

5. 病毒具有自主感染性　杆状病毒载体的重组区域是基因组的非必需区域，即使缺失也不会影响病毒的复制和表达。重组病毒具有完整的感染性，不需要辅助病毒。

6. 能成为虫体生物反应器　带有外源基因的重组病毒可以直接感染昆虫幼虫并在虫体内大量增殖，在幼虫淋巴液内表达的外源性蛋白质性质稳定，易于分离，其积累浓度比细胞培养液高出 10～100 倍。昆虫如家蚕的幼虫人工饲养成本极低，易实行自动化控制。有研究结果表明，一条幼虫所生产的外源性蛋白如用于临床诊断分析，可提供约 100 万人次使用，一头幼虫相当一个发酵罐。

三、植物病毒载体

由于植物病毒多为 RNA 病毒，同时植物细胞的特殊性造成细胞培养不如动物细胞方便，使得载体构建比较困难，因此植物病毒载体的研究发展得较慢，直到 1984 年才产生第一例由植物病毒——花椰菜花叶病毒（*Cauliflower mosaic virus*，CaMV）构建的载体。植物病毒载体用于植物基因工程，可以利用植株或者植物组织快速生产大量成本低廉的外源蛋白，满足医药及工业用蛋白日益增加的需求，因此人们尝试了多种植物病毒载体的构建。

（一）烟草花叶病毒载体

烟草花叶病毒（TMV）载体是目前研究最为广泛的一类植物病毒，病毒粒子为短杆状，能在被侵染的植物细胞中大量积累，具有作为表达克隆载体的潜力。迄今为止，TMV 载体成功表达的外源基因至少已有 150 种。

TMV 基因组是单链 RNA 分子，共有 6 395 个核苷酸，包括 4 个编码区，至少编码 4 种蛋白质。其中 126ku 和 183ku 两种病毒蛋白质参与病毒的复制，30ku 蛋白质与病毒从一个细胞转移到另一个细胞的运动有关，17.5ku 蛋白质组成病毒的外壳蛋白，表达量高，并且与病毒繁殖无关，是导入和表达外源基因的理想位点。

（二）植物病毒表达载体的应用

1. 基础研究领域的应用 植物病毒载体的出现为许多基础生物学现象的研究提供了强有力的工具，其中包括基因重组，植物病毒的运动、包壳和传播，鉴定和分析基因的功能以及基因沉默等。

2. 商业应用 植物病毒载体最有价值的应用是生产医用蛋白或疫苗，因而备受重视。例如，在大肠杆菌中表达 α 天花粉蛋白时，表达量仅占细菌总蛋白的 0.01%，而用 TMV 作载体，表达量高达可溶性蛋白的 2%，而且构建的载体还可以系统侵染烟草植株。由于 α 天花粉蛋白在治疗艾滋病中具有很好的疗效，因此大量生产 α 天花粉蛋白不仅可望用于临床治疗，还可以用于研究 HIV 的分子致病机制。

（三）植物病毒载体表达外源基因的优点

第一，部分植物病毒对寄主的感染是系统性的，它能够将其基因组扩散到被感染植株的所有细胞。因此，如果在病毒的基因组上人为地带上外源目的基因，那么它也就会系统地分布到整个植株，而无须经过从原生质体再生植株的烦琐程序。病毒的这种感染方式，为简化植物基因工程中外源基因的传递过程，提供了极大的可能性。

第二，植物病毒载体有可能解决将外源基因导入单子叶植物的问题。Ti 质粒载体只能有效地转化双子叶植物，但对诸如小麦、玉米、水稻等单子叶植物，依然有不少困难。而双生病毒（geminiviruses）由于具有广泛的寄主范围，有可能被发展成单子叶植物基因克隆载体。

第三，被感染的植株能够繁殖出大量的病毒颗粒，可通过重组病毒载体利用植物来生产大量的外源蛋白质，获取大量廉价的药用蛋白及具有重要经济意义的商品蛋白质。

（四）植物病毒载体存在的问题

1. 稳定性 植物病毒载体的致命缺点是稳定性较差，常由于病毒基因的重组而导致丢失外源基因。

2. 外源基因大小限制 外源基因的大小受被置换基因大小的限制，外源基因过大可能导致表达困难或不能系统侵染。

3. 病毒载体的接种方法 目前构建的植物病毒载体通常用体外转录产物或用基因枪导入质粒 DNA 而感染植物，因而成本较为昂贵和操作烦琐。

4. 安全性 病毒是植物重要的病原物，大部分病毒具有较广的寄主范围。尽管部分病毒载体已被修饰而不能引起严重症状或被介体传播，但释放修饰和未修饰的病毒载体仍要严格管理或保证不引起病毒病的流行。此外，已有研究表明，少数病毒载体可在转病毒基因植物中发生重组，这也提出了新的安全性问题。

四、噬菌体载体

噬菌体是一类专一感染细菌的病毒，又称为细菌病毒。依据噬菌体的复制和生活周期等特点，已经构建了许多噬菌体载体，并广泛用于基因克隆、表达、基因组文库的构建等，是基因工程中不可缺少的优良载体。其中 λ 噬菌体载体和 M13 噬菌体载体应用最为广泛。

（一）λ 噬菌体

λ 噬菌体基因组是长约 49kb 的双链线状 DNA 分子，其衣壳由头部和尾部两部分构成，基因组 DNA 包裹在头部蛋白衣壳内。λ 噬菌体感染大肠杆菌时，通过尾管将基因组 DNA 注入大肠杆菌，DNA 进入大肠杆菌后以其两端 12bp 的互补单链黏性末端环化成环状双链。λ 噬菌体在大肠杆菌内的增殖方式有溶菌性方式（lytic pathway）和溶原性方式（lysogenic pathway）两种。

1. λ 噬菌体的基因组结构 λ 噬菌体的基因组（图 7-3）可分为左臂、中段和右臂三个部分。

（1）左臂　左臂长约 20kb，编码头部及尾部等组装完整噬菌体所需要的蛋白质。

（2）中段　长约 20kb，是 λ 噬菌体 DNA 整合和切出、溶原性生长所需的序列。

（3）右臂　长约 10kb，是调控区，控制溶菌和溶原生长最重要的调控基因和序列，以及 λ 噬菌体 DNA 的复制起始区，均在这区域内。

左、右臂包含 λ 噬菌体 DNA 复制、噬菌体结构蛋白合成、组装成熟噬菌体、溶菌生长所需全部序列；对溶菌生长来说，中段是非必需的。

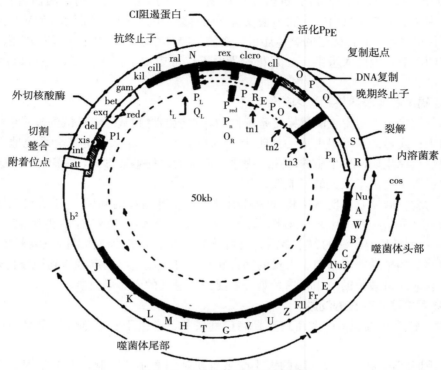

图 7 - 3　λ 噬菌体的基因组结构

2. λ 噬菌体载体构建　利用 λ 噬菌体作载体，主要是将外源目的 DNA 替代或插入中段序列，使其随左、右臂一起包装成噬菌体，再去感染大肠杆菌，并随噬菌体的溶菌繁殖而繁殖。

（1）λ 噬菌体可用来构建克隆载体的原因

①λ 噬菌体是温和噬菌体。λ 噬菌体对大肠杆菌具有很高的感染能力，以原噬菌体的形式可长期潜伏在溶原细胞中，容易保存，并且在一定的条件下可转入溶菌生长途径，进行大量的繁殖。

②能承载比较大的外源 DNA 片段。野生型 λ 噬菌体头部允许包装的 DNA 分子大小为 λ 噬菌体 DNA 的 75%～105%，即 36.4～51kb。

③在 λ 噬菌体 DNA 分子上有多种限制性核酸内切酶识别位点，便于多种外源 DNA 酶切片段的克隆。

（2）λ 噬菌体载体构建的基本策略和技术路线

①用限制性核酸内切酶切去 λ 噬菌体 DNA 上的非必需区域。除去多余的限制性核酸内切酶切割位点，确定一种限制性核酸内切酶识别序列用作克隆位点，并除去这种酶在 λ 噬菌体 DNA 上的多余识别序列。

②在中段非必需区，替换或插入可供选择的标记基因，如可供蓝白斑筛选的 *lacI-lacZ'* 序列。

③建立体外包装体系。构建 λ 噬菌体克隆载体后，建立相应的体外包装系统，体外包装成噬菌体颗粒感染受体细胞。

3. λ 噬菌体载体的应用　λ 噬菌体载体可插入长达 5～20kb 的外源 DNA，比质粒载体能插入的 DNA 长得多；而且包装的 λ 噬菌体感染大肠杆菌要比质粒转化细菌的效率高得多，所以 λ 噬菌体载体常用于构建 cDNA 文库或基因组文库。

（二）M13 噬菌体

M13 噬菌体是一类温和性噬菌体，在宿主细胞内装配成成熟颗粒后分泌到细胞外，不产生溶菌作用。

1. M13 噬菌体的基因组结构　M13 噬菌体的基因组是单链环状 DNA 分子（正链 DNA），长 6 407 个核苷酸，由 10 个基因组组成，其基因组 DNA 有 90% 以上的序列编码蛋白质，除了在基因 Ⅱ 与基因 Ⅳ、基因 Ⅲ 与基因 Ⅷ 之间有两个较长的基因间隔区（intergenic region，IR）外，其他基因之间的间隔仅有几个核苷酸（图 7-4）。在宿主细胞内，单链噬菌体 DNA 在宿主酶的作用下转变成双链环状 DNA，用于 DNA 的复制，这种双链 DNA 称为复制型 DNA（replicative form DNA，RF DNA）。

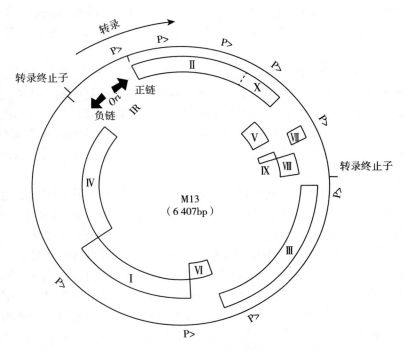

图 7-4　M13 噬菌体的基因组结构

2. M13 噬菌体的载体构建　单链 DNA 的酶切和连接是比较困难的，可利用 M13 噬菌体 RF DNA 进行载体构建。RF DNA 很容易从感染细胞中纯化出来，可以像质粒一样进行操作，并可通过转化方法再次导入细胞。

（1）载体插入位点　在 M13 噬菌体基因组中绝大多数为必需基因，只有两个间隔区可用来插入外源 DNA（基因 Ⅱ/Ⅳ 和基因 Ⅷ/Ⅲ 之间）。基因 Ⅱ 和基因 Ⅳ 之间的 508bp 间隔区是主要的外源片段插入位点。在基因 Ⅷ 和基因 Ⅲ 之间的小间隔区也可用来插入外源片段。

（2）M13 噬菌体载体组成　现在所使用的 M13 噬菌体载体是由 B. Gronenborn 和 J. Messing 建立的 mp 系列载体，以基因 Ⅱ 和基因 Ⅳ 之间的区域作为外源 DNA 插入区。mp 载体系列是从同一个重组 M13 噬菌体（M13mp1）改造而来的。在 M13mp1 载体中，间隔区内插入了大肠杆菌的 *lac* 操纵子片段，引入 α 互补筛选，作为重组体噬菌体筛选标记。通过对 M13mp1 中碱基突变，引入不同的酶切位点，产生了 M13mp 系列载体。

3. M13 噬菌体载体的重要特点

①M13 噬菌体的感染与释放不会杀死宿主菌，仅导致宿主细胞生长缓慢。

②M13 噬菌体 DNA 在宿主细胞中既可以是单链也可以是双链，通过感染或转化的方法能将 M13 噬菌体 DNA 导入宿主细胞中。

③M13 噬菌体的包装不受重组 DNA 大小的限制，其噬菌体颗粒的大小可随重组 DNA 的大小而改变，即使重组 DNA 的大小比本身 DNA 的大小超出 6 倍，仍能进行包装。

4. M13 噬菌体载体的应用 M13 噬菌体载体的主要用途：一是为 Sanger ddNTP 链终止法测定 DNA 序列制备单链 DNA 模板。二是 Smith 等建立的噬菌体表面展示系统，是利用大肠杆菌丝状噬菌体（M13 或 fd）作为载体，在重组噬菌体颗粒表面展示外源多肽的分子。

第二节　病毒基因工程疫苗

病毒与宿主细胞的密切关系使得病毒成为有效的基因克隆与表达载体，此外病毒的某些特殊元件如高效启动子、终止子和加尾信号等已经被广泛应用于各种病毒载体的构建。而通过对病毒进行基因工程改造，可获得满足人们需要的特殊"人工病毒"，达到为人类健康与生活服务的目的。

病毒在细胞外以无生命的惰性大分子长期存在，并保持侵染力，一旦进入活细胞就以其遗传信息控制细胞的代谢机制，大量生产病毒粒子，导致细胞死亡；或改变细胞的遗传性，导致细胞的转化或癌化；或以潜伏状态存在于细胞中而不发生明显变化，潜伏状态存在的病毒在一定条件下会活化，导致细胞死亡或转化。许多病毒都因为能引起动、植物的严重疾病而备受关注，如人的流感、艾滋病、肝炎等；动物的口蹄疫、猪瘟、鸡瘟等；植物的烟草花叶病、水稻矮缩病、玉米黄化病等。

目前，人们对病毒性疾病的治疗远不如控制细菌感染那样驾轻就熟，用于细菌治疗的各种抗生素类药物对病毒不起作用。病毒疫苗依然被公认为预防和控制病毒性疾病的最好甚至唯一的出路。传统的疫苗主要是灭活或减毒的病原物，这种疫苗因具有病原物的所有抗原成分，能激发很强的免疫保护力。灭活疫苗有脊髓灰质炎、麻疹、风疹、腮腺炎、甲型肝炎等病毒疫苗，减毒疫苗有乙型脑炎、牛痘、动物（牛、猪、羊和猴）轮状病毒等病毒疫苗。尽管传统疫苗在疾病预防中功不可没，但有其局限性：①不管是灭活的还是减毒的病毒疫苗，它们都必须经过动物细胞来生产，产量低，成本高，生产人员需要防护；②生产的死疫苗存在灭活不彻底的危险，而减毒活疫苗有回复突变的危险存在；③有些疾病如艾滋病，用传统的疫苗预防效果收效甚微。

随着对病毒及其与宿主关系认识的不断深入，已运用基因工程的方法生产出比传统的病毒疫苗毒力更低、效果更好、使用更安全的基因工程疫苗。从 20 世纪 80 年代中期开始，DNA 重组技术的日益成熟为制造新一代重组疫苗提供了崭新的方法。研究人员可用基因工程技术改造、设计和生产理想的疫苗。

一、通过删除野生型病毒中毒性基因制备弱毒疫苗

传统的弱毒疫苗制备往往通过将野生型的病毒在不适宿主或不适培养条件下连续传代培养而获得，这些野生型病毒在不适的宿主或不适培养条件下可能产生了某些突变，改变了原来的毒性。现在采用基因工程的方法，定向地敲除某些有毒基因，制成减毒疫苗。

口蹄疫是当今世界上最为严重的家畜传染病，危害牛、猪、羊等偶蹄类动物，以传播速度快、感染率高著称，国际兽医局将其列为 A 类传染病之首。通常用甲醛灭活口蹄疫病毒（*Foot-and-mouth disease virus*，FMDV）作为疫苗。运用基因工程技术，提取 FMDV 的基因组 RNA，先逆转录出 FMDV 的全长 cDNA，构建感染性克隆，用 SGSNPGSL 氨基酸序列取代病毒衣壳蛋白 VP$_1$ 上的 SGSGVRGDFGSL 序列，缺失病毒吸附宿主细胞受体至关重要的 RGD 氨基酸序列，制备减弱其毒力而不丧失免疫原性的弱毒疫苗，进行小鼠和猪的动物实验，发现无任何致病症状，但可使

海福特牛产生中和抗体，在刺激机体免疫应答、动物保护等方面与灭活疫苗一致，甚至优于灭活疫苗，而且不会构成感染威胁。

伪狂犬病毒（*Pseudorabies virus*，PRV）可引起家畜和多种野生动物的伪狂犬病，PRV 基因组中的 *TK*、*gC*、*gI*、*PK* 和 *CP*（编码衣壳蛋白）基因等与 PRV 毒力相关。*TK* 基因缺失株病毒的毒力显著下降，当再缺失其他毒力基因时，这种多基因缺失的 PRV 即成为毒力弱毒疫苗株。世界上第一个获得批准使用的基因工程缺失疫苗就是伪狂犬病毒 *TK* 缺失疫苗株 BUK-d13，它是 *TK* 与 *gE* 基因双缺失的基因工程病毒疫苗。我国研究者通过在基因组中插入 *lacZ* 表达盒构建的双基因缺失 PRV 疫苗（*TK/gG/lacZ*）已经完成了中试和区域试验，经动物试验和中试运用表明，该疫苗产品刺激接种动物产生抗体的时间和保护效果优于目前的国内外同类产品，该基因工程疫苗为当前我国控制猪伪狂犬病提供了强有力的措施。

二、重组疫苗

直接将抗原基因重组到一种更安全的病毒载体上，将重组后的病毒用作疫苗，这样的疫苗称为重组疫苗（recombinant vaccine）。重组疫苗所表达的抗原构象与来源病毒中的完全一致或非常相似，因此具有更高的免疫原性，能激发很强的免疫应答，起到很好的免疫防护作用。

重组疫苗中所用的病毒载体均为实践证明绝对安全的病毒，如痘病毒、腺病毒、水痘-带状疱疹病毒等。重组疫苗利用载体自身的免疫激活作用，增强了机体对亚单位疫苗的反应，所以活载体疫苗兼具减毒疫苗的强免疫原性及亚单位疫苗的安全性，有些还可以达到"一针治两病"的目的。用埃博拉病毒表面的糖蛋白替换水疱性口炎病毒表面用于识别宿主细胞的糖蛋白，构建成重组疫苗，临床试验发现接受疫苗的志愿者均产生了抗体，且未出现严重副作用。2016 年 12 月 23 日，世界卫生组织（WHO）宣布，该疫苗可实现高效防护埃博拉病毒，这是世界上第一种可预防埃博拉出血热的疫苗，有望于 2018 年上市。

第三节　基因治疗

基因治疗是一种基于核酸的治疗，将遗传物质（DNA 或 RNA）转入机体的目标细胞中以实现对疾病的治疗，其实质是利用正常基因纠正或补偿人体内有缺陷或变异基因所产生缺陷的治疗方法。多种疾病的发生，包括遗传性疾病、恶性肿瘤、心血管疾病及中枢神经系统疾病等，与患者的基因结构及基因表达调控异常有关，这些疾病的治疗对于医学界仍是巨大的挑战。随着现代基因工程和细胞工程技术的发展以及对基因在疾病中的重要作用的了解，基因治疗已经成为生物技术发展最快的领域之一，在对先天及后天疾病的治疗方面都显示出良好的治疗前景。

基因治疗的关键是选择合适的基因治疗载体和基因转移方法。一个理想的基因治疗载体应具备的特征：能靶向性转染目标细胞；转染效率高，作用的宿主范围广；包装容量大；可调控性表达；免疫原性弱；容易生产及运输，有一定的保质期等。目前用于基因治疗的载体可分为病毒载体（利用治病基因取代天然病毒某些基因）和非病毒载体（基于 DNA 的人工复合物或微粒）两种。病毒载体相对于非病毒载体而言具有转染效率高，基因持续表达时间长等优点，但免疫原性通常较强，有一定的危险性。非病毒载体包括裸 DNA 和脂质体包埋 DNA 等方法，尽管安全性及免疫原性方面的问题较少，但是基因转化效率低，基因稳定性差，表达时间较短。而常用基因转移方法主要有以下三类：①物理法，如电穿孔法和高压注射法；②化学法，如阳离子脂质体或高分子聚合物；③生物法，如利用重组病毒感染宿主。与其他载体及基因导入方式相比，病毒载体能高效地将其携带的基因转至靶细胞，是目前基因治疗药物研发中较为理想的载体。

目前，基因治疗领域常用的病毒载体包括腺病毒（Ad）载体、腺联病毒（AAV）载体、逆转录病毒（RV）载体和单纯疱疹病毒（HSV）载体等。不同的病毒载体，特点各不相同，研究中可根据基因治疗方案选择不同的载体（表7-1）。

表7-1　用于基因治疗的病毒载体及其特点

特点	腺病毒载体	腺联病毒载体	逆转录病毒载体		单纯疱疹病毒载体
			γ逆转录病毒	慢病毒	
病毒基因组	双链DNA（36kb）	单链DNA（4.7kb）	RNA（7kb）	RNA（7kb）	双链DNA（125kb）
克隆容量	约7.5kb	约4.5kb	约8kb	约8kb	20～40kb
滴度	高（10^{12}cfu/mL）	高（10^{12}cfu/mL）	低（10^{10}cfu/mL）	低（10^{10}cfu/mL）	高（10^{12}cfu/mL）
生物学特性	可感染分裂和非分裂细胞、不整合到染色体中、外源基因表达水平高、表达时间较短、免疫原性强	可感染分裂和非分裂细胞、整合到染色体中、无致病性、免疫原性弱、可长期表达外源基因，在骨骼肌、心肌、肝脏、视网膜等组织中表达较高	可感染分裂细胞、整合到染色体中、表达时间较长	整合到染色体中、有致癌的危险	具有嗜神经性，可逆轴突传递，可潜伏感染，容量大，可感染分裂和非分裂细胞
适用范围	in vivo基因治疗、肿瘤治疗	in vivo基因治疗、ex vivo基因治疗、遗传病基因治疗、获得性慢性疾病的基因治疗	ex vivo基因治疗、肿瘤治疗		神经系统疾病的基因治疗、肿瘤的基因治疗

　　腺病毒载体应用于基因治疗领域最为广泛和成熟。腺病毒载体用于基因治疗的首次临床试验是在体内导入调节蛋白（CFTR）以治疗囊型纤维化病，给药的途径是由气管注射入肺。目前临床中应用的腺病毒载体主要是复制缺陷型腺病毒载体，治疗的疾病包括肿瘤、遗传病、心血管疾病等。在腺病毒载体中引入的治疗的基因包括抑癌基因（p53）、自杀基因（胸苷激酶基因tk）、各种细胞因子基因等。国内研制开发的抗癌新药——"重组人p53腺病毒注射液"（商品名"今又生"），2003年获得国家仪器药品监督管理局颁发的新药证书，2004年批准上市销售。这标志着我国在基因治疗药物研制和产业化方面已达到世界领先水平，在国际竞争中抢占了先机。

第四节　病毒与生物防治

　　生物防治是指利用有益生物及其代谢产物和基因产品等控制有害生物的方法。它具有不污染环境、对人和其他生物安全、防治作用比较持久、易与其他植物保护措施协调配合并能节约能源等优点，已成为植物病虫害和杂草综合治理中的一项重要措施。除害虫天敌外，许多昆虫病原微生物已经广泛应用于害虫生物防治中，包括特异性感染昆虫的病原真菌、细菌与病毒，目前在世界范围内应用最广泛的微生物杀虫剂是昆虫病原性细菌苏云金芽孢杆菌。同时，人们也一直在开发昆虫病毒进行害虫的生物防治，其中杀虫专一性极强的杆状病毒是一类很有发展前途的生物杀虫剂。

一、杆状病毒杀虫剂简介

　　杆状病毒作为生物杀虫剂，其显著的优点是流行性和持久性，一年使用可多年受益，不破坏生态平衡，但它也有潜伏期长、杀虫谱窄的缺点。目前世界上已有数十种野生型杆状病毒杀虫剂注册或者商品化生产。我国自1993年第一个病毒杀虫剂产品——棉铃虫核型多角体病毒（HaSNPV）可湿性粉剂登记以来，已有大量杆状病毒被用于防治果树、棉花、蔬菜和大豆等作物上的害虫，先后有10多种病毒杀虫剂登记入市。昆虫杆状病毒用于防治害虫比较成功的实例有在巴西利用梨豆夜蛾核型多角体病毒防治大豆害虫大豆螟，以及在南太平洋地区利用棕榈独角仙病毒防治危害椰子树的害虫棕榈独角仙（Oryctes rhinoceros），我国使用棉铃虫核型多角体病毒大面积防治棉铃虫，也取得了很好的防治效果。

二、基因工程改造杆状病毒

野生型杆状病毒杀虫谱窄、杀虫速度慢、时间长，施用后 4～14d 才表现出杀虫活性。与化学农药接触致死不同的是，只有当昆虫进食足够量的病毒粒子，通过病毒的复制增殖来破坏昆虫组织和器官之后杆状病毒杀虫剂才能起到杀虫效果。这是一个相对复杂的过程，与杆状病毒的施用率、稳定性，靶标害虫的生理、遗传特性及害虫群体的组成高度有关。因此利用基因工程手段改造野生型病毒，使重组后的基因工程病毒杀虫剂更具有使用价值。目前可从 3 个方面进行基因改造：一是通过修饰或去除与宿主范围相关的基因来拓宽病毒的杀虫谱；二是插入某些昆虫选择性毒素基因以提高杀虫速度；三是通过缺失某些非必要基因来增加杀虫效果。

（一）杆状病毒杀虫谱的改造

杆状病毒的专一性决定了它们具有狭窄的宿主范围，如许多核型多角体病毒仅能感染单一昆虫。而广谱病毒不仅可以克服杆状病毒杀虫专一性的缺点，达到使用同一种病毒防治几种主要害虫的目的，而且可以起到用替代宿主生产病毒的作用，因此在病毒生物防治中具有重要的地位。筛选和构建宿主范围大的杆状病毒依然是改进病毒杀虫剂所考虑的重要因素之一。杆状病毒对非靶昆虫的感染力弱并不是由于病毒不能进入，而是因为杆状病毒在非靶组织中复制能力的缺陷造成的，即在非靶性细胞中病毒 DNA 的复制、表达在不同时期被阻断。将 AcMNPV 基因组中 DNA 复制所必需的 p143 基因用家蚕核型多角体病毒（BmNPV）中的同源片段取代之后，重组病毒就能在不敏感的家蚕细胞系中复制，但遗憾的是不能有效地感染家蚕幼虫。这可能是因为杆状病毒包涵体的口服感染机制不同于芽生型病毒粒子感染离体细胞造成的。随着对杆状病毒决定宿主范围的分子基础研究的深入，完全有可能研究出杀虫谱扩大到多种害虫的基因工程病毒。

（二）在杆状病毒基因组中插入外源基因提高杀虫速度

杆状病毒 p10 基因和多角体蛋白基因（ph）等晚期基因的启动子是强启动子，可驱动外源基因高水平表达，且表达时间长。将特定的外源基因用强启动子驱动，导入杆状病毒基因组中重组病毒，用于提高杀虫速度，缩短害虫致死时间，减轻病毒对作物的危害。这是目前构建重组病毒杀虫剂的主要研究途径。

目前，随着分子生物学技术的发展，多种昆虫病毒全基因组序列的测定及对昆虫杆状病毒结构与功能关系的逐步认识，为开展昆虫杆状病毒基因工程杀虫剂的研究提供了良好基础。

①表达苏云金芽孢杆菌（简称 Bt）杀虫晶体蛋白的重组病毒。近来，将 Bt 杀虫晶体蛋白基因 cry1Ab 与杆状病毒多角体基因进行融合后，Bt 杀虫晶体蛋白被直接包进多角体蛋白晶体中，当包涵体在昆虫中肠中碱解后直接释放出杀虫晶体蛋白，从而发挥出毒性功能。这种重组病毒的杀虫效果比较理想，杀虫时间缩短到野生型病毒的 1/3，半致死时间（LT_{50}）从 92.5h 缩短到 33.9h。

②表达昆虫特异性神经毒素的重组病毒。AaIT 是来自北非蝎子（Androc tonusaustralis）的神经毒素，其作用于昆虫神经的钠离子通道，引起神经元兴奋，可迅速麻痹昆虫，使之停止取食和危害作物。将改造的 AaIT 基因导入昆虫病毒后，重组病毒感染昆虫后引起昆虫脊部扭曲、隆起，昆虫持续烦躁不安，直至停止进食等典型神经毒素中毒症状。重组病毒对昆虫的半致死时间缩短 25％～40％，被重组病毒感染昆虫对白菜叶面的损失减少 50％，是一种有希望用作杀虫剂的重组病毒。

③表达昆虫病毒增效蛋白基因。昆虫病毒增效蛋白基因是杆状病毒编码的一类磷脂蛋白，分子质量在 89～110ku。昆虫病毒增效蛋白能增强多种昆虫病毒的感染力，缩短杀虫时间，并且能增强其他微生物杀虫剂如苏云金芽孢杆菌杀虫晶体蛋白的杀虫毒力，因此昆虫病毒增效蛋白在增强生物杀虫剂效果方面有很好的应用潜力。

（三）去除病毒非必需基因，增加杀虫效果

杆状病毒的基因组中存在某些与病毒 DNA 复制无关的非必需基因，通过敲除这些非必需基

因，有可能提高杆状病毒的杀虫活性。蜕皮激素 UDP-葡萄糖基转移酶基因（ecdysteroid UDP-glu-cosyltransferase，*egt*）是杆状病毒在个体水平调控感染宿主生长发育的基因，与病毒复制无关。我国学者通过将由棉铃虫核型多角体病毒（HaNPV）的多角体启动子驱动的蝎神经毒素基因 *AaIT* 插入 HaNPV 的 *egt* 位点，获得一种既能高表达 *AaIT* 又缺失 *egt* 基因的重组 HaNPV。该重组病毒杀二龄棉铃虫幼虫的半致死时间缩短了 32%，是一种很有借鉴意义的基因工程病毒的构建模式之一。

三、基因工程病毒杀虫剂的生物安全性

杆状病毒应用于害虫的生物防治以来，大量的实验室试验和田间试验均证明野生型杆状病毒无论是对生态环境，还是对人和其他哺乳动物都十分安全。20 世纪 80 年代以来，研究者开始利用杆状病毒作为表达载体在昆虫细胞以及幼虫中表达外源基因，并将这一技术运用于基因工程病毒杀虫剂的改良。但是当杆状病毒基因组中插入诸如昆虫神经毒素等外源基因或异源启动子时，人们担心它们是否会对其他非靶标造成不利影响甚至威胁。最近研究发现，杆状病毒虽然不能在哺乳动物细胞中复制和繁衍，但是其病毒粒子可以通过病毒囊膜与哺乳动物细胞融合而进入哺乳动物细胞，从而介导那些哺乳动物细胞特异性启动子（如 CMV 启动子）驱动的外源基因在哺乳动物细胞中高效表达。这说明重组杆状病毒有可能是基因治疗的新途径，同时也引起科学家对基因工程杆状病毒安全性更加广泛的关注和研究。

目前研究表明，基因工程杆状病毒无论是对非靶标节肢动物，还是对脊柱动物均是安全的。虽然许多研究表明重组杆状病毒能在某些哺乳动物细胞如中代肝癌细胞和传代干细胞中表达外源基因，但是病毒基因组不能在哺乳动物细胞中进行复制，重组病毒更加不能在哺乳动物细胞中繁衍，因此表达外源产物逐渐被降解，不会对受试细胞产生感染性病理效应。其驱动外源基因在哺乳动物细胞中表达的实质可以理解为重组杆状病毒粒子在进入某些哺乳动物细胞后，其基因组 DNA 裸露后起到瞬时表达载体的作用，在哺乳动物细胞启动子驱动下瞬时表达了外源基因。由于重组病毒基因组很大，基因组 DNA 被降解的速度比普通的小瞬时表达质粒要慢而起到高效和较长时间表达作用。基因工程杆状病毒能吸附、穿入哺乳动物细胞并表达外源基因，具有启动子依赖性，但病毒DNA 不能以转录形式达到细胞核，DNA 不能复制，病毒基因不能表达，即不产生细胞病理效应，也不能产生子代病毒，所以基因工程杆状病毒对哺乳动物是安全的。

基因工程杆状病毒的安全性的另一问题是插入的外源基因的转移或与其他有机体的遗传重组，尤其是当这种病毒被释放到环境中后，某些被插入的毒素基因（如神经毒素基因）是否会转移到其他生物体中并经过长期进化后会在合适启动子下进行表达，这是令许多人担忧的事情。评价这种风险时，有两点需要考虑：①重组病毒与其他有机体进行遗传交换的可能性。在自然界中，有机体间遗传交换时有发生，但遗传交换并不能总发生。种的遗传完整性受到基因运动屏障的保护，这种屏障限制遗传交换的可能性和类型。一个重要的屏障是供体和受体需要具有共同的复制部位。对杆状病毒而言，遗传交换必须在受感染昆虫的细胞内，所以杆状病毒和潜在的受体有机体必须在受感染昆虫的细胞内中复制增殖。这种要求通常限制了病毒间遗传交换的可能性。同时，在亚细胞水平上，交换受到细胞区域化限制。由于杆状病毒在昆虫细胞核中复制，与之交换潜在对象的遗传物质必须存在于细胞核中才可能发生。另一屏障是供体和受体遗传物质的性质，即便是两种病毒感染同一宿主并在同一宿主的细胞器中复制，但两者基因组组成和复制方式的差别也将限制其交换遗传信息。此外，供体和受体的同源程度高低直接影响遗传交换的可能性。②即便遗传交换发生，但交换的结果可能是消极的。当某种物种即便获得某种新的遗传特性并在种群中固定下来，但它如同重组杆状病毒一样，在与野生型病毒竞争中处于劣势而难以在自然环境中生存下来。所以基因工程杆状病毒外源基因的转移及其他有机体间的异源重组风险是相对较小的，而这种风险是所有基因工程产品所面临的共性问题，毕竟基因工程产生的时间相对于生物进化而言实在太短。因此目前我国和国

际上一样，对基因工程病毒杀虫剂产品大规模生产、大面积释放应用都持比较谨慎的态度。随着有关基因工程病毒安全性问题基础研究深入地进行，最大限度地降低重组病毒的潜在危险，基因工程病毒杀虫剂将具有广阔的发展空间和前景。

第五节　噬菌体展示肽库的应用

噬菌体展示技术（phage display）是近年来广泛应用的研究生物分子相互作用的重要手段之一。将外源的核酸片段与噬菌体的结构基因融合，可以将目的蛋白或者短肽展示在噬菌体表面，为体外亲和筛选和富集提供了可操作的生物学平台。通过蛋白间的相互作用，利用特定的筛选方法，可以分离和鉴定出与靶蛋白结合的展示肽。利用噬菌体展示肽库已成功筛选出多种蛋白质，如抗原、RNA 结合蛋白、受体，以及信号传导途径中的相关作用蛋白等。

一、噬菌体展示肽库的原理

噬菌体展示肽库技术是一种将外源基因表达在噬菌体表面，结合亲和筛选方法，筛选与靶分子结合的多肽的技术。首先将噬菌体 DNA 进行改造，然后把外源基因片段定向插入噬菌体外壳蛋白基因区，随着噬菌体基因组的表达，外源蛋白或多肽表达并展示于噬菌体表面，最后通过蛋白相互作用富集表达有特异蛋白质或多肽的噬菌体（图 7-5）。该技术建立在以下 3 个理论基础上：①外源基因插入 pⅢ 衣壳蛋白的 N 端并表达在噬菌体颗粒的表面，不影响噬菌体的生命周期，并能够保持外源蛋白的天然构象，也可以被相应的抗体或受体所识别；②将靶分子固定在固相支持物上，用适当的淘选方法，洗去不能结合的噬菌体，筛选出与靶分子结合的噬菌体；③外源蛋白或多肽展示在噬菌体的表面，而其编码的基因作为噬菌体基因组中的一部分，可以通过测定噬菌体 DNA 序列得到。该技术实现了基因和蛋白的转换。

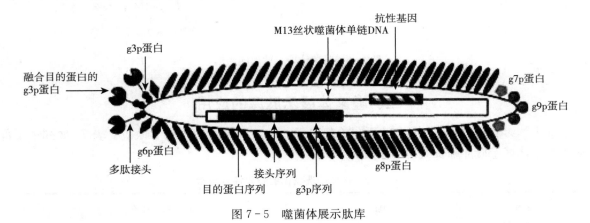

图 7-5　噬菌体展示肽库

二、噬菌体展示肽库的淘选

淘选是指用特定的方法从噬菌体文库中挑选出与靶分子结合的噬菌体克隆。第一轮淘选要加入大量的噬菌体，淘选后阳性噬菌体感染宿主菌进行扩增，阳性噬菌体扩增后，进入下一轮筛选，使阳性噬菌体得到进一步富集。淘选方法的基本流程为：将靶分子固定在固相载体上，加入噬菌体展示肽库。能够与靶分子结合的噬菌体被捕获于固相载体上，不与靶分子结合的噬菌体被洗去；再用洗脱液洗脱结合的噬菌体并感染大肠杆菌得以扩增，扩增后的噬菌体进入下一轮筛选（图 7-6）。

靶分子的固定可采用多种固相支持物，如聚丙乙烯皿或管、硝酸纤维素膜和磁性珠、可渗透的珠状琼脂糖凝胶等。洗脱的方法有多种，常用的有高浓度的靶分子竞争性洗脱、用靶分子的已知配体竞争性洗脱和低 pH 的缓冲液洗脱等。

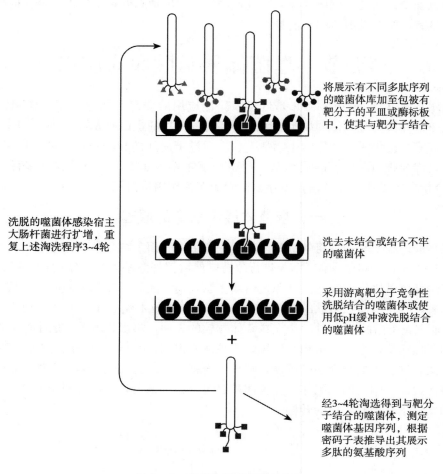

将展示有不同多肽序列的噬菌体库加至包被有靶分子的平皿或酶标板中，使其与靶分子结合

洗脱的噬菌体感染宿主大肠杆菌进行扩增，重复上述淘洗程序3~4轮

洗去未结合或结合不牢的噬菌体

采用游离靶分子竞争性洗脱结合的噬菌体或使用低pH缓冲液洗脱结合的噬菌体

经3~4轮淘选得到与靶分子结合的噬菌体，测定噬菌体基因序列，根据密码子表推导出其展示多肽的氨基酸序列

图 7 - 6 　噬菌体展示肽库的淘选

三、噬菌体展示肽库的应用

筛选出的多肽可以特异性地识别并结合靶分子，才能保证发挥生物学效应。表 7 - 2 列举了部分应用噬菌体展示肽库筛选获得的多肽。

表 7 - 2 　体外筛选获得的特异性结合肽

靶分子/靶细胞	结合的肽	生物学评价
人转铁蛋白受体	HAIYPRH THRPPMWSPVWP	与高表达人转铁蛋白受体的细胞高亲和力结合，并可介导大分子内化
αvβ1 整合素	VSWFSHRYSPYSPFAVS	可以与 αvβ1 整合素结合
黑皮质素受体 1	FRW	与黑皮质素受体 1 表达细胞的特异性结合能力是其他黑皮质素表达受体细胞的 3 000 倍，且竞争性抑制 α-MSH 与黑皮质素受体 1 结合
血管内皮生长因子受体 I	HTMYYHHYQHHL	与激酶插入区受体高亲和力结合，抑制鸡胚尿囊膜的血管生成；抑制肿瘤模型动物的乳腺癌生长肽、半乳糖苷酶和过氧化酶活性
血管内皮生长因子受体 I	NGYEIEWYS WVTHGMY	连接后与血管内皮生长因子受体 I 结合的亲和力分别比单一的半乳糖苷酶和过氧化酶与血管内皮生长因子受体 I 结合的亲和力高 200 倍和 400 倍

（续）

靶分子/靶细胞	结合的肽	生物学评价
白介素11受体	CGRRAGGSC	有效识别白介素11受体，有望用于前列腺癌的诊断和治疗
鼻咽癌细胞	RLLDTNRPLLPY	与包裹阿霉素的脂质体相连后，特异性杀伤鼻咽癌细胞（体外试验），用药量减少4/5（体内试验）
人脐静脉细胞	SIGYPLP	与腺病毒相连时，转染效率比单一腺病毒高15.5倍
神经胶质瘤细胞	VLPH	与RG2神经胶质瘤细胞结合活性是星形胶质细胞的63倍

思 考 题

1. 病毒作为基因工程载体有哪些特点？

2. 简述杆状病毒Bac-to-Bac系统构建重组病毒的原理与过程。

3. 简述AdEasy腺病毒载体系统构建重组病毒的原理与过程。

4. 利用基因工程技术从哪些方面来改善杆状病毒的杀虫效率？

主要参考文献

黄文林，2015. 分子病毒学 [M]. 北京：人民卫生出版社.

金奇，2001. 医学分子病毒学 [M]. 北京：科学出版社.

彭建新，2000. 杆状病毒分子生物学 [M]. 武汉：华中师范大学出版社.

肖化忠，齐义鹏，2001. 杆状病毒杀虫剂安全性评价的历史和现状 [J]. 生物工程学报，17（3）：236-239.

谢天恩，胡志红，2002. 普通病毒学 [M]. 北京：科学出版社.

杨利敏，李晶，高福，2015. 埃博拉病毒疫苗研究进展 [J]. 生物工程学报，31（1）：1-23.

第八章 病毒的一般研究方法与技术

病毒学的发展伴随着研究方法和技术手段的发展，病毒学的进步完全得益于研究方法和技术手段的发展。病毒学研究方法多种多样，因研究内容、研究对象不同而有很大变化。病毒的主要结构为核酸、衣壳、囊膜和纤突，前两者统称核衣壳，是多数病毒所共有的。囊膜是某些病毒衣壳外的一层包膜，含有糖类、脂类和蛋白质，与生物膜相似，一般认为是在病毒进出宿主细胞膜时带上的特殊结构，因脂溶性不同可与无囊膜病毒相区分。囊膜在识别宿主、侵入宿主细胞，保护核衣壳等方面起重要作用，带有包膜的病毒更容易进入宿主细胞，它能够帮助病毒在宿主体内扩散与繁殖，因而提高了病毒的致病性。纤突是某些病毒表面放射状排列的突起物，与病毒的抗原性、致病性以及宿主的特异性有关。

第一节 病毒的培养

病毒研究的发展与病毒培养有密切的关系。病毒缺乏完整的酶系统，又无核糖体等细胞器，不能在无任何生命的培养液内生长，必须在活细胞内才能增殖。能感染细菌、真菌及放线菌等的病毒——噬菌体的培养最为简单，将噬菌体接种到含易感细菌的肉汤培养物中，18～24h 后混浊的培养物变得透明，此时细菌被裂解，大量噬菌体被释放到肉汤中，再经除菌过滤，即为粗制噬菌体。动物病毒可在自然宿主、实验动物、鸡胚及细胞中培养进行，以死亡、发病或病变等作为病毒繁殖的直接指标，或以血细胞凝集、抗原测定等作为间接指标。收获发病动物的组织磨成悬液或有病变的细胞培养液，即为粗制病毒。至今植物病毒的培养大都是在整株植物上进行的。从捣碎的病叶汁中制备病毒，常用枯斑法检测。用手指蘸上混有金刚砂的稀释病毒在植物叶片上轻轻摩擦，经一定时间后出现单个分开的圆形坏死或褪绿斑点，称为枯斑。根据病毒种类的不同可以选用不同的方式对病毒进行分离培养。

鸡胚接种的主要优点是来源充足、操作简便、管理容易，只要选择适当的接种部位，病毒很容易增殖，目前主要用于痘类病毒、黏病毒、疱疹病毒的分离、鉴定、抗原制备和疫苗生产等。鸡胚结构如图8-1所示。

动物接种可以用于测定病毒的侵袭力，在揭示发病机制，观察病毒性疾病的形成、愈后和治疗效果，评价疫苗效果和安全性，筛选抗病毒药物，制备诊断用病毒抗原抗体等方面发挥重要作用。常用于接种病毒的动物有大鼠、小鼠、豚鼠、家兔和猴子等。根据病毒对动物及组织细胞的亲嗜性选择特定的部位接种，如皮下、皮内、腹腔、静脉、鼻腔、颅内等。

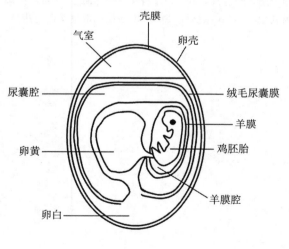

图 8-1 鸡胚结构

一、鸡胚接种技术

1. 羊膜腔接种 羊膜腔接种主要用于分离流感病毒等。

①取适龄鸡胚，画出气室范围，在胚胎靠近卵壳一侧做记号。

②消毒气室部位，在气室顶端钻 10mm×6mm 长方形裂痕，勿钻破壳膜。

③消毒钻孔区，除去长方形卵壳和外层壳膜，加一滴灭菌液状石蜡于下层壳膜上。

④将注射器刺向胚胎的腭下胸前，当进入羊膜腔内时，注入 0.1～0.2mL 病毒液。

⑤孔区消毒后，用沾有碘酒通过火焰的胶布将缺口封住，33～35℃孵育 48～72h，保持鸡胚气室朝上。

2. 绒毛尿囊膜接种　绒毛尿囊膜接种常用于牛痘病毒、天花病毒、单纯疱疹病毒的分离。

①取适龄鸡胚，画出气室及胎位，在胚胎略近气室端的绒毛尿囊膜发育较好的卵壳上画一等边三角形做记号。

②消毒气室顶端及记号处，在记号处开一三角形裂痕，勿钻破壳膜，同时在气室顶端钻一小孔。

③除去卵壳，加一滴生理盐水于壳膜上，用针尖循卵壳膜纤维方向划破，勿伤及绒毛尿囊膜。

④用针尖刺破气室小孔处的壳膜，用橡皮乳头紧按气室小孔向外吸气，此时盐水即可自裂隙至绒毛尿囊膜上，从而使绒毛尿囊膜下陷形成人工气室。

⑤注入 0.05～0.1mL 病毒液于绒毛尿囊膜上，轻轻旋转鸡胚，使接种物扩散到整个绒毛尿囊膜上。

⑥用沾有碘酒通过火焰的小块胶布将卵壳的缺口封住，33～35℃孵育 48～72h，保持鸡胚气室朝上。

3. 尿囊腔接种　尿囊腔接种用于流感病毒、流行性腮腺炎病毒及新城疫病毒的传代培养。

①取适龄鸡胚，画出气室及胎位，在胚胎面与气室交界边缘约 1mm 处做标记。

②消毒气室部位的蛋壳，用开孔器开 2mm 小口，勿伤及壳膜。

③再次消毒钻孔区，注入 0.1～0.2mL 病毒液，经尿囊膜入尿囊腔。

④消毒后用石蜡封口，33～35℃孵育 48～72h。

4. 卵黄囊接种　卵黄囊接种用于虫媒病毒、衣原体及立克次体等的分离和繁殖。

①取适龄鸡胚，画出气室及胎位，消毒气室，在其中央开小孔，勿伤及壳膜。

②用带有 6 号针头的 1mL 注射器将样品从小孔垂直刺入约 3cm，注入 0.2～0.5mL 病毒液于卵黄囊内。

③消毒后，用石蜡熔化封口。孵育 3～8d，每天翻卵 2 次。

二、动物接种技术

（一）实验动物种类

普通动物（CV）：一级动物，不携带所规定的人畜共患病病原和烈性传染病病原。

清洁动物（CL）：二级动物，除不携带普通动物应排除的病原体外，也不携带对动物危害大和对科学研究影响大的病原体。

无特定病原体动物（SPF）：三级动物，除不携带清洁级动物应排除的病原体外，还要求排除潜在感染或条件致病的病原体。

无菌动物和悉生动物（GN）：四级动物，要求现有的检测技术在动物任何部位均检不出任何生命体。

（二）接种途径和方法

1. 皮下接种　轻轻捏起皮肤，将注射器针头刺入并注射。

2. 腹腔接种　固定动物，消毒皮肤，在左或右侧腹部将针头刺入皮下约 0.5cm，使针头与皮肤呈 45°角刺入腹腔，回抽若无肠液、尿液，将接种物注入。

3. 静脉接种　通常大鼠和小鼠采用尾静脉注射，豚鼠采用前置皮下静脉注射，兔采用外耳缘静脉注射。

4. 消化道接种　用灌胃器吸取接种物，从鼠的口腔插入，使口腔与食管呈一直线，将灌胃针沿咽后壁慢慢插入食管，感到轻微的阻力时略改变灌胃针方向，顺势接种，接种量为每 10g 体质量 0.2mL。

5. 鼻腔接种法　将动物经乙醚麻醉后，使动物头部仰起，将接种物滴入动物鼻腔。

6. 颅内接种法　固定鼠头，消毒注射部位，于眼后角、耳前线和颅中线构成的三角区域中间进行注射。

7. 角膜接种法　局部麻醉家兔，细针尖轻划角膜，划痕与眼裂平行，约 3 道，加 2～3 滴接种物。

三、细胞培养技术

细胞培养技术是模拟体内生理条件，提供适宜细胞生长的营养和温度，在无菌操作基础上，使离体组织细胞生长增殖并进行传代的技术。

（一）细胞培养常用试剂

1. 培养基和血清　根据需要可以进行商业购买并配制不同血清浓度的培养基。

2. 抗生素　抗生素可防止细胞培养过程中的污染。主要是防止细菌污染的青霉素、链霉素和庆大霉素，防止真菌污染的两性霉素，防止支原体污染的卡那霉素和金霉素。

3. 消化液　消化液主要使细胞间质水解，使细胞分散成单个细胞。常用消化液有胰蛋白酶、EDTA、胰酶-EDTA 联合制剂、胶原酶等。

（二）细胞的冻存、复苏及传代

多次传代培养易引起细胞发生变异、衰退，为保持细胞的生物学性状，一般在 10 代内需要对细胞进行冷冻低温保存。需要时，再对细胞株进行复苏。

1. 细胞的冻存　缓慢冰冻是保护细胞不受严重损伤的关键。

①选择生长良好的对数生长期细胞，冻存前 24h 换液。

②选择合适的消化液消化细胞，离心去除上清，得到单细胞悬液。

③将细胞悬液悬浮于含有保护剂二甲氧亚砜（DMSO）的生长液中，使细胞浓度保持在 10^6/mL。装入冻存管，封口并做标记。

④4℃放置 4h 以上，转入 -20℃直到冻结，再置于 -70℃以下长期保存。或者 4℃放置 4h 后，放入液氮罐中层 4h，再置于液氮中长期保存。

2. 冻存细胞的复苏

①取出冻存管，立即放入 37～40℃水浴中，使其迅速融化。

②无菌操作，将融化的细胞移至离心管，加入 3 倍原体积的生长液。1 000r/min 离心 10min。

③弃上清，加少量生长液至离心管中，反复吹打悬浮细胞，将悬浮后细胞加入培养瓶，补足生长液，放至二氧化碳培养箱，最好次日换液。

3. 细胞的传代培养　以贴壁生长的 HeLa 细胞为例。

①将培养瓶中的生长液移除，加入不含钙镁离子的 Hank's 液洗涤 2～3 次。

②从单层细胞侧面加入 0.25%胰蛋白酶覆盖细胞进行消化 1～2min。手持培养瓶肉眼观察似有流沙样或镜下观察细胞变圆时停止消化，移除消化液。

③加入生长液，使细胞洗脱并反复吹打使细胞分散，按 1：2 比例分瓶培养。

第二节　病毒的分离与纯化

病毒的分离与纯化是病毒学研究的基本技术。通过病毒的分离与纯化，可获得纯化的、有感染性的病毒制备物。

一、病毒的分离

病毒的分离是将疑有病毒的待分离标本，如微生物发酵的倒罐液，动物的体液、器官、粪便，植物的茎、叶、花、果，昆虫的尸体等经处理后，接种于相应敏感的宿主、鸡胚或细胞中，一段时间后，通过检查不同病毒的特异性表现确定病毒的存在，并进行病毒的提取。

（一）标本的采集与处理

1. 标本的采集 用于分离病毒的标本应含有足够量的活病毒，因此必须根据病毒的生物学性质、病毒感染的特征、流行病学规律以及机体的免疫保护机制，选择所需要采集标本的种类，确定最适的采集时间和标本处理的方法。

2. 标本的处理 为了避免细菌污染，标本一般都应加入抗生素除菌，亦可用离心和过滤方法处理。为了使细胞内的病毒充分释放出来，往往还需用研磨或超声波的方法破碎细胞。由于大多数病毒对热不稳定，所以处理后的标本一般都应立即接种。短时间保存，可置50％中性甘油内4℃冰箱保存；较长时间保存，可置−20℃以下冰箱或冻干保存，某些特殊病毒除外。

（二）病毒的接种与感染症状

1. 病毒的接种 标本接种于何种实验宿主（动物、植物、细菌）、鸡胚或细胞以及选择何种接种途径主要取决于病毒的宿主范围和组织嗜性，同时应考虑操作简单、易于培养、所产生的感染结果容易判定等要求。动物病毒标本可接种于实验动物、鸡胚和易感的细胞。易感的细胞对病毒的敏感性较体内成熟细胞高，且没有特异性抗体及非特异性病毒抑制物的影响，培养和接种方法简单，条件易于控制。接种于细胞培养的标本主要以细胞病变作为病毒感染的指标。对新病毒的种类和特性不清楚时，培养时可以多选几种细胞，有利于发现细胞病变。动物病毒多利用细胞培养，植物病毒可接种敏感的植物叶片，噬菌体标本可接种于生长在培养液或营养琼脂平板中的细菌培养物中。

2. 感染症状 病毒的感染症状因病毒的类型、宿主不同而有较大的区别。

动物病毒感染症状因动物和动物病毒不同而有不同的症状，如狂犬病毒感染者发病时呈高度兴奋状态，喝水即引起严重的痉挛症状，出现恐水现象，故又称恐水症；感染慢性温和性猪瘟病毒，会导致生长阻滞和发育不全，最后死亡；鹦鹉幼雏病病毒侵害雏鸟，表现为腹部肿大、皮肤发红、拒食继而死亡；患口蹄疫的动物会出现发热、跛行和在皮肤与皮肤黏膜上出现疱疹，可导致病畜心脏麻痹死亡。动物病毒感染敏感细胞后产生致细胞病变效应，如细胞聚集成团、肿大、圆缩、脱落，细胞融合形成多核细胞，细胞内出现包涵体，以至细胞裂解等，若病毒经过适当稀释并进行染色可在细胞单层培养上形成肉眼可见的局部病损区域，即蚀斑或空斑。

植物病毒感染症状因植物和植物病毒不同而呈现不同症状，通常会出现叶片黄化、褪绿、皱缩、卷曲，植株矮化、坏死，果实减少或畸形等。在病害流行期间，可使感病作物造成毁灭性的灾害。如黄瓜花叶病毒引起的病害，开始在顶端嫩叶上出现清晰的褪绿斑和环斑，随后发展成浅绿与绿色相间的轻斑驳，斑驳沿侧脉出现绿色条纹以及花叶等症状，通常一直保留到植株生长后期；花生条纹病毒引起的病害，开始在顶端嫩叶上出现褪绿黄斑，叶片卷曲，随后发展为黄绿相间的黄花叶、网状明脉和绿色条纹等各类症状，病株中度矮化；花生矮化病毒引起的病害，开始在顶端嫩叶出现明脉，侧脉明显变淡、变宽，或出现褪绿斑，随后发展成浅绿色与绿色相间的普通花叶症状，沿侧脉出现辐射状绿色小条纹和斑点，叶片变窄变小，叶缘波状扭曲，病害影响荚果发育明显，形成很多小果和畸形果；水稻矮缩病毒引起的病害，植株普遍矮化，局部有细小的褪绿斑点，有的出现扭叶和缺刻症状；小麦丛矮病毒引起的病害，症状呈虚线条状，沿叶脉逐渐发展成黄绿丛矮病状，在心叶上出现黄白色断续相间的不均匀条纹，分蘖明显增多，可至20～30个，植株矮缩，严重者不能拔节抽穗，轻的虽可拔节抽穗，但穗小多秕粒，冬前感病的病株，分蘖多而细弱，苗色变黄，大部分不能越冬而死亡。

噬菌体有烈性噬菌体和温和噬菌体两类，前者裂解宿主，导致菌体死亡，产生大量新的噬菌体；后者根据生长条件不同，既可引起宿主细胞的裂解死亡，又可将其核酸整合到细菌的染色体上，与细菌一起复制，并随细菌的分裂传给后代，不形成病毒粒子，不裂解细菌。感染症状表现为细菌培养液变清亮或细菌平板成为残迹平板。若是噬菌体标本经过适当稀释再接种细菌平板，经过一定时间的培养，在细菌菌苔上可形成圆形局部透明区域，即噬菌斑。发酵工业生产中若有噬菌体的存在可造成较严重的经济损失，如丙酮丁醇梭菌噬菌体可使丙酮丁醇的连续发酵停止，不产生气泡，醪液上层澄清，暗黑色，降低产量等；钝齿棒杆菌噬菌体可使味精生产中的谷氨酸生产延滞或产酸降低，甚至倒罐等。

昆虫病毒引起的感染症状各不相同。家蚕病毒引起的蚕病俗称脓病，感染初期进食减少，后期常流出脓汁，内含大量的核型多角体病毒；蜜蜂慢性麻痹症病毒引起的蜜蜂感染俗称"大肚病"或"黑蜂病"，常温条件下，3～4d 开始显示症状，能够正常取食，4～5d 死亡；小菜粉蝶病毒感染小菜粉蝶幼虫后，引起其体节肿胀，体色黄绿，腹面变白，常倒悬而死，死虫表皮脆软易破，流出淡黄色乳状液。

二、病毒的纯化

病毒只能在活细胞内繁殖，用于病毒制备的起始材料只能是病毒感染的宿主、组织或细胞经破碎后的抽提物，或病毒感染的宿主的体液、器官和分泌物，或病毒感染的细胞培养液等。不可避免地混有大量的组织或细胞成分、培养基成分、污染的其他微生物与杂质。为了得到纯净的病毒材料，必须利用一切可能的方法将这些杂质成分除去，这就是病毒的纯化。通常可以根据病毒和宿主的性质以及实验条件的不同而选用不同的提纯方法来获得高纯度病毒。

（一）病毒纯化的一般原则

1. 病毒感染性不变　纯化过程中各种纯化的方法对病毒感染性有一定的影响，但最终获得的纯化制备物是否符合标准，可测定病毒的感染性进行定量分析，病毒的感染性不能改变。

2. 病毒颗粒一致　病毒具有化学大分子的属性，病毒颗粒具有均一的理化性质，所以纯化的病毒制备物的颗粒大小、形态、密度、化学组成及抗原性质应当一致。

（二）病毒纯化方法

病毒纯化的方法很多，不同的病毒有不同的纯化方法，即使同一种病毒，若在不同的宿主系统中其纯化方法也可能不同。但无论哪种纯化方法，都是根据病毒的基本理化性质建立的。病毒颗粒壳体的主要化学组成是蛋白质，故可利用蛋白质提纯方法来纯化病毒，如盐析、凝胶层析、离子交换、等电点沉淀等。病毒颗粒具有一定的大小、形状和密度，又是由蛋白质、核酸等组成，离心时它们比细胞蛋白沉降更快，而且许多病毒都有较高的浮密度，所以超速离心技术广泛地用于病毒纯化。另外还有一些比较常见的方法在病毒纯化过程中也能起到较好的作用，如超滤法、浓缩法等。

1. 超滤法　原理是利用超滤膜使水、盐及小分子滤过，从而使病毒得到浓缩。该法是浓缩大容量病毒样品非常有效的方法，浓缩的同时也可以达到部分纯化的效果。该法通常将孔径比病毒小的硝酸纤维素滤膜置于特制的滤器中，通过高压过滤的方法除去液体。该法只能除去比病毒小的碎片。

2. 聚乙二醇浓缩法　原理是聚乙二醇（PEG）可作为吸收剂直接除去溶液分子使之浓缩。吸收剂必须与溶液不起化学反应，对生物大分子不吸附，易与溶液分开。先将生物大分子溶液放入半透膜袋中，外加聚乙二醇，渗出的溶剂被聚乙二醇迅速吸去至饱和后更换新的聚乙二醇，直至达到所需体积。该法对病毒的结构和抗原性有保护作用，能制备成百倍的浓缩病毒。

3. 离心法　病毒颗粒经过初步浓缩之后，通常采用离心法进一步纯化。

（1）差速离心法　原理是不同大小和密度的颗粒沉降速度存在差别，相差一个或几个数量级的颗粒，可用本法在低高速离心过程中将其分开，使用的离心机必须有真空和冷冻装置。具体做法是将被分离的样品交替进行低速与高速离心。此法可使病毒样品除去大部分杂质，使病毒浓缩和部分纯化。差速离心法的优点是能处理大量样品，常用于病毒样品的浓缩和粗提，除去大部分细胞成分、污染的细菌及较大杂质。

（2）密度梯度离心　原理是病毒和细胞碎片随自身密度的不同而上浮或下沉到等密度层中。差速离心法无法去净杂质，而且沉淀的病毒凝聚成块，很难分散悬浮。密度梯度离心可以克服这种缺点。应用于此法的梯度溶液很多，如蔗糖、甘油、酒石酸钾等。最常用的是蔗糖溶液。病毒的密度最好包括在梯度介质的中部或介质底部 1/3 处，用毛细吸管将病毒液轻轻地沿管壁滴加于蔗糖液面上，加样量不能超过蔗糖液的 1/10；样品上再加液体石蜡，使离心管加管帽后不留空隙，以防离心时管帽压坏离心管；加样后用水平式转头立即离心，离心速度和时间根据病毒的大小而定，一般 $50\,000{\times}g{\sim}70\,000{\times}g$，离心 $3{\sim}4\text{h}$。原则是离心条带分清即可，不必太久，否则条带逐渐下移。小心吸出病毒并透析后，用生物学方法或电子显微镜确定是否为病毒带。蔗糖密度梯度离心法应用很广，提取的病毒纯度比较高，但难以分开某些与病毒密度相近的成分。

制备密度梯度蔗糖溶液，有 3 种方法可以选用：①配制 20％和 60％两种蔗糖（分析纯）溶液，分别装入两个玻璃容器，容器之间用虹吸管接通。将 60％蔗糖溶液的容器放在电磁搅拌器上不断转动。当浓蔗糖溶液慢慢流入离心管时，稀液随着流入浓液容器内，后者逐渐被稀释。最后离心管内的蔗糖浓度由上往下形成 20％～60％的连续梯度。②配制 20％、30％、40％、50％和 60％的蔗糖（分析纯）溶液，从 60％开始依次以等量慢慢加入离心管，使成界面分清的 5 层。将此离心管直立地放入 4℃冰箱内过夜；通过液体的自由扩散，即成为 20％～60％的连续梯度。③配制 30％～35％的蔗糖溶液，装入离心管内，放 −20℃冰箱内使其冻结。取出静置室温中令其融化。当全部融化时即成为上稀下浓的连续梯度。

（3）等密度梯度离心　原理同密度梯度离心，但不制备梯度介质。在 1mL 病毒悬液中加入 1g 氯化铯（CsCl）混匀后离心，CsCl 随离心力而下沉，形成连续梯度，上部密度小、下部密度大，病毒和细胞碎片随密度大小而下沉或上浮到相等密度层中，这种方法称为等密度梯度离心。

（4）界面离心分离法　原理同密度梯度离心法，取浓缩后的病毒悬液，加入蔗糖溶液，使其蔗糖浓度达到 10％～15％，摇匀。取一离心管，内含 40％～60％的蔗糖溶液，将病毒悬液铺于蔗糖溶液上面离心，病毒在两个界面间形成一条明显的带，小心用毛细吸管吸出，此时病毒悬液中密度小的颗粒浮在上层，密度较大的沉在下层，此法得到的病毒悬液体积较小，纯度较高。

4. 中性盐沉淀法　病毒一般在 45％以上饱和度的硫酸铵溶液中沉淀，且保持其感染性。通常在含有病毒的组织培养液中加入等体积的饱和硫酸铵，可以很容易地沉淀某些病毒。

5. 凝胶色谱法　原理是根据粒子的分子大小进行分离纯化，常用方法是柱层析法。

6. 等电点沉淀法　病毒粒子在等电点时，所携带的正电荷与负电荷可以相互中和，最终失去相互排斥的作用而发生沉淀。多数病毒的等电点在 pH 4.5～5.5，必须注意 pH 对病毒活性的影响及病毒粒子电荷与组织蛋白电荷的差异。

第三节　病毒的鉴定

以形态学、物理、化学、生物学、免疫学及分子生物学方法等鉴别病毒的性质，描述病毒的特征是病毒分类的前提。鉴定病毒是诊断病毒性疾病的可靠方法。

一、根据病毒感染的宿主范围及感染症状鉴定

大多数病毒都有相当专一的宿主范围，因而病毒的宿主谱可以作为病毒初步鉴定的指标。病毒感染宿主机体所引起的疾病症状，如在鸡胚绒毛尿囊膜上所形成的痘疱的形态，接种于敏感细胞的病毒经细胞培养产生的致细胞病变效应等，都有一定特异性。根据细胞病变可以初步判定病毒种类，大多数病毒感染敏感细胞，在细胞内增殖并与之相互作用后，会引起受感染细胞发生圆缩、聚

合、融合形成合胞体、脱落、损伤，甚至死亡。根据病毒这些特征性的表现亦可对其进行初步的鉴定。

二、病毒的理化性质鉴定

利用电子显微镜技术直接进行病毒观察，利用热、紫外线、化学药物、脂溶剂等理化因子对病毒的作用可检查病毒粒子的大小和形态从而判定病毒的种类，如轮状病毒、冠状病毒等。测定病毒及其组分的沉降系数、浮力密度和相对分子质量，鉴定病毒的核酸类型，确定病毒对不同理化因子的敏感性。

三、病毒血细胞凝集性质鉴定

许多病毒能吸附于一定种类的哺乳动物或禽类的红细胞表面，产生凝集现象。不同的病毒所凝集的血细胞种类以及发生凝集所要求的温度、pH 条件可能不同，这些性质给病毒鉴定提供了重要依据。

四、病毒的血清学鉴定

建立在抗原与抗体特异性反应基础上的免疫学方法是一类非常重要的病毒鉴定方法。免疫沉淀反应、凝集反应、酶联免疫吸附测定、血凝抑制试验、中和试验、免疫荧光、免疫电子显微镜、放射免疫以及单克隆抗体等技术都广泛用于病毒鉴定工作。在这些血清学方法中，利用病毒的性质来检测抗原-抗体反应的方法有血凝抑制试验和中和试验。前者是根据特异性的病毒抗体与病毒表面有血凝活性的蛋白结合，可抑制血细胞凝集发生这一性质设计的；后者则是建立在病毒中和作用的基础上，即某些特异性病毒抗体与病毒粒子作用，能够使其失去感染性，抑制病毒繁殖。这类病毒抗体称为中和抗体，一种病毒的感染性只能被特异性的抗体中和，而且中和一定量病毒的感染性必须有一定效价的病毒抗血清。分组方法为：①细胞＋抗血清；②细胞＋病毒；③细胞＋（病毒＋抗血清）。如果①③细胞存活而②细胞病变则表明病毒与标准血清相对应。

血清学方法所进行的病毒抗原分析可使病毒鉴定更为准确、精细。它们对于病毒的最终鉴定，乃至区分同型病毒的不同毒株，了解病毒的亲缘关系以及病毒性疾病的诊断都是至关重要的。

五、病毒鉴定的分子生物学方法

运用变性或不变性的聚丙烯酰胺凝胶电泳、蛋白质的肽图与 N 端氨基酸分析、核酸的酶切图谱和寡核苷酸图谱分析、分子杂交、序列测定、聚合酶链式反应等生物化学与分子生物学方法鉴定病毒核酸、蛋白质等组分的性质，为在分子水平上阐明病毒的性质，对其进行准确的分类鉴定提供了更为直接可靠的证据，而且对于病毒性疾病的实验诊断也具有特殊的意义。例如，至今尚不能在细胞中培养的人乳头瘤病毒的检测主要是用各种类型的核酸杂交方法。其分型亦是根据基因组的序列同源性，分型界限是 50％的同源性，超过 50％的同源性则为亚型，若仅有几个酶切位点的区别则称变异株。

第四节　电子显微镜技术

病毒的形态和大小也是病毒分类的依据。电子显微镜技术经过不断的改进和提高，已成为重要的鉴定和检测技术。样品经过合理的保存和处理，即可进行检测。电子显微镜的种类繁多，如透射电子显微镜、扫描电子显微镜、分析电子显微镜、扫描隧道电子显微镜等，观察不同的标本可以选择不同的电子显微镜。显微镜的分辨率、主要结构及工作原理是相同的。

一、电子显微镜的分辨率

分辨两点之间的距离称为分辨率，通常用 d 表示。分辨率数值越小，可观察的物体就越小，分辨率单位通常用纳米（nm）表示（$1\mu m = 1\,000nm$）。

二、电子显微镜的结构及工作原理

电子显微镜的结构主要由光源系统、成像放大系统和记录系统等组成。电子显微镜以电子束作为光源，波长随电子流的速度而改变，速度越快则波长越短。发射电子的装置称为电子枪，由阴极和阳极组成，阴极的钨丝是放射电子流的电子源，电流通过时发热放出电子，阳极为几万伏的正电层，二者形成一个强的电场。发出的电子流通过一个电磁场聚焦，这个电磁场称为磁透镜。

1. 透射电子显微镜 电子束聚焦后通过样品时，由于样品各部位的厚度和密度不同，使电子产生不同的散射。样品薄或密度低时，散射角度小，大部分电子束能透过样品，经过成像系统的物镜、中间镜和投影镜三级放大，投射到荧光屏上产生可见的电子光源，比较亮；而样品较厚或密度较大的部位因散射角度大，大部分电子不能到达荧光屏而形成暗色区域。这样在荧光屏上呈现黑白对比的样品放大像，可以通过照相设备记录下来成为电子显微镜照片。这种电子束可透过样品的电子显微镜，称为透射电子显微镜。由于透射电子显微镜物镜焦距很短，也因此具有很小的像差系数，所以透射电子显微镜具有非常高的空间分辨率，主要观察样品内部结构，对样品表面形貌不敏感。电子的穿透能力很弱，透射电子显微镜往往使用几百千伏的高能量电子束，但依然需要把样品磨制，或者离子减薄，或者超薄切片到100nm量级厚度，这是最基本要求。

2. 扫描电子显微镜 电子束到达样品，激发样品中的二次电子，二次电子被探测器接收，通过信号处理并调制显示器上一个像素发光，由于电子束斑直径是纳米级别，而显示器的像素是 $100\mu m$ 以上，这个 $100\mu m$ 以上像素所发出的光，就代表样品上被电子束激发的区域所发出的光，实现样品上这个物点的放大。如果让电子束在样品的一定区域做光栅扫描，并且从几何排列上一一对应调制显示器的像素的亮度，便实现这个样品区域的放大成像。扫描电子显微镜最基本的功能是对各种固体样品表面进行高分辨率形貌观察，也可以从各种角度对样品进行观察，无法从表面揭示内部结构，除非破坏样品，例如聚焦离子束电子束扫描电子显微镜 FIB-SEM，可以层层观察内部结构。

三、支持膜和载网

在电子显微镜技术中，要用本身没有结构而在电子束下稳定的塑料膜或碳膜作为标本的支撑，称为样品支持膜或载膜。支持膜多用火棉胶膜、Formvar（聚乙酸甲基乙烯酯）膜制成。由于膜很薄，必须贴在载网上。载网是一种金属网板圆片，像一个很细的筛子，根据需要有不同的类型。

四、电子显微镜技术在病毒研究中的应用

随着电子显微镜的发展，电子显微镜技术在病毒研究中的应用也在不断发展和更新，这些技术包括超薄切片技术、正染色技术、负染色技术、喷涂技术、投影技术、复型技术、标记技术、放射自显影技术、冷冻蚀刻技术等。病毒颗粒负染色技术和病毒感染细胞超薄切片技术是两种最基本的技术。

（一）负染色技术

负染色技术是用重金属盐类增强病毒颗粒图像的反差，阐明病毒微结构而产生的一种典型染色方法，为检测和识别病毒颗粒提供了最简便、最快速的方法。主要步骤如下：

①将病毒悬液与等量重金属盐溶液（$2\%\sim4\%$）混合。

②将混合物滴在包被的电子显微镜铜网上，用滤纸吸去过多的液体，在空气中干燥。

③在电子显微镜下检查载有混合物的铜网。病毒颗粒被重金属原子环绕，在暗色背景衬托下显示出来，即负染色，因为电子束能够通过低电子密度的病毒但不能通过金属。

（二）超薄切片技术

超薄切片技术是为电子显微镜观察提供极薄的切片样品的专门技术，一般厚度在 $1\sim10\mu m$。该法主要反映生物组织二维信息，是揭示生物体内部结构的有效方法。其主要应用于两方面，一是定位病毒在细胞内的位置，研究病毒与细胞的关系；二是用于病毒内涵体的研究，观察内涵体的形状及产生部位，具有诊断细胞病理变化的价值。超薄切片技术的主要步骤如下：

1. 初步固定　用2％戊二醛液原位固定组织培养细胞，或用3％戊二醛固定组织碎片。将单层组织培养细胞于4℃原位固定1h，剥离后低速离心沉淀。初步固定和后固定的组织碎片必须修整成 $1mm^3$ 小块。将所有固定后标本在 $0.1mol/L$ 二甲基磷酸盐缓冲液（含 $0.18mol/L$ 蔗糖）中漂洗3次。同一缓冲液中放置，4℃过夜。

2. 后固定　将组织块放在 1.33% 四氧化锇-可力丁固定剂中，4℃固定1h。

3. 整块染色　用三蒸水漂洗3次，再用 0.5% 醋酸双氧铀4℃染色4h。

4. 脱水　用50％、70％、80％、95％和100％浓度的乙醇脱水，每种溶液换3次。

5. 透入和渗透　将标本放入氧化丙烯中2次，每次15min，在氧化丙烯与 Epon（体积比为1∶1）的混合液中4℃过夜。

6. 包埋　将新制备的 Epon 混合液加到标本中，室温1h，转到填充有 Epon 的 BEEM（ballistic electron emission microscope，弹道电子发射显微镜）胶囊中，60℃聚合48h。

7. 修整包埋块　在包埋块的顶部切去过多的 Epon，以便容易切到标本。

8. 切片　切片的厚度可以从干扰色来精确判定，很厚的切片显示鲜艳颜色，很薄的切片呈现淡灰色。

9. 染色　将一滴 0.5% 醋酸双氧铀染液加到一个底部有蜡的平皿中，将有切片的铜网面朝下放在染液上 $10\sim12min$，在蒸馏水中漂洗3次。将一滴枸橼酸铅染液放在底部有蜡的平皿中（平皿中放一盛有几小块氢氧化钠的小称量皿，吸收空气中的二氧化碳，防止在染色时铅盐溶液发生沉淀），将有切片的铜网面朝下，放在染液上 $10\sim12min$。在 $0.02mol/L$ 氢氧化钠溶液中漂洗，然后在蒸馏水中漂洗，电子显微镜检查。

第五节　病毒的检测

病毒的检测是根据病毒的理化性质、感染性、免疫学性质等所进行的定性和定量分析。感染性测定是依据病毒在宿主细胞内高速繁殖和随后释放感染性颗粒的能力，而免疫学测定则取决于病毒表面成分的特异性。运用不同的方法所进行的测定，其意义有所不同。

一、病毒的直接计数

根据病毒的形态特点，可以在电子显微镜下直接计算病毒颗粒数目，这种方法简单、直接、准确，但这种方法不能区分有活性的病毒体和无活性的病毒体，也不能区分对不同的宿主有不同的感染性的病毒体。

二、病毒的感染性测定

对感染性病毒颗粒数量的测定称为病毒感染性测定，它测定的是因感染所引起宿主或培养细胞某一特异性病理反应的病毒数量。由于病毒的繁殖所引起的宿主反应扩增，无论最初接种病毒量的多少，最终所产生的症状可能完全相似，所以用任何感染性测定方法所测得的都不是有感染性病毒颗粒的绝对数量，而是能够引起宿主或宿主细胞一定特异性反应的病毒最小剂量，即病毒的感染单位。待测样品中所含病毒的数量，通常以单位体积病毒悬液的感染单位数目来表示，称为病毒的效价。

1. 噬菌体的感染性测定　将稀释的噬菌体悬液与超量的细菌一起涂布在适当的营养琼脂培养基平板上，或在半固体的营养琼脂内混合后倒在营养琼脂平板上，成为琼脂平板表层。培养后在延伸成片的细菌层上出现的噬菌斑的数目与铺在平板上的噬菌体量成正比。

2. 动物病毒的感染性测定　动物病毒的蚀斑测定是借鉴噬菌体噬菌斑测定的方法，不同的是以生长在固体支持物（培养容器）上的单层细胞代替了生长在营养琼脂平板上的细菌。此外，动物病毒在单层细胞培养上所产生的蚀斑与噬菌斑表现不同，有空斑和合胞体等表现形式。

3. 植物病毒的感染性测定　植物病毒最为简单的感染性测定方法是在接种过的植株叶片上直接数出坏死病斑的数目，亦称枯斑测定。将病毒涂在纱布上，或掺和在某些磨料内，然后用其摩擦叶片，使之进入叶片中进行接种，以产生坏死斑的数目来测定病毒样品的量。在摩擦过的叶片上植物病毒的测定不等于在延伸的单层细胞上的病毒测定，因擦伤叶面所提供的感染点数目是有限的，而在单层细胞上的数目却是无限的，只有当叶面上所有能感染的点都发生感染时，植物病毒的测定才能达到对应的状态。

对于那些不能用蚀斑法或坏死斑法测定感染性的动物病毒、植物病毒可用终点法测定。

三、病毒抗原和抗体检测技术

（一）免疫荧光技术

将已知的抗原或抗体标记上荧光素，制成荧光抗原或抗体，再用这种荧光抗原或抗体作探针检测组织或细胞内的相应抗体或抗原，利用荧光显微镜可以看见荧光所在的细胞或组织，从而确定抗原或抗体的性质和定位。主要步骤如下：

①制备细胞涂片，选择适当的固定剂固定细胞，固定前一定要吹干以免标本脱落。

②磷酸缓冲液（PBS）洗涤 3 次，每次 5min。选择适当的通透剂通透 5～15min。

③磷酸缓冲液（PBS）洗涤 3 次，每次 5min。用封闭液封闭细胞 30min。

④加入一抗，室温孵育 1h 或者 4℃过夜。PBST（磷酸缓冲液中加 Tween-20）洗涤 3 次，每次 5min。

⑤间接免疫荧光需要使用二抗。室温避光孵育 1h，PBST 洗涤 3 次，每次 5min，再用蒸馏水洗涤 1 次。

⑥加一滴封片剂封片，荧光显微镜检查。标本的特异性荧光强度可用"＋""－"表示："－"无荧光；"±"极弱的可疑荧光；"＋"荧光较弱，但清楚可见；"＋＋"荧光明亮；"＋＋＋/＋＋＋＋"荧光闪亮。待检标本特异性荧光染色强度"＋＋"以上，各种对照显示为"±"或"－"，可判定为阳性。

（二）酶联免疫试验

酶联免疫试验是将抗原抗体反应的特异性和酶高效催化反应的专一性相结合的免疫检测技术。基本原理是：酶标记抗原或抗体与标本中相应抗体或抗原发生特异反应，并牢固结合，加入相应酶的底物时，被酶催化生成呈色产物，在免疫组化染色时可指示待测反应物的存在和定位。在酶联免疫测定中，可根据呈色物的有无和深浅作定性或定量观察。常用方法有双抗夹心法、竞争法、间接法等。

1. 双抗夹心法测抗原　主要步骤如下（图 8-2）：

①将特异性抗体包被于固相反应板上，洗涤。

②加入待检标本，温育，洗涤。

③加入酶标抗体，洗涤。

④加入底物，根据颜色反应的程度进行抗原的定性或定量。

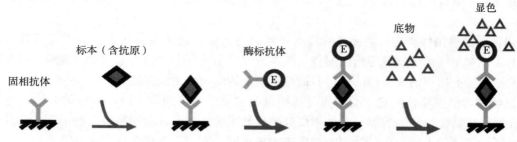

图 8-2　双抗夹心法测抗原

2. 竞争法测抗原　主要步骤如下（图 8-3）：

①将特异性抗体包被于固相反应板上，洗涤。

②在待测管中加入待检标本和一定量酶标抗原的混合溶液，待检标本中如果含有抗原，则与酶标抗原竞争固相抗体，使酶标抗原与固相抗体的结合量减少。对照管中只加酶标抗原，温育，洗涤。

③加底物显色。对照管与待测管颜色差别越大，表示标本中抗原含量越多。

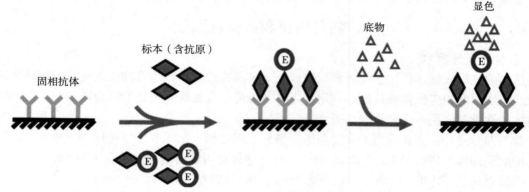

图 8-3　竞争法测抗原

3. 间接法测抗体　主要步骤如下（图 8-4）：

①将特异性抗原包被于固相反应板上，洗涤。

②加稀释的受检血清，洗涤。

③加酶标二抗，洗涤。

④加底物显色，颜色深度代表标本中待检抗体的量。

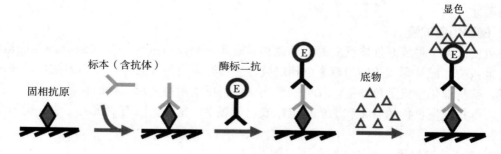

图 8-4　间接法测抗体

（三）放射免疫技术

使放射性标记抗原和未标记抗原（待测物）与不足量的特异性抗体竞争性结合，反应后分离并测量放射性而求得未标记抗原的量的技术，称为放射免疫技术。*Ag 为同位素标记的抗原，与未标记的抗原 Ag 有相同的免疫活性，两者以竞争方式与抗体 Ab 结合，形成 *Ag-Ab 或 Ag-Ab 复合物，在一定反应时间后达到动态平衡。如果反应系统内加入的 *Ag 和 Ab 的量是恒定的，且 *Ag 和 Ag 的总和大于 Ab 有效结合点时，则 *Ag-Ab 生成量受 Ag 量的限制。Ag 增多时，Ag-Ab 生成量增多，*Ag-Ab 生成量相对减少，游离 *Ag 则相对增多。因此，*Ag-Ab 与 Ag 的含量呈一定的函数关系。选用适当的方法将 *Ag-Ab（结合状态，用 B 表示）和 *Ag（游离状态，用 F 表示）分离，测量放射性强度，由放射性强度比（B/F）对 Ag 制标准曲线，即可从标准曲线上查出未知样品量。常用于标记抗原的放射性同位素有 ^3H、^{125}I、^{131}I 等。

（四）中和试验

中和试验是在体外孵育的病毒与特异性抗体的混合物在适当条件下相互反应，再接种到敏感宿主体内，测定残存病毒感染力的一种方法。凡是能与病毒结合并使其失去感染力的抗体称为中和抗体。中和试验的优点是敏感性和特异性高，缺点是要使用活的宿主系统。主要应用于病毒鉴定、分析病毒抗原的性质、测定免疫血清的抗体效价和疫苗接种效果、测定患者血清的抗体、用于诊断病毒性疾病。病毒中和试验方法主要有简单定性中和试验、固定病毒稀释抗血清法、固定抗血清稀释病毒法、空斑减少法等。

1. 简单定性中和试验 简单定性中和试验主要用于检测样本中的病毒，也可进行初步鉴定或定型。将病料研磨，稀释到一定浓度与已知抗血清等量混合。用正常血清加稀释病料作对照，分别接种病毒易感实验动物，每组至少 3 只，分别隔离饲喂，观察发病和死亡情况。对照动物死亡，而中和组动物不死，即证实该病料中含有与该抗血清相应的病毒。

2. 固定病毒稀释抗血清法 固定病毒稀释抗血清法主要用于血清抗体滴度的测量。将单位体积内 $100 \times CCID_{50}$（细胞培养半数感染量）的病毒分别与连续倍比稀释的患者急性期或恢复期血清混合孵育 1h，接种至敏感宿主，观察不同稀释度的血清保护宿主感染病毒的情况。

3. 固定抗血清稀释病毒法 将不同稀释倍数的病毒与标准抗血清混合孵育，使两者充分反应，然后接种到敏感宿主体内，观察实验结果。

4. 空斑减少法 将病毒稀释成每 0.2mL 含 80～100 个 PFU（空斑形成单位），与不同稀释度的待检血清等量混合，37℃作用 1h，分别测定 PFU，能使空斑减少 50％的血清稀释度即为该血清的中和效价。

（五）血凝试验及血凝抑制试验

某些病毒和病毒表面的血凝素能引起人或某些哺乳动物的红细胞表面受体结合发生凝集，即红细胞凝集现象，凝集现象有些是可逆的，有些是不可逆的。细胞凝集现象可被某些物质抑制，干扰病毒血凝素与红细胞上受体的结合，从而抑制红细胞凝集，这是血凝抑制试验的基本原理。血凝试验和血凝抑制试验敏感性强，特异性高，操作简便快速，结果可靠。血凝试验可初步测定样品中是否有病毒以及病毒的滴度，血凝抑制试验可鉴定样品中病毒的型和亚型。

（1）血凝试验 主要步骤如下：

①选择 96 孔板。使用鸡或火鸡红细胞时选 V 形微量血凝板，使用豚鼠或人 O 型红细胞时选 U 形微量血凝板。

②病毒液倍比稀释。第 1 列第 1～7 孔加入 100μL 待检病毒液，第 8 孔加入 100μL PBS 作对照。第 2～12 列都加入 50μL PBS。从第 1 列各孔分别取 50μL 加入第 2 列相应各孔混匀，依次从微量板第 2～12 列做二倍系列稀释，最后 1 列每孔弃去 50μL 液体。

③每孔加入 50μL 1％的红细胞悬液，轻微振荡，使红细胞与病毒充分混合。

④结果判断。"＋＋＋＋"指红细胞均匀铺在管底；"＋＋＋"指红细胞铺在管底，面积稍小，边缘不整齐；"＋＋"指红细胞形成一小团，周围有小凝集块；"＋"指红细胞形成一小团，边缘不整齐，有小凝集块；"－"指无凝集，红细胞于孔底形成一个小团。

⑤计算血凝滴度。以出现"＋＋"的稀释度的倒数为判定终点，即 1 个血凝单位。4 个血凝单

位＝血凝单位的稀释倍数（例如1∶640）/4，即标本稀释到1∶160时含4个血凝单位。

（2）血凝抑制试验　血凝抑制试验即红细胞凝集抑制试验，主要步骤如下：

①去除血清中非特异性抑制素和非特异性凝集素。

②测定样品的血凝滴度，调制4个血凝单位抗原。

（a）1个血凝单位指能引起等量红细胞凝集的病毒量，试验中需要调制4个血凝单位，首先将血凝试验滴度除以8，其商为8个血凝单位的稀释度（血凝抑制试验所需要的4个血凝单位是指$25\mu L$病毒含4个凝血单位，确定病毒凝血滴度的血凝抑制试验使用的是$50\mu L$体系，所以调制$50\mu L$病毒含8个血凝单位）。

（b）4个血凝单位的再确认。在96孔微量血凝板中选1行，第1孔加入$100\mu L$调好的含有8个血凝单位的病毒稀释液，第2～6孔加$50\mu L$的PBS，然后从第1孔中吸出$50\mu L$病毒加入第2孔中混匀，依次倍比稀释至第6孔，弃去$50\mu L$。各孔分别加0.5％鸡红细胞悬液$50\mu L$，混匀静置30～60min。第1、2、3、4孔完全凝集，说明该$50\mu L$病毒含有16个血凝单位，需要等量稀释病毒后再用，如只有前3孔凝集，说明该$50\mu L$病毒含有4个血凝单位，病毒需加倍后再用。

③在96孔板第1列每孔中加入1∶10稀释的经RDE处理过的各种血清$50\mu L$，第2～9列每孔加入$25\mu L$ PBS，第11列每孔中分别加入阴性血清$50\mu L$作阴性血清对照，第12列每孔中分别加入与第1列相同的血清$50\mu L$，作血清对照。从第1列每孔吸出$25\mu L$加至第2列相应的孔中混匀，依次作倍比稀释至第8列，混匀后弃去$25\mu L$，第9列各孔用红细胞作对照，第10列各孔用病毒作对照，将$25\mu L$的标准抗原或待检测抗原（4个血凝单位/$25\mu L$）加到第1～8列血清稀释液中，第9～10列每孔加$25\mu L$ PBS，混匀后室温静置15min，每孔加$50\mu L$ 0.5％鸡红细胞悬液，室温静置。红细胞的浓度和静置时间依红细胞种类而定。

血凝抑制效价的判定：当特异性抗体与相应血凝抗原结合后，可抑制病毒引起的血凝现象，血凝抑制效价是完全抑制血凝出现的标准抗血清最高稀释度的倒数，标准的抗血清对分离物的抑制效价$\geqslant 20$才可判定为阳性。如果待检标本的血凝只被某一标准抗血清抑制或被某一标准抗血清抑制的效价高出其他抗血清的4倍以上，那么可由此鉴定待检测标本的型和亚型；如恢复期血清抗体效价高于急性期血清抗体效价4倍以上，可确定近期感染。

（六）荧光原位杂交

荧光原位杂交（FISH）是利用荧光基团标记DNA探针，再将标记的DNA探针与样本DNA进行原位杂交，最后对荧光信号进行计数，以此作为诊断的依据。FISH操作简便快捷，结果直观准确，因此成为许多疾病诊断的首选工具。FISH检测对被检测样本没有特殊要求，可以是骨髓细胞，也可以是来自羊水的细胞，可以是冰冻切片样本，也可以是经过石蜡包埋的样本，甚至可以利用尿液样本进行膀胱癌复发的预后检查。FISH检测可以显示单个细胞核内染色体的异常情况。操作方法如下：

（1）样本的制备

①1 500r/min离心标本10min，弃上清，加入8～10mL 0.075mmol/L氯化钾低渗溶液，37℃水浴30～45min。水浴过程中用气吹法使细胞充分膨胀并分散为单个悬浮细胞。

②加入0.8～2mL的固定液（甲醇∶冰醋酸＝3∶1）至细胞低渗溶液中，轻轻混匀，1 000r/min离心悬液5min，用1mL固定液重新悬浮细胞，4℃保存30min以上，直至FISH检测前。－20℃可长期保存在固定液中。

③滴加细胞悬液至1～2片预冷的玻片上，每片两个杂交区。

（2）样本的老化

①将新制备的样本片放在铺有一层湿纱布的烤片机上至玻片表面干，56℃烤片30min。置于相差显微镜下观察细胞的密度。

②将片子放入新制的胃蛋白酶工作液中37℃ 13min，用PBS室温下清洗5min。

③将片子放入 0.95％甲醛快速固定液中，室温 5min，用 PBS 清洗 5min，晾干片子。

④将片子浸泡在 70％的乙醇中，用乙醇冲洗 1min，依次放入 85％、100％乙醇中重复此步骤。

⑤根据需要降解片子。

（3）样本 DNA 的变性

①在科普林氏染色缸中加入变性溶液，（73±1）℃水浴 30min 以上，使用前测量温度。

②使用前测定变性溶液的 pH，确保在 7.0～8.0。将样本片子浸泡在（73±1）℃变性溶液中 5min 降解样本 DNA。取出片子，立刻放入室温 70％乙醇洗液中漂洗，除去甲酰胺。

③从 70％的乙醇溶液中拿出片子，依次放入 85％、100％乙醇中漂洗。用吸水纸从玻片的底部吸去多余的乙醇，抹干外缘，在加入探针溶液前将片子加热至 45～50℃，不得超过 2min。

（4）探针的预备　将探针加热至室温，降低探针的黏度，使用合适的移液管吸取探针和缓冲液，振荡混合，用微型离心机将内容物离心 1～3s 至底部，轻轻振荡再次混匀。若探针已经经过变性可以直接与样本片子反应，若探针是非降解型，需要进行 73℃ 5min 变性。

（5）杂交

①将 10μL 混合探针加至片子另一反应区，将盖玻片覆盖在反应区，使探针溶液弥漫整个覆盖区。

②用 5mL 的注射器吸取树胶，在盖玻片的四周加上树胶，将封好的片子放入 37℃预热的杂交盒中，盖紧盖子，37℃孵育 6～24h。

（6）杂交后的冲洗　快速洗涤温度为 69℃，慢速洗涤温度为 47℃。

①在科普林染色缸中加入 0.4×SSC（柠檬酸钠缓冲液，含 0.3％Nonidet P-40。Nonidet P-40 是一种温和的非离子型去垢剂，简称 NP-40），放入 69℃水浴中 30min 以上，使溶液达到 69℃。

②在科普林染色缸中加入 2×SSC（含 0.1％NP-40），放置至室温。

③挪去树胶和盖玻片，将片子立即放入 69℃装有 0.4×SSC（含 0.3％NP-40）的科普林染色缸中，漂洗 3s 左右，孵育 2min。放入装有 2×SSC 的科普林染色缸中，漂洗 1～3s，然后依次放入 70％、85％和 100％的乙醇溶液中脱水，每缸 2～3min。

④夹出片子，在暗处风干。加入 1μL DAPI（4′,6-二脒基-2-苯基吲哚，一种能与 DNA 强力结合的荧光染料）复染，盖上盖玻片暗处避光保存，

（7）FISH 结果观察　应先对片子的适用性进行评估，评估的标准如下：探针信号的强度应该明亮、清晰、容易分辨。信号是明亮紧凑的卵圆形或纤维状弥散的卵圆形，背景应该是黑色，没有粒状或朦胧的荧光。

四、病毒核酸的检测技术

快速而特异性的检测出病原体是防治病毒感染的基础，相比传统的病毒检测方法，分子生物学方法如核酸扩增、核酸杂交、基因芯片等技术，具有更高的特异性和敏感性，更利于病毒的检测和研究。

（一）核酸扩增技术

聚合酶链式反应（polymerase chain reaction，PCR）是体外酶促扩增核酸序列的技术，在 DNA 聚合酶的作用下，按照半保留复制的机制完成新 DNA 链的合成。利用病毒特异性的引物，以病原体或从病原体中提取的核酸为模板，进行 PCR，快速检测、鉴定病原体的性质。或者利用随机引物进行 PCR，通过测定 PCR 产物的序列鉴定病原体。PCR 技术具有快速、灵敏的特点。

（二）核酸杂交技术

1. Southern 印迹杂交　Southern 印迹杂交包括两个主要过程：①将待测核酸分子通过一定的方法转移并结合到一定的固相支持物上，即印迹。②固定于膜上的核酸同标记的病毒特异性探针在一定的温度和离子强度下退火，即分子杂交。利用 Southern 印迹杂交可进行克隆基因的酶切图谱

分析、基因中某一基因的定性及定量分析、基因突变分析及限制性片段长度多态性分析等，也可用该法检测常见 DNA 病毒。

2. Northern 印迹杂交　Northern 印迹杂交是将 RNA 样品通过琼脂糖凝胶电泳分离，再转移到固相支持物上，用标记的病毒特异性核酸探针对固定于膜上的 RNA 进行杂交，将具有阳性标记的分子位置与标准对照的相对分子质量进行比较，获得样品 RNA 的种类与数目、分子大小等信息。该法常用于检测常见的 RNA 病毒。

3. 基因芯片技术　基因芯片检测是基因芯片技术的关键。基因芯片普遍采用荧光法进行标记和检测，该法检测灵敏度高、速度快、安全、空间分辨率高、持续性好、使用方便。相应的检测系统主要有两种：激光共聚焦扫描仪和成像仪。扫描仪的精度比成像仪的精度要高 10 倍。基因芯片在一块基片上集成了千万点的序列，每个点对应一个基因。扫描得到的图像进行数学处理，可得到每个样点的杂交信号值，通过图像处理及相应的软件可得到大量数据，以便进一步的分析。

以乙型肝炎病毒基因分型检测试剂盒为例说明基因芯片检测的步骤。

①全血基因组 DNA 提取并进行特定基因片段扩增。

②取出芯片，平衡至室温。杂交缓冲液放在预热杂交仪中融化。

③在杂交盒两侧各加 100μL 纯化水，依次放入芯片、盖片。

④配制杂交混合物，轻吹混匀，尽量少气泡。

⑤吸取 15μL 杂交混合物加入芯片点阵中，避免反应池有气泡。盖好盖子并用金属条密封。

⑥将杂交盒平稳放置杂交仪中。60℃杂交 1h，转速 5r/min。

⑦打开芯片洗干仪和芯片扫描仪。配 500mL 洗液Ⅰ、1 000mL 洗液Ⅱ。

⑧屏幕显示"请放入芯片进行洗涤"时，将杂交完成的芯片放入洗干仪。屏幕显示"请将芯片放入甩干仓"时，将芯片对称放入甩干仓，点击确定开始。

⑨打开扫描仪及软件，激光预热 10min。设置"保存路径"，输入芯片编号、样本标号等。将甩干的芯片小心插入扫描仪，点击开始扫描。

⑩退出软件，关闭激光，关闭扫描仪。

4. 基因分型　基因分型通常是通过序列对比来进行的。这可能涉及全基因组测序、基因组不同区域分析或标志核苷酸的识别。对于小或中等大小的基因组病毒，全基因组测序后的系统发育分析仍是基因组分型的金标准。

（1）传统的测序方法

①双脱氧核苷酸序列法最常用。利用对应于天然核苷酸的双脱氧核糖核苷酸能终止目标 DNA 链引物起始的 DNA 链的延伸。

②病毒基因组无须克隆，直接对 PCR 产物测序，所测定的序列代表病毒群体中的优势序列。

③限制性片段长度多态性也可用于病毒的分型，先通过 PCR 扩增基因组的一个或多个区域，然后用限制性核酸内切酶消化并电泳，一定基因型的片段形成一定的特征模式。缺陷是单核苷酸多态性导致限制位点变化会影响消化，也影响不保守病毒基因组分型的可靠性。

④基因型特异性 PCR 引物可以用基因型之间核苷酸序列差异或非同源序列来设计，同时该引物要对应于一个基因型的充分保守区域，大多数基于 PCR 的基因型测定中，多种途径用来设计扩增不同大小产物的引物。电泳后，基因型可以根据扩增产物的大小来确定。

⑤商业线性的探针分析是一种反相杂交检测技术，变性的 PCR 产物杂交到固定于硝酸纤维素膜上的特异性寡核苷酸，通过比较所得到的图案与模板来确定基因型。

（2）基因分型的新方法

①质谱是用于分析病毒基因型的敏感工具，该方法通过检测物质的分子质量，达到区分鉴别物质的目的，不涉及荧光标记、凝胶电泳等，就能检测一个碱基的差异，准确性高。

②基因芯片技术也是重要的病毒基因分型方法，特别适合检测病毒的多样性，并用于亚基因型分析。

③二代测序是病毒基因分型较为准确的研究方法，可以更精确地检测基因变化、进行单分子测序。

思 考 题

1. 鸡胚和动物实验的主要用途有哪些？
2. 简述病毒纯化常用方法的原理。
3. 简述电子显微镜的选择及应用。
4. 简述酶联免疫技术常用方法及原理。
5. 血凝试验和血凝抑制试验的原理是什么？如何判断试验结果？

主要参考文献

傅继华，2002. 病毒学实用实验技术［M］. 济南：山东科学技术出版社.

黄文林，2015. 分子病毒学［M］. 北京：人民卫生出版社.

李凡，徐志凯，2013. 医用微生物学［M］. 8 版. 北京：人民卫生出版社.

李洪源，王志玉，2006. 病毒学检验［M］. 北京：人民卫生出版社.

刘艳芳，张勇建，苏明，2009. 临床病毒学检验［M］. 北京：军事医学科学出版社.

裴晓方，于学杰，2015. 病毒学检验［M］. 2 版. 北京：人民卫生出版社.

第九章 重要医学病毒

广义上讲，医学病毒就是指能够感染人的病毒。但由于某些病毒既可以感染人，又可以感染动物，因此将这些病毒称之为人畜共患病病毒。关于人畜共患病病毒将在专门章节中介绍。根据2012年ICTV的第九次病毒分类报告，目前已发现的仅感染人的病毒有400多种，本章仅介绍主要感染人的肝炎病毒、艾滋病病毒以及传染性非典型肺炎病毒3种。

第一节 肝炎病毒

肝炎病毒（hepatitis virus）是指以侵害肝脏为主，引起病毒性肝脏炎症的一组病毒，主要包括A、B、C、D、E 5个型的肝炎病毒，在我国分别称之为甲型肝炎病毒（*Hepatitis A virus*，HAV）、乙型肝炎病毒（*Hepatitis B virus*，HBV）、丙型肝炎病毒（*Hepatitis C virus*，HCV）、丁型肝炎病毒（*Hepatitis D virus*，HDV）、戊型肝炎病毒（*Hepatitis E virus*，HEV）。尽管这些病毒都能够在肝细胞中增殖引起肝炎，但在病毒分类学上，这些病毒分属于不同的科属，是彼此完全不同的病毒。现将各型肝炎病毒的分类位置、核酸类型、病毒粒子的大小和形态结构等列于表9-1。

表9-1 各型肝炎病毒的分类位置、核酸类型、病毒粒子的大小和形态结构比较

型别	分类位置		核酸类型与特征	病毒粒子大小和形态结构		
	科	属		大小（nm）	形态	囊膜
HAV	小RNA病毒科	肝病毒属	（＋）ssRNA	27～32	球形，正二十面体	无
HBV	嗜肝DNA病毒科	正嗜肝DNA病毒属	dsDNA	42	圆形，正二十面体	有
HCV	黄病毒科	丙型肝炎病毒属	（＋）ssRNA	30～60	球形	有
HDV	未确定科	δ病毒属	（－）ssRNA	35～37	球形	有
HEV	未确定科	戊型肝炎病毒属	（＋）ssRNA	27～28	球形	无

由上述5种肝炎病毒引起的疾病对应地称为甲型肝炎、乙型肝炎、丙型肝炎、丁型肝炎、戊型肝炎，分别简称为甲肝、乙肝、丙肝、丁肝、戊肝，统称为病毒性肝炎。病毒性肝炎在全世界广泛传播和流行，我国是病毒性肝炎的高发病率国家之一。2006年全国乙型肝炎血清流行病学调查结果显示，我国约有9 300万人长期携带HBV，其中慢性乙型肝炎患者（肝脏已出现炎性病变）约2 000万人，是一个严重危害人们身体健康的重大公共卫生问题。

一、甲型肝炎病毒

甲型肝炎病毒（*Hepatitis A virus*，HAV）属于小RNA病毒科肝病毒属成员，是引起甲型肝炎的病原体。甲型肝炎在临床上又称为急性传染性肝炎，是一种通过消化道感染的传染病。早在1973年，Feinstone等应用免疫电子显微镜技术在急性病人的粪便悬液中发现了HAV颗粒，同时确定了其传播方式为消化道传播。近年来，虽然随着生活环境和卫生条件的改善和提高，本病的流行在生活水平较高的国家呈下降趋势，但在发展中国家（尤其是农村），它仍然是一种严重的传染病。

（一）形态结构

HAV为球形颗粒，直径为27～32nm，无囊膜。核衣壳呈正二十面体对称。电子显微镜观察发现，HAV 颗粒有空心和实心两种（图 9-1）。实心颗粒是由正二十面体衣壳包裹着病毒核酸 RNA 分子形成的，而空心颗粒仅为病毒的衣壳，即空衣壳。空衣壳是由病毒在复制过程中装配不完整所致。

衣壳由 VP₁、VP₂、VP₃、VP₄ 4 种蛋白分子组成，分子质量分别为 33.2ku、24.8ku、27.8ku 和 14ku，其中 VP₁ 是主要的衣壳蛋白，也是诱导机体产生中和抗体的主要保护性抗原。

HAV 的基因组为单链正链线状 RNA［（＋）ss-RNA］，具有感染性，大小约为 7.5kb，相对分子质量为 2.25×10⁶。HAV 具有很高的保守性，不同毒株

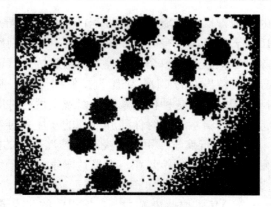

图 9-1　HAV 的形态结构

间的 RNA 核苷酸序列同源性均在 90% 以上。根据功能，基因组结构主要分为 4 个区域，从 5′端到 3′端依次为：5′非编码区（5′-nontranslate region，5′-NTR）、编码区、3′非编码区（3′-nontranslate region，3′-NTR）和多聚腺苷酸尾［poly（A）］。其中编码区又分为 P₁、P₂ 和 P₃ 3 个区，分别编码不同的结构蛋白和非结构蛋白。P₁ 区、P₂ 区和 P₃ 区又可进一步分为 3～4 个小区段，为不同蛋白质的编码基因，见图 9-2。

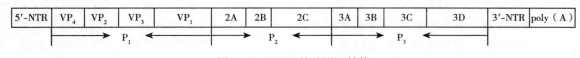

图 9-2　HAV 的基因组结构

（二）理化特性

HAV 颗粒的浮密度为 1.34g/mL，沉降系数为 156S。从不同标本纯化的 HAV 颗粒的 CsCl 浮密度在一定范围内分布，一般在 1.27～1.40g/mL。多数情况下，来自感染者粪便标本中的病毒颗粒浮密度较大，约为 1.48g/mL，而从肝脏和胆汁中分离纯化的 HAV 颗粒浮密度稍小，为 1.24～1.34g/mL。产生这种现象的原因可能是病毒颗粒表面与周围环境中的物质分子相互作用，从而影响其浮密度的大小。

HAV 对外界条件的变化具有很强的抵抗力。HAV 颗粒对环境温度和 pH 等因素的变化具有较强的耐受性，对有机溶剂具有相当的抵抗能力。HAV 能够耐受 81℃，在此温度下处理 10min 后，仍有近一半病毒能够存活，而其他小 RNA 病毒在 43℃ 下处理 10min 即有一半病毒被灭活。在室温条件下，HAV 在 pH 3（3h）和 pH 10（2h）时稳定。20% 乙醚不能使其灭活，对氯仿也不敏感，这是因为它无脂质囊膜。在对 HAV 水源性传播的研究中还发现，HAV 对水中的氯离子有较高的耐受性。正是由于这种稳定性，导致 HAV 通过食物和水源等途径广泛传播，引起不同规模的流行。

但在 121℃ 高压 20min、1∶4 000 的甲醛溶液在 37℃ 下处理 71h、β-丙内酯及其他常用消毒剂等均可灭活 HAV。

（三）致病性与流行病学

1. 致病性与致病机制　HAV 在细胞培养时对宿主细胞代谢的影响不明显，对细胞亦无致病变作用。那么，甲型肝炎患者的典型的肝脏炎症反应——肝细胞变性、溶解和坏死等肝组织的损害又是怎样产生的呢？这往往是由于机体免疫系统对感染病毒的自身肝细胞毒反应所致，而不是由于 HAV 在细胞中的增殖或干扰肝细胞的代谢所产生的结果。

HAV 进入机体后，与肝细胞表面受体蛋白相互作用，进入肝细胞。在感染的早期，自然杀伤细胞（natural killer cell，NK 细胞）聚集在被感染的肝细胞并对其进行攻击，这是一种非特异性

的细胞毒反应。随着感染过程的继续，特异性的 T 细胞被激活，可产生 γ 干扰素（interferon-γ，IFN-γ）。IFN-γ 有两个作用，一是直接抑制病毒的复制，限制病毒在肝脏组织中的扩散，以尽早清除病毒感染；另一个是促进人白细胞抗原（human leukocyte antigen，HLA）的表达，在 HLA 介导下，特异性的 CD8$^+$ 细胞直接发挥作用，使感染病毒的肝细胞发生膜穿孔，膜内外 Na$^+$、K$^+$ 平衡失调，造成各种代谢紊乱，以致变性、肿胀、溶解和坏死。HAV 感染后期，免疫系统完全将病毒从体内清除，同时伴随肝细胞的破坏和再生。

2. 流行病学　甲型肝炎是全球性分布的疾病。在不发达国家，人群被感染的概率达 80％以上，发病者主要是少年儿童。在发达国家，由于生活水平的提高，少年儿童的发病率大大降低，感染者多为成年人。

HAV 主要感染人类。自然界中的非人灵长类（如绒猴、黑猩猩、短尾猴等）也可被感染并相互传播。从生态学的角度出发，HAV 的主要宿主是人类。其他一些动物，特别是一些水生动物如牡蛎、毛蚶等，虽然可以带毒，但是否是 HAV 的宿主尚不能确定，因为迄今未发现 HAV 在这些动物体内复制的证据。

甲型肝炎的流行主要在温带和热带地区，且具有季节性。在温带地区，高峰发病期主要在秋末冬初；在热带地区，流行的高峰期在雨季。上述季节性特点的直接原因是粪便污染水源和食物。

地理位置的差异亦造成流行的差别，其根本原因是生活水平的差别造成的水源管理差别。HAV 感染率最高的国家或地区是中国和非洲，其次是南美洲、地中海地区，而澳大利亚、欧洲、北美洲感染率最低。在亚洲、非洲、地中海和南美的某些地区，儿童抗体检出率达 75％以上。相反，在发达国家，人群抗体检出率仅为 33％（澳大利亚）。美国人群中 HAV 抗体阳性率较低，受感染者主要集中在医务人员、污染食品接触人员、药物滥用者、旅行者等人群。

HAV 感染后，平均潜伏期为 30d，无症状者的比例很大，隐性感染者常是有症状患者的 10 倍。甲型肝炎症状发生后，一般在 3 个月以内病人自行恢复。临床上一般不出现慢性甲型肝炎和长期持续排毒者。虽然有极少数报道甲型肝炎能转为慢性肝病，但是否单纯由于 HAV 感染造成还存在争论。

一般说来，在不发达的农村地区，甲型肝炎的流行常常是因为污染造成的，发病形式以暴发为主；而在城市或发达地区，主要传播方式为人与人之间的接触，家庭成员相互传染是常见的一种方式。学校、工厂和军队等人员密集的单位，通过人与人之间的接触而使得病毒在人群中扩散。行军和旅行过程中，由于用水和进食来源的不断变化，极易造成甲型肝炎的流行和暴发。

（四）病毒复制与分子感染机制

1. 病毒的复制特点　HAV 在细胞中复制的速度十分缓慢，无明显的细胞病变效应（CPE），病毒和细胞呈共生关系，可持续感染细胞并随细胞传代，但病毒滴度不高。这是 HAV 复制的主要特点。

2. 分子感染机制　HAV 感染机体后，经血液进入肝脏，与肝细胞膜上的特异性受体结合进入细胞。但也有人认为不是受体介导的过程，或者病毒特异性受体在病毒进入肝细胞的过程中并没有起主导作用。其理由就是 HAV 病毒能够进入多种上皮细胞并进行复制。

HAV 脱壳的过程一般需要 8～12h，相对其他病毒来说，HAV 的这一过程显得十分缓慢。有人认为这与 HAV 颗粒结构的紧凑性相关。脱去衣壳蛋白后，病毒 RNA 直接与细胞的核糖体结合，形成多聚核糖体（polysome），然后将 HAV 的 RNA 翻译成一个多聚蛋白质。多聚蛋白质经自身或细胞蛋白酶的裂解而产生病毒的成熟蛋白质。其中 3D 蛋白作为复制酶将病毒正链 RNA 复制为负链 RNA，形成一个复制中间体。复制中间体解链后，其负链 RNA 上结合多个 HAV 的 RNA 聚合酶分子，以负链 RNA 为模板同时产生多条正链 RNA 分子，即子代 RNA 分子。一部分子代 RNA 分子继续参与病毒 RNA 的复制循环，另一部分则参与成熟病毒颗粒的装配。

HAV RNA 与其结构蛋白有高度亲和性，在复制过程中，99％以上的子代正链 RNA 分子迅速包装形成子代病毒颗粒，仅有少于 1％的正链 RNA 参与复制的再循环过程。理论上讲，新合成的病毒结构蛋白的数量与子代 RNA 的数量应是相适应的，即不存在此多彼少的情况。那么，不含有核酸的空心病毒颗粒——空衣壳（procapsid）是如何形成的？确切原因还不清楚，但可以肯定，这是在病毒粒子的装配过程中出现的差错所致。病毒结构蛋白参与子代病毒粒子的装配，其非结构蛋白也同时在病毒增殖与复制过程中发挥 RNA 解螺旋酶、多聚蛋白水解酶和聚合酶等功能。

在肝脏中，成熟的 HAV 颗粒可直接感染邻近的肝细胞，也可进入胆小管细胞后再释放进入胆小管，经胆道排出。

（五）细胞培养与实验动物

HAV 能够在细胞培养中增殖。野毒株 HAV 经过连续几代甚至十几代的传代培养可以适应多种细胞。目前主要用于 HAV 培养的细胞株有恒河猴胚肾细胞（FRHK-4）和人成纤维细胞（2BS）。

应当注意，在细胞中繁殖的 HAV 颗粒很少释放到细胞外，而是在细胞内与细胞处于共生状态，不影响宿主细胞的复制。细胞培养所获得的 HAV，在收获时需用超声波破碎、冻融等办法使其与细胞成分分离。

除人类之外，已经确定的对 HAV 敏感的动物主要是部分灵长类动物，黑猩猩、狨猴、猕猴为主要的敏感动物。口服或静脉注射 HAV 均可使这些动物感染，并有肝脏炎症的表现，粪便中出现完整的有感染性的病毒颗粒，与此同时，被感染动物血液中可查出抗 HAV 的抗体。

HAV 在自然界中可能存在自然疫源感染。

（六）抗原性与机体的免疫应答

HAV 侵入人体后，其衣壳蛋白可以诱导机体产生 IgM 和 IgG 等抗体。前者在急性期和恢复期早期出现，后者在恢复期后期出现，并可维持多年。同时还可以出现病毒的特异性细胞免疫应答。感染者康复后可获得终生的免疫力。

（七）诊断

根据患者的临床症状和流行病学，可以对甲型肝炎做出初步诊断，但应注意与其他种类的肝炎鉴别诊断。甲型肝炎病人在发病初期常有疲乏、食欲差，而后会出现恶心、呕吐等症状，有些病人伴有右上腹疼痛；发热是甲型肝炎病毒感染的基本现象；早期黄疸轻微，随后会有小便深黄、大便发白、皮肤出黄疸的表现。此外，也常见肝脏、脾脏肿大。

环境因素是导致感染甲型肝炎病毒的重要因素。多数病人发病都与饮水、食用消毒不彻底的食物有关，常可询问出有在外就餐和外出旅游史，或有与病人接触史。寒战、腹泻、肌肉疼痛、咽炎等也会经常伴随出现。

实验室诊断包括生物化学检验、免疫学诊断与分子生物学诊断。生物化学检验常见的有丙氨酸氨基转移酶（ALT）升高，血胆红素升高，急性感染时由于肝脏不能产生凝血因子，临床上还会出现血凝障碍。

免疫学诊断方法主要包括用于检测抗原的免疫电子显微镜技术和酶免疫技术（enzyme immunoassay，EIA）。免疫电子显微镜的方法在 1973 年已被用于体外检测 HAV 抗原，证明含 HAV 抗体的血清和急性期粪便样品过滤液反应，出现免疫凝集。免疫电子显微镜比普通电子显微镜要敏感 100 多倍，能特异性地检出粪便中的 HAV 抗原。这是一种较为快速的特异性诊断方法，但其操作复杂，需要专门的人员和仪器，灵敏度易受操作者的技术水平影响。这种方法一般不用于大规模诊断。用于检测抗体的酶免疫技术是一种简便、快速的诊断方法，并有市售的 HAV 抗体检测试剂盒。在急性发病期，血清中 IgM 抗体迅速增高，平均持续时间达 5 个月。目前最常用的 IgM 抗体检测方法是捕捉法，此方法在临床症状出现的几天内，能检出特异性抗 HAV IgM 抗体，并在 1～

3周内达到高峰。在急性发病后 2～4 个月仍可检测到 IgM 抗体，这是区别于其他种类肝炎的重要指标。

近年来，随着分子生物学技术的发展，出现了一些更加快速、灵敏和特异的检测 HAV 抗原或 RNA 的方法，例如单克隆抗体（monoclonal antibody，McAb）技术可以直接检测粪便样品中的 HAV；逆转录聚合酶链式反应（reverse transcriptional polymerase chain reaction，RT-PCR）可直接检测粪便样品中 HAV 的 RNA。

（八）免疫预防与治疗

甲型肝炎的预防，首先是在日常生活和工作中注意饮食卫生，养成良好的卫生习惯。其次是特异性的免疫预防，主要包括被动免疫和主动免疫。半个多世纪以来，被动免疫曾被当作预防甲型肝炎的有效方法。但有资料表明，个别注射过免疫球蛋白制剂的人被动感染乙型肝炎，加之近来发现血制品传播丙型肝炎病毒和人类免疫缺陷病毒，这种预防方法基本上已停止使用。

当前，应用细胞培养技术生产 HAV 灭活疫苗（inactivated HAV vaccine）和减毒活疫苗均已获得成功。试验证明，极少的 HAV 病毒蛋白质（15ng）足可以使动物和人产生保护性抗体。近年来，利用基因工程手段研制 HAV 基因重组疫苗及复制缺陷型活载体疫苗的研究正在进行中。

2011 年，CHUNG 等利用基于甜菜曲顶卷叶病毒的复制型载体在烟叶中成功表达出 HAV 的 VP$_1$-Fc 重组嵌合蛋白，经腹腔接种小鼠后，可诱导特异性的 IgG 抗体产生，同时脾细胞中的 IFN-γ 和 IL-4 也有所增加，表明 VP$_1$-Fc 的重组嵌合蛋白具有较好的免疫原性。2012 年，THAN 等利用昆虫杆状病毒表达载体成功表达出包含 HAV 抗原片段的重组轮状病毒蛋白，其中 D2/VP$_7$ 经免疫原性试验证明，可分别产生轮状病毒和 HAV 的中和抗体；2014 年，JANG 等通过大肠埃希菌表达系统成功表达出来源于 HAV 衣壳蛋白 VP$_1$ 的重组蛋白，通过免疫原性试验证明，该重组蛋白不仅可产生特异性抗体 IgG，还可诱导脾细胞产生 IFN-γ 和 IL-4。由以上研究可知，通过基因工程方法制备 HAV 基因工程疫苗是可行的，但由于抗原蛋白高度依赖空间构象，表达出来的抗原蛋白可能在蛋白结构上还存在差异，从而出现了抗原性较弱的问题；且与传统疫苗相比，基因工程疫苗投入成本相对较高，因此现阶段传统疫苗仍为首选。

甲型肝炎属于自愈性疾病，一般不需要特殊治疗，多数患者预后良好。

二、乙型肝炎病毒

乙型肝炎病毒（*Hepatitis B virus*，HBV）属于嗜肝 DNA 病毒科（*Hepadnaviridae*）正嗜肝 DNA 病毒属，是该属的代表种。HBV 是引起病毒性肝炎的主要病原体之一。

由 HBV 所引起的乙型肝炎是一种流行久远、传播广泛、危害严重的传染性疾病。全球乙型肝炎病毒携带者 3.5 亿人，我国近 1 亿人。2006 年我国乙型肝炎流行病学调查结果表明，1～59 岁人群 HBV 表面抗原（HBV surface antigen，HBsAg）携带率为 7.18%。我国乙型肝炎病毒表面抗原携带者约为 9 300 万人，其中慢性乙型肝炎（CHB）患者约 2 000 万。受 HBV 慢性感染的人群罹患原发性肝细胞癌（hepato-cellular carcinoma，HCC）风险高，全世界 HCC 患者中大约 80% 与 HBV 慢性感染相关。HBV 感染是肝硬化和肝癌发生的主要原因。我国也是肝癌高发区，因而对 HBV 的防治已成为我国健康与传染病控制中的重要问题之一。

（一）形态结构

应用电子显微镜观察 HBV 感染者的血清，可以看到 3 种形态的病毒颗粒，即完整的 42nm 病毒颗粒，又称为 Dane 颗粒；长 40～100nm、宽 22nm 的管形外膜颗粒；22nm 的小球形外膜颗粒（图 9-3）。

血清中 Dane 颗粒的检出是肝内病毒活跃复制的标志。在慢性乙型肝炎病人的血清中主要含有小球形或管形的空心外膜颗粒。

Dane 颗粒在电子显微镜下为双层外壳的圆形颗粒，囊膜（envelope）厚约 7nm，携带 HBV 表

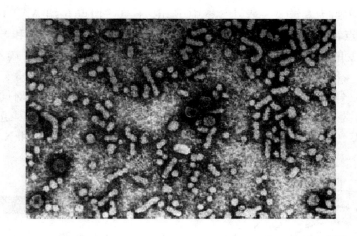

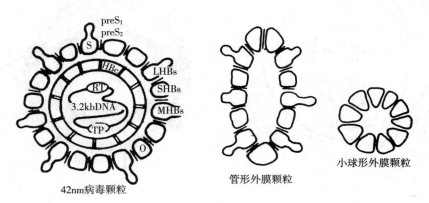

图 9-3　HBV 颗粒电子显微镜图（上）和 3 种形态（下）

S. HBsAg　LHBs. 大蛋白　MHBs. 中蛋白

SHBs. 小蛋白　HBc. 核衣壳蛋白　RT. 逆转录酶　TP. 末端蛋白

（引自金奇，2002）

面抗原，核心颗粒为二十面体的对称结构，直径约 27nm，其核衣壳（capsid）厚约 2nm，携带 HBV 核心抗原（HBV core antigen，HBcAg）。当血清中存在病毒粒子时，还可发现一种与核衣壳有关的可溶性抗原，称为 e 抗原（HBeAg）。核心中包含双链 DNA 分子、病毒自身的 DNA 聚合酶、连接 DNA 末端蛋白的蛋白激酶。

　　每一个 HBV 毒粒的囊膜含 300～400 个小蛋白分子、40～80 个中蛋白分子和大蛋白分子。核衣壳仅由一种蛋白质组成，其所含蛋白激酶可使核衣壳蛋白磷酸化。

　　管形外膜颗粒的蛋白组成与完整病毒粒子的外膜蛋白组成相同。但 22nm 的小球形外膜颗粒却不尽相同：在慢性带毒者血清中，如有病毒繁殖，则所含小蛋白和中蛋白的比例与完整病毒颗粒相同，但大蛋白少 20 倍；如无病毒繁殖，则主要含小蛋白，中蛋白含量低于 1%，不含大蛋白。

　　HBV 外膜携带的 HBsAg 的抗原性较复杂，有一个属特异性的抗原决定簇 a 和至少两个亚型决定簇 d/y 和 w/r。此外，尚有少见的 q、g、n、x 和 t 等亚型决定簇，其中最常见的血清型为 adw、adr、ayw 和 ayr。亚型的地区分布不同，我国以 adr 为主，adw 次之，而 ayw 只见于新疆、西藏和内蒙古等地。

　　HBV 基因组具有独特的结构，是一个长约 3.2kb 的不完全双链环状 DNA（图 9-4）。双链的长度不对称，长链（L）因与病毒 mRNA 互补，定为负链；短链（S）为正链，5′端固定，3′端位置不固定，S 链的长度可为 L 链的 50%～100%，因而在病毒群体中有不同长度的正链与全长的负链匹配，仅有部分基因组为双链。一般以 S 链中 *Eco*R Ⅰ单一切点 5′端 AATTC 中的第一个 T 作为基因组物理图的起点，无 *Eco*R Ⅰ切点的，则以相同位置为起始点。L 链和 S 链的 5′端固定，而 S 链 3′端的位置是可变的。基因之所以能够维持环状结构是由于两条链的 5′端各有一段含有 224bp 的黏性末端（1 601～1 826nt），其两侧各自顺向 11bp（5′-TCACCTCTGC-3′）构成正向重复序列（direct repeat，DR）。DR1 与 DR2 在病毒复制中起重要作用，两者间的相对同源性可维持基因组呈环状结构，而 DR1 是前基因组 RNA 和负链 DNA 合成的起点。HBV 基因组 L 链上至少有 4 个 ORF，分别称为 S、C、P 和 X，分别编码外膜蛋白、核衣壳蛋白、聚合酶和 X 蛋白。

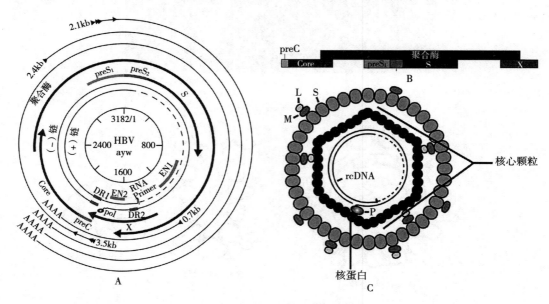

图 9-4　HBV（ayw 亚型）基因组结构

A. HBV 环状基因组结构［箭头表示基因的转录方向。基因和调节序列的位置：preC. 1816～1902；Core. 1816～2454；preS₁. 1850～3173；preS₂. 3174～156；S. 157～873；X. 1376～1840；DR1. 1826～1836；DR2. 1592～1602；ENH（即 EN1）. 1182～1216；EN2. 1682～1694；poly（A）加尾信号 . 1919～1962］

B. HBV 基因组线性结构　C. 成熟的 HBV 病毒颗粒（即 Dane 颗粒）

（引自 Lamontagne，2016）

多个 ORF 重叠的结果使 HBV 本身 3.2kb 基因组序列的利用率高达 150%～200%。此外，HBV 基因组的若干主要调控序列亦位于蛋白质编码区内，这表明 HBV 具有基因经济性（gene economy）的特点。

（二）理化特性

HBV 对理化因素的抵抗力特别强，对低温、干燥、紫外线、乙醚、氯仿和苯酚等均有抵抗力。在 30～32℃可保持感染能力至少 6 个月，−20℃可以存活 15 年。乙醚、氯仿和苯酚对病毒有杀灭作用，但不完全。在酸性或碱性环境中 60min 仍具有活性。但高压（0.12MPa、121℃、20min）、干烤（160℃、1h）、100℃煮沸 2min、0.5%过氧乙酸、5%次氯酸钠、3%漂白粉液、0.2%新洁尔灭等均可使其灭活。

应当注意，HBV 的感染性与 HBsAg 的抗原性并非一致，如 100℃加热 10min 或 pH2.4 处理 6h 均可使 HBV 失去感染性，而 HBsAg 的抗原性仍保持。

（三）致病性与流行病学

1. 致病性与致病机制　HBV 感染可导致急性肝炎、慢性肝炎，并与原发性肝细胞癌（HCC）有密切关系。HBV 急性感染后，是否发展成为慢性携带状态主要与发生感染时的年龄相关。只有 2%～10%的免疫功能低下的成年人转变为慢性携带者（HBsAg 阳性达半年以上），而婴儿感染

HBV 后，90％会成为慢性携带者。在慢性携带人群中，有 30％～50％出现病毒活跃复制现象（HBeAg 和/或 HBV DNA 阳性），并伴有临床症状，其中在 5 年内发展成肝硬化的危险性为15％～20％。慢性携带者发生肝癌的危险性与正常人相比增加近 300 倍，若患者肝功能与组织学无明显异常，其转归一般良好。

近年来，随着 HBV 分子生物学、免疫学及转基因小鼠等理论与技术的进展，国内外学者对HBV 的致病机制进行了大量研究，一致认为 HBV 感染导致肝脏受损并不是 HBV 在肝细胞内复制、繁殖的直接结果，而是机体对 HBV 表达产物的免疫应答反应所致。HBV 感染人体后，不仅引起细胞免疫和体液免疫应答，而且引起自身免疫反应及免疫调节功能紊乱。机体对 HBV 感染产生不同的免疫应答，决定了不同的临床表现及转归。在机体产生免疫耐受时，会导致"健康"携带者。如果机体产生强烈的抗病毒反应，随着病毒清除，免疫反应呈一过性，则表现为急性肝炎。在个体不能产生有效的抗病毒免疫反应，或由于在初次强烈的免疫反应后变得衰竭，从而导致整个免疫反应很弱，则形成病毒的持久感染，最终产生 HCC。大量流行病学资料表明，从世界范围的地区分布来说，HBsAg 慢性携带者的流行情况与 HCC 的年发病率呈明显的正相关；用 HBV 人工感染土拨鼠可以引起实验性 HCC，转基因小鼠实验亦表明 HBV 的 X 基因的高水平持续性表达能够诱发 HCC 的发生；HBsAg 阳性的 HCC 患者，由其癌组织建立的细胞株或其肿瘤细胞中大都可以发现整合的 HBV DNA 序列；HBV 编码的反式激活蛋白（X 蛋白及 preS/S 蛋白）对原癌基因、抗癌基因及生长因子基因（如 *p53*、*IGF-I*、*ras*、*myc*、*fos* 等）的表达具有调节作用，等等。但是，对于 HBV 感染导致 HCC 发生的分子机制仍有待于进一步阐明。

重症肝炎患者肝细胞大量坏死，肝功能严重受损，其原因更为复杂，除了较强的特异性免疫应答外，可能还有其他非特异性因素（如内毒素血症）的参与。

2. 流行病学 HBV 感染呈世界性分布，其中西欧、北美、澳大利亚为低流行区（＜1％）；东欧、日本、南美、北非、地中海国家为中流行区；中国、东南亚与南非为高流行区（10％左右）。

我国 HBV 感染有其独特的流行病学特点。2006 年我国乙型肝炎流行病学调查结果表明，1～59 岁人群 HBsAg 携带率为 7.18％，与 1992 年相比下降了 26.36％；其中 1～4 岁儿童为 0.96％，与 1992 年（9.67％）相比下降了 90％。全国 HBsAg 携带者约为 9300 万人，其中慢性乙型肝炎（CHB）患者约 2 000 万。2014 年调查结果显示，1～4 岁、5～14 岁和 15～29 岁人群 HBsAg 携带率分别为 0.32％、0.94％和 4.38％，标志着我国从乙型肝炎的高流行区转为中流行区。

HBV 感染的传染源主要为急、慢性乙型肝炎患者及慢性无症状携带者，特别是慢性无症状携带者的危害更大。我国有 1 亿多人慢性感染，形成一个巨大的病毒储存库。

乙型肝炎的主要传播途径：①输血及血源性传播；②母婴围产期传播；③医源性传播；④接触传播，主要是以性接触为主的密切接触传播。其中有些传播机制可发生重叠。

我国人群对 HBV 普遍易感，感染后可产生抗 HBsAg，具有抗感染的保护性。HBV 感染流行率与 HCC 发生流行率大体一致，且皆具有区域性与家族性的特点。

（四）病毒复制与分子感染机制

嗜肝 DNA 病毒科的病毒有独特的复制方式，病毒合成以 RNA 中间体为模板，经逆转录合成DNA 链，在某些方面，HBV 与 RNA 逆转录病毒有许多相似性，故又称之为 DNA 逆转录病毒。

HBV 感染细胞的过程包括病毒粒子侵入与脱壳、病毒复制与整合、装配与整合、病毒粒子成熟与释放等连续过程。

1. 侵入 HBV 病毒粒子的外膜与宿主细胞接触，以 preS 蛋白附着和侵入细胞，$preS_1$ 肽的第21～47 位氨基酸区域附着于细胞，这种结合属于非肝细胞特异的。$preS_2$ 有嗜肝细胞性，借助天然血清白蛋白亦可与肝细胞膜结合；外膜经蛋白酶裂解后，暴露于表面的融合序列与细胞膜结合。病毒侵入细胞，脱去外膜与核壳，并释放病毒 DNA。

2. 复制 病毒 DNA 进入细胞，在细胞核内成熟为完全互补分子 cccDNA 的模板。在复制完成后，病毒 DNA 可发生整合（integration）。整合过程有两个阶段：早期非选择性整合，整合位点散在地分布于宿主细胞基因组中；后期选择性整合，经免疫选择，一些含特定部位整合分子的细胞可继续存活，甚至分裂扩增。

3. 装配 病毒基因组与核壳蛋白形成核心，后者再与外膜蛋白装配成病毒颗粒，经内质网膜出芽（budding）后释放到细胞外。若大蛋白产生过量则可抑制病毒粒子的释放。

（五）细胞培养与动物模型

目前还没有 HBV 易感细胞系，体外培养病毒至今尚未获得成功。

动物嗜肝 DNA 病毒及其宿主，为研究嗜肝 DNA 病毒的复制、基因调控及致病机制等生物学问题提供了较为方便的研究模型与实验资料。家鸭及土拨鼠等动物常被用于抗病毒药物的筛选。此外，猩猩、树熊、猴等动物对 HBV 有不同程度的易感性，尤其是黑猩猩，100％有 HBV 感染的血清标志，但没有明显的症状。猩猩模型在国外主要用于乙型肝炎疫苗及血制品的安全试验，亦用于 HBV 感染免疫的实验研究，但因其来源有限、价格昂贵而受到很大限制。

20 世纪 80 年代初期发展起来的转基因小鼠（transgenic mice）技术为研究 HBV 的复制、表达、调控、致病机制及药物筛选提供了一种新的动物模型。目前已有各种 HBV 转基因小鼠相继建立，国内也已建立了 adr 与 ayw 亚型的 HBV 复制型转基因小鼠。这些转基因小鼠模型的建立及应用，为阐明 HBV 诸多生物学问题提供了许多资料，并发展成为研究 HBV 致病机制及筛选抗 HBV 药物的有效模型。

（六）抗原性与机体的免疫应答

HBV 感染机体后可引起一系列免疫反应，包括体液免疫和细胞免疫。能够刺激机体产生抗体的 HBV 抗原主要有 HBsAg、HBcAg、HBeAg、preSAg 等 4 种，其中能够诱导机体产生中和抗体的抗原主要是 HBsAg 和 preSAg，而 HBeAg 也能够刺激机体产生抗体，但抗 HBeAg 抗体仅在急性乙型肝炎恢复期通过与肝细胞表面的 HBeAg 结合，在补体介导下参与破坏被感染的肝细胞。另外，抗 preSAg 抗体还可以通过阻断 HBV 吸附于肝细胞表面受体而发挥作用。抗 HBcAg 抗体无保护作用。

细胞免疫主要依靠 CTL。CTL 对 HBV 感染的肝细胞有直接杀伤作用。

（七）诊断

临床上，根据病程的长短，可将乙型肝炎分为急性、慢性两种。急性乙型肝炎大部分是慢性无症状 HBV 感染的急性发作。急性、慢性乙型肝炎的区分主要从以下几方面界定：①过去有无 HBsAg 检出史。无 HBsAg 检出史的为急性，有检出史的为慢性。②抗 HBc IgM 的检出及滴度。滴度大于 1：1 000 的为急性，小于 1：1 000 的为慢性。③病理观察。6 个月内恢复者为急性，否则为慢性。④组织学特征。急性乙型肝炎小叶内炎症和肝细胞变性特别明显，且均匀分布，慢性肝炎则以汇管区炎症和间质反应较明显。急性肝炎汇管区炎症浸润，炎症细胞可向邻近的实质溢出；慢性肝炎常为碎屑坏死，且有纤维增生、小叶结构改变等现象。

无论急性乙型肝炎病人还是慢性乙型肝炎病人，其临床症状主要为低热、疲乏不适、食欲不振、厌油、恶心、浓茶尿、黄疸等，有些病人还有关节痛、灰便、右上腹痛、体重下降、皮肤瘙痒等症状。肝脏体诊肿大有触痛与叩击痛，小部分病人肋下可触及脾脏。慢性乙型肝炎在临床上有时无症状。此外，大多数的肝硬化、肝细胞癌也与慢性 HBV 感染相关。HBV 还可与其他肝炎病毒发生重叠感染而致病。

但是，仅根据临床症状与流行病学特征很难将乙型肝炎与其他类型肝炎区别开来，必须进行实验室化验才能确诊。实验室诊断方法有免疫学技术和核酸技术。

HBV 感染主要根据 HBV 血清标志物做出诊断。HBV 血清标志物主要包括两方面：抗原抗体系统与病毒核酸。抗原抗体系统通常用酶免疫技术与放射免疫技术（radio immunoassay，RIA）检测，目前市场上有各种 HBV 感染指标的检测试剂出售。病毒核酸的检出则可用核酸斑点杂交法与 DNA 聚合酶链式反应。

　　HBsAg 是病毒在肝细胞表达的产物，也是机体感染 HBV 后最先出现的血清学指标。感染后 4～7 周血清中开始出现 HBsAg，尔后出现 ALT 异常和临床症状。HBsAg 阳性可见于急性乙肝患者的潜伏期和急性期、慢性乙型肝炎患者、无症状 HBsAg 携带者、部分肝硬化和肝癌患者的血清中，故 HBsAg 是 HBV 的感染指标之一。抗 HBsAg 抗体的效价与保护作用呈平行关系。HBsAg 抗体滴度≥10IU/L 则表示具有保护性，可作为乙型肝炎疫苗免疫后阳转的指标。

　　HBV preS$_1$ 抗原与 preS$_2$ 抗原均和 HBV 的活动性复制和感染性有关，且含量的变化与 HBV DNA 含量的改变密切相关。故检出 preS 抗原的临床意义主要为：①作为病毒复制的指标；②对于评价药物疗效可能有用。而抗 preS 抗体常见于乙型肝炎急性期的恢复早期，抗 preS 抗体阳性表示病毒正在或已经被清除，故该抗体的出现与 HBV 感染的预后恢复有密切关系。

　　HBcAg 与病毒复制密切相关，其阳性常表示 Dane 颗粒存在，具有传染性。但由于 HBcAg 包裹在病毒外膜中，不能直接在血清中检出，故临床上通常不检测 HBcAg，而是检测其抗体 HBcAb。HBcAb 可持续多年不消退，高滴度的 HBcAb 表示现行感染，低滴度的 HBcAb 则表示既往感染。在急性期，几乎所有感染者都可检出 HBcAb，有时是唯一的血清标志物。

　　HBsAg、HBsAb 及 HBcAb 称为 HBV 的 3 项感染指标，若这 3 项指标均为阴性，则表示过去未受到 HBV 感染。

　　由于核衣壳抗原与 HBV DNA 关系密切，HBeAg 是临床上表示病毒复制较实用的血清标志物。HBeAb 阳转后大多数病毒复制停止，病毒处于静息状态，血清 HBeAg/HBeAb 转换似乎为 HBV 感染过程中的一个转换点。但在慢性乙型肝炎患者中，HBeAb 不能作为 HBV 停止复制的绝对指标，该抗体可存在于无症状携带者及无活动性肝病患者中。但如果 HBeAb 存在于慢性活动性肝病患者中，则肝病有可能继续发展，并逐步演变成肝硬化。HBeAg/HBeAb 还可作为急性乙型肝炎辅助诊断和预后的指标。HBeAg 在乙型肝炎潜伏期的后期出现，略晚于 HBsAg。进入恢复期，它将随着 HBsAg 的消失而消失。若急性乙型肝炎发病 3～4 个月 HBeAg 转阴，表示预后良好。此外，HBeAg/HBeAb 检出还有助于确定乙型肝炎病人、无症状乙型肝炎携带者及孕妇的传染性强弱。HBeAg 阳性者具有很强的传染性，HBeAb 阳性者传染性较低。

　　应用核酸杂交技术或 PCR 可以直接检测 HBV DNA，是表明 HBV 存在和复制的最可靠指标。核酸杂交灵敏度达 1pg/mL，而 PCR 达 10fg/mL 以上，可检测出极微量的病毒。有的患者即使 HBsAg 阴性而 HBV DNA 为阳性，仍表明 HBV 在复制，其血液仍有感染性。对乙型肝炎疫苗无应答的婴儿，虽然其 HBsAg 阴性，但用 PCR 检测阳性者，表明已感染了 HBV，并且病毒在复制。

　　现将 HBV 感染后血清学表现的基本解释总结于表 9-2。从表 9-2 可以看出，乙型肝炎有以下任何一项阳性，可诊断为现症 HBV 感染：①血清 HBsAg 阳性；②血清 HBV DNA 阳性；③血清抗 HBc IgM 阳性；④肝组织内 HBeAg 和（或）HBsAg 阳性，或 HBV DNA 阳性。

表 9-2　HBV 感染后血清学表现的基本解释

HBsAg	抗 HBsAg	抗 HBcAg	抗 HBc IgM	解　释
＋	－	－	－	急性感染早期，少数不出现抗 HBc 的慢性感染
＋	－	＋	＋	急性感染
＋	－	＋	－	慢性感染
－	＋	＋	－	感染恢复
－	－	＋	＋	急性感染恢复过程中的窗口期
－	－	＋	－	远期感染后或 HBsAg（－）慢性 HBV 携带者
－	＋	－	－	远期感染后，疫苗应答或近期 HBIG 注射

注："＋"表示阳性，"－"表示阴性。

诊断急性乙型肝炎可参考下列动态指标：①HBsAg 滴度由高到低，HBsAg 消失后 HBsAb 阳转；②急性期抗 HBc IgM 滴度高，抗 HBc IgG 阴性或低水平。而临床上符合慢性肝炎的特征，并有一种以上现症 HBV 感染标志物阳性者为慢性乙型肝炎。无任何临床症状和体征，肝功能正常，HBsAg 持续阳性 6 个月以上者为慢性 HBsAg 携带者。

（八）免疫预防与治疗

1. 预防　目前对 HBV 感染的预防策略主要是接种疫苗，保护易感人群，通过对新生儿实施全面的乙型肝炎疫苗免疫计划，可明显降低 HBsAg 携带率。此外，应加强对传染源的管理，通过免疫阻断母婴传播、宣传教育与严格管理来切断一切可能的传播途径。

目前哺乳动物细胞表达的 HBV 基因工程疫苗已在我国研制成功。用酵母表达 HBV 基因工程疫苗的生产线也已从国外引进并投入大规模生产。对新生儿实行乙型肝炎疫苗免疫是控制乙型肝炎的最重要措施。为保护儿童健康，自 2002 年起，乙型肝炎疫苗纳入全国儿童计划免疫范围，由各省、自治区、直辖市人民政府组织实施。

2. 治疗　以上我们分别讨论了各个血清标志物的临床意义，但标志物常是联合存在，在感染过程中的变动也有相互关联性。我国约有 2000 万计的慢性乙型肝炎（CHB）患者，对 CHB 治疗的目标是最大限度地长期抑制 HBV 复制，减轻肝细胞炎性坏死及肝纤维化，延缓和减轻肝功能衰竭、肝硬化、HCC 及其他并发症的发生，从而改善生活质量和延长生存时间。α 干扰素（interferon，IFN-α）是目前唯一被证实有效的治疗慢性乙型肝炎的抗病毒药物，有效率可达 60%～80%，已在临床上得到广泛应用。最近有干扰素与其他药物如拉米夫定或阿德福韦酯联合运用可改善疗效的报道。由于干扰素仅在部分人群中应用有效，而且经常出现不良反应，故发展新的治疗慢性乙型肝炎的方法与药物仍是生物医学工作者亟待解决的重要问题。

反义与基因治疗技术、DNA 免疫技术及转基因动物技术将为解决乙型肝炎的治疗问题提供新的思路与途径，并最终为乙型肝炎的治疗带来更大的希望。

三、丙型肝炎病毒

丙型肝炎病毒（*Hepatitis C virus*，HCV）曾被称为非甲非乙型肝炎病毒（*Hepatitis non-A and non-B virus*，HNANBV），1989 年改为现名，并于 1991 年划归为黄病毒科（*Flaviviridae*）丙型肝炎病毒属。HCV 感染引起丙型肝炎。在我国丙型肝炎的流行率为 2.2%。其临床症状和流行病学特点与乙型肝炎类似，但症状较轻，多演变为慢性，部分患者可发展成肝癌。

（一）形态结构

HCV 颗粒为球形，直径大小为 30～60nm，平均约为 50nm。有脂质囊膜。囊膜内部是密度较高的核心颗粒，由核心蛋白和病毒核酸相结合构成，见图 9-5。

HCV 的基因组为单链正链 RNA 分子，大小约为 9.4kb。仅有一个 ORF，位于基因组中央，编码一条 3 008～3 037 个氨基酸的前体多肽。在基因组的 5′端和 3′端各有一段非编码序列。编码区具有较高的变异率，因而具有不同的基因型或亚型，目前已发现 HCV 有 20 多个不同的基因型。非编码区具有较高的保守性。HCV 基因组的结构和功能如图 9-6 所示。

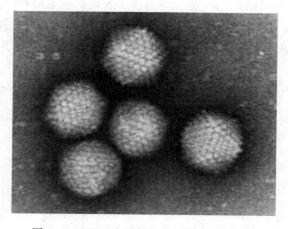

图 9-5　HCV 在透射电子显微镜下的形态

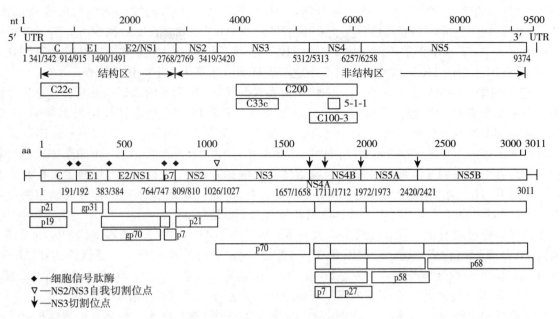

图 9-6　HCV 基因组结构及其编码的蛋白

（二）理化特性

HCV 因含有脂质囊膜，故对氯仿、乙醚等有机溶剂敏感。紫外线照射、100℃ 加热 5min、20％次氯酸、甲醛溶液（1∶1 000）等均可使其灭活。HCV 颗粒的浮密度因个体来源不同或同一个体不同病程阶段而显著不同，主要为 1.069g/mL 和 1.179g/mL 两种密度。这是由于在不同个体的不同病程阶段，HCV 颗粒上结合着不同密度的宿主血浆成分所致。在感染急性期，HCV 颗粒上结合有大量人血浆脂蛋白，所以较轻。但在持续性感染后期则结合着被感染宿主血浆中的 IgG，所以较重。

（三）致病性与流行病学

1. 致病性与致病机制　按照临床病程，以 6 个月限，可将丙型肝炎划分为急性和慢性两种。

急性丙型肝炎的病程一般为 7～8 周，但存在较大的变化范围（2～26 周）。用基因扩增方法，可在感染后 1 周测出血液中的 HCV RNA。随后是病毒血症，且病毒滴度比慢性感染期要高，可持续几周甚至几个月。随着抗 HCV 抗体的出现，病毒 RNA 的水平逐渐下降。肝损伤最显著的特征是 ALT 升高。尽管升高程度因感染个体有所不同，但多在病毒血症出现后，抗 HCV 抗体出现前或同时 ALT 升高。

与甲型肝炎相比，急性期丙型肝炎患者总的表现是比较温和、不明显，较少出现全身症状或发热，无黄疸。有约 2/3 患者无症状，发病时已成慢性经过。90％以上患者演变为慢性肝炎，约 20％可发展为肝硬化，并可导致肝癌。我国肝癌患者中 HCV 抗体阳性率约为 10％。关于 HCV 感染的慢性化机制，目前认为主要是通过免疫病理损伤和细胞凋亡导致肝细胞破坏。很少见严重的或重症急性丙型肝炎。

从病毒学、血清学和生物化学角度看，急性丙型肝炎有 3 种发展模式：①自限型。10％～30％的被感染者将完全清除体内 HCV，达到临床痊愈，不再复发。这主要取决于在急性期早期病毒在外周血中的水平。②持续病毒血症型。这种类型占急性肝炎中的 10％～20％。ALT 处于正常水平，血清 HCV RNA 持续阳性，一般有较高的抗 HCV 抗体水平，并持续较长时间。③转变为慢性肝炎。40％～60％的急性丙型肝炎患者发展为慢性肝炎，ALT 可以是正常，或有个高峰。这种状态长期维持，并发展进入慢性期。

慢性 HCV 感染有两种不同的模式：①持续或间歇地出现病毒血症，ALT 水平正常；②伴有

ALT 异常升高的慢性丙型肝炎。有一部分慢性 HCV 携带者，尽管持续或间歇地出现病毒血症，但 ALT 水平一直正常，一般习惯称为无症状携带者或 ALT 正常的 HCV 携带者。后者似乎更准确，因为尽管 ALT 水平正常，但往往 2/3 的 HCV 携带者肝脏组织学异常，有的甚至肝硬化。所以，对于 ALT 正常的 HCV 携带者，也必须定期进行细致的临床和生物化学检查。

2. 流行病学　丙型肝炎在人群中感染状况主要根据抗 HCV 阳性的高低来衡量。发达国家丙型肝炎感染率低于发展中国家。南欧、中东、南美和部分亚洲国家感染率较高，为 1.0%～1.5%，西欧、北美和澳大利亚较低，为 0.3%～0.6%。我国抗 HCV 抗体阳性率在 0.9%～5.1%。

不同基因型的 HCV 分布于世界不同地区，除 I/1a、II/1b、III/2a、IV/2b 和 V/3a 型分布广泛外，其余各型都有明显的地理分布差异或地区、人群局限性。I/1a、II/1b 型主要在北美和欧洲，亚洲以 II/1b、III/2a 型为主，非洲则以 I/1a、IV/2b 和 V/3a 型多见。有些基因型的分布则非常局限，如 6a 型仅发现于我国香港、澳门和越南北部等地区。

在我国，通过对有地区代表性的多个大城市肝病患者中 HCV 携带者病毒基因型分析发现，大陆地区 HCV 基因型构成单纯，主要以 II/1b 和 III/2a 两型病毒广泛流行。广泛流行的 II/1b 和 III/2a 呈明显的南北地理分布差异，南方城市 90% 以上的病毒株为 II/1b 型，而北方城市 III/2a 型逐渐增多，可达 50%。这种在一个国家内部呈明显地理分布差异的原因尚不清楚。

丙型肝炎主要经血液传播，主要包括输血与血制品传播、静脉吸毒、针刺、医源性传播、性接触和母婴垂直传播等。

在 20 世纪 80 年代后期至 90 年代中期，输血后肝炎 70% 以上是丙型肝炎。1993 年起，我国多数地区相继实行了献血者抗 HCV 筛检，目前经输血传播已得到明显控制，但抗 HCV 阴性的 HCV 携带供血员尚不能筛除，输血仍有传播丙型肝炎的可能，特别是反复输血或血制品等。

医源性传播途径主要是共用针头或注射器、通过被污染的牙科或外科操作器械等传播 HCV。

性接触传播比经血液传播危险性要小，但与丙型肝炎患者有过性接触者，或具有 2 个以上性伴侣者，抗 HCV 阳性率明显高于对照组。

HCV 的母婴传播主要通过宫内感染、分娩过程感染和母乳喂养途径传播。

本病潜伏期为 2～26 周，平均为 7.4 周，但由输血或血制品引起的丙型肝炎潜伏期较短，大多数在输血后 5～12 周发病。

(四) 病毒复制与分子感染机制

HCV 复制的分子机制主要是参考黄病毒科中其他成员的研究结果，过程包括病毒吸附、侵入、脱壳，基因组进入细胞小体，在内质网合成前体多肽，所得到的非结构蛋白 5B（NS5B）复制酶先合成一条负链 RNA，然后再拷贝成正链病毒子代基因组。这个子代基因组，既可直接指导翻译合成前体多肽链，也可与完成切割加工的结构蛋白装配成新的病毒颗粒，释放到细胞外进入血液循环。在这一过程中，人们认为 HCV 粒子并不需进入细胞核，但病毒的核心蛋白应有到达细胞核的环节。经基因重组拼接成的全长 HCV cDNA 可体外转录得到有功能的转录产物 RNA，用这种 RNA 给黑猩猩肝内直接注射，可使动物感染 HCV，并且引起肝损伤。说明裸露的完整 HCV RNA 可以直接感染易感宿主，单独 HCV 可引起肝损伤。

由于 HCV 的感染具有严格的宿主嗜性，加之在细胞培养时相对低的复制水平，限制了对 HCV 复制机制的研究。

HCV 可以通过受体特异性和非特异性的方式进入宿主细胞。某些人源细胞膜上存在 CD81 受体，HCV 可与之结合进入细胞。当用特异性抗体处理后，可阻断 HCV 进入这种细胞。显然这是一种受体介导的特异性穿膜机制。CD81 是分子质量为 25ku 的跨膜蛋白，该蛋白质反复穿过细胞外膜 4 次，在细胞外侧形成 2 个突出的环——EC_1 和 EC_2。该蛋白的跨膜区序列在不同物种间是高度保守的，但 EC_1 和 EC_2 的序列在不同物种间有很大差异。而人和黑猩猩的 EC_1 和 EC_2 是高度一致的。这一点可能从分子水平解释了 HCV 感染的种属限制性。HCV 还可以吸附人纤维母细胞，低密度脂蛋白可以抑制这种吸附。而 HCV 不能与缺失了低密度脂蛋白受体的同源细胞结合，但当用编码此受体的基因转染细胞后，这种结合能力就恢复了。这说明 HCV 可能通过人源细胞膜上的低密度脂蛋白受体进入细胞，这是一种非特异性感染机制。

HCV 感染后，主要在肝脏进行复制。肝脏中 HCV 浓度比血液中的高 100 倍。外周血单核细胞也可摄取 HCV，但复制水平很低。这可能是由于 HCV 在血液中的半衰期很短（几小时），而病毒在宿主细胞中的成熟和分泌过程需要几天。因此尽管 HCV 在细胞内的复制水平较高，但血中浓度较低。

（五）细胞培养与动物模型

HCV 感染具有严格的宿主和细胞嗜性，仅感染人和黑猩猩的细胞，而不感染其他灵长类或更低级的动物细胞。HCV 可以在原代或传代肝细胞、一些 T 淋巴细胞来源的传代细胞中进行很低水平的复制，且不能长期传代培养。

HCV 是一种嗜肝性病毒，人们首先选用肝源性细胞来建立模型。此外，临床上发现 HCV 感染时还可以侵犯肝外组织，经研究表明 HCV 感染与淋巴增生性疾病有高度的相关性。因此研究工作者选用了 T 淋巴细胞系 MOLT24 作为培养 HCV 的靶细胞。

由于病毒复制产量较低，因此有人采用基因转染的方法试图提高病毒的复制水平。随着分子实验技术的快速发展，转染法越来越广泛地应用于细胞模型的建立，而且占据了重要的地位。直接感染法能够比较真实地模拟 HCV 感染细胞的过程，可用于研究 HCV 复制水平的检测、药物测试及疫苗的研究；而转染法可以提高病毒在细胞内的复制水平，侧重于研究 HCV 复制与调控及抗病毒新药的评价。

迄今为止，唯一的适合 HCV 感染并支持复制的动物模型是黑猩猩，但因种种限制不能广泛应用。因此，发展替代性小动物模型成为一个研究方向。目前已有多种替代动物模型成功建立，如将体外感染 HCV 的人肝组织移植入免疫缺陷小鼠建立的替代小鼠模型；用一些相关病毒替代 HCV 来建立模型，如 GB 病毒 B 型和 HCV 的基因结构类似，同属于黄病毒科，并可在绢毛猴肝组织中繁殖，可作为 HCV 的一种替代模型，克服了 HCV 复制率低等缺点。

（六）抗原性与机体的免疫应答

丙型肝炎患者恢复后，仅有低水平的免疫力，且不能持久。在感染过程中，单核细胞的吞噬功能及 CTL 在细胞免疫应答中起着重要作用。在 HCV 感染早期，在出现症状后 1～2 周即可检出抗 HCV IgM，检出率可达 90％，但持续时间较短。而抗 HCV IgG 出现较晚，一般病后 2～4 个月才呈阳性。这些抗体的出现在抗 HCV 感染中的实际意义和保护作用尚不清楚。

（七）诊断

丙型肝炎病毒在宿主体内的生物学特性和机体的免疫应答状态，决定了对 HCV 感染的检测诊断方式。HCV 在宿主外周血中的含量及病毒抗原的含量非常低，用常规方法很难直接检测。经过不断地改进和发展，目前在临床上广泛应用的丙型肝炎诊断方法有两种：用 ELISA 检测患者血清中的抗 HCV 抗体；针对 HCV RNA 的检测，包括定量及定性 RT-PCR 技术和核酸杂交技术。

HCV 感染机体后，一般最先出现的多是抗核心（C22）抗体，随后是抗 NS3（C33C），然后是抗 NS4（C100-3）。可有针对性地检测上述抗体，即可做出诊断。由于对献血者进行抗 HCV 筛选，我国已有力地控制了感染 HCV 的输血途径和血制品途径。如果严格使用第二代或第三代抗 HCV 检测试剂，几乎可以完全避免输血后丙型肝炎的发生。

应用 RT-PCR 技术对血清（或血浆）中的 HCV RNA 进行检测是目前唯一直接揭示 HCV 存在的实用方法。目前已有多种不同的 RT-PCR 检测试剂盒问世。可以相信，随着先进检测手段的发展和广泛应用，HCV 的传播将受到严格的控制，最终被彻底阻断。

（八）免疫预防与治疗

一般的预防措施和乙型肝炎相似，但由于丙型肝炎的特异性疫苗尚未研制成功，目前还不能进行免疫接种来预防丙型肝炎的发生和流行。一般的质量原则亦与乙型肝炎相同。

由于丙型肝炎目前没有相应的疫苗用于预防和有效的药物治疗，所以其他综合性预防措施就显得十分必要。目前常采用的预防措施有：一是严格献血、输血及血制品的管理，认真做好献血者抗 HCV 和 ALT 筛检工作，器官、组织移植和精子提供者应视同献血者进行严格检测；严格掌握临床用血的适应证，推广自身输血和成分输血；加强对血制品的监督管理。二是防止医院内医源性传播，加强对医院内介入性诊疗、产房等所用医疗器械的消毒管理工作，以减少或消除交叉感染的机会；提倡使用一次性注射器及穿刺针，推广安全注射。三是加大防治丙型肝炎的宣传教育，特别对丙型肝炎患者、HCV 携带者及其家属进行必要的健康知识教育，减少家庭内传播。

丙型病毒性肝炎的治疗目的是最大限度地抑制甚至清除病毒、减轻肝组织炎症坏死及纤维化、防止进展为肝硬化和 HCC，从而改善患者的生活质量。近年来，在丙型肝炎治疗方面取得了明显进展，治疗药物主要有干扰素、利巴韦林等核苷类药物。标准治疗方案是聚乙二醇干扰素 α-2a 和利巴韦林联合应用，疗程长短主要取决于 HCV 基因型，Ⅰ型感染者为 48 周，Ⅱ型或Ⅲ型感染者为 24 周。按此标准治疗，HCV Ⅰ型感染者的持续病毒学应答率约为 40%，Ⅱ型和Ⅲ型约为 80%。因此，在治疗丙型肝炎患者前应进行 HCV 基因型的检测。

四、丁型肝炎病毒

丁型肝炎病毒（*Hepatitis delta virus*，HDV）又称 δ 肝炎病毒，是由 Riezzeto 于 1977 年首次发现的。已知 HDV 是一种缺陷性病毒，其复制和增殖需要有嗜肝 DNA 病毒的帮助，因此 HDV 常常与 HBV 合并感染人，或者感染 HBV 慢性携带者，引起 HBV 慢性携带者的肝炎急性加重。在实验的条件下，HDV 也可以与土拨鼠肝炎病毒（*Woodchuck hepatitis virus*，WHV）合并感染土拨鼠。

（一）形态结构

HDV 粒子呈球形，直径为 35～37nm，其大小基本上与辅助病毒 HBV 相同，有囊膜。病毒粒子的核心是核衣壳，由衣壳蛋白和 1.7kb 的单链负链 RNA ［（—）ssRNA］组成（图 9-7）。利用非离子型去污剂（nonionic detergent）和二硫苏糖醇（DTT）处理 HDV 粒子，可以释放出核衣壳，该核衣壳大体上也为球形，直径为 19nm，比 HBV 的核衣壳（直径 27nm）要小，而且二者由不同的蛋白质组成。

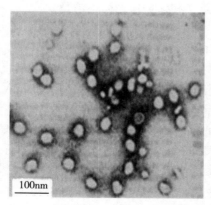 

图 9-7　HDV 粒子在电子显微镜下的形态（左）及结构（右）

（引自 Fields，2002）

HDV 粒子的囊膜蛋白完全由辅助病毒 HBV 或 WHV 提供，其囊膜上有 3 种 HBV 来源的囊膜糖蛋白（sAg），即大 S、中 S 和小 S 蛋白，它们由 HBV 的 S 基因、preS1 和 preS2 基因编码，这 3

种囊膜糖蛋白在 HDV 粒子中分别称为 sAg-L、sAg-M 和 sAg-S，其中含量最少的是 sAg-L，三者的比例为 1：5：95。但在 HDV 复制过程中，这 3 种囊膜糖蛋白的比例常会发生改变。

HDV 的衣壳蛋白主要由多拷贝的 δ 抗原构成。δ 抗原是 HDV 基因组编码的唯一蛋白，能以两种形式存在，一种是大 δ 抗原（δAg-L），另一种是小 δ 抗原（δAg-S），其中 δAg-L 在 C 端，比 δAg-S 多 19 个氨基酸残基。每个 HDV 基因组 RNA 与大约 60 个 δ 抗原结合，构成二十面体对称的核衣壳结构。

HDV 基因组 RNA 的结构有 4 个特点：①基因组 RNA 小，只有 1.7kb，是目前已知的动物最小 RNA 病毒；②基因组 RNA 不是单链线状，而是单链环状；③ 基因组 RNA 内部约有 70% 碱基能够配对，并产生自我折叠；④ 基因组 RNA 及其互补合成的反基因组 RNA 具有核酶（ribozyme）的活性，能够进行自我切割和连接。很明显，这与类病毒（viroid）RNA 的结构和功能相似。

在 HDV 感染的肝细胞内，不仅有 30 万拷贝的 HDV 基因组 RNA，而且还有 5 万拷贝的反基因组 RNA 和 600 拷贝的 mRNA 等 3 种 RNA 分子（图 9-8）。HDV 的 mRNA 也是由基因组 RNA 互补合成的，它只有 800 个碱基长，并且能够产生多聚腺苷酸化，这种 mRNA 负责编码 δ 抗原（δAg）。

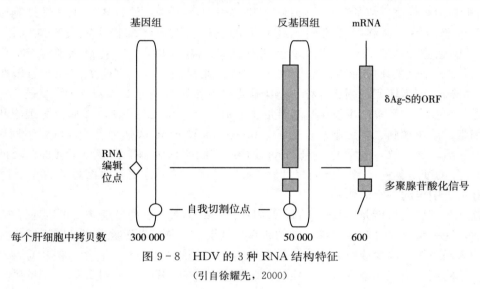

图 9-8　HDV 的 3 种 RNA 结构特征

（引自徐耀先，2000）

HDV 基因组和反基因组环状 RNA 呈杆状结构，可分为两个区域，一个区域具有核酶活性，另一个区域则是自身核酶活性所作用的底物。其核酶活性域能够在自身底物的特异位点上产生切割，并且通过转酯作用（transesterification）使切口两端形成 $5'$-OH 末端和 $2'$，$3'$-环磷酸末端。在加热和有 Mg^{2+} 存在时，可以提高这一核酶的切割效率和特异性。

除此以外，HDV 基因组和反基因组 RNA 还能够在原切割点处进行自我连接。

（二）理化特性

有关 HDV 的理化性质尚知之甚少，除其氯化铯浮密度为 1.24～1.25g/cm³ 外，其他内容还需要进一步研究。

（三）致病性与流行病学

1. 致病性与致病机制　HDV 感染的发病表现因病情轻重不一。一过性感染既可为隐性感染，又可发展为重症肝炎；而持续性感染可表现为健康（无症状）携带状态，直至发展为慢性肝炎、肝硬化甚至肝癌，犹如 HBV 感染的复杂表现一样。疾病的不同表现，关系到多种因素，但其中主要原因之一就是 HDV 本身的繁殖效率同机体的反应程度之间的平衡。

HDV 不同基因型间的最大差异在于其构成成分 L-HDVAg，L-HDVAg 是形成 HDV 颗粒所必需的成分，同时又能抑制 HDV 基因组复制。编码 L-HDVAg 的 RNA 基因组编辑位点及其两侧碱基配对程度造成了基因型间的差异。基因 I 型较 II 型配对程度大，而 III 型则独具凸起发夹结构等特点。此种差异通过 RNA 编辑效率的不同导致 L-HDVAg 生成量有差别，HDV 颗粒的形成效率也不同。

一般认为 HDV 感染相关性肝炎比 HBV 单独感染病情严重得多，其机制并不十分清楚，可能与以下因素有关：

（1）HDVAg 或 HDV RNA 对肝细胞的直接细胞毒反应 S-HDVAg 大量表达时对细胞是直接细胞毒反应，研究发现 S-HDVAg 能与某些翻译因子和其他细胞蛋白发生内部反应，结果潜在性干扰了宿主细胞的翻译或其他功能。HDV RNA 复制也可引起细胞毒性，因为 HDV RNA 复制可能篡夺了聚合酶 II 翻译结构（运转部分），结果干扰了宿主细胞基因表达。HDV 细胞毒性的一个另外潜在性机制是，HDV RNA 具有信号识别颗粒 7S RNA 的某些同源序列，这些信号识别颗粒参与了蛋白质移位。因此，HDV RNA 可能干扰宿主细胞蛋白质合成加工处理，但是这些机制尚需实验进一步证实。

（2）慢性丁型肝炎中宿主的免疫反应 丁型肝炎患者的血清中检测到病毒自身抗体，提示在 HDV 致病机制中有免疫反应的作用。慢性丁型肝炎中丁型肝炎抗原特异的 T 辅助细胞可能参与了 B 细胞和 T 细胞应答，最终导致实验动物和人的发病。而近年凋亡研究发现细胞毒性 T 细胞（CTL）介导的细胞免疫在慢性肝炎发病及炎症活动中有重要意义。体外实验证实，Fas Ligand（FasL）介导 Fas 阳性的靶细胞凋亡是 CTL 的主要作用机制之一，细胞免疫损伤与慢性肝病有着密切关系，肝病时细胞坏死与凋亡并存，感染病毒的肝细胞可诱导 Fas 表达，大量的免疫组化及核酸分子原位杂交技术已经检出了发生病毒性肝炎时肝细胞大量表达 Fas，及部分肝细胞和单个核细胞（淋巴细胞、单核细胞、浆细胞）表达 FasL，且 Fas 和 FasL 表达强度均与肝组织病理损害程度和肝细胞炎症活动度一致，提示经 FasL/Fas 途径的细胞凋亡机制确实参与了慢性肝炎的致病，一方面通过 CTL 的细胞免疫，另一方面浆细胞 FasL 阳性，提示分泌型可溶性 FasL（SFasL）的存在及其在肝损害中也起一定的作用。

（3）慢性丁型肝炎可能是 HBV 和 HDV 相互作用的结果 丁型肝炎病毒可以通过或伴随 HBV 感染而激活，这一观点通过对肝移植患者的研究得到证实。移植肝脏原来的 HDV 感染常常不引起任何可见的病理组织学改变或临床疾病，只有发生 HBV 重叠感染时，移植肝脏中原来的 HDV 感染才引起可见的病理组织学改变或临床疾病。一般来说，有 HBV 活动性复制的丁型肝炎患者比没有 HBV 活动性复制的患者有更严重的肝脏疾患和临床结果。也有这种可能，HBV 复制帮助了 HDV 的扩散，或是 HBV 和 HDV 复制之间的协同作用加速了肝脏损害，因此 HBV 感染的本质在于潜在性地加深了 HDV 的致病效能。

2. 流行病学 根据核苷酸序列同源性，将 HDV 分为 I、II 和 III 3 个基因型，同源性低于 $60\%\sim70\%$ 的为不同基因型，高于 $85\%\sim90\%$ 的为同一个基因型。各基因型的地理分布和发病重症度情况大致如下：①基因 I 型分布遍及全球，其所致肝损害的程度在南欧等高流行区表现轻重不一，在北欧、北美等低流行区以静脉药物滥用者为多，可引起重症发病；②基因 II 型又有 II A、II B 亚型之分，主要分布于东亚各地。分布于西伯利亚的 HDV 也属于基因 II 型，中国台湾和日本冲绳流行者以 II B 型感染为主，其肝损害较轻；③基因 III 型局限于南美，其肝损害的重症化与暴发型化频率较高。有研究证明，病理组织学改变、小泡性脂肪变性和嗜酸性坏死等特征与人种或遗传学因素无关，但却可因基因型与致病性的相关性而成为发生病变的契机。

（四）病毒复制与分子感染机制

HDV 是一个缺陷病毒，其致病性依赖于乙型肝炎病毒（HBV），需要 HBV 提供病毒衣壳才具有感染性。HDV RNA 复制和抗原的表达则独立完成。

HDV 吸附、侵入和脱壳过程并不清楚，推测 sAg-L 的 $preS_1$ 域可能是 HDV 吸附所必需的。当 HDV 进入感染有 HBV 的肝细胞后，在肝细胞核内进行转录和复制。就大多数（－）ssRNA 病毒而言，首先以病毒基因组负链 RNA 为模板，经初级转录生成 mRNA，再由 mRNA 指导合成病毒蛋白，然后才开始合成全长正义基因组 RNA，进一步复制产生病毒基因组负链 RNA。在这种情况下，病毒基因组的复制依赖于初级转录和蛋白质翻译，而且病毒初级转录与其基因组复制是分开的。然而 HDV 则不同，其 mRNA 合成与基因组复制是联系在一起的，并且转录和复制过程是由宿主 RNA 聚合酶催化的。另外，HDV 基因组 RNA 模板的转录作用还需要宿主 TATAA 结合蛋白（TBP）以及转录因子 TFⅡB 的存在。

　　HDV 基因组复制与植物类病毒（viroid）的双滚环（double rolling circle）模式相似，但其反基因组 RNA 和 800 个碱基的 mRNA 合成又与类病毒有所不同。为此，Hsieh 等（1991）曾提出了一个 HDV 基因组复制的模型。根据这个模型，HDV 的转录和复制共有 5 个步骤：①在靠近基因组 RNA 杆状样结构的顶部，即转录起始点，开始转录产生 mRNA。②新生的 mRNA 在多聚腺苷酸化信号处产生多聚腺苷酸化，再经过基因组 RNA 的核酶切割（第一次自我切割），释放出多聚腺苷酸化的病毒 mRNA。③在 mRNA 切割点下游，继续进行 RNA 合成。这时由于 800 个碱基的 mRNA 已经编码合成出 δ 抗原，随即通过各抗原与新生 RNA 结合，抑制了多聚腺苷酸化信号的作用，使 RNA 合成延伸越过这一信号序列，从而生成 1.7kb 的反基因组 RNA。④反基因组 RNA 出现自我切割（即转录和复制过程中的第二次切割），释放出全长线状反基因组 RNA。⑤线状反基因组 RNA 自我连接，形成杆状环形 RNA 分子，再以这一杆状反基因组 RNA 为模板，复制产生子代杆状样基因组 RNA。

　　HDV 基因组 RNA 仅转录产生 800 个碱基的 mRNA，这种 mRNA 一般仅翻译合成 195 个氨基酸残基的 δAg-S，但通过宿主细胞核内双链 RNA 激活腺苷酸脱氨酶（double stranded RNA-activated adenosine deaminase，DRADA）的作用，可进行反基因组 RNA 编辑（RNA editing），使反基因组 RNA 的第 1 012 位核苷酸残基 A 被 G 所取代，结果使 δAg-S 的终止密码子 UAG 转变为 UGG，从而允许在原终止密码子处插入一个 Trp 残基，并且在 C 端多延伸 19 个氨基酸，最终翻译合成 214 个氨基酸的 δAg-L。由此可见，通过 800 个碱基的 mRNA 编码合成的 δAg-S 和 δAg-L 有相同的 N 端和不同的 C 端，二者均缺少糖基化，但有 1～9 个丝氨酸残基可以产生磷酸化。

　　尽管 δAg-S 和 δAg-L 在结构上有许多共同点，但在功能上却是不同的。在 HDV 感染的细胞中，δAg-S 的作用主要在于维持基因组 RNA 复制，而 δAg-L 则能够抑制基因组 RNA 复制，δAg-L 的这种抑制作用是通过其共有的卷曲螺旋区与 δAg-S 相互结合实现的。

　　由于 HDV 的囊膜蛋白来自于辅助病毒 HBV 或 WHV，因此 HDV 粒子组装与 HBV 或 WHV 几乎是同步的。尤其是 HBV 的 sAg 合成以及 HDV 的核糖核蛋白复合体（RNP）从核内向胞质转运与 HDV 粒子在胞质中组装是相偶联的，首先 RNP 与插入在内质网膜上的 HBV sAg 相互作用，随之 sAg 产生糖基化修饰，最后组装生成 HDV 粒子，成熟的 HDV 粒子通过高尔基体和高尔基体外侧网络释放到细胞外。值得指出的是，HDV 粒子的释放需要 δAg-L 的存在。

　　然而，在 HDV 感染的细胞中，一些仅由 δAg-S 和 δAg-L 与基因组 RNA 组装生成的 HDV 核衣壳，也仍然具有感染性，其病毒核衣壳是借助 δAg-L 的 N 端域结合细胞表面 HBV 受体（可能是 IL-6 受体）而侵入的。

（五）细胞培养与动物模型

　　目前，还没有 HDV 体外细胞培养成功的研究报道。黑猩猩、美洲旱獭、树鼩等动物可用作 HDV 感染的动物模型，但必须与其他嗜肝 DNA 病毒重叠感染才能建立。

（六）抗原性与机体的免疫应答

　　HDV 的特异成分 HDVAg 的抗原性很差，几乎不能刺激实验动物产生抗体。丁型肝炎患者体内的抗体也不具有中和活性。

（七）诊断

　　由于丁型肝炎常常与乙型肝炎混合或重叠感染，所以，根据临床症状和流行病学很难将二者区分开，必须进行实验室检测才能确诊。丁型肝炎感染主要根据血清标志物诊断，血清标志物主要包括抗原抗体系统与病毒核酸。抗原抗体系统通常用酶免疫法（enzyme immunoassay，EIA）与放射免疫法（radio immunoassay，RIA）检测，目前市场上有各种 HDV 感染指标的检测试剂出售。病毒核酸的检出则可用核酸斑点杂交法与 DNA 聚合酶链式反应。只要从患者肝组织或血清中检测出 HDVAg、抗 HDV-IgG 或抗体 HDV-IgM 以及 HDV-RNA 任何一项，都具有诊断价值。

（八）免疫预防与治疗

HDV 感染的治疗，比如对持续性感染的慢性肝炎的治疗，是寄希望于对其共同感染的 HBV 的抗病毒效应。这方面现已积累了一些应用 IFN、泛昔洛韦等的治疗成果。然而，上述任何一种都未能取得令人满意的疗效。最近有报道，在 HBV 表达小鼠模型上证实，异戊二烯可以通过抑制 HDV 颗粒形成所必需的 L-HDVAg 而发挥抗 HDV 效应。

五、戊型肝炎病毒

戊型肝炎病毒（*Hepatitis E virus*，HEV）是近年来被发现的一种新型肝炎病毒。1980 年，Wong 等用甲型肝炎特异性诊断试剂证实，1955—1956 年印度新德里的 29 000 例肝炎暴发流行并非由甲型肝炎病毒引起，因此推断还有另外一种病原体引起暴发性肝炎。由此开始了对戊型肝炎的研究。戊型肝炎分布于世界上许多地区，最常见于亚洲和一些非洲不发达国家。具有流行历史的地区有中国、印度、缅甸、尼泊尔、阿富汗、巴基斯坦、印度尼西亚、泰国、黎巴嫩、俄罗斯、阿尔及利亚、突尼斯、埃塞俄比亚、苏丹、索马里、乍得象牙海岸和墨西哥等。在发达国家，戊型肝炎感染主要通过旅游途径传入。戊型肝炎是由消化道传播的疾病，主要通过污染的水源导致大规模暴发流行。1989 年，戊型肝炎病毒基因克隆成功，同时发现病毒的抗原表位序列，从此使戊型肝炎的感染诊断拥有了特异性的免疫学方法。

戊型肝炎病毒目前不能进行组织培养，其基因分子生物学研究采取了自微观到宏观的方法，先利用分子生物学的先进方法阐明其基因结构，然后再对其蛋白质进行免疫学方面的研究。由于戊型肝炎病毒的研究处于起始阶段，疾病的分布特殊，投入力量相对不足，戊型肝炎研究进展缓慢。利用分子生物学技术，人们从分离、克隆戊型肝炎病毒基因入手，借助于计算机和病毒学研究已积累的知识对其基因进行功能定位研究，这是一个反向病毒学的过程。戊型肝炎病毒研究过程的特殊性，使有关戊型肝炎病毒的资料积累存在许多空白。

（一）形态结构

戊型肝炎病毒为正二十面体、无囊膜的球形颗粒（图 9-9），直径为 32nm，沉降系数为 183S。病毒颗粒表面具有像月亮环形山样的凹陷，故曾将其划归为杯状病毒。但近来的研究发现，它与杯状病毒科的其他成员存在诸多不同，ICTV 第九次分类报告中将戊型肝炎病毒属升格为戊型肝炎病毒科。

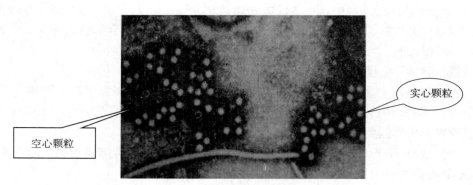

图 9-9　HEV 在电子显微镜下的形态

（引自 Fields，2002）

戊型肝炎病毒核酸为单链正链 RNA［（＋）ssRNA］，长为 7.5kb，共有 3 个 ORF。ORF1 长度约为 5kb，编码一个由 1 694 个氨基酸组成的蛋白，是病毒复制所必需的酶类。ORF2 的长度为 1.9kb，编码的蛋白约为 660 个氨基酸，为病毒的结构蛋白。ORF3 的大小为 369nt，编码 123 个氨基酸的小蛋白，其功能尚不清楚（图 9‑10）。根据戊型肝炎病毒基因组 ORF1 和 ORF2 核苷酸序列分析的结果，可将在全球范围内流行的毒株分为多个基因型。目前戊型肝炎病毒的基因型主要包括 Ⅰ 型（缅甸株）、Ⅱ 型（墨西哥株）、Ⅲ 型（美国株）和 Ⅳ 型（中国株）；或者分为亚洲和非洲（Ⅰ）、美国（Ⅱ）和墨西哥（Ⅲ）3 个型别，其中亚洲和非洲型又可进一步分为亚洲和非洲两个亚型，而亚洲亚型中包括中国株和缅甸株两个分支。

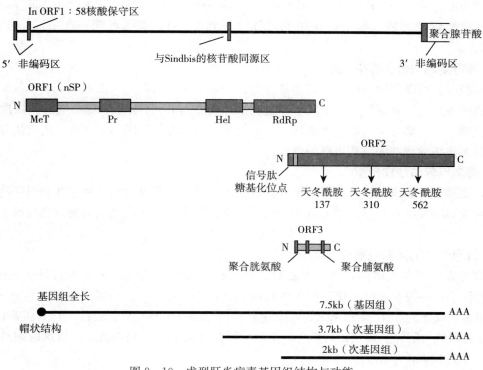

图 9‑10　戊型肝炎病毒基因组结构与功能

（二）理化特性

戊型肝炎病毒颗粒在一般理化条件下的稳定性，不同研究人员所得结论不尽相同。一般认为，戊型肝炎病毒稳定性较差，粪便中的戊型肝炎病毒需在－70℃或液氮中才能保存，也有人将阳性标本保存在－20℃普通低温冰箱，5 年后仍能检出病毒 RNA。在自然传播过程中，病毒在自然界水域内肯定具有稳定性才能广泛传播，但尚没有病毒在自然界过冬的证据。总之，戊型肝炎病毒的理化稳定性不如甲型肝炎病毒，但由于戊型肝炎感染者标本不易获得，病毒细胞传代也没有稳定可靠的结果和可靠的检测方法，戊型肝炎病毒的理化特性尚待进一步的研究。

（三）致病性与流行病学

1. 致病性与致病机制　戊型肝炎病毒的致病机制与甲型肝炎病毒有相似的地方。戊型肝炎病毒经胃肠道进入血液，在肝细胞内复制，再经肝细胞释放到血液和胆汁中。戊型肝炎组织病理改变主要为门脉区炎症、枯否细胞增生、肝细胞气球样变、毛细胆管胆汁淤积、肝细胞灶状或片状坏死。

2. 流行病学　迄今为止，世界上所发生的戊型肝炎大流行都是因水源污染造成的，特别是暴雨过后，由于雨水冲刷将粪便带入河流和饮水井中，导致暴发流行。戊型肝炎常以大暴发的形式流行，且主要发生在卫生条件较差的不发达国家和地区。

戊型肝炎病毒的传播途径为经口传播，潜伏期为2～9周，感染者年龄一般在15～40岁。戊型肝炎流行时，孕妇病死率可高达20%。我国新疆维吾尔自治区的南部在1986—1988年的戊型肝炎流行，历时20个月，共有119 280人发病，72%为15～44岁的青壮年人，总发病率为2.96%，病死率为0.59%，孕妇平均死亡率13.46%，其流行原因是1986年7月和1987年6月分别有两次暴雨，地表形成大量径流，粪便随雨水进入灌溉渠和饮用水池，当地人因具有喝生水的习惯，且饮用水源还兼作洗衣和排污水池使用，造成了疾病大的暴发流行。

除暴发流行外，戊型肝炎在城市主要以散发的形式流行。我国人群戊型肝炎病毒感染率为17.2%，散发流行具有明显的春冬季高峰。

有文章报道，从猪中分离出类似于戊型肝炎病毒的病毒，该毒株在抗原性和遗传性等方面与某些戊型肝炎病毒毒株相同（氨基酸序列的同源性达到97%），提示可能存在不同宿主间的交叉感染。

（四）病毒复制与分子感染机制

有关戊型肝炎病毒繁殖的研究资料非常有限。一般认为，病毒进入细胞后，其RNA分子具有单链和双链两种形式，分别为复制中间子和复制型。成熟的RNA分子一部分进行蛋白质合成和成熟病毒的包装，另一部分参与复制再循环。由于戊型肝炎病毒体外培养难度大，组织培养的结果尚不肯定，尚无该病毒详细的繁殖机制的描述。

（五）细胞培养与动物模型

目前，戊型肝炎病毒的组织培养尚未获得成功。食蟹猴、非洲绿猴、短尾猴和黑猩猩等非人灵长类动物对戊型肝炎病毒易感。猪亦可作为猪源戊型肝炎病毒和人类戊型肝炎病毒US-2株的动物模型。

（六）抗原性与机体的免疫应答

戊型肝炎病毒侵入人体后，可刺激机体产生IgG、IgM和IgA，使机体获得一定的免疫力。IgG出现的较早，一般在黄疸出现后即可以检测到血清中的IgG，且持续时间长，可达4年之久。IgG的检出率均高于同期IgM和IgA。在出现黄疸后10d内IgM水平较高，具有很高的检出率，3～12个月后即转为阴性。黄疸出现后15～30d，可在血清中检测到IgA，但持续时间较短，一般在发病后5个月从血清中消失。

（七）诊断

戊型肝炎的临床表现以黄疸为主，发病年龄多为15～40岁。病人常伴有恶心、呕吐、上腹疼痛、全身无力，个别病人有腹泻，生物化学检验病人血清转氨酶升高，免疫学检验可查出较高滴度的抗体。

戊型肝炎病毒感染产生终生免疫保护，感染后可检出IgM和IgG抗体。戊型肝炎病毒感染后，抗体升高的滴度因人而异，感染后6个月抗体水平明显下降。目前的资料显示，血液中戊型肝炎病毒抗体可持续8年以上。诊断所用的试剂主要由生物工程的手段获得。原核系统表达的戊型肝炎病毒抗原经纯化后应用于急性戊型肝炎病毒感染的早期特异性诊断，具有重要价值。目前，IgM抗体检测仍是诊断HEV感染的主要手段，但存在的最大问题是检测抗HEV抗体的试剂之间的敏感性和特异性差异很大，检测结果的符合率差；真核细胞的表达产物应用于诊断方面的研究，尚无更新进展。

（八）免疫预防与治疗

戊型肝炎病毒流行广泛，病人发病症状重，病死率高，病情凶险，主要威胁青壮年，常引起大流行，给社会带来恐慌和经济损失。虽然改善饮水设施是一种有效的预防手段，但常因地理位置、经济条件的限制而不能阻止大暴发流行。

有关戊型肝炎的疫苗目前仍处于实验室研究阶段。

第二节　人类免疫缺陷病毒

人类免疫缺陷病毒（*Human immunodeficiency virus*，HIV）即艾滋病病毒，是人类获得性免疫缺陷综合征［acquired immunodeficiency syndrome，AIDS（艾滋病）］的病原体。

艾滋病于 1981 年首次发现于美国，此后的几年中，先后从患者体内分离到 3 种病毒，分别命名为淋巴结病相关病毒（Lymphadenopathy associated virus，LAV）、人嗜 T 淋巴细胞病毒Ⅲ型（Human T lymphotropic virus type Ⅲ）、艾滋病相关病毒（AIDS-related retrovirus，ARV）。进一步研究证明，它们是同一种病毒。1986 年，ICTV 建议将 AIDS 的病原统称为 HIV。

HIV 主要有两个血清型，即 HIV-1 和 HIV-2。世界范围内普遍流行的 AIDS 多数是由 HIV-1 感染所致，故通常所说的 HIV 一般是指 HIV-1。HIV-2 是 1986 年在西非发现的另一种艾滋病病毒，与 HIV-1 相比，在核苷酸序列上二者相差超过 40％，仅在西非呈地区性流行。每个血清型又存在亚型，如 HIV-1 已发现 11 个亚型。

一、形态结构

HIV 为直径 100～120nm 大小的球形颗粒，核心为两条单链 RNA 构成的双体结构，并含有逆转录酶等。核酸外包被着双层壳膜，内层为衣壳蛋白（p24），包裹 RNA 形成位于中央的圆柱状核心，即 D 型病毒颗粒；外层为内膜蛋白（p17），其外包被有脂质双层囊膜，其表面的刺突含病毒特异的囊膜糖蛋白 gp120 和 gp41（图 9 - 11）。

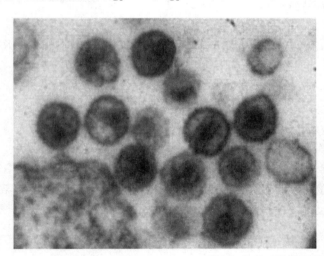
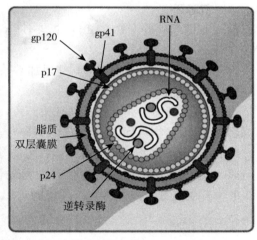

图 9 - 11　HIV 颗粒在电子显微镜下的形态（左）和模式结构（右）

病毒基因组全长约 9 200bp，其 5′端和 3′端是长末端重复序列（long terminal repeat，LTR），各有一段相同的核苷酸序列，中间含有 *env*、*pol*、*gag* 3 个结构基因（structural gene）和 *tat*、*rev*、*nef*、*vif*、*vpu*、*vpr* 等 6 个调节基因（regulator gene）（图 9 - 12）。

1. 结构基因

①*env* 编码产生囊膜糖蛋白（glycoprotein，gp），包括跨膜糖蛋白 gp41 及伸展在膜外的膜微粒糖蛋白 gp120。前者可介导病毒囊膜与宿主细胞膜的融合，而后者的氨基酸顺序主要由易变区（V_1～V_5）和恒定区（C_1～C_4）组成，其中 V_3 肽段含有病毒颗粒与中和抗体结合的位点，C_4 肽段是病毒粒子与宿主细胞表面的 CD4 分子结合的部位。

②*pol* 基因编码逆转录酶（p66/p53）和整合酶（p31），逆转录酶具有聚合酶和核酸内切酶（RNase H）的功能，与病毒的复制有关。

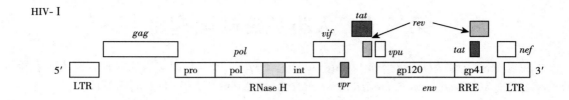

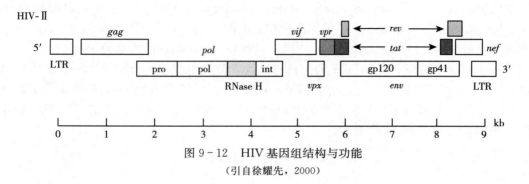

图 9-12　HIV 基因组结构与功能

（引自徐耀先，2000）

③gag 基因编码一个 p55 蛋白前体，经酶解后形成 3 种蛋白（p17、p24、p15）。位于外层的是内膜蛋白（p17），内层是衣壳蛋白（p24）。衣壳蛋白的特异性高，与其他多种逆转录病毒无抗原性关系。p15 可进一步分解成 p7 和 p9，其中 p7 为核衣壳蛋白，富有碱性氨基酸，在病毒从宿主细胞出芽释放时，它与病毒 RNA 结合而进入病毒颗粒中。

2. 调节基因

①tat 基因编码的产物（p14）能与 LTR 结合，促进病毒所有基因的转录，并能增强病毒 mRNA 的翻译。

②rev 基因编码的产物（p9）能增加 Gag、Pol、Env 等结构蛋白的表达。

③nef 基因则编码负调节蛋白。

④vif 基因产物与病毒的感染有关。

⑤vpr 基因产物可促进病毒粒子的释放。

⑥vpu 基因的产物功能尚不明确，可能参与促进病毒粒子的形成和数目的增加。

tat、rev 和 nef 的基因产物对 HIV 表达的正、负调节以及对维持 HIV 在细胞中复制的平衡和 HIV 潜伏有重要意义。

二、理化特性

HIV 的抵抗力不强，在体液或 10％血清中加热至 56℃、10min 可被灭活，冻干血制品需 68℃、72h 方能保证污染病毒的灭活。HIV 在室温（20～22℃）标本液体环境中可保存活力达 15d。按世界卫生组织标准，HIV 的消毒与彻底灭活必须煮沸（100℃）20min，高压蒸汽灭菌（103.4kPa/121.3℃）20min。使用化学消毒剂时，在 10％漂白粉液、0.5％次氯酸钠、50％乙醇、35％异丙醇、0.3％过氧化氢或 0.5％来苏儿等消毒液中处理 10min 均可使病毒灭活。标本经丙酮或甲醛处理可灭活病毒。经 γ 射线或紫外线照射后病毒仍能保持活力。

三、致病性与流行病学

（一）致病性与致病机制

1. 致病性　HIV 感染包括原发感染、潜伏感染、AIDS 相关综合征及典型 AIDS 等 4 个阶段，典型过程约需 10 年。

（1）**原发感染**　HIV 进入机体后病毒开始复制，在 8～12 周时出现病毒血症。此期病毒在体内广泛播散，并开始侵袭淋巴样器官，3～6 周在许多病人（50％～70％）体内发展成急性单核细胞增多症样表现，其后大多数病毒以前病毒（provirus）的形式整合于宿主细胞染色体 DNA 内，进入长期的、无症状的潜伏感染。

（2）**潜伏感染**　此期可长达 6 个月至 10 年。当机体受到各种因素的激发，使潜伏感染的病毒再次大量增殖而引致免疫损害时，才出现临床症状，进入 AIDS 相关综合征期。

（3）**AIDS 相关综合征**（AIDS-related complex，ARC）　早期有发热、盗汗、全身倦怠、体重下降、皮疹及慢性腹泻等胃肠道症状，并有进行性淋巴结病及舌上白斑等口腔损害。

（4）**典型 AIDS**　此期出现中枢神经系统疾患，合并各种条件致病菌、寄生虫或其他病毒感染，或并发肿瘤（如 Kaposi 肉瘤），发展为典型 AIDS。估计在感染后 10 年内约有 50％的人会发展为 AIDS。AIDS 的 5 年内死亡率约为 90％，死亡多发生于临床症状出现后的 2 年。

2. 致病机制　HIV 的致病机制包括以下几个方面：

（1）**HIV 对 $CD4^+T$ 细胞的损害**　HIV 感染和致病主要是该病毒侵入人体后，能选择地侵犯表达 CD4 分子的细胞，$CD4^+T$ 细胞在数量和功能上受损，从而引起宿主免疫功能的全面障碍。病人主要表现是以 $CD4^+T$ 细胞（Th）减少所致的细胞免疫功能低下，由于 $CD4^+T$ 细胞减少而 $CD8^+T$ 细胞相对增多，导致 CD4/CD8 比例倒置，免疫调节功能紊乱，包括巨噬细胞（macrophages，MΦ）的活化，Th 对 CTL、NK 细胞和 B 细胞的诱导功能降低等。

（2）**HIV 感染对其他免疫细胞的损害**

①B 细胞。在 HIV 感染时，B 细胞功能出现异常，表现为多克隆活化，出现高丙球蛋白血症，循环血液中免疫复合物及自身抗体含量增高。

②单核细胞与 MΦ。在 HIV 感染的播散与致病方面起重要作用。某些单核细胞的亚群表达 CD4 表面抗原，并与 HIV 包膜结合。HIV 对单核细胞的感染说明该细胞是 HIV 在体内的主要储库。与 $CD4^+T$ 细胞不同，单核细胞感染 HIV 不引起细胞病变效应，病毒不但能在这些细胞内存活，而且能转运至机体的各器官（如肺、脑等）。HIV 在单核细胞内持续存在，可部分地解释 HIV 特异性免疫应答为什么不能完全清除体内的病毒。

外周血淋巴细胞仅占淋巴细胞总数的 2％，淋巴结的微循环是 HIV 感染的建立与播散的理想场所。目前认为感染早期病毒负荷在淋巴组织要比在外周血内高几个数量级；在 HIV 感染晚期，淋巴结的组织结构开始衰退，使病毒大量释放于外周血中而产生典型的病毒血症。

在 HIV 感染的宿主中，MΦ 占感染细胞的 10％，作为病毒储存库长时间生存。MΦ 对 HIV 的趋向性是由 CD4 和共受体（CCR5 和 CXCR4）的表达共同决定的。病毒在人与人之间传播，成为初始传播病毒（transmitted/founder virus，T/F virus），有亲巨噬细胞性，这意味着 MΦ 感染发生在病毒传播的晚期阶段，在此阶段病毒更能有效地感染 MΦ。研究发现 MΦ 能选择性地俘获并吞噬 HIV-1 感染的 $CD4^+T$ 细胞，导致 MΦ 的有效感染。

（3）**HIV 感染所致神经细胞损害**　有 40％～90％的 AIDS 患者出现不同程度的神经异常，包括 HIV 脑病、脊髓病变、周围神经炎和严重的 AIDS 痴呆综合征。病毒通过感染的单核细胞进入脑，并释放对神经元有毒性的单核细胞因子，同时产生使炎性细胞浸润脑组织的趋化因子。一种常见的神经系统糖脂（半乳糖神经鞘氨醇），作为 gp120 的受体介导 HIV 进入神经胶质细胞，gp120 可活化 MΦ、小神经胶质细胞和星形细胞，并释放可损害邻近神经细胞的细胞因子与神经毒素。

（二）流行病学

AIDS 的传染源是 HIV 感染者和 AIDS 患者。血液、精液、阴道分泌物、乳汁、唾液、脑脊液、骨髓及中枢神经组织等标本中均可分离到病毒。AIDS 传播途径主要有 3 种。

1. 性传播　性传播是 HIV 的主要传播方式。美国等西方国家以同性恋间性传播为主；而非洲与东南亚地区则以异性性交为主要传播途径。患者多见于性生活活跃的年龄组（20～50 岁）。

2. 血液传播 输入带有 HIV 的血液或血制品而传播 HIV，包括骨髓或器官移植、人工授精及共用污染 HIV 的注射器和针头等。

3. 垂直传播 孕晚期的后 3 个月胎儿经胎盘从母体获得感染者最多，其次是分娩时经产道感染，由哺乳感染者最少。13 岁以前的儿童 AIDS 患者中约 70% 的双亲有 HIV 感染史，故通过母婴传播影响下一代成为严重的社会问题。

四、病毒复制与分子感染机制

1. HIV 的复制 HIV 的复制和其他逆转录病毒一样，是一特殊而复杂的过程。HIV 病毒体的包膜糖蛋白刺突与细胞上的特异受体结合，然后病毒包膜与细胞膜发生融合。核衣壳进入细胞质内脱壳，释放其基因组 RNA 以进行复制。以病毒 RNA 为模板，以宿主细胞的 tRNA 作引物，经逆转录酶作用产生互补的负链 DNA，构成 RNA-DNA 中间体。中间体中的亲代 RNA 链由 RNase H 水解去除，再由负链 DNA 产生正链 DNA，从而组成双链 DNA。此时基因组的两端形成 LTR 序列，并由细胞质移行到细胞核内。在病毒整合酶的协助下，病毒基因组以前病毒的方式整合入宿主细胞染色体 DNA 中。当前病毒活化而进行自身转录时，LTR 有启动和增强转录的作用。在宿主细胞的 RNA 聚合酶 II 作用下，病毒 DNA 转录形成 RNA。有些 RNA 经剪接而成为病毒 mRNA，在细胞核糖体上翻译合成病毒的结构蛋白和非结构蛋白；另一些 RNA 经过加帽、加尾等转录后加工过程，作为病毒的子代基因组 RNA，与结构蛋白装配成核衣壳，在成熟和释放过程中由宿主细胞膜获得囊膜，最终形成完整的有感染性的子代病毒，以出芽方式释放到细胞外。

整合的前病毒亦可以非活化方式长期潜伏于宿主细胞内，随细胞分裂而进入子代细胞。在一定条件下，潜伏的前病毒被激活，进入病毒的复制周期。

2. 分子感染机制 HIV 的分子感染机制包括以下几个方面：

（1）CD4 与 HIV 的亲嗜性 CD4 是位于 T4 细胞和单核巨噬细胞表面的糖蛋白，在正常情况下，它作为 II 类主要组织相容性复合体（major histocompatibility complex II，MHC-II）的受体，与抗原递呈细胞介导的免疫应答有关。实验证明它也是 HIV 的特异性受体，它构成了 HIV 亲嗜性的分子基础，通过 HIV 囊膜糖蛋白 gp120 与靶细胞的 CD4 受体结合，从而启动 HIV 的吸附和感染。

HIV 感染 $CD4^+$T 细胞或 T4 细胞，引起 T4 细胞的病变、多核巨细胞形成和细胞死亡；而当感染单核巨噬细胞时虽能够复制产生病毒粒子，但不引起细胞病变和死亡，也无多核巨细胞的形成。由于 HIV 在单核巨噬细胞内能逃避免疫系统的攻击而存活下来，因此单核巨噬细胞被认为是 HIV 的储存所。HIV 通过感染的单核巨噬细胞在患者体内迁移，可使 HIV 侵入肺、脑部或其他组织器官，从而导致患者出现全身感染的症状。

HIV 还能够感染淋巴结中的滤泡树突状细胞（dendritic cell）以及皮肤内的朗格罕氏细胞（Langerhans cell），这些细胞都表达 CD4 受体蛋白。利用 CD4 抗体不仅能阻止 HIV 感染 T4 细胞、单核巨噬细胞，也能阻止 HIV 对滤泡树突状细胞和朗格罕氏细胞的侵染。

（2）通过结合 Fc 受体和补体受体 人的某些细胞如神经胶质细胞、神经元细胞、成纤维细胞、上皮细胞在培养条件下亦能被 HIV 感染。由于这些细胞表面不存在 CD4 受体蛋白，因而利用 CD4 抗体或可溶性 CD4（soluble CD4，sCD4）均不会阻止 HIV 对这些细胞的感染，显然这些细胞表面可能有另一种 HIV 感染所必需的受体。一些研究发现，HIV 通过结合 Fc 受体或补体受体也可以对靶细胞产生感染，甚至在有 CD4 抑制剂的作用下，Fc 受体或补体受体同样可以介导 HIV 感染细胞。

病毒外膜糖蛋白 gp120 结合于 $CD4^+$T 细胞的 CD4 受体蛋白或其他细胞的 Fc 受体、补体受体，完成了感染的第一步，即病毒的吸附。然后在融合辅助受体［coreceptor，也称为融合素（fusin）］或 β 趋化因子受体（β-chemokine receptor）的辅助下启动内化作用（internalization）而进入宿主细胞，利用宿主细胞的复制功能完成病毒粒子的复制。

五、细胞培养与动物模型

HIV 感染的宿主范围和细胞范围狭窄，通常仅感染表面有 CD4 受体的细胞。实验室中常用正常人 T 细胞经植物血凝素（PHA）刺激转化 3d 的培养细胞分离病毒，也可用成人淋巴样白血病病人的非整倍体 T 细胞进行培养，感染病毒的细胞出现细胞病变效应，形成多核巨细胞，出现环形排列的多个核，感染细胞中可检测到病毒抗原，培养液中可测出逆转录酶活性。

恒河猴和黑猩猩可作为 HIV 感染的实验动物模型，但感染过程和产生的症状与人的 AIDS 不同。

六、抗原性与机体的免疫应答

机体感染 HIV 后产生多种抗体，包括抗 gp120 等中和抗体，中和活性较低，主要在原发感染阶段降低血清中的病毒量，但不能控制病情的发展。HIV 感染也可刺激机体产生细胞免疫应答，包括 CTL、NK 细胞及 ADCC 的杀伤活性，但细胞免疫依然不能清除有 HIV 潜伏感染的细胞。这与病毒能逃逸免疫监视有关。

病毒逃逸机体免疫作用机制：①HIV 损伤 CD4$^+$ T 细胞，使整个免疫系统的功能失效；②病毒基因整合于宿主细胞染色体 DNA 中，细胞不表达或少表达病毒结构蛋白，使宿主长期呈无抗原状态；③病毒囊膜糖蛋白的一些区段的高变异性，致使不断出现新抗原而逃逸机体免疫系统的识别；④HIV 对各种免疫细胞均有损害。所以机体的免疫力不足以清除病毒，HIV 一经感染便终生携带。

七、诊　　断

1. 病毒分离鉴定　分离正常人外周血淋巴细胞组分，用 PHA 刺激并培养 3～4d，或传代的 T 细胞株（H^9、CEM 等），接种病人血液、血浆、脑脊液或病人的单核细胞、骨髓细胞等，2～3d 后培养在含有 T 细胞生长因子的培养液中，观察病毒生长情况。如能逐渐出现细胞病变效应，尤其见到多核巨细胞，说明有病毒增殖。可用免疫荧光技术（immunofluorescence assay，IFA）检测培养细胞中的 HIV 抗原，用生物化学方法检测培养液中的逆转录酶活性，也可用电子显微镜检测 HIV 颗粒。

2. 检测病毒蛋白　常用 ELISA 法检测衣壳蛋白 p24。p24 多出现于 HIV 原发感染阶段，在潜伏感染阶段中为阴性，当出现典型的 AIDS 症状时，又可重新升高。另外，检测病毒蛋白的方法还有 IFA、RIA 和 Western 印迹杂交（WB）等。ELISA、IFA、RIA 具有敏感性高、应用方便的特点，尤其 ELISA 法目前最为常用。但由于 HIV 的全病毒抗原与其他逆转录病毒（如 HTLV）有交叉反应，而且病毒系芽生释放，病毒囊膜中常带有细胞成分，与人血清中的抗 HLA 抗体亦有交叉反应，易造成假阳性结果。因此，这类试验仅用于筛查抗 HIV 抗体，阳性者还须进一步用 WB 法予以确认。

3. 检测核酸　应用核酸探针检测整合在细胞中的前病毒 DNA 片段，可确定细胞中潜伏感染的 HIV。应用 PCR 检测前病毒 DNA，或用逆转录 PCR 检测病毒 RNA，均可检出标本中微量的 HIV 基因组。

八、免疫预防与治疗

AIDS 蔓延速度快、死亡率高，已引起全世界的关注。世界卫生组织和包括我国在内的许多国家都制订了控制 HIV 感染的措施，包括：①开展广泛的宣传教育，普及预防知识，取缔娼妓，防止性传播疾病的流行，抵制吸毒等社会弊病；②建立 HIV 感染和 AIDS 的监测网络，控制疾病的流行蔓延；③检测高危险人群，包括供血员、同性恋者、静脉注射毒品成瘾者、血友病患者、国外旅游者和外事使馆人员等；④禁止进口血制品，如凝血因子Ⅷ等；⑤加强国境检疫、留检等。

在特异性预防方面，HIV 疫苗的研制进展十分缓慢。由于 HIV 无毒、减毒的活疫苗或死疫苗具有潜在的危险性，尤其是 HIV 的原病毒 DNA 整合到宿主细胞的基因组 DNA 上，有可能激活细胞癌基因，诱发细胞癌变和肿瘤形成，因此，只能考虑使用不含病毒核酸的保护性抗原蛋白作为 HIV 的亚单位疫苗。理论上讲，利用基因工程技术，在原核或真核表达系统中分别表达出 HIV 外膜糖蛋白 gp120、跨膜糖蛋白 gp41 或核心蛋白，或直接人工合成部分短肽，就可以制成 HIV 亚单位疫苗。但是目前的实际情况是研究报道的多，成功应用的少。随着科技的进步和发展，相信不久的将来，一定会有新的有效的 HIV 疫苗诞生。

对于 AIDS 的治疗至今仍无满意的治疗方法，目前的治疗措施主要包括：①阻止 HIV 吸附、穿入的重组可溶性 CD4 分子；②抑制 HIV 逆转录酶活性的核苷类似物，如叠氧胸苷（azidothymidine，AZT）、双脱氧肌苷（2′,3′-dideoxyinosine，DDI）与双脱氧胞苷（2,3-dideoxycytidine，DDC）等；③近年来研制的 HIV 蛋白酶抑制剂，如沙奎那韦（saquinavir）、利托那韦（ritonavir）以及茚地那韦（indinavir）等；④免疫调节剂，如 IFN-γ、IL-2 和胸腺素等。目前，联合交替使用两种 HIV 逆转录酶抑制剂和一种 HIV 蛋白酶抑制剂（"鸡尾酒疗法"）可有效地把血液中的 HIV 含量减少到外周血中测不出的程度，因而能减轻症状及延缓生命。但无法清除整合在 $CD4^+T$ 细胞染色体 DNA 上的前病毒，因此，不能从体内彻底清除 HIV。

第三节　传染性非典型肺炎病毒

传染性非典型肺炎又称为严重急性呼吸综合征（severe acute respiratory syndrome，SARS），是一种由 SARS 冠状病毒感染所引起的急性呼吸道传染病。因其临床症状既不同于典型肺炎（肺炎链球菌引起的大叶性肺炎），又有别于以往的支原体肺炎、衣原体肺炎、鹦鹉热肺炎、军团菌肺炎、立克次体肺炎等传统的非典型肺炎而得名。

本病于 2002 年 11 月 16 日首次在我国的广东省佛山市发现，短短数月即迅速蔓延至 30 多个国家和地区，造成了世界性的恐慌。我国（包括香港、澳门和台湾）不仅是病例的首发地点，也是疫情最严重的地区。截至 2003 年 7 月 31 日，全世界累计发病 8 098 人，死亡 908 人，其中我国大陆有 5 327 例病例，死亡 349 人。

2003 年 3 月 16 日，世界卫生组织将首先在我国发生的非典型肺炎定义为严重急性呼吸综合征。同年 4 月 16 日，经全球 9 个国家 13 个实验室联合攻关，发现了引起本病的病原体为新型的变种冠状病毒，以前从未在人类身上发现过。

可以说，SARS 严重地危害了人类的健康和生命，影响了社会的稳定与经济的发展，成为人类进入 21 世纪后所面临的第一场严重的、大规模的传染性疾病。为了防止本病再次在人群中暴发和蔓延，有必要对本病的病原学、流行病学、免疫学等相关内容进行详细、系统的研究，采取科学有效的措施加以预防和治疗。

一、形态结构

SARS 冠状病毒（SARS-CoV）属于套病毒目（*Nidovirales*）冠状病毒科（*Coronaviridae*）冠状病毒属（*Coronavirus*）。根据鸡、火鸡、小鼠、大鼠、猪、犊牛和人冠状病毒的负染标本，证明本属病毒为多形态，略呈球形或椭圆形，直径 80～160nm。有囊膜，囊膜为双层脂膜，表面一般可见到两种囊膜糖蛋白，即囊膜蛋白（envelope protein，E）和纤突蛋白（spike protein，S）。E 蛋白横穿整个囊膜。S 蛋白长 12～24nm，末端呈球状，故整个纤突呈花瓣状或梨状。纤突之间有较宽的间隙。纤突可以结合敏感细胞受体，诱导病毒囊膜和细胞膜之间的膜融合。核衣壳蛋白 N 是一种碱性磷蛋白，其中央区能够同基因组 RNA 结合，形成卷曲的核衣壳螺旋，其结构模式见图 9-13。纤突由于囊膜纤突规则地排列成皇冠状，冠状病毒的名称即由此而来。

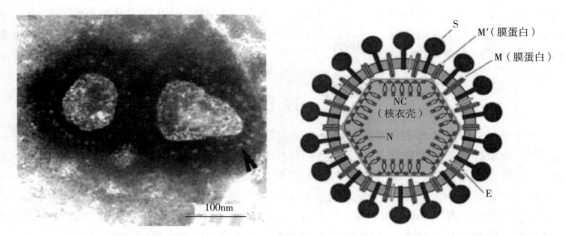

图 9-13　SARS 冠状病毒在透射电子显微镜下的形态（左）和结构（右）

　　基因组为单链正链 RNA，全长约 29.7kb，具有正链 RNA 病毒特有的结构特征（图 9-14）。SARS-CoV 整个结构蛋白成熟 mRNA 的合成，并不存在转录后的修饰、剪切过程，而是直接在初次过程中，通过 RNA 聚合酶和一些转录因子，以一种不连续转录的机制，通过识别特定的转录调控序列（TSR），有选择地从负链 RNA 一次性转录得到构成成熟 mRNA 的全部组成成分。这种病毒极不稳定，很容易因环境的影响而发生变异，特别是它们刚刚从动物身上转移到人类。

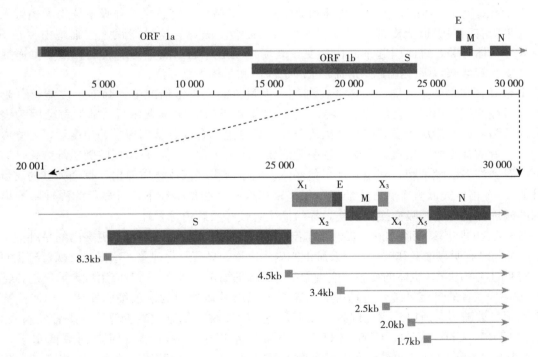

图 9-14　SARS 冠状病毒基因组结构及其编码的蛋白
M. 膜蛋白　$X_1 \sim X_5$ 预测的蛋白质

　　SARS-CoV 病毒基因组与经典冠状病毒仅有 60% 同源性，但基因组的组织形式与其他冠状病毒相似。2003 年 5 月 26 日，深圳、香港的科研人员首次在野生动物果子狸身上发现了 SARS 样病毒，对病毒进行的基因组全序列测定显示，野生动物身上的 SARS 病毒与人类 SARS 病毒有 99% 以上的同源性；血清学分析亦表明，动物的 SARS 样病毒是人类 SARS 病毒的前体。科研人员还发现一个有趣的现象，即动物的 SARS 样病毒比人类的 SARS 病毒要多 29 个碱基，这 29 个碱基只在广州早期一位 SARS 患者体内发现过，其他的患者就再没有发现过。由此可推测，病毒在不断地变异，以适应人类生存的环境。科研人员解释说：动物 SARS 病毒一开始感染人类时，病毒在人体内可能还存在不完全适应的情况，但当病毒在人体内发生变异而舍弃了不适应"人类新环境"的基因链之后，即可以大量复制，并具备了扩散和传播能力。

二、理化特性

　　根据世界卫生组织公布的稳定性和抵抗力实验结果，SARS 冠状病毒在外部环境中不稳定，对理化因素比较敏感。对温度敏感，随温度增高抵抗力下降，37℃可存活 4d，56℃加热 90min 能够灭活病毒。在细胞培养时，一般在 33℃时生长良好，在 35℃时则受到抑制。在室温条件下，SARS 病毒在被污染物的表面上或在人的面部或尿液中至少存活 1d，在腹泻病人的排泄物中存活 4d 以上，在人类垃圾中可存活 4d 左右，在 4~8℃环境中至少可生存 4d，在−20℃以下环境中可长期存活。当条件适宜时可卷土重来。特别要重视实验室 SARS 病毒的安全防护工作。

　　实验室使用的各种常用消毒剂可使 SARS 病毒失去传染性，75%的乙醇作用 5min 可使病毒失去活力，含氯消毒剂作用 5min 可灭活病毒。紫外线照射 60min 可杀灭病毒。在 pH 偏离 7.2 的环境中容易失活。

三、致病性与流行病学

（一）致病性与致病机制

　　SARS 病毒侵入人体后，主要攻击肺和免疫器官，并致多器官感染。呼吸系统作为病毒入侵的门户，几乎所有的呼吸道上皮都不同程度地被病毒侵袭、破坏。这可能跟这些细胞中存在 SARS 病毒特异性受体有关，进而引起细胞内病变，破坏呼吸道纤毛上皮，局部病变和全身毒血症样反应，致使支气管堵塞，呼吸道黏膜充血、水肿、渗出和单核细胞浸润。

　　感染 SARS 病毒的第一周，病毒会在细胞内大量复制。正常情况下，肺泡上皮能够分泌一种肺泡表面活性物质，用以维持肺泡的形态，这种细胞被 SARS 病毒破坏后，肺泡就会因为丧失表面张力而塌陷，肺功能从而受到损害，出现急性呼吸窘迫综合征。从病理学的角度看，是弥漫性肺泡损伤，患者的肺充血、出血、水肿、透明膜形成，肺泡上皮增生，且出现肺间质纤维化。其肺泡内还可以看到许多巨噬细胞，甚至发现了包涵体。由于有很多液体物质渗出，整个肺脏的质量是正常肺脏的 2~3 倍，充满整个胸腔，质地变得坚韧如橡胶。在显微镜下，可显示弥漫性肺泡损伤不同时期的病理变化。肺呼吸交换膜损伤，导致产生急性呼吸窘迫综合征。

　　SARS 患者的肺部病变除水肿、炎性细胞浸润等非特异性炎症的改变外，更突出的是肺泡上皮大量脱落，肺间隔有明显增宽和破坏，以及肺泡腔内渗出物的显著肌化现象。这提示，病毒感染只是引起肺脏病变的一个因素，机体的变态反应可能参与了肺部损伤。因此，适时应用激素治疗是必要的。

　　在 SARS 患者的免疫系统，包括脾脏、全身淋巴结及血液中的淋巴细胞质内，均能检测到病毒，细胞明显被破坏，所以外周白细胞计数不升高，CD4 淋巴细胞数减少等。在患者发病头几天，免疫细胞 CD45、CD3、CD4、CD8、CD19 等下降一半以上，并在第二周降到最低水平，这是 SARS 患者最危险的时刻，如果患者能安全度过第二周，从第三周开始，绝大多数患者的免疫细胞开始逐渐恢复，病情也开始好转。

　　免疫细胞在抵御病毒感染的同时，也被病毒感染，随血液循环到全身各个脏器，不少患者出现了心肌、肝脏和肾脏等重要脏器的损害。

　　另外，SARS 患者肠系膜淋巴结、肠黏膜下淋巴丛等处的淋巴细胞也有 SARS 病毒侵入，这些细胞被感染后，坏死脱落入肠腔，并随粪便排出体外，使患者粪便携带 SARS 病毒，同时出现腹泻等消化道症状。

　　脑神经元细胞中也有 SARS 病毒，由于脑组织被病毒破坏，患者有可能出现嗅觉或味觉的丧失、平衡障碍及一些精神症状，这些症状的出现可能与 SARS 病毒的直接损害有关。

目前认为，SARS 患者不是死于病毒本身，而是死于肺脏和免疫系统被破坏引起的多脏器损伤和其他并发症。

（二）流行病学

SARS 病毒的传染源是患者和携带病毒者，呈现临床症状的患者是主要传染源，带病毒的野生动物如果子狸等也可能是 SARS 的传染源。

人群不具有免疫力，普遍易感。被感染者以 15～59 岁青壮年为主。儿童感染率较低，其原因有待进一步调查。发病季节多为冬春季。

传播途径有空气传播和接触传播，以近距离的飞沫传播为主，一般在 1m 以内；也可以通过手接触呼吸道分泌物经口、鼻、眼黏膜传播，并存在粪-口传播及其他途径传播的可能性。SARS 病毒在密闭的环境中易于传播，在大中城市、家庭和医院中有明显的聚集现象。

此病潜伏期通常在 2 周之内，一般 2～10d，潜伏期患者未发现有传染他人的证据，潜伏期后大部分转为显性感染者，少部分转为隐性感染者。显性感染者出现症状的即具有传染性，传染性随病程增强，在发病的 2 周内，症状较明显者传染性最强。老年人及患有慢性疾病者感染后，常成为超级传播者。疾病流行高峰的平台期，一般持续 16～20d。在一个城市的传播过程中，可以观察到其致病毒力逐渐减弱的趋势。但当它传播到另一个城市时，又呈现毒力突然增强，然后再逐渐减弱这样一个新的循环。

此病死亡率约在 15%，其发病机制与机体免疫系统受损有关。病毒在侵入机体后进行复制，可引起机体的异常免疫反应，由于机体免疫系统受破坏，导致患者的免疫缺陷。同时 SARS 病毒可以直接损伤免疫系统特别是淋巴细胞。

四、病毒复制与分子感染机制

与其他有囊膜病毒相比，冠状病毒的复制速度较慢。通过内吞作用或膜融合病毒颗粒侵入易感细胞，复制在细胞质中进行。最初正链 RNA 病毒 5′端的 20kb 基因翻译为病毒特异性 RNA 聚合酶，该酶能合成与基因组 RNA 互补的全长负链 RNA。该负链 RNA 作为模板又能进一步转录出一套嵌叠式的 mRNA 分子，所有的 mRNA 分子都在 5′端含有 60～70 个碱基的前导序列，并且 3′端都含有多聚腺苷酸［poly（A）］尾结构。

每个 mRNA 分子都是单顺反子，这种特别的复制机制并不是由转录后的剪接修饰造成的，而是由聚合酶在转录过程中起的调控作用。在每个基因间，都有一段重复序列，该重复序列能够介导将先导序列接合到每一个开放读码框的起始部位。

病毒在感染细胞的细胞质中新合成基因组 RNA，随后在高尔基体上完成装配，转运到细胞膜表面，通过出芽方式形成新的病毒颗粒。

五、细胞培养与动物模型

可利用非洲绿猴肾传代细胞（Vero E6）来培养。

到目前为止，已经报道有 4 种非人灵长类动物（恒河猴、食蟹猴、绒猴、非洲绿猴）和 6 种啮齿类动物（大鼠、小鼠、豚鼠、田鼠、仓鼠、转基因鼠），以及雪貂、家猫等可以作为 SARS 动物模型用于实验研究，并已经开始利用动物模型进行疫苗和药物的安全性和有效性评价。

SARS-CoV 感染动物模型的建立具有重要的意义。对 SARS 病原学的了解和发病机制的研究，加速实验室诊断技术的建立、抗病毒药物的筛选和疫苗的开发等，都具有重要作用。可以说 SARS 动物模型的建立，不仅是 SARS 研究的瓶颈问题，其应用更是贯穿于 SARS 研究的整个过程。

六、抗原性与机体的免疫应答

机体抵御 SARS-CoV 的免疫应答包括非特异性和特异性两类。非特异性免疫应答主要包括细胞因子和 NK 细胞对病毒的抑制和杀伤作用等。特异性免疫应答包括体液免疫和细胞免疫。体液免疫反应是指当 SARS-CoV 感染机体后，引起 B 细胞的活化，其中一些细胞迅速分化为浆细胞，分泌 IgM；而另一些细胞在 T 细胞和细胞因子的辅助下，发生类型转换，分泌 IgG 和 IgA，并形成记忆性 B 细胞。记忆性 B 细胞和浆细胞维持着长期的免疫记忆。参与细胞免疫反应的细胞主要由 CD4$^+$T 细胞和 CD8$^+$T 细胞组成。当 SARS-CoV 感染机体后，激活 CD4$^+$T 细胞并诱导其分化为效应细胞（根据细胞因子产生和功能的不同，可将效应性 CD4$^+$T 细胞分为 Th$_1$ 和 Th$_2$ 细胞；Th$_1$ 细胞分泌 IFN-γ、IL-2 及 TNF-β，参与细胞介导的免疫反应；Th$_2$ 细胞分泌 IL-4、IL-5、IL-10 和 IL-13，参与体液免疫反应）。CD8$^+$T 细胞活化后主要通过直接接触杀伤被 SARS-CoV 感染的靶细胞。此外，还可通过释放细胞因子 IFN-γ 或 TNF-α，干扰和/或抑制 SARS-CoV 的复制。随着病毒的清除，大多数效应细胞死亡，少数细胞转变为记忆性细胞。当再次接触 SARS-CoV 后，记忆性细胞能迅速将病毒清除和/或减轻疾病的病情或缩短病程。

人群感染 SARS 发病后 1 周，患者体内 IgM 开始产生，最多可持续 3 个月；7～10d IgG 开始产生，随后逐渐升高，1 个月左右抗体滴度达到高峰并全部阳转，患者恢复 6 个月后部分仍持续高水平阳性。所以初次感染 SARS 恢复后，一般近期不会再次感染，但远期保护效果怎样，有待进一步的观察。SARS 感染后主要是产生体液免疫，细胞免疫是否起作用，有待进一步研究。

天然免疫构成了人体抵抗病原体的第一道防线，而 NK 细胞和单核巨噬细胞在非特异性抗病毒感染免疫中起着非常重要的作用。SARS 患者外周血中 NK 细胞数量和功能均显著降低。同时尸检发现，病变肺脏、脾脏、淋巴结内均可见大量增生的单核巨噬细胞，NK 细胞则减少。这些研究提示，NK 细胞对 SARS 病毒的防御功能可能已遭到破坏，单核巨噬细胞可能在 SARS 的发病机制中起到了重要作用。此外，粒细胞和血小板绝对数也显著下降，但红细胞无明显变化。

综上所述，当 SARS-CoV 感染机体后，诱导产生的免疫应答反应对机体是有利的，但过强的免疫应答可能导致病理损伤。研究人员发现，炎性细胞因子和 Th1 型细胞因子水平升高的程度与疾病的严重程度呈正相关。同时，在 SARS 病人血清中还发现了抗肺组织的自身抗体。动物实验结果表明，经灭活 SARS 疫苗免疫小鼠后，可诱导自身抗体的产生。

近年来，人们发现某些病毒，如 HIV、猫传染性腹膜炎病毒（FIPV）等，甚至某些灭活病毒疫苗或减毒疫苗免疫动物后，可以诱导机体产生抗体，当再次接受同一种病毒攻击时，会产生较强的对靶细胞的感染作用。为此，进一步深入研究 SARS 的免疫应答机制，寻找出对机体有利或不利的免疫应答，对合理设计疫苗具有十分重要的指导意义。

七、诊　断

1. 根据流行病学、临床症状等情况可做出初步诊断　患者发病 2 周前到过疫区、疫点或接触过病人。本病临床上主要表现为急性呼吸道感染症状，急性患者发热，体温可高于 38℃，可呈稽留热、弛张热、间歇热或不规则发热，常伴有畏寒、咳嗽、心悸、乏力、腹泻、头痛、头晕、全身酸痛、胸痛等。咳嗽，多为干咳，少痰，偶有血丝，无上呼吸道卡他症状。胸闷气促，随病情严重而加重，严重者出现急性呼吸窘迫综合征（ARDS），表现为低氧血症，如不及时改善缺氧状况，病人将很快死于低氧血症。部分患者出现恶心、呕吐、腹泻等消化道症状。传染性强、发病急、病程短、死亡率高是本病的主要特点。

部分患者肺部湿变并伴有少许湿啰音；X 射线下，病变初期单侧或双侧即出现斑片状磨玻璃密度阴影，少数为实变阴影，部分病例进展迅速，短期内融合成大片状阴影；常用抗生素治疗无明显效果；绝对白细胞计数减少，血小板减少。多数患者于病程早期肌酸磷酸激酶水平升高，肝脏转氨酶水平升高。

2. 实验室诊断　目前已经建立了多种 SARS 的特异性诊断技术，主要包括：①电子显微镜检查；②病毒分离，采集患者呼吸道分泌物、排泄物、血液等标本，利用非洲绿猴肾传代细胞

（Vero E6）来培养；③免疫组化法检测病毒抗原；④特异性抗体检测，包括免疫荧光或 ELISA 技术，可检测出血清抗 SARS-CoV 的 IgM、IgG 等，特别是在发病 2 周后患者的 IgG 检出率较高；⑤聚合酶链式反应（PCR），采用 RT-PCR 方法，可从发病后 7d 内的患者分泌物、血液、粪便等标本中检出 SARS-CoV 的 RNA；⑥基因芯片技术，可直接检测病毒抗原，有助于 SARS 疾病的早期诊断。

需要注意，SARS 的任何实验室诊断技术的操作过程均应在 P3 级或以上生物安全条件下进行。

八、免疫预防与治疗

（一）免疫预防

由 SARS 的病原学、流行特征及规律得出 SARS 流行与古老的传染病一样具备传染源、传播途径、易感人群流行过程的 3 个环节，只有 3 个环节共同存在，在一定的自然因素和社会因素联合作用下才形成流行过程，切断其中任一环节，流行过程即终止。因此应采取三环节为主导的综合性预防措施。

个体的预防应注意个人卫生，勤洗手；保持环境卫生和空气流通；避免到人群聚集或空气不流通的地方；避免不必要的探病；均衡饮食；适量休息和运动，增强抵抗力。

①坚持预防为主的指导方针，依法管理，科学实施综合性防治。加强实验室安全责任管理工作，提高安全防护意识和生物安全操作技能，防止医护人员感染和预防实验室危险因子的传播。对于收治、隔离、治疗的 SARS 病人和疑似病人，要认真查找、隔离、观察与其密切接触者。

②加强国境卫生检疫工作。早期发现患者，立即送指定医院治疗并上报，做好卫生处理；密切接触者采取隔离一个潜伏期；对体温＞38℃的疑似病例，进行确诊排除，达到及时发现第一代病例，很好控制第二代病例，坚决杜绝第一代病例，将疫情控制在最小范围。

③开展健康教育活动，强调个人防护和群体防护，变被动防护为主动参与。

④加强《中华人民共和国传染病防治法》《突发公共卫生事件应急条例》《中华人民共和国国境卫生检疫法》《传染性非典型肺炎防治管理办法》等相关的法律法规的学习，建立一支训练有素的强化现场流行病学防治的队伍。

⑤建立健全监测体系。各口岸加强对该病流行规律、流行趋势研究，以便及早制订应急预警控制措施，对首例病人及时报告，密切跟踪接触者，采取隔离控制和消毒。

⑥加强科学研究与国际交流、学习，及时掌握国际、国内之间疫情动态。积极参与实验室特异性检测方法及结果的研究，利用国际先进的技术、方法和手段，服务于该传染病的防治。

⑦加强疫情管理。从两次 SARS 的暴发看出传染病疫情管理是预防之重中之重。强化疫情报告网络和制度，通过信息交流，全国联动，处理好由流动人口造成的流行传播。

⑧做好疫区、疫点、隔离场所及收治病人医院的消毒、杀虫、灭鼠等卫生处理工作。

关于 SARS 的特异性预防，最有效的方法就是疫苗接种。目前 SARS 的疫苗研制工作正在进行中。我国科学家于 2003 年 3 月分离到 SARS-CoV，使研究灭活疫苗、减毒活疫苗以及亚单位疫苗有了病毒来源。随后又完成了 SARS-CoV 基因全序列测定，认识了病毒蛋白的组成并克隆到编码抗原蛋白的基因片段，使研究基因工程亚单位疫苗、活载体疫苗和核酸疫苗有了基因来源。

我国 SARS 病毒灭活疫苗Ⅰ期临床研究工作在世界上已经首次完成，但通过Ⅱ期、Ⅲ期临床实验进入商业应用，还需要一定时间。世界上至少还有 10 种不同技术路线的 SARS 疫苗在加紧研制。相信不久将会有 SARS 疫苗研制成功。

（二）治疗

目前对 SARS 没有特效治疗方法。治疗上主要给予抗炎（喹诺酮类、大环内酯类、四环素、第三代头孢菌素等）、抗病毒、糖皮质激素治疗，以及对症及支持疗法。

思 考 题

1. 肝炎病毒主要包括哪几种？简述它们的形态结构特征及分类现状。

2. 乙型肝炎病毒属于 DNA 病毒，它在细胞内复制的过程与其他 DNA 病毒相比有什么特点？

3. 艾滋病病毒的主要传播途径有哪些？

4. 传染性非典型肺炎病毒的形态结构特点有哪些？它主要侵害人的什么器官？人被感染后的主要临床症状有哪些？

主要参考文献

蒋立会，刘岩红，2018. 慢性乙型肝炎 30 年治疗与回顾 [J]. 中国社区医师，34（28）：5 - 6.

金奇，2001. 医学分子病毒学 [M]. 北京：科学出版社.

孟继鸿，2003. SARS 基础与临床 [M]. 南京：东南大学出版社.

徐耀先，周晓峰，刘立德，2000. 分子病毒学 [M]. 武汉：湖北科学技术出版社.

周正任，潘兴瑜，2001. 病原生物学 [M]. 北京：科学出版社.

中华医学会肝病学分会，中华医学会感染病学分会，2015. 慢性乙型肝炎防治指南：2015 更新版 [J]. 肝脏，20（12）：915 - 931.

Bernard N Fields, 1990. Fields Virology [M]. 2nd ed. New York：Raven Press.

CHUNG H Y, LEE H H, KIM K I, et al, 2011. Expression of a recombinant chimeric protein of *Hepatitis A virus* VP$_1$ - Fc using a replicating vector based on *Beet curly top virus* in tobacco leaves and its immunogenicity in mice [J]. Plant Cell Rep, 30（8）：1513 - 1521.

Duncan C J, Sattentau Q J, 2011. Viral determinants of HIV-1 macrophage tropism [J]. Viruses, 3（11）：2255 - 2279.

JANG K O, PARK J H, LEE H H, et al, 2014. Expression and immunogenic analysis of recombinant polypeptides derived from capsid protein VP$_1$ for developing subunit vaccine material against *Hepatitis A virus* [J]. Prot Expr Purif, 100（1）：1 - 9.

THAN V T, BAEK I H, LEE H Y, et al, 2012. Expression of recombinant rotavirus proteins harboring antigenic epitopes of the *Hepatitis A virus* polyprotein in insect cells [J]. Biomol Ther（Seoul），20（3）：320 - 325.

第十章　人畜共患病病毒

　　人畜共患病也称人兽共患病（zoonosis），是指脊椎动物与人类之间自然传播和感染的疾病。全世界已证实的人畜共患传染病和寄生性动物疾病有 250 多种，其中较为重要的有 89 种，如流感、狂犬病、疯牛病以及近年来发生的 SARS 等，给人类健康带来了严重的威胁。人畜共患病的流行还对动物生长、肉类质量、乳品生产，以及皮革、皮毛的数量和质量等有着直接的影响。

第一节　流感病毒

　　流感病毒（*Influenza virus*）属于正黏病毒科（*Orthomyxoviridae*），由这种病毒引起的一种急性呼吸道传染性疾病称为流行性感冒，简称流感。流感病毒能引起人类、低等哺乳动物和禽类的严重疾病。其发病率高、传染性强，主要通过呼吸道传播，且病毒易变异，往往造成世界性大流行，甚至暴发流行。其临床表现以发热及全身中毒症状为主，呼吸道症状轻微或不明显。其临床表现和严重程度差异很大。根据临床表现，可分为单纯型、肺炎型、中毒型和胃肠型流感。

一、形态结构

　　流感病毒为多形性，多为球形，直径 80～120nm，但也常有同样直径的丝状形态，长短不一，由螺旋对称的核衣壳和带有纤突的囊膜组成（图 10 - 1）。流感病毒粒子含有 0.8%～1.1% 的 RNA、70%～75% 的蛋白质、20%～24% 的脂质和 5%～8% 的糖类。核衣壳主要由单链 RNA 与蛋白质组成。脂质位于病毒的囊膜内，大部分为磷脂，还有少量的胆固醇和糖脂。糖类包括核糖（在 RNA 中）、半乳糖、甘露糖、墨角藻糖和氨基葡糖，在病毒粒子中主要以糖蛋白或糖脂的形式存在。病毒蛋白及潜在的糖基化位点是由病毒基因组决定的，但与病毒囊膜上的糖蛋白或糖脂相连的脂质和糖链的成分是由宿主细胞确定的。

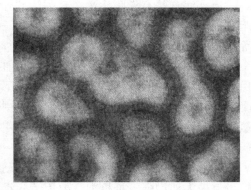

图 10 - 1　纯化的 A/WSN/33 禽流感病毒
（2% 磷钨酸负染，放大 282 100 倍）
（引自李成，1987）

　　根据核蛋白（nucleocapsid protein，NP）抗原性不同，流感病毒可分为 A、B 和 C 型，型特异性由核蛋白和基质蛋白（matrix protein，M 或 MP）的抗原性质决定。A 型流感病毒的自然宿主是禽类，也可感染人、马、猪等其他动物。B 型和 C 型主要感染人类，但也从猪中分离到了 C 型。A 型和 B 型病毒基因组由 8 个单链负链 RNA 片段组成，C 型分 7 个节段。每个节段两端具有末端重复序列，所有节段的 3′端相同。基因组的各个节段一端形成环，由核蛋白包裹。与 RNA 相连的 RNA 聚合酶，由 3 个 P 蛋白（PA、PB_1、PB_2）组成。囊膜与基质蛋白（M_1、M_2）相连，外层为类脂质包膜，包膜上散布着长 10～12nm 的密集钉状物或纤突。纤突蛋白有两种，一种为棒状的血凝素（hemagglutinin，HA），分子质量为 63 000u；另一种为蘑菇状的神经氨酸酶（neuraminidase，NA）蛋白，分子质量为 50 000u。此外还有两种非结构蛋白 NS_1 和 NS_2，它们可在感染的细胞中检测出来，NS_1 与细胞质包涵体有关，但 NS_1 和 NS_2 的功能尚不清楚（图 10 - 2）。

　　HA 和 NA 以及 M_2 都包埋在宿主细胞质膜衍生的脂质囊膜中。病毒囊膜下主要为结构蛋白 M_1，位于 RNA 分子的周围，与 NP、PB_1、PB_2 和 PA 共同负责 RNA 的复制和转录。HA 的作用是将病毒粒子吸附在细胞表面受体（唾液酸低聚糖）上，并与病毒的血凝活性相关，在对病毒的中和作用和抗感染保护中，抗HA抗体非常重要。成熟的HA包括头部的HA_1和茎部的HA_2两部分，二者通过二硫键链接。HA_1易发生变异，现有流感疫苗所诱导的免疫保护即主要是针对HA_1易变异位点产生的特异性抗体，但其唾液酸受体结合位点（ribosome binding site，RBS）属于保守区域；HA_2高度保守，尤其是N端11个氨基酸序列，在已发现的所有流感毒株中都高度保守，是通用流感疫苗研究的重要靶点。NA也是流感病毒表面的一种糖蛋白，由222~230个氨基酸

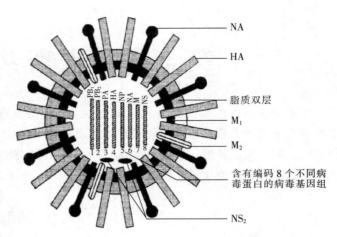

图10-2　A型流感病毒粒子的结构
（引自龚祖埙，2006）

组成，介导病毒从细胞内的释放，其变异率比HA低。抗NA抗体能阻止病毒从感染细胞的传播，对细胞也有很重要的保护作用。NP和M_1是两种流感病毒内部结构蛋白，序列高度保守，由于位于病毒内部，所诱导的主要是T细胞免疫。M_2是流感病毒表面跨膜蛋白，是病毒遗传物质进入细胞内部时pH变化的质子通道，M_2在病毒颗粒上拷贝数很低，但在被感染细胞表面分布较多。

二、理化特性

流感病毒是有囊膜病毒，对去污剂等脂溶剂比较敏感。福尔马林、氧化剂、稀酸、乙醚、去氧胆酸钠、羟胺、十二烷基硫酸钠和铵离子等能迅速破坏其传染性。病毒可在加热、极端的pH、非等渗条件和干燥情况下失活。

在鸡胚中生长的病毒，其传染性及血凝素和神经氨酸酶的活性在4℃下可保持数周，但为长期保持其传染性，必须将病毒在−70℃以下或冻干保存。应该说明，即使病毒不再具有传染性，其血凝素和神经氨酸酶仍可保持活性。可以用福尔马林和β-丙内酯灭活病毒，但仍保留其血凝素和神经氨酸酶活性。在实验室条件下，许多常用的去污剂和消毒剂（如酚类消毒剂或次氯酸钠）能使这些病毒失活。

在野外条件下，流感病毒常从感染动物的鼻腔分泌物和粪便中排出，病毒受到这些有机物的保护，就极大地增强了抵抗力。要灭活病毒，开始的一步是将房舍加热到较高的温度数天，再将有机物（包括粪便）清除掉，然后用洗涤剂清洗表面，之后再用次氯酸钠溶液、福尔马林等消毒。

粪便中病毒的传染性在4℃条件下可以保持长达30~35d，20℃时为7d。在有大群水禽的湖泊和池塘中可发现流感病毒，但水禽离开后则没有发现病毒。这表明病毒在环境中不易失活，但也不能长期存活。在家禽暴发疾病期间，常在被分泌物和粪便污染的水槽中发现病毒，但不知病毒在这些地方能存活多长时间。

三、致病性与流行病学

（一）致病性与致病机制

流感病毒的潜伏期为1~14d，最短者仅数小时。潜伏期的长短依赖于病毒的剂量、感染途径、被感染人或动物的种类和检测到临床症状的能力。

流感病毒感染人体能否致病取决于宿主与病毒间的相互作用。流感病毒经飞沫传播进入呼吸道黏膜，正常人黏膜上存在分泌型IgA抗体，可以清除吸入的病毒。当机体免疫力降低或病毒数量

多及毒力较强时，其囊膜上的血凝素与黏膜上皮细胞膜的糖蛋白结合，病毒脱膜后其 RNA 进入细胞内复制。待病毒粒子成熟后，从细胞膜上释放出来，再侵犯相邻上皮细胞。而神经氨酸酶可分解呼吸道黏液的神经氨酸，使黏液水解，病毒逐渐扩散而不断侵袭上皮细胞，并可沿呼吸道向下延伸，致使上皮细胞出现肿胀、气泡变性，细胞间连接松散而致大量细胞脱落使基底膜暴露。病毒也可在肺泡上皮细胞生长，并破坏上皮细胞，使肺泡出现充血、肺泡壁增厚、单核细胞浸润等间质性肺炎病变。流感病毒还可侵入血液播散到全身，引起肝脏、脾脏等出现相应的病理变化。

1. 单纯型流感 此种流感突起畏寒、发热，伴有全身酸痛、头痛、乏力、食欲下降等中毒症状，上呼吸道其他症状（如流涕、鼻塞、咽痛和咳嗽等症状）相对较轻，但热退后仍可持续数日。

2. 流感病毒性肺炎 此病表现为高热持续不退、咳嗽、咳痰、剧烈胸痛、气急、发绀、咯血等症状。白细胞计数下降，中性粒细胞减少，X 射线检查双侧肺呈散在絮状阴影。病程可延长 3～4 周。少数患者因心力衰竭或周围循环衰竭而死亡。

3. 中毒型和胃肠型流感 中毒型流感表现为高热、休克及出现弥散性血管内凝血（disseminated intravascular coagulation，DIC）等严重症候，病死率高，但临床上已少见。胃肠型流感表现为腹泻、呕吐等，易与急性胃肠炎相混。另外，应注意病毒还可引起脑膜炎和脑炎、Reye 综合征、心肌炎、心包炎、急性肌炎、出血性膀胱炎、肾炎、腮腺炎等。

感染流感的畜禽有多种疾病综合征，从亚临诊症状，如轻度上呼吸道疾病、生产性能降低，直到急性全身致死性疾病。

4. 高致病力禽流感 在国际讨论会上，专家们提出了确定高致病力禽流感病毒的标准，以确定禽流感分离物是否为高致病力病毒，从而考虑是否采取扑灭和净化计划。这些标准包括以下几个方面。

①可使 8 只 4～6 周龄易感鸡，在静脉内接种 0.2mL 1∶10 稀释的无菌、有传染性的尿囊液后，10d 内死亡 6、7 只或 8 只易感鸡的任何流感病毒。

②不符合第一条的任何 H5 和 H7 病毒，其血凝素裂解位点的氨基酸序列与高致病力病毒相一致的流感病毒。

③即使不是 H5 和 H7 亚型，如果接种 8 只鸡，能致死 1～5 只接种鸡，并能在不含胰蛋白酶的细胞培养物中生长的任何流感病毒。

禽流感的症状由于感染禽的种类、年龄、性别、并发感染、病毒和环境因素的不同而极不一致，可能表现为呼吸道、肠道、生殖系统、神经系统的异常。常见的症状包括病鸡精神沉郁、取食饲料量减少及消瘦、母鸡的就巢性增强、产蛋量下降、轻度到严重的呼吸道症状（包括咳嗽、打喷嚏、啰音和大量流泪）、扎堆、羽毛逆立、头部和脸部水肿、无毛皮肤发绀、神经紊乱和腹泻。这些症状中的任一种都可能单独或以不同的组合出现。发病率一般很难确定，主要是由于感染鸡群的数量太大，许多感染暴发中的疾病症状不明显，而高致病力病毒感染时，发病率和死亡率可达 100%。

（二）流行病学

感染人类的流感病毒主要是 A 型、B 型和 C 型流感病毒。A 型流感病毒［包括 A3 型（H3N2）和 A1 型（H1N1）］因不断出现抗原漂移，易突破人群的免疫力而传播迅速，常为流行的优势株。尽管 B 型流感病毒的抗原变异性较弱，但也常引起一定规模的局部暴发流行，甚至在某些流行季节，B 型流感病毒相关的死亡率超过了 H3N2。能够引起人类感染的亚型包括新 A 型 H1N1、H2N2、H3N2、H5N1、H5N2、H5N6、H7N2、H7N3、H7N7、H7N9、H9N2 和 H10N8。历史上 H1N1、H2N2 和 H3N2 引起几次流感世界大流行，最近出现的一次流感大流行发生在 2009 年，由新 A 型 H1N1 流感病毒引起。流感病毒在动物如禽、猪、马、猴、犬及牛中均能分离到，以往认为流感病毒具有严格的宿主限制性，很少跨越种属的差异而致人疾病。但 1997 年在香港暴发了一起由 H5N1 亚型禽流感病毒直接引起的流感，并从这些患者体内分离到了 H5N1

亚型流感病毒。对于动物所带病毒能否直接传染人，还是动物与人流感病毒通过基因重配而感染人类，目前有待进一步研究确认，但都普遍认为动物可能为流感病毒的储存和中间宿主。

已经分离出流感病毒的其他禽类有珍珠鸡、家鹅、鹌鹑、雉、鹧鸪、八哥、鹦鹉、鸥、海滨鸟等。在各种家禽中火鸡最常发生流感暴发，而鸡则较少发病。海豹感染后大批发生肺炎，也造成死亡。在猪和火鸡中检测到的 H1N1 病毒抗原性和遗传性关系极为密切。该病毒可以通过与猪的直接接触或间接接触或通过感染这些病毒的人而传播。禽流感病毒也可引起水貂暴发疾病。在人工试验中，猪、雪貂、猫、水貂、猴和人都能被来自禽类的流感病毒感染。

有大量证据表明，流感病毒可水平传播，没有证据表明该病毒可以垂直传播。当母鸡感染时鸡蛋的内部和表面可存有病毒。成功的人工感染途径包括气溶胶、鼻内、窦内、气管内、口腔、结膜、肌肉、腹内、胸后气囊内、静脉内、泄殖腔和颅内接种。

四、病毒复制与分子感染机制

流感病毒通过 HA 结合细胞表面含唾液酸的糖蛋白受体而吸附在细胞表面后，随即由受体介导的细胞内吞作用进入细胞。酸性 pH 条件激发病毒粒子脱去囊膜，核衣壳便进入细胞质并移向细胞核。流感病毒利用独特的机制转录，病毒的核酸内切酶从宿主细胞的 mRNA 上切下 $5'$ 帽子结构，并以此作为病毒转录酶进行转录的引物，产生出 6 个单顺反子的 mRNA，并翻译成 HA、NA、NP 和 3 种聚合酶（PB_1、PB_2 和 PA）。NS 和 M 基因的 mRNA 进行拼接，产生出两个 mRNA，从不同阅读框架进行转译，产生 NS_1、NS_2、M_1 和 M_2 蛋白。HA 和 NA 在粗面内质网内糖基化，在高尔基体内修饰，然后运输到表面，植入细胞膜中。病毒蛋白和 RNA 生成与装配后，病毒以出芽方式从质膜排出。

A 型和 B 型流感病毒的血凝素和神经氨酸酶经常发生变异，C 型流感病毒较少变异。流感病毒血凝素和神经氨酸酶抗原性变异有两种形式，一种为所有流感病毒所共有的，称为抗原性漂移（drift）；另一种为 A 型流感病毒所特有的，称为抗原性转换（shift）。抗原性漂移主要是由于编码血凝素基因发生了一系列点突变累积，导致氨基酸序列的改变，从而改变血凝素蛋白分子上的抗原位点；其次是由于序列出现缺失和插入。目前认为，抗原性转换由基因重配引起，即致流感病毒大流行株是由人和动物流感病毒通过基因重配而来，如对 1957 年出现的 H1N1 亚型毒株进行基因分析发现，它的 3 个基因节段来自禽类的流感病毒，其余 5 个基因节段来自人的 H1N1 亚型毒株，但人和禽流感病毒如何发生基因重配的机制尚不清楚。

流感病毒致病力的分子基础尚未完全确定。一方面，有人认为致病力是多基因作用的结果，可与 HA 和 NA 的作用区分开。另一方面，确有证据表明 HA 对致病力非常重要。高致病力病毒的 HA 的羟基端有一系列的碱性氨基酸，在体内和体外的各种细胞中易于裂解。而无毒力病毒在此位点只有单个碱性氨基酸。碱性氨基酸参与蛋白酶的识别和高致病力病毒 HA 的裂解。

五、细胞培养与动物模型

流感病毒可在有限数量的细胞培养物上增殖。鸡胚成纤维细胞是应用最为广泛的原代细胞培养物，而犬肾细胞是最常用的传代细胞系。如果不在琼脂覆盖层中加入胰蛋白酶以裂解 HA 分子而产生有传染性的病毒，流感病毒很少在细胞培养物上生长并产生蚀斑。在细胞培养液中加入胰蛋白酶后，可以在鸡胚成纤维细胞或犬肾细胞上对许多毒株能进行蚀斑分析。

所有流感病毒毒株都易在 9～11 日龄的鸡胚中生长，因此这一方法使用得最为普遍。病毒可在鸡胚中达到较高滴度，并具有裂解的血凝素。在鸡胚中培养流感病毒，也用于疫苗生产和实验室研究时大量病毒的制备。

流感病毒具有较严格的宿主限制性，很少跨越种属传播。人的流感病毒在动物（如禽、猪、马、猴、犬及牛）中分离到，禽流感病毒也可以在一些人工接种的实验哺乳动物（如小鼠、猴、水貂和猪）体内增殖。一般来说，由于种间差异很大，建议在实验研究中使用天然同类宿主，最好是同年龄相同种别的动物。

六、抗 原 性

根据 HA 和 NA 的抗原特性，A 型流感病毒依据其表面 HA 和 NA 的差异可分成不同的亚型，迄今为止，已有 17 种 HA 亚型（H1～H17）、10 种 NA 亚型（N1～N10）被鉴定，任何一种 HA 与任何一种 NA 结合即为一种亚型。两种抗原的变异是引起新的大流行的病原基础。一株流感病毒的名称包括型（A、B 或 C）、宿主来源（除人外）、地理来源、毒株编号（如果有）和分离的年代，后面及圆括号内附以 HA（H）和 NA（N）的抗原性说明。

七、诊 　 断

因为临诊症状变化很大，除了疾病呈流行性外，临床诊断常难以定性。A 型流感病毒的确切诊断有赖于病毒的分离和鉴定。检测病毒的抗体也是非常有效的间接诊断方法。

（一）病毒分离

病毒分离是确诊的主要依据，在发病 3d 内，可用各种大小的干棉花、涤纶或藻酸盐拭子，拭取病人的鼻咽部、气管或禽的泄殖腔分泌物，接种于 10～11 日龄鸡胚羊膜腔或尿囊中，置 35～36℃孵育 4d，取出鸡胚尿囊液和羊水进行血凝试验，分离可疑病毒，再用已知免疫血清进行血凝抑制试验，做出鉴定。一般来说，如果样品中有病毒存在，在初次传代中的生长就足以产生血细胞凝集作用；如果未检测到血凝活性，可将收集的胚液注射鸡胚（第二代），并重复以上步骤。然而样品的重复传代很费力，而且增加实验室污染的危险，因此在进行多次传代时，必须对这些问题加以考虑。

（二）病毒鉴定

用鸡红细胞检测胚液中的血凝活性是现在使用的标准方法。将血凝阳性的尿囊液用于病毒鉴定，确定尿囊液中检出的血凝活性是由流感病毒还是其他血凝病毒（如新城疫病毒等副黏病毒）引起。

如为阳性，首先利用 A 型的抗 NP 或 MP 单克隆抗体，通过双向免疫扩散试验或单放射溶血试验，检测特异 NP 或 MP，以确定有 A 型流感病毒。

然后确定 HA、NA 表面抗原的亚型。利用 14 种不同的血凝素抗血清通过血凝抑制试验（HI 试验）鉴定 HA 的亚型。利用 9 种不同的神经氨酸酶抗血清通过神经氨酸酶抑制试验鉴定 NA 亚型。利用特异的 HA 或含相关 NA 的重组病毒的抗血清能加速分型，避免由于抗体抗 NA 而产生的空间抑制。已知 HA 亚型抗血清的试验不能检测带有新 HA 的流感病毒，因此，通常要用检测型特异抗原（NP 或 MP）的试验确定是否为流感病毒。

（三）抗体检测

血清学试验用来证实抗体的存在，这种抗体在感染后 7～10d 便可被检测出来。有几项技术可用于血清学监测和诊断，最常用 HI 试验检测抗 HA 的抗体，用双向免疫扩散检测抗 NP 的抗体。其他检测抗体的血清学试验有 ELISA、病毒中和试验、补体结合试验、神经氨酸酶抑制试验和单放射溶血试验。在血清学监测计划中，常用检测抗 NP 抗体的试验，因为这一试验可检测抗所有 A 型流感病毒共有的交叉反应抗原的抗体。

对血清学诊断来说，采集急性期和康复期血清很重要。急性期血清样品应在发病后尽快从病例中采集，而康复期血清应在发病后 14～28d 采集。用成对的急性期和康复期血清样品比较感染前后的抗体水平，例如，可用 HI 试验检测血清中抗可疑病毒的抗体，如果康复期血清中的抗体水平升高 4 倍，则证实最近发生了这一病毒的感染。

八、免疫预防与治疗

（一）免疫预防

当流感暴发并且病毒的亚型得到确认时，免疫可显著降低发病率、流感重型发生率和病死率，是一种有效的预防方法。所采用的疫苗毒株与流行毒株之间的抗原性必须是相同或基本相同的病毒。疫苗主要有减毒活疫苗和灭活疫苗两种，前者多采用滴鼻，后者多采用皮下注射。

现在已用遗传工程技术来分离血凝素基因（特别是 H5 和 H7），并把它们插入另外的病毒载体（如痘病毒、杆状病毒、逆转录病毒）来研制疫苗。另一种方法是将 DNA 直接引入鸡体内，已成功地用于家禽的免疫和保护，因此很有希望产生各种有效的疫苗。在病毒流行期间对剧院、托儿机构、礼堂等公共场所，可采用每 $100m^2$ 空间用 2～4mL 乳酸溶于 10 倍水中加热蒸发以消毒空气，连用 3d，可使流感发病率下降。

所有控制流感传播的方法都是基于预防人和设备的污染与控制人和设备的流动来进行。与禽类或其粪便直接接触的人员是造成房舍之间和农场之间多种疾病传染的原因。与禽类或其粪便直接接触的设备不应在农场间交换，养禽场的污染粪便应与易感区域分开。

（二）抗病毒治疗

对流感病毒，目前尚无特效抗病毒药物，对症治疗及支持治疗为流感的主要治疗原则。金刚烷胺和金刚乙胺等对 A 型（H3N2 和 H1N1）流感病毒毒株有一定抑制作用，但药物易产生中枢神经系统不良反应及对乙型流感无效，并易产生耐药性，现已较少使用。目前已开发出的一类抗病毒药物 Zanamivir（GG167）是一种唾液酸类似物，为神经氨酸酶的选择抑制剂。

第二节　狂犬病毒

狂犬病毒（*Rabies virus*，RV）属于弹状病毒科（*Rhabdoviridae*）狂犬病毒属（*Lyssavirus*），感染所有温血动物，在动物之间通过带毒唾液传播，对人与动物具有高度传染性。感染的人和许多动物一旦发生狂犬病，几乎都难免死亡。只有少数动物（如猪）对该病有一定抵抗力。狂犬病表现神经症状，有狂躁型及麻痹型两种。犬、猫、马比反刍动物及实验动物更多出现狂躁型。人狂犬病通常由病犬咬伤所致，临床主要表现为特有的恐水怕风、恐惧不安、流涎、咽喉肌痉挛、进行性瘫痪等，恐水是常见症状，故本病也称作恐水症（hydrophobia）。

一、形态结构

RV 粒子的外形呈子弹状，一端钝圆，另一端扁平，直径75～80nm，长 130～200nm（图 10-3）。整个病毒由最外层的脂质双层膜、结构蛋白外壳和负载遗传信息的 RNA 分子构成。脂质双分子层膜外面镶嵌有 1 072～1 900 个 8～10nm 长的纤突（spike），即糖蛋白 G 三聚体，是病毒的主要表面抗原，也是病毒表面参与分子间识别的主要结构，在致病和免疫等过程中起重要作用。糖蛋白能够诱导产生中和抗体和刺激细胞免疫，能与乙酰胆碱受体结合，决定了狂犬病毒的嗜神经性。双层膜的内侧主要是膜蛋白，亦称基质蛋白，连接病毒的核衣壳和囊膜。

100nm

图 10-3　狂犬病毒颗粒

包被在双分子层里面的是一个直径为 40nm 的核衣壳核心，病毒的核衣壳由核酸和紧密包在其外的核蛋白组成，呈紧密的连续性螺旋形式，有 30～35 个卷曲，另外 2 种核衣壳核心的蛋白为大转录酶蛋白和磷酸化蛋白。

RV 的基因组为单链负链不分节段的 RNA，全长约 12knt（11～15knt）。由基因组的 3′端至 5′

端依次排列着核蛋白（N）、磷酸化蛋白（P）、基质蛋白（M）、糖蛋白（G）和大转录酶蛋白（L）5 个结构基因（图 10-4）。每个基因均由 3′非编码区、编码区和 5′非编码区 3 部分组成。在 N 基因前有 1 个由 50 个核苷酸组成的先导序列，在 L 基因后有约 70 个核苷酸的非翻译区。在 N 与 P、P 与 M、M 与 G 和 G 与 L 基因间分别有 2、5、5、423 个核苷酸的间隔序列，G 与 L 基因间的 423 个核苷酸间隔序列是一个伪基因。

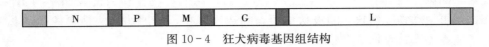

图 10-4 狂犬病毒基因组结构

二、理化特性

RV 粒子的沉降系数为 600S～625S，密度为 $1.16～1.2g/cm^3$，相对分子质量为 $4.75×10^8$。

RV 能抵抗自溶及腐烂，在自溶的脑组织中可以保持活力 7～10d。冻干条件下长期存活。在 50%甘油中保存的感染脑组织中至少可以存活 1 个月。4℃下可存活数周，低温下可存活数月，甚至数年。室温下不稳定。反复冻融可使病毒灭活。

RV 对热敏感，56℃ 30～60min 或 100℃ 2min 即可灭活。RV 易被紫外线、蛋白酶、酸、胆盐、甲醛、乙醇、季铵类化合物（如新洁尔灭）、强酸和强碱等灭活。肥皂水对 RV 也有灭活作用，但 RV 对石炭酸和甲酚皂（甲酚皂溶液）等有抵抗力。

RV 表面的糖蛋白，除能诱生中和抗体外，还具有血凝特性。血凝现象可被蛋白水解酶所破坏，也能被脂溶剂所破坏。RV 凝集鹅红细胞的能力可被特异性抗体所抑制，故可进行血凝抑制试验。

三、致病性与流行病学

（一）致病性与致病机制

RV 的街毒的特征是对实验动物周围神经感染的毒力较强，潜伏期长；固定毒则相反，周围神经感染的毒力低，但脑内接种时的潜伏期短。狂犬病潜伏期一般为 2～8 周，长的可达一年或数年，这与伤口与神经中枢的距离、伤口的深浅和多少等因素有关。

糖蛋白是 RV 具有神经致病性的决定簇，糖蛋白的一些结构可使病毒有效地结合神经细胞特异受体进入细胞。病毒与受体结合后释放核衣壳，核衣壳进入细胞质。RV 从外周神经侵袭中枢神经系统（central nervous system，CNS）过程中，除了糖蛋白起主要作用外，尾序列、L 基因及假基因在 RV 的致病机制中也有重要作用。磷酸化蛋白决定着 RV 在轴突中的逆行转运。RV 强烈抑制维持神经功能所需蛋白的合成，诱导细胞凋亡，导致神经细胞功能失调、脑组织损伤和行为失控等，引起致命性的神经疾病。

（二）流行病学

狂犬病属于自然疫源性疾病，广泛分布于亚洲、非洲、欧洲、南美洲和北美洲。全球每年 4 万～5 万人死于狂犬病，98%发生在发展中国家。印度农村普遍有狂犬病发生。在我国狂犬病的流行几经起伏，控制与回升相交替，1990 年以前因狂犬病死亡人数一直位居 25 种法定报告的传染病之首，1991 年开始下降。目前国内的发病率为每 10 万人中 0.4～1.58 人。

在自然界中，犬科动物对 RV 最易感染，常成为人畜狂犬病的传染源和病毒的储存宿主。在发展中国家，由于犬类免疫接种强化不足，94%因狂犬病致人死亡病例与犬狂犬病相关，其次为猫科动物。在菲律宾，每年有几千只犬死于狂犬病，散在发生狂犬病的家畜有牛、猫、马和猪等。伊朗的狂犬病传染源除狼以外，还有犬、猫、豺等动物。泰国的狗面蝙蝠可能是 RV 的储存宿主之一。欧洲国家对野生动物狂犬病的控制已提上日程，南美则以牛的狂犬病为主。发达国家由于有效实行犬类、狐类免疫方法，以及暴露后迅速使用可靠的灭活细胞培养疫苗，人及动物狂犬病的发生明显减少。我国除犬以外，也有牛、马、猪以及人类发生狂犬病的死亡病例。近年来有报道，无症状犬、猫咬伤人后也可引起人发病。

狂犬病的主要传播途径为被带毒动物咬伤。其次为损伤的皮肤、黏膜与病毒接触，包括眼结膜被带毒唾液沾污、抓伤、舔伤等。有报道认为，人类可经消化道和呼吸道感染狂犬病，例如勘测人员吸入蝙蝠聚集的洞穴内的含病毒气溶胶而发病。人被患病动物咬伤后的发病率为 15%～30%。与犬咬伤相比，野生动物咬伤致病的潜伏期短，临床表现重，进展快且病情更凶险。儿童易感性强，自我保护能力差而被咬伤机会较多，潜伏期较短。

四、病毒复制与分子感染机制

RV 感染过程大致可分为 3 期：局部繁殖期、逆向侵犯期和顺向侵犯期。病毒在侵入神经系统前，可在肌肉细胞内繁殖。病毒首先与细胞表面受体结合而吸附到细胞表面，通过细胞内吞作用进入细胞，在低 pH 时病毒囊膜与宿主细胞膜融合，病毒核衣壳进入细胞质，完成感染过程。在宿主细胞中，由病毒的 RNA、核蛋白、大转录酶蛋白和磷酸化蛋白 4 种成分组成的 RNP 复合物，可以被 RNA 聚合酶识别，并作为转录和复制的模板。RNA 聚合酶由具有催化活性的大转录酶蛋白和没有催化活性的协同因子磷酸化蛋白组成。RNP 复合物在细胞感染中操纵病毒转录及随后进行复制。RV 基因组 RNA 是负链，在复制时，负链 RNA 首先复制出正链 RNA，再以正链 RNA 作模板，复制病毒基因组 RNA。转录产生的 mRNA 通过翻译形成核蛋白、磷酸化蛋白、基质蛋白、糖蛋白和大转录酶蛋白。在细胞质中合成的蛋白质与子代病毒基因组 RNA 形成 RNP 复合物，然后转移到膜结构上，并在膜的腔侧聚集，导致膜局部向囊腔凹陷，形成弧形或半圆形子代病毒颗粒。随着子代病毒成熟，子代病毒颗粒获得外膜，并通过出芽方式释放到细胞外，完成复制周期。

当病毒在局部繁殖到一定程度，可排出到细胞间隙，通过糖蛋白与位于突触后膜的乙酰胆碱受体和位于突触前膜的神经细胞黏附分子结合，并介导病毒侵入神经细胞和跨突触传递。细胞膜动力蛋白的轻链可与 RV 的磷酸化蛋白相互作用，协同 RV 在体内移行。RV 在脑内的扩散是通过轴突逆轴浆流向中枢神经系统侵袭，病毒经由脊髓背侧神经根繁殖和运行，并迅速分布到整个中枢神经系统。病毒还可以从神经中枢顺向轴浆流动，侵袭连接各个器官的神经突触及末梢神经，达到舌味蕾、唾液腺、肾上腺、肝脏、脾脏、肾脏等部位。

五、细胞培养与动物模型

RV 可在鸡胚内增殖。应用 5～6 日龄鸡胚作绒毛尿囊膜接种，病毒（特别是固定毒）可在绒毛尿囊膜和鸡胚的中枢神经系统内增殖，病毒滴度上升，直至鸡胚达 12 日龄，此后病毒滴度逐渐下降。

适于培养 RV 的原代细胞有幼地鼠肾细胞（BHK）、鸡胚成纤维细胞、犬肾细胞、猴肾细胞、人胚肾细胞、羊胚肾细胞等，传代细胞有人二倍体细胞、BHK-21、WI-38、MRC-5 等。RV 可在细胞培养物中增殖，并在适当条件下形成蚀斑。但是必须指出，虽然许多种类的原代和继代细胞都可支持 RV 的生长，但细胞培养物内的感染细胞较少，细胞病变不明显，病毒产量很低，这是因为 RV 具有较高的细胞结合性的缘故。适用于鸡胚成纤维细胞的毒株，如 Flury 毒株的 LEP 和 HEP 病毒，在细胞培养物中的病毒产量较高，可以用于制造疫苗。RV 还可在兔内皮细胞系中长期增殖，适于病毒增殖和装配等过程的观察。

接种 RV 于乳鼠（小鼠或仓鼠）脑内，可以获得高滴度的病毒，因此，乳鼠常被用于进行毒株的传代。从自然感染的机体内分离的病毒称为野毒株（wild strain）或街毒株（street strain）。野毒株连续在动物脑内传代，潜伏期逐渐缩短，最后固定在 4～6d，称此病毒变异株为固定毒株

（fixed strain）。固定毒株对人和犬的致病力明显降低，不侵入脑组织和唾液腺，不形成内基小体，但其主要抗原性仍保留，可用于制备减毒活疫苗。

六、抗 原 性

自然界中分离的流行 RV 毒株（街毒），应用补体结合试验、琼脂扩散试验和免疫荧光技术，均可测出其共同的核蛋白抗原。但不同地区分离的街毒之间存在着抗原差异，交叉中和试验表明病毒的表面糖蛋白抗原不同。糖蛋白与 RV 的感染和免疫有密切关系，是唯一能够诱导机体产生病毒中和抗体的蛋白，其免疫作用与全病毒疫苗相当。RV 膜外区糖蛋白决定抗原性、组织亲嗜性及毒力，它既是有效的保护性抗原，能诱导产生中和抗体和刺激细胞免疫，又是 RV 与细胞受体结合的结构，并与毒力有关。

根据血清中和试验、应用单克隆抗体，可将狂犬病毒分为 6 个血清型，即经典狂犬病毒（血清 1 型）和 5 种狂犬病相关病毒（rabies related virus, RRV）：Lagos 蝙蝠病毒（血清 2 型）、Mokola 病毒（血清 3 型）、Duvenhage 病毒（血清 4 型）、Obodhiang 病毒原型（血清 5 型）和 Kotonkan 病毒原型（血清 6 型）。根据狂犬病毒核蛋白和糖蛋白的遗传差异，狂犬病毒又分为 6 种基因型。其中，1～4 基因型分别对应于血清 1～4 型，EBL1 病毒、EBL 病毒分别为基因 5 型和基因 6 型。各型毒株之间核苷酸序列有明显差异，核蛋白的同源性一般为 79.8%～93.3%，而同一血清型同源性一般为 97.6%～99.1%。RV 与同属其他成员之间的糖蛋白具有共同抗原性，但与其他属病毒没有抗原关系。

七、诊 断

人类狂犬病的临床表现分为狂躁型和麻痹型两种，以狂躁型多见。前者以急性、暴发性、致死性脑炎为特征，后者表现为脊髓神经及周围神经受损。本病一旦出现症状，病情进展迅速，几乎 100% 在短期内死亡。根据被狂犬病动物咬伤史，典型的恐水、畏光、流涎等症状，不难做出人狂犬病临床诊断。实验室诊断包括在人或接种动物的脑组织中检测到内基小体或狂犬病毒抗原，以及在非免疫病人血清或脑脊液中检测到病毒中和抗体。

狂犬病病犬前期有两种异常行为，多表现为恐惧，对主人异常友好，但轻微刺激即会咬人，多咬陌生人，有时主人对其爱抚或为其洗涤血迹时也被咬。有一些病犬离群孤僻，对主人淡漠无情。

病犬很少对水表示恐惧，相反，遇水时可能扑向水源，愿意多饮，甚至游泳过河。进入兴奋期，则起卧奔逐，咬叫无常，继而吞咽困难，流涎，行动蹒跚，垂尾，声音嘶哑，最后麻痹，呼吸循环衰竭而死。一般病程 3～6d，最长 8d。

在世界各狂犬病流行国家中，普遍存在着不显症状的带毒现象，即顿挫型感染。这是一种非典型的临床感染，病程极短，症状迅速消退，但体内仍可存在病毒。这种顿挫型感染见于犬以及狐、鼬等野兽，也见于人工接种的大鼠等实验动物。

病猫的症状与病犬相似。病猫喜隐于暗处，并发出粗厉叫声，继而狂暴，凶猛地攻击人畜。病程 2～4d。牛、羊患狂犬病时，表现不安，用蹄刨地，高声吼叫，并啃咬周围物体，磨牙，流涎，最后发生麻痹症状，并于 3～6d 内死亡。猪患狂犬病最初呈现应激性增高现象，病猪拱地，摩擦被咬部位，继而狂暴、有攻击性，咬伤人畜，最后麻痹，于 2～4d 内死亡。成年禽类对狂犬病有较强抵抗力，但也偶见自然发病病例。病禽羽毛逆立，乱走乱飞，且可能用喙和爪攻击其他禽类和人畜，最后麻痹，并于 2～3d 死亡。

（一）病毒学检查

1. 病毒分离　利用组织或体液（如唾液、脑脊液及尿液等）进行组织培养或接种于动物脑组织分离病毒，可用中和试验来鉴定病毒的存在。虽然经分离鉴定有狂犬病毒的存在即可确诊，但因分离培养的时间较长，不能为临床提供早期诊断，限制了本法的应用。

2. 抗原检测　取濒死期动物或死于狂犬病患者尸体的延脑、海马回、脊髓和唾液腺，或取病人的唾液、脑脊液、脑组织、皮肤切片和角膜压片等标本，经免疫荧光法、酶联免疫吸附试验等技术检查 RV 抗原。抗原检测具有快速、敏感性和特异性高的特点。目前认为，免疫荧光法是诊断狂犬病的首选方法，ELISA 试剂盒不需特殊设备，更适于基层医疗单位和大规模的流行病学调查。

3. 病毒基因组检测　可通过设计一对特异引物，对脑组织或皮肤切片标本进行 PCR 检测。但存在一定的假阳性，操作时要注意防止污染，并对结果进行科学性分析和判断。

（二）抗体检测

抗体检测主要用于流行病学调查，因为只在疾病后期（8d 后）方可从血清中检出病毒特异抗体，这限制了抗体检测的应用。可采用中和试验、补体结合试验、血凝抑制试验、酶联免疫吸附试验、放射免疫法等进行抗体检测。中和试验是测定 RV 中和抗体的经典方法，特别是用于评价疫苗的免疫效力，具有特异、可靠、稳定的特点，不足之处是费时、费力。对未接种过疫苗者，中和抗体的检出更有诊断价值。接种过疫苗者的中和抗体效价可达数千，但多低于病人的抗体效价。放射免疫法是检测 RV 抗体最敏感的方法，早期抗体滴度较低，可采用该法，但其操作过于复杂，限制了应用。

（三）病理检查

取死亡病人或动物的脑组织做印压涂片或病理切片，检查内基小体。约 70% 病例可在脑组织，特别是海马回及下丘脑检出含病毒的内基小体。内基小体和弹状病毒粒子均可被电子显微镜证实。也可将病人脑组织制成 10% 的悬液，接种于动物，待发病后，取动物脑组织检查内基小体或病毒抗原，可提高检出率。至少 20% 的病例缺乏内基小体，所以没有内基小体也不能排除感染。

八、免疫预防与治疗

目前尚无特异药物可进入神经细胞内灭活病毒并防止其扩散，针对神经介质药物的治疗作用尚不确切。一旦症状出现，抗狂犬病高效免疫球蛋白及疫苗不能改变疾病预后。因此，做好暴露前免疫接种，暴露后预防接种联合免疫球蛋白被动免疫，以及彻底的伤口处理是防止狂犬病发病的唯一有效手段。

（一）伤口处理

咬伤、抓伤部位的处理应在暴露后立即进行。若无法立即处理，应在 3h 内进行。具体措施是用 20% 的肥皂水反复、彻底冲洗，局部用 70% 乙醇或 2.5%～3% 碘酒消毒。也可使用 0.1% 新洁尔灭冲洗或消毒，但其杀灭 RV 的作用低于 20% 的肥皂水，使用前应将肥皂水冲洗干净，以防肥皂水中和新洁尔灭。深部伤口需要用注射器或导管伸入伤口进行液体灌注、清洗。如无严重出血，一般不做包扎和缝合。必要时，进行外科清创或组织修复术。

（二）主动免疫

接触 RV 的高危人群，如兽医、从事狂犬病研究的实验室工作人员、动物管理者、野外工作者以及在以犬为主要媒介的狂犬病重流行区的人，特别是儿童，应做暴露前预防，主要是防止潜伏期短的病人发病后疫苗接种失败。纯化的狂犬病疫苗不良反应轻且免疫效价高，更适用于暴露前预防。免疫方案为 0、7d 及 28d 各注射 1 个剂量疫苗，1 年后加强 1 次，然后每隔 1～3 年加强 1 次，中和抗体效价应 ≥0.5IU/mL。

我国广泛使用的兽用狂犬病疫苗是弱毒活疫苗。近年来，狂犬病在美国等国家逐渐得到控制，由于弱毒活疫苗具有引起狂犬病的潜在危险，从安全性的角度上考虑，越来越多的人倾向于应用灭活疫苗。利用某些灭活疫苗在 3 月龄时给犬和猫免疫，1 年后再加强注射 1 次，就可以获得 3 年期的保护力。另有一些灭活疫苗可用于大动物（如牛、羊和马），3 月龄时首次免疫，以后可每年加强 1 次免疫。

（三）被动免疫

对于严重感染者（头面部或颈部受伤，多处或深部受伤）应联合应用免疫血清与狂犬病疫苗。免疫血清有抗狂犬病马血清及人源抗狂犬病免疫球蛋白两种，其中，抗狂犬病马血清在皮试阴性后方可使用，使用时应做好抢救过敏性休克的准备。在彻底清洗伤口后，将推荐剂量（抗狂犬病马血清为 40IU/kg，人抗狂犬病免疫球蛋白 20IU/kg）的 1/2 用作局部浸润注射，另 1/2 剂量肌内注射。严重咬伤者，可以 12h 内在伤口周围或近心端封闭浸润注射。

（四）控制

由于人和动物（尤其是伴侣动物）日渐亲近，狂犬病的存在对人类具有很大的威胁。尤其是在发展中国家，人口密度在日益增加，犬的流动性越来越大，狂犬病仍在继续流行，因此对犬和野生动物等实行全面的综合预防，是防控狂犬病的有效措施。每年对家犬进行春、秋两次预防注射，控制输入犬，捕杀流浪犬以及广泛开展宣传工作，也是控制狂犬病的有效措施。

野生动物的免疫接种是进一步消灭狂犬病的目标。由于野生动物具有隐匿性和侵袭性，接种疫苗有较大困难。有许多国家通过口服途径免疫狐狸、狼等野生动物取得了满意效果。一般通过投放具有疫苗的诱饵，让其自行食用以达到免疫效果。

第三节 朊 病 毒

朊病毒（prion）又称传染性蛋白质颗粒（proteinaceous infectious particle），是一类能侵染人或动物并在宿主细胞内复制的小分子无免疫性疏水蛋白质。它没有核酸，却既有传染性，又有遗传性，具有和传统病毒不同的异常特性，因此有学者建议将它译为朊粒或朊毒体。早在 1954 年，Sigurdsson 等发现的绵羊瘙痒病就是由朊病毒所致。到 1956 年，Hadlow 等开始对人的库鲁病进行研究，发现库鲁病与羊的瘙痒病之间有明显的相似性。1986 年在英国发现的牛海绵状脑病（bovine spongiform encephalopathy，BSE）（也称疯牛病）严重打击了养牛业，并危及人类健康，震惊全世界，其病原也是朊病毒。美国科学家 Gajdusek 和 Prusiner 分别于 1976 年和 1997 年获得诺贝尔生理学或医学奖，就是因为长期从事朊病毒的研究并获得卓越成就。

一、形态结构

在电子显微镜下见不到朊病毒粒子的结构；经负染色后才见到聚集而成的棒状体，其大小为（10～250）nm×（100～200）nm。朊蛋白（prion protein，PrP）是人和动物中普遍存在的由正常细胞基因编码的产物，分子质量为 27～30ku，正常状况下，这种蛋白质可以在细胞质膜上找到。这种蛋白质有两种构象：细胞型（cellular form），称为 PrP^C，本身不能致病；瘙痒型（scrapie form），称为 PrP^{SC}。朊病毒是由正常朊蛋白 PrP^C 通过构象转化形成具有蛋白酶抗性的异常朊蛋白 PrP^{SC} 的病原微生物，形成可传播的介质，并引发个体内及群体间相关事件延续的现象，称为朊蛋白现象。这种现象在生物界中普遍存在，朊蛋白或类朊蛋白分子构象的改变及聚集，除了能引发相关的功能异常和疾病外，还行使一系列机体所必需的遗传学和生理学功能。

这两种不同形态的蛋白质由同一基因编码，具有完全相同的氨基酸序列，但是空间结构差异较大，两者高级结构的不同使得它们在理化性质以及生物学特性上产生很大差异。PrP^C 主要由 α 螺旋组成，表现蛋白酶消化敏感性和水溶性；而 PrP^{SC} 主要由有多个 β 折叠组成，对蛋白酶消化具有显著的抵抗能力。PrP^{SC} 是 PrP^C 经翻译后修饰而转变为折叠异常的病理形态，其复制呈一个指数增长过程，从而引起 PrP^{SC} 的积聚，并能聚集成淀粉样的纤维杆状结构（图 10-5，图 10-6），最终导致宿主神经元的淀粉样变性。编码 PrP 的基因在人体内定位于 20 号染色体短臂，称为 PRNP，编码 253 个氨基酸；在小鼠体内定位于 2 号染色体，称为 PmP，编码 254 个氨基酸。

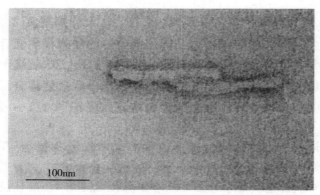

图 10-5　羊瘙痒病相关纤维在电子显微镜下的形态
（引自 Prusiner，1999）

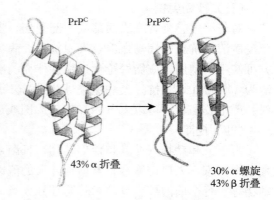

图 10-6　PrP 分子的构象模式
（引自 Cohen，1997）

二、理化特性

朊病毒对理化因素具有异常的抵抗力，作用于核酸并使之失活的方法，均不能导致朊病毒失活；能使蛋白质消化、变性、修饰而失活的方法，往往有可能使朊病毒失活。例如煮沸、紫外线或离子照射、核酸酶、羟胺或锌离子处理瘙痒病动物的脑匀浆、微粒体组分或纯化的朊病毒，都难以改变其传染性；但是 1mol/L 氢氧化钠、0.5％次氯酸钠以及 1％十二烷基硫酸钠加 2-巯基乙醇却可使其灭活。朊病毒能抵抗蛋白酶消化。朊病毒可能只是一种蛋白质，或者核酸极少，且被很好地包藏于蛋白内部，从而得以抵抗上述物理因素和化学剂的灭活作用。

三、致病性与流行病学

（一）致病性与致病机制

朊病毒感染是呈散发性、家族性、慢病毒性感染等多样表现的特殊疾病。PrP^{SC}致病具有如下特点：①朊病毒病既是传染病，也是遗传病。PrP^{SC}作为致病因子，既可在同一种属间进行传播，也可跨种属屏障传播。②PrP^{SC}的扩增和致病规律不符合分子生物学的中心法则和蛋白质折叠的 Anfinsen 原理。③在病变的脑组织中没有免疫细胞，即免疫系统不能识别与正常蛋白质具有相同序列但构象不同的朊病毒。④潜伏期长，一般为几个月，长的可达几年甚至十几年以上。⑤病程缓慢进行，但最终均导致死亡。⑥临床上出现进行性共济失调、震颤、痴呆和行为障碍等神经症状。⑦病理剖检变化以脑灰质的海绵样变性为特征。

人和动物存在着一类称为传染性海绵样脑病（transmissible spongiform encephalopathy，TSE）的中枢神经系统疾病，包括人的库鲁病（Kuru）、克-雅氏病（Creutzfeldt-Jakob disease，CJD）、阿尔茨海默病（Alzheimer disease，AD）、格-史氏综合征（Gerstmann-Straussler syndrome，GSS），以及羊的瘙痒病（scrapie）、水貂传染性脑病（transmissible mink encephalopathy）、黑尾鹿和麋鹿的慢性消耗病（chronic wasting disease of mule deer and elk）、牛海绵状脑病等。

库鲁病潜伏期一般为 3 个月至 1 年。前期可有头痛及关节痛，继而发生顽固性进展的神经系统症状，大多在发病后 2 年之内死亡。临床表现有步态不稳、小脑共济失调、运动性震颤及不自主的运动。病情进一步发展，表现为痴呆加重、脑神经异常、吞咽困难及运动性软弱无力等。仅在晚期才发生感觉障碍。在 18 例库鲁病患者的大脑组织中，95％有传染性并能传播给灵长类动物。

克-雅氏病潜伏期一般为 3～22 年。病程早期痴呆症状很轻微或不表现，以后表现为迅速进展的痴呆，伴有肌阵挛、行为动作紊乱及高级皮层功能障碍，突出的体征是大脑不对称性损害。约有

1/3 的病人发病时是视觉或小脑症状而掩盖了痴呆。意识障碍迅速恶化，从症状开始到死亡平均 7～9 个月。另一个恒定的表现为肌阵挛，这种阵挛可因受惊而诱发。躯体外征包括运动功能减退及强直。小脑症状及体征为眼球震颤、手细震颤及共济失调，有 2/3 的病人出现这些症状。有 40%～80% 的病人出现皮质脊髓束功能障碍，包括反射亢进、痉挛、跖底伸肌应答阳性等。50% 的病人有视觉障碍，包括视野缩小、皮质盲及视觉失认症（visual agnosia）。

格-史氏综合征主要是中年进行性小脑脊髓退行性变，伴有痴呆。平均病期为 5 年，平均发病时年龄为 43～48 岁（范围为 24～66 岁）。典型病例小脑症状突出，表现为痴呆多在晚期，伴智力低下，记忆力、注意力下降及认知行为障碍。小脑功能障碍表现为笨拙及步行困难。

致死性家族性失眠症（fatal familial insomnia，FFI）是一种少见的人类朊病毒病。患者表现为进行性失眠、自主神经功能异常（包括多汗症、高温度、心跳过速及高血压）、运动紊乱（包括共济失调、肌阵挛、痉挛、反射亢进及发音困难）。患者常有静止-活动的生理规律错乱或消失。精神状态异常包括幻觉、谵妄、错乱、记忆丧失及注意力减退，但多无明显的痴呆。

在羊的瘙痒病中，朊病毒感染导致神经元纤维束、淀粉样原纤维、瘙痒病相关纤维（scrapie-associated fibril，SAF）、淀粉样斑等的形成。这些病理产物在化学和免疫学上与神经元中的一种 10nm 神经丝相关。朊病毒干扰这种神经丝的产生，导致神经丝在核周体内堆积以及神经元溶解，或者启动不正常神经丝的产生，导致淀粉样原纤维和淀粉样斑的形成。

1986 年在英国发现疯牛病。病牛往往突然发作，表现为颤抖，对声音和触摸反应过敏，易惊，有攻击行为甚至狂暴。产奶减少，体重下降。体位异常，后肢共济失调，晚期不能站立，并因衰竭而死亡。病程 2～3 周，长者可达 1 年，最终死亡。感染牛多为 3～5 岁，22 月龄即有发病记载。本病现已发现于欧洲的多数国家，加拿大、阿曼和苏丹等也从英国进口的牛中发现了本病，潜伏期为 2.5～8 年。

（二）流行病学

瘙痒病在绵羊和山羊中的传播早在 1936 年已用实验方法得到证明，同期水貂传染性脑病、黑尾鹿和麋鹿的慢性消耗病的传播也有记载。瘙痒病在英国及许多国家呈地方性流行已有 200 多年的历史，1986 年英国发生牛海绵状脑病（BSE）的流行，很多人将其归因于羊瘙痒病病原因子的传播，这一论点已得到实验室研究资料的支持，但未能证明羊身上有 BSE 样毒株，所以认为羊瘙痒病病原因子在传播给牛之前，必定先有变异，在传播到牛之后，便发展成新的特征性疾患。许多新的动物种属在 BSE 流行的先后也出现海绵状脑病，包括大弯角羚、阿拉伯直角大羚羊、短弯刀角大羚羊、南非大羚羊、老虎、猎豹、美洲狮、家猫等。在这些动物中，有些已被证实是由于 BSE 样毒株所引起，说明这种毒株在动物界的宿主广泛并有扩大之势，人类也在宿主范围之内。

绵羊与牛的 PrP 基因仅有 7 个密码子的差别，故而羊瘙痒病易传播给牛，而人与牛的 PrP 基因之间有 30 个以上的密码子差别，因而有些学者认为牛传播给人的可能性较小，但已经证实人 PrP^{SC} 蛋白可传播给田鼠。人与小鼠的 PrP 基因有 28 个密码子的差别，把患克-雅氏病或格-史氏综合征病人的脑组织接种到转人类部分 PrP 基因的小鼠，发现比携带人类全部 PrP 基因的小鼠发病更快，频率更高，说明 PrP 蛋白核心成分的相似性在促进发病中更为重要。

过去认为朊病毒病大多发生于 60 岁以上的老年人中，在英国报告的散发性克-雅氏病患者中，仅有 2 例为青年（16 岁、18 岁）。1995 年，英国已报告有 23 例新变异型，法国也报道 1 例（26 岁）；1998 年年底，共诊断出 39 例此类患者，以后不断有类似病例出现。不少学者认为这类患者虽与牛无接触史，但曾经与牛肉接触或进食患疯牛病的牛肉是可能性最大的发病原因，即使牛与人之间有高度有效的种属屏障，也不能排除大量接触过 BSE 的人群中少部分易感者已被感染的可能。可以认为 1995 年首次发现的病例可能来源于 BSE 大流行之前，其潜伏期大约为 5 年或更短。口服途径感染的辅助因素包括口腔黏膜损伤、扁桃体或胃肠道有感染灶、肠道线虫感染等。在人类组织中感染因子浓度最高的是大脑、脊髓及眼，其他器官或体液包括淋巴器官、肾脏、肺脏、脑脊液中也发现有感染物质存在。

四、病毒复制与分子感染机制

PrP^{SC}经水平传递，也许还经垂直传递。由 PrP^C 或其前体向 PrP^{SC} 的转变及复制，似乎不需要任何化学性修饰，一个 PrP^C 分子与一个 PrP^{SC} 分子结合，形成一个杂合二聚体（heterodimer）或三聚体（trimer），此二聚体会转化成两个 PrP^{SC} 分子，以后便可呈指数增殖，新产生的 PrP^{SC} 可催化愈来愈多的 PrP^C 分子变为 PrP^{SC}，在神经元等靶细胞内的大量 PrP^{SC} 聚合。用瘙痒病传染因子感染培养细胞的脉冲示踪（pulse-chase）实验表明，PrP^C 的转变是翻译后反应。瘙痒病蛋白接触到 PrP^{SC} 分子后，会使 PrP^C 发生构型转变成为致病性 PrP^{SC}。携带点突变或插入突变 *PrP* 基因的个体，突变的 PrP 分子有可能自发地转变成 PrP^{SC}。虽然起初随机反应可能达不到致病作用，一旦出现此类转变之后，会发生自动催化反应，使 PrP^{SC} 呈指数形式剧增。这一机制可以解释有些人的 PrP 分子在胚胎时发生了突变，历经数十年，并没引起中枢神经系统的退行性病变，因为 PrP^{SC} 在大脑中的蓄积是缓慢的。大脑中 PrP^{SC} 已有蓄积而 PrP^{SC} 的 mRNA 仍不改变，也说明这种转变是蛋白质的翻译后反应。朊蛋白以及体内外的朊蛋白现象，摆脱了传统信息类核酸物质的参与，可以将自身的异常构象信息传递给其他正常的类朊蛋白分子，使自身构象状态得到延续，此类现象称为蛋白质遗传。

朊病毒经口腔感染后，潜伏早期集中在淋巴组织。研究感染瘙痒病的动物发现，PrP^{SC} 主要聚集在某些特定的位置，如回肠远端、脾脏和淋巴结。关于朊病毒侵入中枢神经系统存在着 2 种假说：① "获得性功能" 假说，认为异常折叠的朊蛋白由于不能进一步被降解，而大量沉积在靶细胞部位，造成神经毒性；② "功能丧失性" 理论，认为正常 PrP 向异常 PrP 的转化，导致了正常 PrP 功能退化和丢失，进而它的神经生理保护功能也丧失。PrP 通过激活 caspase 蛋白酶家族成员，特别是死亡 caspase-3，引起细胞凋亡。

五、细胞培养与动物模型

与一般的病毒分类不同，朊病毒目前按照其分子结构、生物学特性及其宿主等进行分类。动物源及人源朊病毒经接种均可传染其他动物，如仓鼠、大鼠、雪貂、貂、绵羊、山羊、猪、牛、猴及黑猩猩，并可再现各种毒株的差异，只是潜伏期可能比原先天然宿主的缩短或延长。

根据某些生物学特性可区分瘙痒病朊病毒的毒株。以瘙痒病组织脑内接种纯系小鼠，记录其潜伏期与死亡率、脑组织的海绵样病灶及 PrP 斑，还可用 ID$_{50}$ 计算脑传染性的滴度。经仓鼠传代的实验株在脑内滴度可用来分析朊病毒毒株的 "纯度"。用比较滴定法（comparative titration）将 BSE 脑组织以 ID$_{50}$ 稀释，接种给小鼠，然后将发病的小鼠脑组织再次接种给小鼠接种物，杀死一只小鼠的相对剂量比杀死一头牛的剂量要大 1 000 倍以上，可以认为小鼠有种属屏障，牛无种属屏障，这种屏障作用大约可使潜伏期延长 3 倍。基于生物测定法，1g 病牛脑组织相当于 $10^{3.3}$ 个感染单位（约相当于 3 000 单位，每单位 0.33mg），注射感染小鼠的 ID$_{50}$ 约 0.5mg，1g 病牛脑组织可杀死 1 000 只小白鼠。由此推测，口服途径使人类感染至少要 1g BSE 大脑组织。

六、抗 原 性

用生物化学分析手段可区分朊病毒的来源。将人克-雅氏病脑组织样本用蛋白酶 K 处理后做免疫转印，可发现 4 种不同印迹，3 种分别代表遗传的、散发的和医源的克-雅氏病朊病毒，第 4 种代表新型克-雅氏病、牛及猫海绵状脑病的朊病毒。因为引起 PrP^{SC} 的是人体正常 PrP^C 的结构变异体，以其高度的耐受性而不为免疫系统所识别，甚至个别免疫系统可能为 PrP^{SC} 的增殖场所。感染本病之后没有抗体生成，经过漫长的潜伏期而发病之后随即迅速进展为神经变性，因而造成了治疗上的困难。

七、诊　　断

与其他传染病病原不同，朊病毒不产生抗体，因此无法用常规的免疫学方法对患者进行检测。国内外现有的几种抗体只能用于死后的尸检及发病后活检。然而朊病毒感染的最大特点之一是超长的潜伏期（牛 3～5 年，人一般 10 年），在潜伏期没有临床症状，也无血相和体征依赖诊断，而一旦出现症状，病程很短，通常数月内全部死亡，无一幸免。因而，对朊病毒来说，最迫切的任务是发展有效的检测试剂和诊断技术。

根据临床症状、遗传背景及可疑病牛的脑组织的组织病理学检查可对朊病毒做出诊断。常规检查应取最易感染的部位如中脑、脑干及颈部脊髓做切片，然后用抗 PrP 抗体做组织化学染色，或用脑组织提取液或脑脊液与抗体做免疫印迹。在脑组织中检出 PrP 斑或在脑脊液中检出 PrP 蛋白即可确诊。

克-雅氏病的临床诊断尤为困难，常规实验室检查及脑脊液检查常无异常。神经系统的影像检查很重要，可借以排除其他疾患，但不能用于确诊克-雅氏病。以往对这类疾患的确诊主要依靠脑活检或尸检，目前已有可能利用抗大脑蛋白质的单克隆抗体对患者的脑脊液进行免疫学检测并做出初步诊断。

Meyer 等将患牛海绵状脑病的病牛大脑及正常动物大脑分别经加热及硫氰酸胍（guanidine thiocyanate，GH）处理之后，设计一种定量酶联免疫吸附试验，可以将 PrP^C 及其转化的病理性 PrP^{SC} 明显地显现出来。

八、免疫预防与治疗

牛海绵状脑病、库鲁病、克-雅氏病、格-史氏综合征及 FFI 等都是致死性疾患，迄今尚无特效治疗方法。有报道认为用金刚烷胺（amantadine）、阿糖腺苷（vidarabine）及异丙肌苷（methisoprinol）治疗，可使病情改善。

现在只有防范和控制这类病毒在人或牲畜中的传播。用污染朊病毒的肉骨粉作饲料喂牛是产生牛海绵状脑病的原因。病牛所在的牛群应全部淘汰，加以焚毁。不能焚烧的物品及检验后的病料，用紫外线照射消毒无效。化学消毒剂中，比较有效的是浓缩漂白粉溶液或氢氧化钠溶液。最有效的办法是在一个多孔高压锅内 134℃ 1h 湿热高压灭活病毒。在干热条件下，即使到 360℃ 保持 1h 病毒仍会有传染性。

当进行诊疗操作（如静脉穿刺、腰穿等）时，或有可能接触被朊病毒污染的物质或病人的血、脑脊液、尿、粪便或其他体液时，应戴手套、口罩、防护大衣及保护性眼罩。

思　考　题

1. 流感病毒是怎样分类的？
2. 禽流感病毒有哪些血清型？
3. 如何鉴定流感病毒？
4. 被犬、猫咬伤后该如何处理？
5. 朊病毒的结构特征是怎样的？
6. 应该怎样预防朊病毒感染？

主要参考文献

高占成，冯子健，姜宁，2013. 人感染禽流感防治手册［M］. 北京：人民卫生出版社 .

龚祖埙，2006. 病毒的分子生物学及防治策略［M］. 上海：上海科学技术出版社 .

扈荣良，2015. 狂犬病［M］. 北京：中国农业出版社 .

金奇，2001. 医学分子病毒学［M］. 北京：科学出版社 .

李兰娟，2015. 人感染 H7N9 禽流感［M］. 北京：科学出版社 .

李梦东，2004. 实用传染病学［M］. 3 版 . 北京：人民卫生出版社 .

李鑫，2013. 关于朊病毒的综述［J］. 科学导报（12）：331.

陆承平，2013. 兽医微生物学［M］. 5 版 . 北京：中国农业出版社 .

王得新，2014. 朊蛋白与神经变性病传播［J］. 中国现代神经疾病杂志，14（7）：559 - 562.

王绍宾，2012. 朊病毒中朊蛋白及朊蛋白现象［J］. 医学分子生物学杂志，9（3）：216 - 220.

吴清民，2002. 兽医传染病学［M］. 北京：中国农业大学出版社 .

于康震，陈化兰，2015. 禽流感［M］. 北京：中国农业出版社 .

赵学敏，2006. 中国大陆野生鸟类迁徙动态与禽流感［M］. 北京：中国林业出版社 .

周航，李昱，陈瑞丰，等，2016. 狂犬病预防控制技术指南［J］. 中华流行病学杂志，37（2）：139 - 162.

Caterina Peggion，Alessandro Bertoli，Catia M Sorgato，2017. Almost a century of prion protein（s）：from pathology to physiology，and back to pathology［J］. BBRC（483）：1148 - 1155.

Roumita Moulick，Jayant B Udgaonkar，2017. Identification and structural characterization of the precursor conformation of the prion protein which directly initiates misfolding and oligomerization［J］. J Mol Biol（429）：886 - 889.

第十一章　主要畜禽病毒

病毒病易于传播，对畜禽的危害远远大于细菌病。在新城疫、猪瘟、口蹄疫等经典病毒病没有得到有效控制的形势下，20 世纪 90 年代新发的猪繁殖与呼吸综合征、断奶后仔猪多系统衰竭综合征、鸡包涵体肝炎等正在严重威胁着我国畜禽养殖业的健康发展，作为外来病之一的小反刍兽疫在我国已经发生并造成巨大经济损失。口蹄疫、高致病性禽流感、高致病性蓝耳病、猪瘟、新城疫被列为国内优先防治的一类动物疫病；猪伪狂犬病、马传染性贫血、禽白血病、猪繁殖与呼吸综合征（经典蓝耳病）为优先防治的二类动物疫病。另外，重点防范的外来动物疫病中的一类病包括牛海绵状脑病、非洲猪瘟、小反刍兽疫、口蹄疫（C 型、SAT1 型、SAT2 型、SAT3 型）、猪水疱病、非洲马瘟等疫病。引起畜禽疾病的病毒种类繁多，本章仅就猪瘟病毒、口蹄疫病毒和新城疫病毒进行介绍。

第一节　猪瘟病毒

猪瘟（swine fever, hog cholera）是由猪瘟病毒（*Classical swine fever virus*，CSFV）引起的猪的一种急性、热性传染病，传染性强，各种年龄均可发病，一年四季流行，该病的特征是高热稽留和小血管壁变性引起各器官的广泛性出血、梗死和坏死等。为了跟非洲猪瘟相区别，又称为古典猪瘟。猪瘟是引起我国养猪业损失最重要的传染病之一，在各地均有流行，其中以地区性散发为主。世界动物卫生组织（OIE）发布的、于 2017 年 1 月 1 日起生效的《OIE 疫病、感染及侵染名录》中，6 种猪病中就有猪瘟，我国将其列为优先防治的一类动物疫病。美国、加拿大、澳大利亚以及欧洲的一些国家已经宣布消灭了猪瘟。

一、形态结构

猪瘟病毒属于黄病毒科瘟病毒属。病毒粒子呈圆形，直径为 34～50nm，有二十面体对称的核衣壳，内部核心直径约 30nm。病毒粒子具有脂蛋白囊膜，表面具有纤突结构。

CSFV 的基因组为单链正链线状 RNA，仅含有 1 个长的开放阅读框，由 5′ 非编码区、开放阅读框以及 3′ 非编码区 3 部分组成。开放阅读框编码 1 个 3 898 个氨基酸残基的多聚蛋白前体，此多聚蛋白经病毒蛋白酶和宿主蛋白酶作用后又逐步剪接为 4 个成熟的结构蛋白（C、Erns、E_1 和 E_2）和 8 个非结构蛋白（N^{pro}、P_7、NS_2、NS_3、NS_{4A}、NS_{4B}、NS_{5A} 和 NS_{5B}），由 5′ 端至 3′ 端分别为 N^{pro}、C、Erns、E_1、E_2、P7、NS_2、NS_3、NS_{4A}、NS_{4B}、NS_{5A} 和 NS_{5B}。

病毒粒子含有 4 种结构蛋白，其中 C 为核衣壳蛋白，Erns、E_1 和 E_2 为组成病毒囊膜结构的糖蛋白。E_1 和 E_2 可以通过二硫键构成异源二聚体。

N^{pro} 是 CSFV 编码的第一个蛋白，具有自身蛋白酶活性，能以自催化的方式从正在翻译的多聚蛋白上切割下来成为成熟的病毒蛋白。N^{pro} 对于 CSFV 的复制是非必需的，但在病毒逃逸宿主细胞天然免疫过程中扮演着重要角色。多聚蛋白中的 NS_2 和 NS_3 首先以 NS_2-NS_3 融合蛋白形式存在，NS_2 蛋白具有自身蛋白酶活性，可将融合蛋白裂解成 NS_2 和 NS_3 单体，这 2 个蛋白不仅在病毒复制和病毒粒子组装过程中发挥重要作用，对宿主细胞的生理功能也具有调节作用。NS_{4A} 与 NS_3 蛋白单体及 NS_{5A}、NS_{5B} 形成病毒 RNA 复制复合物，参与病毒基因组的合成。P7 蛋白是一个疏水多肽，连接结构蛋白和非结构蛋白，对于病毒粒子的形成和病毒的毒力至关重要。

二、理化特性

猪瘟病毒粒子在蔗糖密度梯度中的浮密度为 $1.15\sim1.16g/cm^3$，等电点为 4.8。猪瘟病毒不耐热，在 56℃ 60min 或者 60℃ 10min 便失去感染性，但是在脱纤血液中经 64℃ 60min 或者 68℃ 30min 仍不灭活，在 4℃ 条件下可存活 60d 以上。猪瘟病毒在 pH 5～10 条件下稳定，但在 pH 3 条件下不耐受。猪瘟病毒对乙醚、氯仿和去氧胆酸盐敏感，迅速丧失感染性。对胰蛋白酶有中等程度的敏感性。二甲基亚砜（DMSO）对病毒囊膜中的脂质和脂蛋白有稳定作用。10% DMSO 溶液中的猪瘟病毒对反复冻融有耐受性。

猪瘟病毒不能凝集红细胞。1%次氯酸钠、2%氢氧化钠在室温 30min 可将猪瘟病毒杀灭。

三、致病性与流行病学

（一）致病性与致病机制

猪瘟病毒侵入猪体后，首先在扁桃体的隐窝上皮细胞内增殖，然后扩散到周围的淋巴网状组织，并在脾脏、骨髓、内脏淋巴结以及小肠黏膜中的淋巴样组织大量增殖，最后侵入实质器官。猪瘟病毒对猪淋巴细胞有特殊嗜性，外周血低密度粒细胞和单核巨噬细胞是 CSFV 感染的主要靶细胞，感染后单核巨噬细胞的功能发生改变，从而影响脉管和免疫系统，出现皮肤、黏膜、脏器的淤血性出血以及脾梗死，感染还可导致淋巴细胞衰减、T 细胞活性受抑制，并伴随淋巴器官和骨髓的衰退性变化。猪瘟病毒引起 $CD8^+$ T 细胞发生缺失，使感染猪无法产生有效的细胞毒性 T 细胞反应。病毒感染还损害淋巴组织的生发中心，阻碍 B 细胞的成熟，从而导致循环系统及淋巴组织中的 B 细胞缺失。CSFV 对猪免疫系统的损伤是导致急性致死性猪瘟的一个重要原因。

病毒通常在感染后 5～6d 扩散至全身，并且经过口、鼻、泪腺分泌物、粪便、尿液排泄到外界环境中。强毒力毒株引起急性感染，可导致内皮细胞变性、血小板严重缺乏和纤维蛋白原合成障碍等，使机体发生多发性出血而死亡。中等毒力毒株可导致急性或者亚急性感染，或者经过急性期转化为慢性型或者温和型。某些弱毒力毒株感染妊娠母猪后可穿过胎盘感染胎猪，引起流产、死胎等繁殖障碍。

不同品种和年龄的猪对猪瘟病毒均易感，幼龄猪最为敏感。自然感染的潜伏期为 3～8d。最初症状是沉郁和食欲下降，体温高达 41～42℃，高温常持续至濒死前。多数病猪呈现明显的后肢无力，运动失调，常见结膜炎。病猪呕吐，先便秘，后下痢；腹部皮肤以及耳和鼻镜上常有红色或紫色的出血斑，甚至有皮肤坏死区；呼吸困难、支气管炎和咳嗽也是常见症状。某些毒株有嗜神经性倾向，病猪呈现类似于脑脊髓膜炎的神经症状。怀孕母猪感染后出现死胎、流产、木乃伊胎或死产。病期 5～16d。急性型的死亡率高达 90% 以上。

（二）流行病学

猪瘟病毒的自然储存宿主主要是隐性的带毒动物，特别是母猪和野猪。猪瘟经直接或间接接触而传播，病毒随病猪的分泌物和排泄物或污染的饲料和饮水进入猪体内。病猪的尿和鼻、眼分泌物往往具有极高的传染性。未煮透的泔水和下脚料也是传播猪瘟病毒的重要途径。

四、病毒复制与分子感染机制

猪瘟病毒进入细胞后，释放核酸，作为 mRNA 合成结构蛋白和非结构蛋白（酶），在依赖于 RNA 的 RNA 聚合酶的作用下，从基因组的 3′端到 5′端方向复制合成负链 RNA，与正链 RNA 形成复制中间体，然后复制中间体产生大量的子代正链 RNA，参与后续的蛋白质合成和病毒粒子装配过程。

五、细胞培养与动物模型

猪瘟病毒可以在某些猪源的原代细胞上增殖，如骨髓、睾丸、肺脏、脾脏和肾脏的细胞以及白细胞，亦能在某些传代细胞系上增殖，如猪肾细胞（PK15 细胞）、猪睾丸细胞（ST 细胞）等。此外，也可用原代羊肾细胞、牛睾丸细胞进行猪瘟兔化弱毒疫苗（HCLV，一种人工致弱的弱毒株）的生产。虽然猪瘟病毒可以在某些细胞中复制，但是不产生细胞病变效应。病毒成分在细胞质内合成和装配后，以芽生法成熟并释放。细胞培养物中病毒的传播有 3 种方式：一是从感染细胞内释放的病毒粒子经培养液感染新的易感细胞；二是被感染细胞通过有丝分裂直接传给子代细胞，向培养液中加入猪瘟抗血清不影响病毒感染滴度；三是通过细胞间桥在细胞之间传播病毒。强毒力的猪瘟病毒比弱毒力毒株在 PK15 细胞系中增殖速度快，并且可产生较高的滴度。

六、抗　原　性

猪瘟病毒与瘟病毒属的其他成员相比，遗传上比较保守，只有一个血清型，但是根据核苷酸序列将其分为 3 个基因型、10 个基因亚型，不同毒株之间在抗原性上也存在一些差异，出现了不同的免疫逃避毒株。目前，对猪瘟病毒进行差异分析的常用方法是系统进化树分析，但基因序列上的差异与抗原性差异并不一致。不同的分离株毒力有差异，在自然流行中往往出现强、中、弱等不同毒力的毒株。

Erns 蛋白能够刺激机体产生对猪瘟病毒的免疫能力，由于编码 Erns 蛋白的核苷酸序列保守性相对较高，因此 Erns 可作为免疫防控猪瘟的靶蛋白。E_1 蛋白存在于病毒囊膜内，无法诱导机体产生猪瘟病毒中和抗体，E_2 蛋白是猪瘟病毒的主要保护性抗原蛋白。在结构蛋白中 E_2 蛋白比较容易发生变异，而 E_2 蛋白又与病毒感染以及抗体生成有关，因此 E_2 蛋白的变异性能够使猪瘟病毒对环境有较强的适应性，同时又能导致疫苗免疫失败。不同毒株 E_2 蛋白核苷酸序列差异常被用于瘟病毒属中不同成员之间区别的依据之一。

猪瘟病毒与同属的牛病毒性腹泻病毒 1 型、牛病毒性腹泻病毒 2 型、绵羊边界病病毒和长颈鹿瘟病毒在血清学上有交叉反应，通过血清学反应很难鉴别区分。

七、诊　　断

流行病学、临床症状和病理变化可作为诊断猪瘟的重要依据，但确诊必须进行病毒的分离鉴定或抗体测定。多年来，世界各国对猪瘟的实验诊断进行了大量研究，现已被实际采用的有以下几种方法。

1. 病毒分离　病毒分离是目前体外检测感染性猪瘟病毒最特异的方法。可以从组织、全血中分离病毒，白细胞是分离病毒的最佳样品。白细胞以及单核细胞在动物感染病毒后较长时间才能感染病毒，因此，对于猪瘟的早期诊断，选用全血或血浆可能比白细胞更为敏感。取病变组织（扁桃体、脾脏、淋巴结等）研磨成乳液，离心、过滤后，接种于 PK15 细胞或猪睾丸细胞培养，猪瘟病毒不产生细胞病变效应，接毒 48～72h 后，用冷丙酮固定，进行免疫荧光或免疫酶染色，镜检。

2. 免疫组化技术和免疫荧光抗体技术　免疫组化技术和免疫荧光抗体技术可对猪瘟进行快速、敏感的检测。感染后 2d 即可在扁桃体中检测到猪瘟病毒抗原，淋巴结、脾脏以及胰腺均可作为病毒早期检测的组织样品。利用扁桃体采样器从活猪中直接采取扁桃体，可用于猪瘟的早期诊断。荧光抗体技术检测结果显示强毒病毒抗原的荧光明显，且可见于许多上皮细胞和淋巴细胞的细胞质内；弱毒病毒抗原通常只能见于扁桃体隐窝上皮的细胞质内，荧光呈斑点状，例如接种 C 株兔化弱毒疫苗的猪仅能在注射疫苗 1 周左右在扁桃体中找到弱的荧光斑。

3. 核酸扩增技术　病毒核酸的检测多采用逆转录 PCR（RT-PCR）方法。套式 RT-PCR 方法是检测猪瘟病毒更敏感的方法，但比较费时，不适用于大量样品的检测。实时荧光定量 PCR 技术（FQ-PCR 技术）在基因表达水平的分析、病原体的定性和定量检测等方面得到了广泛应用，其敏感性高于病毒分离，可进行大量样品的检测。环介导等温扩增技术（LAMP）是一种在等温条件下，依赖于自动循环的链置换技术，需要针对靶序列上的 6 个区域设计 4 条引物。该方法特异性强，灵敏度高，不需要 PCR 仪，操作简单方便。

4. 血清中和试验　血清中和试验可以测出动物体内的抗体，但因弱毒疫苗的推广应用，猪群中的猪瘟抗体滴度普遍较高，故应进行双份血清的检查（时间间隔 2 周，抗体效价差 4 倍以上），才能确立抗体滴度增高与现症的关系。目前已建立数个特异的检测血清抗体的 ELISA 方法，使用最广泛的是针对猪瘟病毒 E_2 蛋白的 ELISA。E_2 蛋白亚单位疫苗免疫的猪只产生针对 E_2 蛋白的抗体，而自然感染的猪能产生针对不同蛋白的抗体，因而可以用检测 Erns 蛋白抗体的 ELISA 方法来区分自然感染猪和 E_2 蛋白亚单位疫苗免疫猪。

八、免疫预防与治疗

猪瘟流行地区控制、消灭猪瘟的有效措施是注射猪瘟疫苗。活病毒疫苗多是通过猪瘟病毒的野生毒株人工致弱而来。中国猪瘟兔化弱毒（C 株）是我国唯一一株经批准用于生产的弱毒疫苗株，能同时诱导体液免疫和细胞免疫，对种猪、乳猪无残余毒力，免疫猪可以抵抗不同来源的猪瘟强毒株的攻击，并有强持久的免疫性，是世界上公认的最有效和安全的弱毒疫苗，在国内外被广泛应用，对猪瘟的防控起到了重要的作用。目前常用的猪瘟疫苗有 3 种，即猪瘟细胞活疫苗（细胞苗）、猪瘟乳兔组织活疫苗（组织苗）、猪瘟脾淋活疫苗（组织苗）。猪瘟病毒基因工程疫苗研究近几年也取得了一定进展。猪瘟病毒 E_2 蛋白亚单位疫苗已有商品化的产品，可对猪体提供一定的保护力。用减毒伪狂犬病毒表达的猪瘟病毒囊膜糖蛋白 E_2 免疫后在猪体内产生了高滴度猪瘟病毒中和抗体，可对猪群提供免疫保护。

在暴发猪瘟的国家进行加强免疫，建立免疫带，对于最终消灭猪瘟是非常必要的。另外，若某个国家的家猪群中无猪瘟，而野猪群中出现了猪瘟病毒，则对家猪群进行疫苗注射是非常有用的，可以防止猪瘟病毒由野猪传播给家猪。

第二节　口蹄疫病毒

口蹄疫（foot and mouth disease，FMD）是由口蹄疫病毒（*Foot-and-mouth disease virus*，FMDV）引起的一种主要侵害偶蹄兽的急性热性高度接触性传染病，是全球最重要的动物健康问题之一，为 OIE 通报疫病，我国将 A 型、亚洲 I 型及 O 型口蹄疫列为优先防治的一类动物疫病。口蹄疫病毒主要感染偶蹄兽，被感染动物的口腔黏膜、蹄部和乳房等皮肤发生水疱和烂斑，幼龄动物多因心肌炎导致死亡。人偶尔也能感染口蹄疫病毒，多发生于与病畜密切接触人员或者实验室工作人员，多为亚临床感染，亦可引起发热以及口、手、脚等部位产生水疱。

一、形态结构

FMDV 属于小 RNA 病毒科口蹄疫病毒属，是已知最小的动物 RNA 病毒。病毒粒子直径 20～25nm，呈圆形或六角形，为二十面体对称，无囊膜。取病毒感染细胞培养物作超薄切片，进行电子显微镜检查，常可见到细胞质内呈晶格状排列的口蹄疫病毒。

FMDV 为单链正链 RNA 病毒，基因组全长约 8 400 个核苷酸，具有感染性，占全病毒质量分数的 31.8%，决定病毒的感染性和遗传性。病毒基因组由 5′非编码区（5′-UTR）、开放阅读框（ORF）和 3′非编码区（3′-UTR）及 poly（A）尾巴组成（图 11-1）。5′-UTR 长约 1 200nt，含有 S 片段、poly（C）和内部核糖体进入位点（IRES）等，并在其 5′端连有一个 VPg。开放阅读框长约 6.5kb，由 L 基因、P_1 结构蛋白基因、P_2 和 P_3 非结构蛋白基因组成，编码一个大的聚合蛋白。ORF 在病毒基因翻译的同时，也伴随着聚合蛋白的剪切、折叠等翻译后的加工，最终产生 4 个结构蛋白（VP_4、VP_2、VP_3 和 VP_1）和 10 个非结构性蛋白（L、2A、2B、2C、3A、$3B_1$、$3B_2$、$3B_3$、3C 和 3D）。

FMDV 的单链 RNA 基因组和 60 个拷贝的 4 种结构蛋白 VP_4（1A）、VP_2（1B）、VP_3（1C）、

VP$_1$（1D）共同组成病毒粒子。L、2A 和 3C 蛋白是小 RNA 病毒编码的蛋白酶，而且在病毒多聚蛋白的加工过程中发挥着关键的作用。P$_1$ 在 2A 和 3C 蛋白酶的作用下裂解产生 VP$_4$、VP$_2$、VP$_3$ 和 VP$_1$ 等 4 种结构蛋白，P$_2$ 区依次编码 2A、2B、2C 3 种非结构蛋白。P$_3$ 区编码 3A、3B、3C 和 3D 4 种非结构蛋白。3A 是小 RNA 病毒复制复合体与膜结构结合的锚定蛋白，与病毒诱导的细胞病变效应和阻断细胞内蛋白的分泌有关。3C 蛋白被认为是一种丝氨酸蛋白酶，主要负责多聚蛋白前体的加工和成熟。3D 蛋白是病毒编码的 RNA 依赖性聚合酶，RNA 的合成主要由 3D 参与完成。VP$_1$、VP$_2$、VP$_3$ 组成衣壳蛋白亚单位，位于 FMDV 衣壳的表面，一个蛋白亚单位构成病毒粒子二十面体的一个面，用酸处理 FMDV，可使每个病毒粒子释放出 20 个蛋白亚单位。VP$_4$ 与 RNA 紧密结合，是病毒粒子的内部成分。

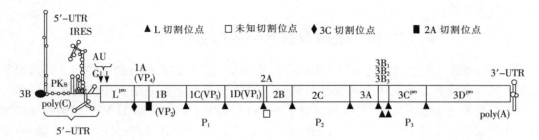

图 11-1　口蹄疫病毒基因结构

二、理化特性

在以超速离心技术制备的口蹄疫病毒样品中，可以见到不同大小的几种粒子。最大的颗粒为完整病毒，直径 25nm，在氯化铯中的浮密度为 1.43g/cm^3。稍小的一种颗粒为空衣壳，直径 21nm，在氯化铯中的浮密度为 1.31g/cm^3。空衣壳不含 RNA，所以没有感染性。最小的一种颗粒为衣壳蛋白亚单位，其直径是 7nm。

口蹄疫病毒在 4℃比较稳定，于 -70～-50℃可以保存几年之久。37℃于 48h 内使病毒灭活。最适 pH 为 7.4～7.6，于酸性环境中迅速被灭活。但是各毒株对热和酸的稳定性不尽一致。1mol/L 氯化镁对热灭活有促进作用。70℃加热 15s 可使乳及乳制品中的口蹄疫病毒灭活，乳变酸时病毒迅速失活。

直射日光可快速灭活病毒，但在饲草、被毛等污染物品中，病毒却可存活几周之久。在厩舍墙壁和地面的干燥分泌物中，病毒至少可以存活一个月。常用消毒剂，如苯酚、乙醇、乙醚、氯仿等有机溶剂以及吐温 80 等去垢剂对病毒的灭活作用不理想。乳酸、次氯酸和 35％～40％甲醛较有效。野外条件下常用 2％氢氧化钠或 4％碳酸钠作为消毒剂。动物死亡后因尸体迅速产酸，故肌肉中的病毒很快灭活，但在腺体、淋巴结和骨髓中的病毒可存活几周。

三、致病性与流行病学

（一）致病性与致病机制

口蹄疫病毒各型在致病性上没有多大差异，它们引起的症状基本相同，主要引起口腔黏膜、蹄部及乳房的皮肤形成水疱和烂斑，在病畜的水疱皮和水疱液中含毒量最高。病毒侵入机体后首先在侵入部位的上皮细胞内增殖，引起浆液性渗出而形成原发性水疱（此时通常不易发现）。1～3d 后病毒进入血液形成病毒血症，造成机体体温升高并出现全身症状。病毒随着血液分布到口腔黏膜、蹄部、乳房皮肤等处继续增殖，引起局部组织内的淋巴管炎，造成局部淋巴淤滞、淋巴栓，若淋巴液渗出淋巴管外则形成继发性水疱。水疱不断发展、融合甚至破溃，此时患畜体温恢复正常，血液中病毒量减少乃至消失，但逐渐从乳、粪、泪、涎水中排毒。此后病畜进入恢复期，多数病例好转。有些幼龄动物因病毒危害心脏导致急性心肌炎、心肌变性、坏死而死亡。病毒可在动物的咽、食道上皮内持续存在很长时间，感染数周至数年后仍可从咽、食道的分泌物中分离到病毒。自然感染和免疫动物均可产生持续性感染。

（二）流行病学

口蹄疫在自然条件下仅感染偶蹄兽，牛最易感，猪次之，羊为隐性带毒。病畜是口蹄疫的主要传染源，其至在潜伏期就能排毒。水疱皮、水疱液、奶、唾液、尿及粪便含毒量最多，毒力也最强，易于传染。猪不能长期带毒，牛、羊及野生偶蹄动物可隐性带毒。病毒通过直接接触传播。污染的畜产品、饲料、草场、饮水和水源、交通工具、饲养工具都可传播本病。空气也是重要的传播媒介。口蹄疫传播迅速，且可跳跃式传播。该病发生没有严格的季节性，流行有明显的季节性，一般冬春季易发生大流行。

四、病毒复制与分子感染机制

小 RNA 病毒感染细胞时通过不同病毒成分与宿主蛋白的互作来进行信号传导，并逃避宿主的免疫机制，最终完成其在宿主体内的移行和复制。FMDV 必须识别并结合一种或多种受体分子才能起始感染。目前已知的 FMDV 受体包括与 FMDV 结构蛋白 VP_1 的 G-H 环上细胞黏附基序相互作用的 4 种整联蛋白受体 $\alpha v \beta 3$、$\alpha v \beta 6$、$\alpha v \beta 1$ 和 $\alpha v \beta 8$，以及与 FMDV 结构蛋白 VP_3 上第 56 位残基精氨酸相互作用的硫酸乙酰肝素（HS）受体。FMDV 首先通过细胞表面的受体吸附宿主细胞，然后通过受体介导的内吞途径进入细胞。脱去衣壳的 RNA 在细胞内进行翻译。FMDV 只有一个读码框，翻译后形成多聚蛋白。前体多聚蛋白经过裂解最终形成 L、1A、1B、1C、1D、2A、2B、2C、3A、3B、3C、3D 等成熟蛋白，其中 3D 具有聚合酶活性。病毒 RNA 以 VPg 为引物，以 3D 为 RNA 聚合酶，以 3A、2B、2C 及一些宿主蛋白形成复制复合体，附着于细胞质内的膜结构上合成负链 RNA，再以负链 RNA 为模板合成正链 RNA，新合成的正链 RNA 包被完整的衣壳即成为一个病毒粒子。成熟的病毒粒子随着细胞的死亡而释放。

五、细胞培养与动物模型

FMDV 可在牛舌上皮细胞、牛甲状腺细胞、牛胎皮肤-肌肉细胞以及猪和羊胎肾细胞、豚鼠胎儿细胞、胎兔肺细胞、仓鼠肾细胞等细胞内增殖，并常引起细胞病变。其在猪肾细胞中产生的细胞病变常较牛肾细胞更为明显，以细胞圆缩和核致密化为特征。犊牛甲状腺细胞培养物对 FMDV 极为敏感，病毒产量高，尤其适合感染组织中病毒的分离。BHK-21 细胞广泛用于 FMDV 的增殖，经 2h 的隐蔽期，此后病毒开始增殖，20～40h 达高峰。应用荧光抗体技术进行检测，首先可在细胞核周围看到荧光（病毒抗原），随后细胞质全部发生强烈荧光。每个细胞产生的病毒量可达 370 个蚀斑形成单位。

六、抗 原 性

FMDV 有 7 个血清型，即 A、O、C、SAT1（南非 1 型）、SAT2（南非 2 型）、SAT3（南非 3 型）和 Asia1（亚洲 1 型）。每个血清型又包含若干亚型。FMDV 不同血清型之间几乎没有交叉免疫性，同血清型内的亚型之间仅仅有部分交叉免疫性。FMDV 的 7 个血清型在全世界并不是均匀分布，其中 O 型和 A 型分布最广，主要集中在中国、韩国、缅甸等一些经济欠发达的地方广泛暴发，而 C 型现在仅印度发生过。目前，欧洲、北美洲、中美洲和大洋洲无口蹄疫。

FMDV 衣壳蛋白 VP_1 上的 RGD 序列（细胞黏附基序——精氨酸、甘氨酸和天冬氨酸）是细胞表面受体的配体，是 FMDV 侵染细胞所必需的。VP_1 能诱导动物产生中和抗体，也是抗原性的高变区。分析该高变区对研究 FMDV 的遗传变异、口蹄疫流行病学及新型疫苗的研制都具有重要意义。编码 VP_2 蛋白的基因保守性强，VP_2 蛋白可以诱导机体产生特异性抗体，可建立不依赖于血清型的口蹄疫抗体检测方法。VP$_3$的第56位残基精氨酸对硫酸乙酰肝素受体的识别具有决定性的作用。VP$_4$与诱导产生中和抗体有关，完整的病毒粒子和空壳体有免疫原性，而壳微体没有，差别的形成是由于壳微体缺少VP$_4$。故认为VP$_1$发挥免疫原性可能需要VP$_4$的存在。

七、诊　　断

根据临床症状、流行病学，可对口蹄疫进行初步诊断。由于口蹄疫、水疱性口炎、水疱疹和猪水疱病等4种疾病的临床症状极为相似，所以应采用敏感的检测方法加以确诊。在确定为FMDV之后，再作型和亚型的鉴定。目前常用的检测方法包括以下几种。

（一）动物接种

乳鼠、豚鼠、仓鼠、乳兔、鸡胚可用于FMDV的分离。豚鼠是长期以来成功地用于实验感染的实验动物。接种于预先划破跖部的皮肤，或作皮内注射，第二天即可在感染部位见到小水疱，其水疱在2d内被吸收而消失，不遗留糜烂面，但在豚鼠口腔内发生继发性水疱，豚鼠消瘦，并有部分死亡。

（二）血清学试验

通常应用补体结合试验进行FMDV的分型鉴定。用O、A、C等各型标准阳性血清与病毒抗原进行补体结合试验，常可在2~3h内得出结果，是目前普遍应用的方法。病毒中和试验是最经典和最具权威性的口蹄疫检测方法。国际检疫条款规定用此法判定进出境动物是否感染或携带FMDV。

ELISA是最常用于诊断口蹄疫的血清学检测技术，具有灵敏、廉价、快速且易于实现自动化操作等优点，不仅适用于大量临床标本的检测，也适合血清流行病学调查。为防止口蹄疫扩散，过去常使用融合蛋白和多肽代替完整病毒作为抗原建立ELISA检测方法。融合蛋白虽然避免了散毒风险，但仅有线性表位而缺少构象表位，不能完全代替完整病毒颗粒，而空衣壳结构与完整病毒极为相似，含有连续和间断的B细胞表位和T细胞表位，目前已成为口蹄疫诊断和疫苗研究的新热点。

一般情况下，灭活疫苗在生产过程中经抗原纯化环节除去了绝大部分非结构蛋白，免疫动物几乎不产生非结构蛋白抗体，而自然感染动物既产生非结构蛋白抗体又产生结构蛋白抗体，因此检测非结构蛋白抗体对于区别免疫动物与感染动物具有重要意义。3D非结构蛋白属于RNA聚合酶的核心成分，在所有7种血清型中具有高度的保守性，因此理论上使用3D原核表达蛋白建立的ELISA方法可以检测全部7种血清型病毒的感染。据报道，多次注射疫苗的动物体内也能够检测到3D抗体，这说明要从免疫动物中区分感染动物，在检测3D抗体的同时还应当检测其他非结构蛋白抗体以提高准确性。3A、3B、3C蛋白在FMDV感染细胞裂解物中含量极低，并具有很强的免疫原性，所以理论上3A、3B、3C蛋白也适合在ELISA中作抗原使用。

（三）分子生物学诊断技术

RT-PCR技术可以快速检测出肉类或食道、咽部分泌物等样品中的FMDV，在口岸进出境动物及其产品检疫中普遍应用。PCR技术不仅可用于检测组织中存在的病毒，还可以进行病毒血清型的鉴定。

八、免疫预防与治疗

按照《OIE陆生动物卫生法典》要求，口蹄疫的控制一般分为非免疫无口蹄疫国家、免疫无口蹄疫国家、口蹄疫感染国家、非免疫无口蹄疫地区、免疫无口蹄疫地区和口蹄疫感染地区。在免疫无口蹄疫国家（地区）和口蹄疫感染国家（地区）可以通过接种疫苗进行预防，所用疫苗应该符合OIE的标准。接种疫苗前先测定发生口蹄疫的病毒血清型，然后再进行接种。

传统的口蹄疫疫苗分为两种：灭活疫苗和致弱活疫苗，目前主要利用灭活疫苗来防治口蹄疫。

致弱活疫苗因其安全性不高，在很多国家禁止使用，目前世界上只有少数国家在使用。我国禁止使用弱毒活疫苗，主要应用灭活疫苗进行口蹄疫的防控，利用 DNA 重组技术先后开展了包括亚单位疫苗、合成肽疫苗和基因工程活载体疫苗等新型口蹄疫疫苗的研究，并取得了一定的成果。研究者将口蹄疫病毒的 P_1 区基因重组到痘苗病毒上，构建重组病毒，免疫小鼠后可以刺激产生大量针对该型的抗体，并可以抵抗同型病毒的攻击。复旦大学等单位以 VP_1 的活性肽基因串联片段取代猪的 IgG 的 H 链可变区 CDR3 区构建的 DNA 疫苗，对豚鼠和猪免疫，有 T 细胞反应和抗体产生。将 VP_1 和 VP_4 共表达蛋白免疫动物，均可产生很高的免疫效力。

第三节　新城疫病毒

新城疫病毒（*Newcastle disease virus*，NDV）属于副黏病毒科副黏病毒亚科禽腮腺炎病毒属。所引起的新城疫（Newcastle disease，ND）是一种急性、高度接触性和高度毁灭性的疾病。新城疫病毒可感染鸡、火鸡、鸵鸟、鸽子、孔雀及其他野鸟等多种禽类。鸡对此病高度敏感，临床上表现为呼吸困难、下痢、神经症状、黏膜和浆膜出血，常呈败血症。水禽易感，但很少表现严重的临床症状。新城疫为 OIE 通报疫病，我国将其列为优先防范的一类传染病。

一、形态结构

NDV 粒子直径为 100～250nm，呈圆形或不规则形态（囊膜破损）。NDV 具有囊膜，囊膜上的纤突长 8～12nm。纤突具有血凝素和神经氨酸酶活性。

NDV 为单链负链不分节段的 RNA 病毒，整个基因组全长 15.2nt，是所有副黏病毒科成员中最小的。病毒粒子内部为一直径约 17nm 的卷曲的核衣壳，其内含有依赖 RNA 的 RNA 聚合酶，外有一个双层脂质囊膜，其内衬有一层基质蛋白。NDV 基因组编码 6 种结构蛋白，即核衣壳蛋白（NP）、磷酸化蛋白（P）、基质蛋白（M）、融合蛋白（F）、血凝素-神经氨酸酶（HN）和高分子质量的 RNA 聚合酶（L），顺序为 3′-NP-P-M-F-HN-L-5′（图 11-2）。结构蛋白在病毒粒子中的分布可分为两类：一类为内部蛋白，包括 NP、P 和 L，这 3 种蛋白共同参与病毒 RNA 的转录与复制，形成有活性的 mRNA；另一类为外部蛋白，包括 HN、F 和 M。其中 HN、F 是两种糖基化蛋白，位于囊膜外表面，分别形成大、小纤突；M 是非糖基化蛋白，存在于病毒囊膜内层，部分镶嵌在病毒囊膜内，另一部分与核衣壳相互作用，构成囊膜的支架。NP 与病毒基因组 RNA 结合，可以防止基因组 RNA 的降解。P 基因是 NDV 唯一的编码多蛋白基因，除编码 P 蛋白外，还可以通过 RNA 编辑作用，编码产生 V 和 W 两个非结构蛋白。P、V 和 W 这 3 种蛋白虽然具有共同的氨基端，但羧基端的氨基酸组成和长度都不同。L 是病毒 RNA 聚合酶的两个亚单位之一，与 P 形成的复合物具有 RNA 依赖的聚合酶活性。L 与 NP、P 构成核糖核蛋白复合体。

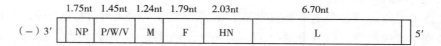

图 11-2　新城疫病毒基因组及其编码蛋白模式

NDV 基因组 3′端为引导序列，长度为 55nt。基因组 5′端为尾随序列，长度为 114nt、113nt（Beaudette C 株）。引导序列与尾随序列是 NDV 基因组重要的调控区，调节病毒 RNA 的复制和转录。NDV 毒株基因组的引导序列与尾随序列互补，尤其是前 8 个碱基完全互补。

NDV 基因组本身不具有感染性，既是 mRNA 转录的模板，也是复制与基因组互补的 RNA 中间体（正链 RNA）的功能性模板。在感染细胞中，NDV 的各种 mRNA 均具有 3′端 poly（A）尾和 5′端帽子结构。

根据 NDV 基因组结构和遗传发生的差异，可将 NDV 分为两大类，即Ⅰ类和Ⅱ类。当前所用疫苗株和引起历史上新城疫 4 次大流行的毒株均属于Ⅱ类。根据病毒 F 蛋白基因的序列，从分子流行病学角度可以将目前Ⅱ类中的 NDV 分为Ⅰ～Ⅸ 9 个基因型。

二、理化特性

NDV 的抵抗力不强，容易被干燥、日光及腐败灭活，在直射日光下 30min 或 55℃ 45min 可灭活病毒。在阴暗潮湿、寒冷的环境中，病毒可以生存很久，4℃ 几周、－20℃ 几个月、－70℃ 几年的条件下病毒的感染力均不受影响。新城疫暴发后 2～8 周，仍能从鸡舍、产蛋巢、蛋壳及羽毛中分离到病毒。NDV 对去垢剂敏感，普通消毒剂及脂溶剂均易将其灭活，对氯仿、乙醚、胰蛋白酶和盐酸（pH5.0）敏感，0.1％甲醇溶液能完全灭活病毒。病毒颗粒在蔗糖中的浮密度为 $1.18\sim1.20g/cm^3$。NDV 具有血凝性，可凝集所有两栖类、爬行类、禽类的红细胞，凝集牛、绵羊、山羊、猪、马及人 O 型红细胞的能力则随毒株而异。

三、致病性与流行病学

（一）致病性与致病机制

NDV 各毒株对不同宿主的致病力有很大差别。根据毒力的强弱可分为 3 种类型，即速发型（强毒株型）、中发型（中毒株型毒株）和缓发型（弱毒型或无毒型毒株）。鸡对 NDV 高度敏感，鸭和鹅也可被感染，但不表现临床症状。人也可被感染，引起急性结膜炎。幼龄鸡感染后会突然死亡；较大的鸡病程延长，并出现明显的临床症状。

自然感染条件下，NDV 侵入宿主的途径主要是呼吸道和眼结膜，也可经消化道侵入。病毒吸附于上皮细胞后迅速侵入细胞，可在 24h 内完成第一轮复制，释放病毒，引起病毒血症，并开始第二轮复制。约 3d，病毒滴度达高峰。随后由于干扰素和特异性抗体的产生，病毒增殖受到抑制。

（二）流行病学

本病的主要传染源是带毒禽和病禽，经消化道和呼吸道感染。带有潜伏感染病禽的活禽运输是本病传播的主要方式。病毒存在于病鸡的所有组织、体液、分泌物和排泄物中。轻症病鸡和临床健康的带毒鸡是危险的传染源。当鸡抵抗力低时，可使鸡群 80％以上的鸡感染发病，90％以上的病鸡死亡或淘汰。

四、病毒复制与分子感染机制

HN 蛋白和 F 蛋白是构成 NDV 致病性的分子基础。病毒首先通过 HN 蛋白介导而吸附于细胞受体上，然后在 F 蛋白的参与下囊膜与细胞膜融合，核衣壳进入细胞。病毒复制在细胞质内完成。在病毒依赖 RNA 的 RNA 聚合酶（即 L 蛋白）的作用下，将负链 RNA 转录成互补的正链。这些正链相当于 mRNA，能够利用细胞的机制，翻译出蛋白质及转录病毒的基因组。合成的病毒蛋白被运送到细胞膜，细胞膜因这些蛋白的整合而被修饰，各种成分在靠近细胞膜的被修饰区组装成核衣壳，病毒粒子从细胞表面出芽而释放。

当病毒粒子与宿主细胞接触时，HN 蛋白首先以 C 端识别宿主细胞膜上的受体位点，并与之结合，同时自身构象发生改变。当 HN 蛋白空间构象发生改变后，影响到相邻小纤突（F 蛋白）的空间构象，这种影响作用可能是 HN 蛋白对 F 蛋白的直接作用，也可能是由于细胞蛋白参与的跨膜信号传递而引起的。当 F 蛋白天然构象改变时，其 N 端融合多肽得以释放，发挥穿膜作用，介导病毒囊膜与宿主细胞表面蛋白膜融合，将病毒核衣壳释放到细胞质内，引起细胞感染。

HN 蛋白可凝集动物红细胞，还具有神经氨酸酶（NA）活性，可以将病毒从红细胞上洗脱下来，从而使凝集的红细胞缓慢释放。HN 还作用于受体位点，使 F 蛋白能充分接近而发生病毒与细胞膜的融合。F 蛋白是 NDV 一个重要的毒力因素，F 蛋白的存在形式及其对宿主细胞蛋白酶的敏感程度是 NDV 不同毒株间毒力差异的主要原因。F 蛋白通常以无活性的 F_0 前体的形式存在，F_0 必须裂解为以二硫键连接的 F_1 和 F_2 两个亚单位后，才能使病毒具有感染性。强毒株的 F 蛋白裂解位点的氨基酸序列为：112R/K-R-Q-K/R-R-F117。弱毒株的氨基酸序列为：112G/E-K/R-Q-G/E-R-L117。强毒株与弱毒株都是在 116～117 位之间裂解开。强毒株 F_0 蛋白能被宿主体内的多种细胞蛋白酶裂解，因此对多种细胞具有感染力，并可导致全身感染；而弱毒株的 F_0 蛋白仅在少数特殊类型的细胞中裂解，仅对少数细胞具有感染力，临床上表现为局部感染。

五、细胞培养与动物模型

NDV 易在 10～12 日龄鸡胚的绒毛尿囊膜上或尿囊腔中复制并产生感染性的病毒粒子。鸡胚感染后于 24～72h 死亡，呈现出血性病变和脑炎。感染的尿囊液能凝集红细胞。大多数毒株能在许多继代细胞和传代细胞中增殖，包括兔、猪、犊牛和猴的肾细胞，鸡组织细胞和海拉细胞等，最常用的是鸡胚成纤维细胞、鸡胚肾细胞和乳仓鼠肾细胞。强毒株 NDV 可以在体外培养的多种细胞中复制，但弱毒株 NDV 只在含有胰蛋白酶的细胞中才能复制。经胰蛋白酶作用后病毒复制，增殖能力和毒力提高。在细胞培养物中病毒感染可形成合胞体。合胞体在接种 12h 出现，随后逐渐增大，数量增多致细胞发生病变。在大多数细胞培养物中，病毒感染可形成形状不规则、嗜酸性的细胞浆内包涵体。病变初期，细胞肿大、不规则，边界模糊；随后，细胞内可见大小不等、椭圆形的空泡，并出现多核融合细胞；最后出现大片细胞融合，细胞质中出现大小不等的嗜酸性包涵体。在鸡胚成纤维细胞中嗜酸性包涵体多呈斑块状，着色均匀地分布在核膜附近，但在幼地鼠肾细胞和非洲绿猴肾细胞中嗜酸性包涵体较少。

六、抗 原 性

NDV 虽然只有一个血清型，但是毒株间存在一定差异。单克隆抗体（MAb）可以检查 NDV 毒株间微小的抗原差异，应用一组不同的 MAb 可以将 NDV 不同毒株和分离物划分为不同的群，同一群的病毒具有相似的生物学和流行病学特点。1983 年，Russell 和 Alexander 利用 NDV Ulster 2C 制备了 9 株单克隆抗体，通过单抗排谱方法将 40 个 1981 年之前的 NDV 分离株分为 A～H 共 8 个抗原群，同一群毒株与这些单抗的反应谱相同，且同群的毒株具有相同的生物学和流行病学特征。但近年来，新城疫疫苗在鸡群中频繁使用，在高强度持续的免疫压力下病毒的抗原发生了变化。交叉中和试验结果表明，常用疫苗株与部分流行株之间的抗原性存在差异。

NP 蛋白可以刺激机体产生高滴度抗体，但不具有免疫保护作用。针对 HN 蛋白产生的血凝抑制抗体，常用于 NDV 的诊断和抗体检测。

七、诊 断

根据病史、临床症状和病理变化可对急性新城疫做出初步诊断。但没有神经症状的温和型新城疫很易与其他呼吸道疾病相混淆，疾病的确诊必须依赖于病毒分离或血清学诊断。

病毒的分离鉴定是目前诊断该病最确切的方法。通常采用接种鸡胚的方法来分离 NDV。含有新城疫病毒抗体的鸡胚也可以复制 NDV，但病毒滴度常呈现明显的下降，这种鸡胚应避免做诊断用。鹌鹑胚、鸭胚也可以试用于病毒的分离，但病毒滴度没有鸡胚分离的高。

由于 NDV 的囊膜上存在血凝素，能凝集鸡和多种动物的红细胞，表现为血凝现象；感染鸡的血清中能产生抗 NDV 血凝素的抗体，会抑制 NDV 的血凝现象，所以可以用血凝试验和血凝抑制试验对 NDV 进行定性检测。不过用血凝抑制试验检测低水平的抗体时，反应不够灵敏，缺乏一定的可靠性。

ELISA 诊断 NDV 是目前研究最多、进展最快的技术，各种形式的 ELISA 广泛应用于 NDV 的抗原、抗体的检测。能直接从病鸡的口腔和泄殖腔中检出 NDV 抗原并具有极高的特异性。

根据 NDV 基因的结构特点及强、弱毒株 F_0 蛋白裂解位点的序列差异设计引物，进行 RT-PCR，可快速诊断 NDV 并能鉴别 NDV 强、弱毒株。该法不仅可以对鸡胚尿囊液进行检测，还可以直接用病鸡组织匀浆进行检测。根据 NDV 强、弱毒株 F 蛋白裂解位点的不同，可分别针对强、弱毒株各设计出一条探针，将两条探针分别用不同报告基团标记，进行多重荧光定量 PCR 检测，可以对 NDV 强、弱毒株进行检测。

八、免疫预防与治疗

目前大多数国家都采用预防接种疫苗作为控制新城疫的主要措施。根据具体情况，不同国家制备和应用各种不同的弱毒疫苗和灭活疫苗。

基因Ⅶ型是我国目前 NDV 流行毒株中最主要的基因型，在各地的分离株中均占最大比例。优势流行株与疫苗株的遗传距离愈来愈远，经典疫苗株诱导产生的高效价新城疫抗体仍不能对流行强毒攻击起到良好的保护作用，进而导致免疫失败。新城疫灭活疫苗配合弱毒活疫苗的综合使用可达到免疫的最佳效果，特别是选择基因Ⅶ型灭活疫苗，可使鸡群建立快速的黏膜免疫和在组织血液中存在持久高水平的循环抗体，可降低强毒感染后新城疫病毒的排出数量，并对鸡群进行有效保护。

常用的新城疫疫苗毒 La Sota 株或 Clone30 株均属于弱毒力苗，适用于雏鸡初免；而新城疫Ⅰ系（Mukteswar 株）或 CS2 株毒力较强，适用于经过初免后 60 日龄以上鸡的免疫，不适合无基础免疫的鸡群使用。

新城疫的预防工作是一项综合性工程。严格防疫消毒制度，杜绝强毒污染和入侵。建立科学的适合于本场实际的免疫程序，应充分考虑母源抗体水平、疫苗种类及毒力、最佳剂量和接种途径、鸡种和年龄等因素。定期进行免疫监测，随时调整免疫计划，使鸡群始终保持有效的抗体水平。一旦发生非典型新城疫，应立即隔离和淘汰早期病鸡，全群紧急接种 3 倍剂量的弱毒疫苗，必要时也可考虑注射Ⅰ系活疫苗。

思　考　题

1. 口蹄疫病毒有哪些血清型？请设计可检测所有血清型病毒感染的一种方法。
2. 如何鉴别口蹄疫病毒感染与疫苗免疫？
3. 可通过哪些手段检测细胞培养物中是否存在猪瘟病毒？请进行猪瘟新型疫苗设计。
4. 试述新城疫病毒的结构特征，并设计新城疫新型疫苗的研制思路。

主要参考文献

李一经，2011. 兽医微生物学［M］. 北京：高等教育出版社 .

中国农业科学院哈尔滨兽医研究所，2013. 兽医微生物学［M］. 北京：中国农业出版社 .

任慧英，2013. 兽医微生物学［M］. 青岛：中国海洋大学出版社 .

D Scott McVey，2013. Veterinary Microbiology［M］. New Jersey：Wiley-Blackwell.

P J Quinn，2011. Veterinary Microbiology and Microbial Disease［M］. Wiley-Blackwell.

第十二章　昆虫病毒

第一节　昆虫病毒研究概况

昆虫病毒是指以昆虫作为宿主并在宿主种群中引发流行病的病毒种类。昆虫病毒学是关于昆虫病毒及其感染本质的一门学科，其主要任务是研究昆虫病毒的理化特征及复制繁殖机制，阐明昆虫病毒与宿主细胞的相互关系，探讨昆虫病毒的起源进化及其分布与流行规律，为拟订益虫病毒病防治途径及应用病毒防治害虫等提供理论基础和技术依据。昆虫病毒有1 600多种，感染包括鳞翅目（Lepidoptera）、双翅目（Diptera）、鞘翅目（Coleoptera）、膜翅目（Hymenoptera）、直翅目（Orthopera）、蜻蜓目（Odonata）、脉翅目（Neuroptera）、半翅目（Hemiptera）、等翅目（Isoptera）、毛翅目（Trichoptera）、蜚蠊目（Blattariae）和蚤目（Aphaniptera）等的昆虫。人类对昆虫病毒的利用从最初的有益昆虫病毒病的防治逐渐扩展到利用昆虫病毒来防治有害昆虫。

在病毒学一个多世纪的发展史中，昆虫病毒的研究起步较迟，落后于植物病毒、动物病毒和细菌病毒。20世纪60年代对黏虫核型多角体病毒研究已涉及病毒组织病理学、生物学性质和形态结构。20世纪70~80年代，我国的昆虫病毒研究快速发展，从170多种昆虫中分离出200多株病原病毒，其中90多株为国际上首次报道。20世纪70年代中后期在世界范围内开始了昆虫病毒分子生物学的现代研究，即应用现代分子生物学的理论与方法，阐明病毒与病毒感染的本质。具体研究内容包括基础与应用两个方面。基础方面，主要在昆虫病毒的结构与功能、病毒基因组复制以及病毒基因表达的调控原理，病毒与宿主细胞在分子水平上的相互作用，病毒致病及机体抗病的分子机制，以及病毒的分子进化学与分子流行病学等方面取得了较大的进展；应用方面，利用杆状病毒表达系统在疫苗、抗体、基因治疗及生物农药等方面都取得了较大的进展。目前，昆虫病毒已经成为病毒研究比较活跃的领域之一，它在生命科学研究中占有显著的地位，并显示出广阔的发展前景。

一、昆虫病毒分类

昆虫病毒种类繁多，形态结构和形态发生各异，据ICTV第九次报告的统计，昆虫病毒有1 600多种，几乎涉及昆虫纲所有的目，按病毒核酸类型划分，可分为：①双链DNA病毒，包括杆状病毒科（Baculoviridae）、痘病毒科（Poxviridae）、多分病毒科（Polydnaviridae）、泡囊病毒科（Ascoviridae）、虹彩病毒科（Iridoviridae）；②单链DNA病毒，包括细小病毒科（Parvoviridae）；③双链RNA病毒，包括呼肠孤病毒科（Revoviridae）的Spinareovirinae亚科、双RNA病毒科（Birnaviridae）；④单链RNA（RT）病毒，包括变位病毒科（Metaviridae）和前病毒科（Pseudoviridae）；⑤单链负链RNA病毒，包括弹状病毒科（Rhabdoviridae）；⑥单链正链RNA病毒，包括双顺反子病毒科（Dicistroviridae）、野田村病毒科（Nodaviridae）、T4病毒科（Tetraviridae）和传染性软腐病病毒科（Iflaviridae）。国际病毒分类委员会第九次报告对昆虫病毒的分类做出新的修订和补充，新增小RNA病毒目（Picornavirales），其中双顺反子病毒科和传染性软腐病病毒科属于小RNA病毒目（Picornavirales）；新建蜜蜂急性麻痹病毒属（Aparavirus）、肥大唾腺炎病毒科（Hytrosaviridae）、二分DNA病毒科、中等套病毒科（Mesoniviridae）；新建蜜蜂慢性麻痹病毒种，并在杆状病毒科下新建8个种等。

二、研究昆虫病毒的意义

研究昆虫病毒的直接目的，是为了保护有益昆虫、杀灭农田害虫和卫生害虫。这在发展农业生产、加强公共卫生以及人类环境保护方面有重要意义。此外，昆虫病毒的种类很多，在发展比较病毒学和分子生物学的基础理论、加深对病毒及生命本质的认识方面，是很好的实验模型。随着分子生物学特别是昆虫病毒分子生物学的发展，昆虫病毒表达载体系统开发的潜力日益受到重视。

（一）昆虫病毒与蚕、蜂等益虫疾病的防治

蚕和蜂是具有重要经济价值的益虫，遭受多种病毒的侵袭。由核型多角体病毒引起的脓病是常见的蚕病，给蚕业造成重大经济损失。在蜜蜂体内目前已发现 20 多种病毒，如囊状幼虫病病毒、慢性麻痹病毒、蜜蜂虹彩病毒等。其中囊状幼虫病是一种在世界范围内普遍发生的蜜蜂病毒病，主要导致幼虫不能化蛹并大量死亡。20 世纪 70 年代我国暴发蜂囊状幼虫病，曾毁灭了数十万群蜂，使蜂业遭受重大损失。另外，其他经济昆虫如蟋蟀、黑毛蚁也同样会遭受病毒的侵袭。对昆虫病毒进行研究能够提供有效防治这些昆虫病毒病的各种方法和途径，尤其是昆虫病毒分子生物学的发展对开拓昆虫疾病诊断新技术和探索益虫疾病防治新途径具有重要意义。

（二）昆虫病毒与害虫的生物防治

昆虫病毒既能引起有益昆虫患病，造成经济损失，又能杀灭害虫，保护农林植物和人体健康。昆虫病毒作为生物杀虫剂，具有潜在的应用前景。与化学农药相比，昆虫病毒杀虫剂具有很多优点。首先，昆虫病毒本身就是在自然界长期存在的，如杆状病毒仅感染昆虫纲，对人体、畜禽、鱼虾等安全无害。其次，昆虫病毒的宿主特异性高，人工散布后可引起种群内大流行，而不会因杀灭害虫天敌造成害虫再猖獗和次要害虫大发生。最后，昆虫病毒使用后效果明显，因为病虫本身就是繁殖病毒的"小工厂"，尸体成为新的传染源，遇到适当的条件即可造成再次大流行，同时有些病毒还能通过带毒成虫产下的卵引起子代感染发病，可经常性地控制虫口密度。然而昆虫病毒杀虫剂的缺点也很明显：一是杀虫速度缓慢，害虫发病至死亡这段时间，作物仍会受到危害；二是病毒特异性强，寄主范围窄，大多数病毒只能感染一种害虫，当同一种作物有不同害虫同时存在时，尚需辅以其他防治措施。针对这些缺点，应用基因工程技术，把一些昆虫特异性毒蛋白基因（如昆虫特异性蝎毒素、苏云金芽孢杆菌杀虫晶体蛋白基因等）导入天然病毒，或者改变病毒本身的基因结构，可以显著提高防治效果，拓宽昆虫病毒杀虫剂的杀虫谱。1989 年，Shieh 第一次注册由杆状病毒研制的病毒杀虫剂，用于防治害虫。1993 我国第一个昆虫病毒杀虫剂棉铃虫核型多角体病毒产品注册登记。截至 2018 年，我国共登记昆虫病毒类产品 69 个，其中最多的为棉铃虫核型多角体病毒。用于害虫生物防治的昆虫病毒主要有杆状病毒科的核型多角体病毒、颗粒体病毒和质型多角体病毒，主要用于小菜蛾、甜菜夜蛾、棉铃虫、银纹夜蛾等的防治。

（三）昆虫病毒与基础理论研究

病毒是生命有机体的原始形态，通过对病毒研究，可启发人们对生命本质的认识，加深对生命现象一些基本问题的理解。例如，真核生物 mRNA 的 $7'$-甲基鸟嘌呤帽子结构是在对质型多角体病毒的研究中最先发现的。对小 RNA 病毒翻译机制的研究，发现了真核细胞中普遍存在的内部起始机制，如免疫蛋白及生长因子等的翻译。对蟋蟀麻痹病毒翻译的研究发现了另一种新的起始蛋白质合成的机制——不依赖于起始密码子及起始 tRNA，蛋白质合成的第一个循环不形成肽键。昆虫病毒为研究抗病毒防疫机制提供了十分独特的模型。杆状病毒可以诱导阻止细胞凋亡过程，对揭示细胞程序性死亡在抗病毒及病毒感染中的作用具有重要意义。昆虫病毒对研究病毒的进化具有重要作用，昆虫与植物和高等动物间的密切关系为病毒间的自然交换和进化提供了条件。在痘病毒科、弹状病毒科、呼肠孤病毒科、小 RNA 病毒科、细小病毒科等病毒科中既有昆虫病

毒成员又有脊椎动物病毒成员，推测高等动物的病毒可能来源于昆虫病毒祖先。因此，对脊椎动物病毒的进化关系的阐明很可能有赖于对相关昆虫病毒的了解。此外，有些昆虫病毒可能与看起来不相关的病毒科一起共同进化。例如在杆状病毒、昆虫痘病毒和正黏病毒中存在共有的保守基因，提示这些病毒科之间存在一定的进化关系。某些昆虫病毒（如杆状病毒）含有在节肢动物中十分普遍的宿主的转座子，这类来源于宿主的遗传因子可能加速了病毒的进化和无脊椎动物之间的基因水平转移。

昆虫病毒是基础理论研究非常合适的模型，因为昆虫病毒种类很多，具有不同的典型特性；应用人工饲料，营养条件比较一致，而且实验昆虫可以不受季节限制大量繁殖；昆虫病毒的产量高，任何时候都可获得大量所需要的病毒材料。不仅如此，昆虫病毒或病毒包涵体都很容易从虫体组织中分离和提纯，易较长时间保存。尤其昆虫细胞系的建立，为研究病毒侵染过程和增殖方式以及病毒与宿主细胞的相互关系，提供了非常有利的条件。

（四）昆虫病毒表达载体系统

自 1983 年 Smith 等首次利用苜蓿银纹夜蛾核型多角体病毒（AcMNPV）作载体成功表达人的 INF-β 以来，以 AcMNPV 和家蚕核型多角体病毒（BmNPV）为基本研究模型的杆状病毒表达系统已经成为功能多、效率高的真核细胞表达载体系统，广泛应用于具有重要价值的蛋白质表达及病毒样颗粒研究。杆状病毒成为应用广泛的真核表达系统，是因为：①杆状病毒表达系统的启动子是多角体启动子，在病毒感染的后期有很强的启动外源蛋白表达的能力；②杆状病毒表达系统具有蛋白质修饰功能，经杆状病毒表达系统所产生的蛋白质，比原核系统所表达的蛋白质更能保证其生物活性；③杆状病毒是无脊椎动物病毒，对人畜无害，生产安全；④杆状病毒表达系统基因容量大，可以插入多个外源基因。

杆状病毒 Bac-to-Bac 表达载体系统的商品化极大促进了杆状病毒作为真核病毒载体和基因治疗载体方面的应用研究。Bac-to-Bac 表达载体系统是一种快速有效的构建重组病毒的方法，优点在于重组病毒没有与亲本混合，不需要空斑纯化，重组效率高，有多种筛选标记。正是由于这些优点，使 Bac-to-Bac 表达载体系统成为外源基因的首选表达系统。由于一些结构蛋白基因的缺失并不影响杆状病毒的结构及其对宿主的侵染，因此可以利用杆状病毒构建表面展示文库。核型多角体病毒也是哺乳动物和昆虫的基因转移载体。插有标记基因的杆状病毒在感染某些哺乳动物细胞系时，位于哺乳动物启动子下游的标记基因可以持续表达。此外，已有证据表明利用重组核型多角体病毒可以将功能基因稳定地输送至家蚕种系中，预示杆状病毒可成为转基因昆虫研究中目标基因插入和阻断的有效载体。其他昆虫病毒，包括昆虫痘病毒、野田村病毒和浓核病毒等也被用于表达载体的研究。

第二节　昆虫 DNA 病毒

昆虫 DNA 病毒种类很多，在此以杆状病毒科为双链 DNA 病毒的代表、浓核病毒为单链 DNA 病毒的代表进行详细介绍。

一、杆状病毒科

（一）杆状病毒科的分类特征

杆状病毒科（*Baculaviridae*）名称来源于拉丁词 baculum，意为杆状，用于描述病毒粒子形状。杆状病毒分为核型多角体病毒（nucleopolyhedrovirus，NPV）与颗粒体病毒（granulovirus，GV）。核型多角体病毒的特点是核内形成的结晶蛋白包涵体呈多角体（图 12-1），直径 $0.5\sim$ $15\mu m$，每个多角体内包埋着许多病毒粒子。NPV 按囊膜内核衣壳数目的多少分为单粒包埋核型多角体病毒（SNPV）与多粒包埋核型多角体病毒（MNPV），前者的代表种为家蚕核型多角体

病毒（BmNPV），后者的代表种为苜蓿银纹
夜蛾核型多角体病毒（AcMNPV）。GV 与
NPV 最大区别是病毒包涵体呈椭圆形颗粒
体，直径亦比 NPV 小得多，为 0.3～
0.5μm，只含 1 个或 2 个杆状病毒粒子。该
类的代表种为印度谷螟颗粒体病毒（PiGV）。
杆状病毒是具有囊膜的、双链环状 DNA 基
因组的大型病毒，病毒粒子呈杆状，直径
30～60nm，长 250～300nm。病毒编码的包
涵体主蛋白，在 NPV 中称为多角体蛋白
（polyhedrin），在 GV 中则称为颗粒体蛋白
（granulin）。迄今已报道有 600 种以上的昆
虫被杆状病毒所感染，包括鳞翅目、膜翅目、
双翅目、鞘翅目与毛翅目等 7 个目。病毒一

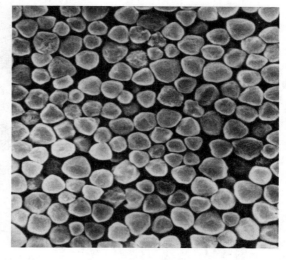

图 12-1　扫描电子显微镜下的茶尺蠖核型多角体病毒

般以其被分离出的宿主而命名。例如，苜蓿银纹夜蛾核型多角体病毒（AcMNPV）就是以其宿
主苜蓿银纹夜蛾而命名。通常，杆状病毒的宿主范围较窄，仅感染无脊椎动物的某个科或属中
的有限种。但是，有些杆状病毒具有较广的宿主范围，例如 AcMNPV 可以感染鳞翅目中的 30
多种昆虫。

（二）杆状病毒的发育循环

杆状病毒与其他动物病毒不同，杆状病毒发育循环包含两个独特的时期。在有效感染的第一时
相（接种后 0～24h），杆状核衣壳在细胞核内病毒发生基质上装配，通过细胞膜出芽，获得囊膜。
这种病毒称为细胞释放型病毒（cell-released virus，CRV），又称出芽型病毒（budded virus，
BV）。在宿主昆虫体内借继发感染使病毒从一个细胞扩展到其他许多组织的细胞。大约感染 20h
后，细胞核内出现病毒包涵体，进入第二时相，一直延续到感染细胞解体为止（约在感染 72h）。
随着第二时相的开始，BV 的释放量急剧减少。留在核内的杆状核衣壳被封入核内新装配的囊膜
内，然后许多核内获得囊膜的病毒粒子被包埋进多角体蛋白的结晶基质，逐渐形成多角体。多角体
病毒又称包埋型病毒（occluded virus，OV）。当宿主昆虫死亡或细胞解体时，多角体被释放到土
壤或植物表面。多角体很稳定，在环境中可以长期存在。然而，一旦被宿主昆虫食下，在中肠高
pH（＞10）消化液作用下很快溶解，被释放的病毒粒子借囊膜与中肠上皮细胞微绒毛膜的融合作
用脱去囊膜，核衣壳进入宿主细胞，开始原发感染。在中肠细胞质内，核衣壳被转运至细胞核。感
染后 1h 在核膜上或核内发生脱衣壳，随后细胞核开始增大并出现病毒发生基质；感染后 8h 即可看
到子代核衣壳；感染后 12h 有些子代核衣壳通过核膜开始出芽过程。在细胞质内失去从核膜获得的
包膜，核衣壳随后被转运并通过被病毒编码糖蛋白修饰过的细胞膜出芽，获得囊膜。这种 BV 能感
染宿主体内多种组织细胞（脂肪体、肌肉、气管基质、血淋巴细胞、上皮组织等），产生继发感染
（图 12-2）。因此，BV 的囊膜成分与 OV 中病毒粒子的囊膜成分不同（图 12-3）。BV 是杆状病毒
在虫体组织和体外细胞感染中细胞与细胞间传播的形式。膜融合蛋白（envelope fusion protein，
EFP）gp64 是 BV 的主要囊膜蛋白。

（三）杆状病毒的基因组结构

杆状病毒的基因组为 90～160kb 的闭合环状超螺旋双链 DNA。截至目前，有 73 个杆状病毒的
基因组全序列已测定，包括 AcMNPV、BmNPV、黄杉毒蛾 MNPV（Orgyia pseudotsugata MN-
PV，OpMNPV）、舞毒蛾 MNPV（Lymantria dispar MNPV，LdMNPV）等。对一些杆状病毒的
深入研究揭示了杆状病毒基因组成和表达调控规律。AcMNPV 是目前研究最深入的杆状病毒，也
是杆状病毒的代表种。AcMNPV 的基因组大小为 133 894bp，编码 337 个 ORF。这些 ORF 在基因

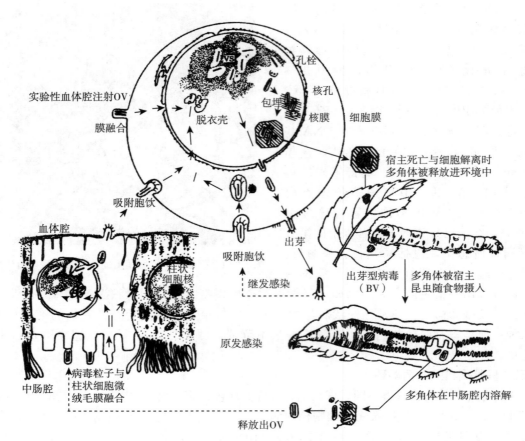

图 12 - 2　杆状病毒发育循环
（引自吕鸿声等，2000）

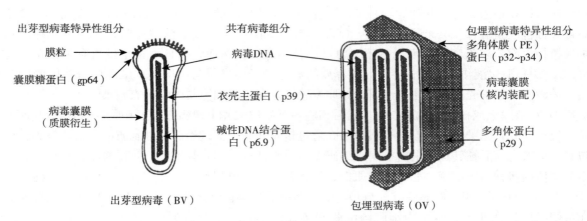

图 12 - 3　出芽型与包埋型病毒颗粒结构比较
（引自吕鸿声等，2000）

组的两条链上紧密排布。极早期、早期、晚期和极晚期基因分散在整个基因组上（图 12 - 4）。大多数 ORF 之间的距离只有 2～200 个核苷酸。基因间的序列富含 A＋T，是基因的启动子和终止子所在的位置。基因排列紧密的一个典型例子是不少基因的终止信号（通常是 UAA）常与多腺苷酸信号 AAUAAA 重叠，还有一些 ORF 相互重叠。在极早期基因（如 $ie0/ie1$）的表达中存在基因的拼接现象，它们编码杆状病毒的主要调节蛋白。

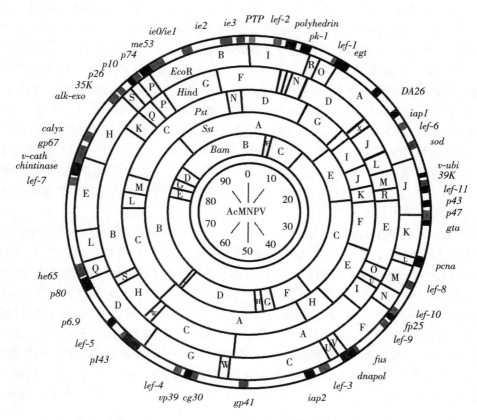

图 12-4　AcMNPV 基因图谱及基因结构（不同限制性核酸内切酶物理图谱及一些基因的分布位置）

杆状病毒的一个重要特征是在基因组中存在多拷贝的同源重复序列（homologous regions，hrs）。hrs 是转录的增强子，也可能是病毒 DNA 复制的起始位点。AcMNPV 含有 8 个 hrs，大小为 30～800bp，占基因组的 3％～4％。每个 hrs 区域含 60bp 的高度保守区，其核心为 28bp 的回文序列，这是 hrs 作为增强子和 DNA 复制的必需的最短序列。hrs 可以和病毒及宿主的蛋白结合，转录激活因子 IE1 以二聚体的形式同 28bp 的回文结构结合，激活 IE1 介导的转录。

（四）杆状病毒的复制

杆状病毒与宿主细胞的结合是起始感染的第一步，但如前所述，原发感染和继发感染有许多不同。继发感染和 BV 对培养细胞的感染很相似，因此其感染过程研究得比较清楚。

1. 侵入　BV 可能通过受体介导的内吞作用或膜融合机制进入宿主细胞。BV 的主要囊膜蛋白 gp64 是与受体相互作用和与内吞小体囊膜相融合的必需因子。进入细胞质后，核衣壳通过病毒诱导的肌动蛋白多聚作用向细胞核移动。AcMNPV 的核衣壳以端部与核孔结合，进入细胞核内并脱壳。病毒的脱壳过程发生得非常迅速，感染后 15min 就可检测到病毒 RNA 的合成。

2. 早期　在病毒 DNA 复制以前的阶段（0～6h）称为病毒复制的早期。在此阶段中，病毒表达的基因包括转录激活因子、病毒 RNA 聚合酶、DNA 复制因子、细胞凋亡抑制因子等。这些早期基因产物使细胞为后期病毒 DNA 复制和结构蛋白合成做好准备。早期和晚期基因表达的时间和水平都控制得十分精确，以确保感染性的 BV 和 OV 以最佳的比例和时间形成。早期基因产物阻止了被感染细胞的细胞周期，使被感染细胞停在 S 和 G_2/M 期。另外，细胞的杆状肌动蛋白和微管的分布都发生了变化，导致细胞核的膨大和细胞的变圆。

杆状病毒基因表达的调节主要在转录水平。早期基因一般在感染后 6～12h 达到表达高峰，然后随着晚期基因的转录而减弱。病毒早期 RNA 的转录水平一般没有晚期 RNA 高，晚期 RNA 是由病毒本身编码的 RNA 聚合酶所转录的。早期基因是由宿主的 RNA 聚合酶Ⅱ所转录的，因为早期 RNA 的合成可以被 α 鹅膏蕈碱（α-amanitin）所抑制。早期启动子的结构也与宿主 RNA 聚合酶Ⅱ 识别的启动子类似，在转录起始位点上游约 30bp 处有保守的 TATA 元件，在起始位点通常有起始元件 CAGT。这些启动子的核心元件还与上游激活元件或更远端的增强子（如 hrs）一起来调控转录的激活。AcMNPV 有许多早期基因，包括 *ie1*、*gp64*、*pp31*（*39K*）、*he65* 和 *p35* 等。

3. 晚期　杆状病毒感染的晚期起始于病毒 DNA 的复制，病毒 DNA 的复制是在感染后 6～12h 开始的。晚期主要产生 BV，而病毒 DNA 和晚期结构蛋白的合成是 BV 产生的前提。病毒晚期基因的表达有赖于病毒 DNA 的复制。病毒 DNA 复制因子包括与 DNA 结合的解旋酶（P143）、引发酶（LEF-1）、引发酶相关蛋白（LEF-2）和单链 DNA 结合蛋白（LEF-3），反式激活因子 IE1 能激活早期复制基因的转录并与 DNA 复制起始位点（hr）结合。在体外瞬时复制实验中，还发现 *dnapol*、*ie-2*、*lef-7*、*pe38* 和 *p35* 对 DNA 复制有直接或间接激活作用。这些病毒因子定位于细胞核的病毒发生基质中，即病毒复制的中心。

在被感染细胞中存在多个单位长度的基因组片段，因此推测杆状病毒的大基因组是以滚环复制的方式复制的。新复制的单位长度的环状 DNA 被包进核衣壳。有些晚期表达因子（late expression factor，LEF）具有组织或种特异性，有些与宿主的特异性相关，包括解旋酶 P143 和宿主范围因子 1（host range factor-1，HRF-1）。有些 LEF 对 mRNA 的转录水平或稳定程度起作用。

杆状病毒从利用宿主的 RNA 聚合酶Ⅱ 进行早期转录转到利用病毒 RNA 聚合酶转录晚期和极晚期基因，这一现象十分独特。病毒编码的 RNA 聚合酶对病毒晚期启动子具有特异性，对 α 鹅膏蕈碱和万寿菊菌毒素（tagetitoxin）都具有抗性，它们分别是 RNA 聚合酶Ⅱ 和Ⅲ 的抑制物。

病毒晚期 RNA 转录本起始于（A/G）TAAG 序列，这是晚期和极晚期启动子的核心元件。所有在晚期过度表达的基因都含有这一结构，包括主要的衣壳蛋白 vp39、6.9K 碱性核心蛋白和 gp64。

4. 极晚期　极晚期是感染的最后阶段，其特征是与包涵体相关的基因高度表达、形成成熟的 OV，该阶段为感染后的 18～76h，或者一直到细胞的裂解。极晚期的特征是形成 OV 基质的多角体蛋白基因（*polh*）表达剧增。由于 *polh* 是 BV 形成的非必需基因，以及 *polh* 启动子的超表达，所以杆状病毒被发展成为高效的外源基因表达载体。

极晚期基因由杆状病毒编码的 RNA 聚合酶转录。这些超表达基因包括 *p10* 和 *polh*，启动子含晚期的 TAAG 基元。*p10* 与感染晚期细胞核和细胞质内纤维状结构的形成有关。*p10* 是 OV 形成的非必需基因，但可能对核膜的裂解以及在组织或虫体水平上的其他功能有关。

5. 病毒装配、出芽、包涵体的形成　核衣壳的装配发生在感染的晚期和极晚期。新的核衣壳出现在病毒发生基质的边沿，病毒发生基质是病毒 DNA 复制、浓缩、包装的位点。与病毒发生基质相关的主要结构蛋白是磷蛋白 P31，该蛋白可以通过磷酸化调节机制与 DNA 结合。新形成的核衣壳从核孔中出芽或被转移出来，当核衣壳到达细胞膜时，去掉来源于细胞核的囊膜。核衣壳结合含 gp64 的细胞膜，以单个核衣壳的方式出芽形成胞外 BV。

OV 颗粒在 AcMNPV 感染细胞后 18h 开始在细胞核内聚集。随着 BV 形成的关闭，OV 的产量增加。核衣壳沿核膜排列获得囊膜，随后多角体蛋白浓缩，包裹含囊膜的病毒粒子。OV 在感染的极晚期随细胞的裂解而释放。

（五）昆虫发病过程

杆状病毒的水平传播是以 OV 的形式进行的，OV 很稳定，能抵抗外界环境的降解。原发感染发生在昆虫幼虫的中肠上皮细胞中。感染是从幼虫取食了病毒污染的食物开始的。进入中肠腔后，OV 颗粒在碱性环境下溶解，释放出病毒粒子。这些病毒粒子在病毒编码的蛋白酶的协助下，穿过围食膜。病毒粒子随后同柱状上皮细胞的刷状缘囊膜结合进入。

继发感染是由中肠产生的 BV 所介导的。病毒通过血细胞，或连接气管的上皮细胞，或者是两者共同传播的。在高度敏感的宿主体内，继发感染可有效地感染幼虫的所有组织。在感染的最终阶段，幼虫会变成乳白状的液体，其中绝大多数为 OV 颗粒。这一过程称为乳化或液化（liquification），是由病毒编码的蛋白酶和几丁质酶共同介导的，这两个酶共同作用还导致了幼虫表皮的降解。在一个典型的 AcMNPV 感染中，每头幼虫可产生 10^8 个 OV 颗粒，占幼虫干物质量的 10%。随着昆虫角质层的降解，OV 被释放到环境中感染其他昆虫。

杆状病毒感染引起细胞骨架和细胞核结构变化，导致宿主蛋白和 RNA 合成的关闭。杆状病毒还能导致宿主昆虫生理和行为的改变，被感染昆虫或游离于食物，或爬到植物的顶端，最后以倒挂于叶片或树枝的姿势死亡，这可能有利于病毒的传播。另外，病毒通过控制蜕皮激素影响昆虫发育。杆状病毒的 egt 基因编码蜕皮甾体尿嘧啶（UDP）-葡萄糖/半乳糖转移酶，催化葡萄糖或半乳糖转移到蜕皮甾体的 C22 位的羟基上，阻止昆虫的蜕皮。当敲除 egt 基因时，被感染昆虫蜕皮，但死亡提前，病毒产量降低。因此，病毒的 egt 基因通过阻止昆虫蜕皮以获得更多的子代病毒。

杆状病毒成功感染有赖于对宿主细胞凋亡（apoptosis）的有效抑制，细胞凋亡是宿主的一种抗病毒的机制。杆状病毒编码的细胞凋亡抑制因子能阻止病毒引起的细胞凋亡。在昆虫幼虫中，能引起细胞凋亡的 AcMNPV 突变体比例是野生型病毒的 1/1 000～1/25，说明细胞凋亡阻止了病毒在幼虫体中的扩增。杆状病毒编码两类作用机制不同的细胞凋亡抑制因子，一类为细胞凋亡抑制因子（inhibitors of apoptosis，IAP），另一类为半胱氨酸酶抑制因子（casepase inhibitors）（如 P35 和 P49）。这些蛋白通过阻止细胞的提前死亡而促进病毒的增殖。

二、细小病毒科

（一）浓核病毒的分类特征

细小病毒科（Parvoviridae）是动物病毒中最小和最简单的一类单链线状 DNA 病毒。国际病毒分类委员会第八次报告将细小病毒科分设两个亚科，即细小病毒亚科（Parvovirinae）和浓核病毒亚科（Densovirinae）。细小病毒亚科的宿主为脊椎动物；浓核病毒亚科感染节肢动物，主要是昆虫。浓核病毒一词来源于该病毒感染细胞后核膨大，核内含有大量稠密的 Feulgen 浓染的病毒物质。浓核病毒最早是从大蜡螟中分离获得的，以后相继在鳞翅目、双翅目、直翅目、蜚蠊目、蜻蜓目以及甲壳类虾、蟹中发现。浓核病毒有 30 多种，正式分类鉴定的近 20 种。浓核病毒亚科包括 4 个属：浓核病毒属（Densovirus）、简短病毒属（Brevidensovirus）、相同病毒属（Iteravirus）和黑胸大蠊浓核病毒属（Pefudensovirus）。

浓核病毒理化特征与脊椎动物细小病毒相似，病毒粒子无囊膜，正二十面体对称，直径 19～24nm，含有 4～6 种多肽，病毒内含单分子的单链 DNA，极性，或为正链或为互补的负链。在适当盐浓度抽提时，正、负链在体外可形成双链 DNA。

（二）浓核病毒的基因组结构

浓核病毒理化特征与脊椎动物细小病毒相似，但在基因组结构上与细小病毒存在很明显的差异。目前对浓核病毒研究基本停留在对病毒基因组结构的分析上，远远落后于对细小病毒亚科的研究，浓核病毒不同属的基因组结构不同，可能病毒复制及转录机制存在差异（图 12-5）。

浓核病毒属（Densovirus，DNV），包装正链的病毒粒子与包装负链的病毒粒子在数量上相等。基因组长约 6kb，末端存在 520～550nt 的倒置重复序列（ITR），最末端约 96nt 的回文序列可折叠成 T 形发夹结构。基因组的编码区对称分布在两条互补 DNA 链的 5′ 端，分别占据两条链接近 50% 的长度。其中一条链上只有一个大的 ORF 编码病毒的 4 种结构蛋白。另一条链含编码病毒非结构蛋白的 3 个 ORF。代表种有鹿眼蝶浓核病毒（JcDNV）和大蜡螟浓核病毒（GmDNV）。

简短病毒属（Brevidensovirus），大部分（85%）病毒粒子包被单链负链 DNA。基因组长约 4kb，与细小病毒类似，没有倒置重复序列。基因组 3′ 端有一个 146nt 的回文序列，5′端有一个与之不同的 164nt 的回文序列，两末端回文序列均能折叠成 T 形结构。编码结构蛋白与非结构蛋白的 ORF 在同一条链上，基因组左侧和中间的 ORF 编码非结构蛋白（NS），右侧 ORF 编码衣壳蛋

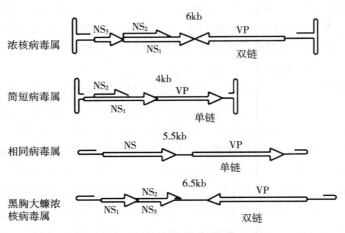

图 12-5　浓核病毒的基因组结构

白（VP），在互补链上有一未知功能的小 ORF。代表种为埃及伊蚊浓核病毒（AaDNV）。

相同病毒属（*Iteravirus*），包装正链的病毒粒子与包装负链的病毒粒子在数量上相等。病毒基因组长约 5kb，末端倒置重复序列长 225nt，其中 175nt 是回文序列，但折叠时并不形成 T 形发夹结构，而是形成 U 形结构。结构蛋白与非结构蛋白编码区均位于同一条链上。代表的种有家蚕浓核病毒（BmDNV）。

黑胸大蠊浓核病毒属（*Pefudensovirus*），包装正链的病毒粒子与包装负链的病毒粒子在数量上相等。代表种为黑胸大蠊浓核病毒（PfDNV）。PfDNV 基因组长 5 454nt，基因组末端存在 201nt 的倒置重复序列，最末端 122nt 为回文序列，可折叠成 U 形发夹结构，并存在 flip 和 flop 两种构型。ORF 均集中在每条链的 5′ 端，正链含编码非结构蛋白的 4 个 ORF，负链含编码结构蛋白的 3 个 ORF。

（三）浓核病毒的宿主域及病理学特征

不同浓核病毒有不同的很窄的宿主域，例如大蜡螟浓核病毒（GmDNV）仅限于蜡螟属，家蚕浓核病毒 1 型（BmDNV-1）可感染家蚕与桑螟，后者被认为是 BmDNV-1 的中间宿主。少数 DNV 可感染不同属的昆虫，例如鹿眼蛱蝶浓核病毒（JcDNV）可引起其他蛱蝶及某些夜蛾的幼虫感染。

与细小病毒亚科的病毒不同的是，浓核病毒对宿主的感染往往是致死性的。根据病毒的毒力效价、浓度、感染途径及幼虫龄期的不同，致死时间一般在 2～20d。幼虫感染病毒后的早期症状是厌食和麻痹，随之出现全身软化症状和停止蜕皮并导致死亡。存活的蛹往往无法蜕皮化蛾。

浓核病毒的组织特异性随宿主的不同而存在差异。GmDNV 对大蜡螟幼虫是全身性感染，只有中肠例外。接种 4～6d 各组织被破坏，导致幼虫死亡。GmDNV 的复制与发育循环在 20～24h 内完成。6h 潜育期后病毒蛋白在细胞质内出现，然后在核内出现各种蛋白质，在 10～15h 内产生足够数量的病毒粒子，然后引起细胞裂解。JcDNV 的病理学特征与 GmDNV 基本相同。

埃及伊蚊浓核病毒（AaDNV）感染真皮组织、成虫盘、马氏管，特别是脂肪体。BmDNV-1 与 BmDNV-2 只感染家蚕的中肠，而且主要感染中肠上皮组织的柱状细胞，杯状细胞保持完整，病毒复制发生在柱状细胞的核内。BmDNV-1 呈急性感染，幼虫在 7d 之后死亡，而 BmDNV-2 引起慢性病，在 10～20d 死亡，少数幼虫可以化蛹。

（四）浓核病毒的应用

浓核病毒基因组较小，有利于克隆和转染；浓核病毒转染到真核细胞后，病毒可从重组质粒上拯救出来，并和野生型病毒一样进行复制。因而，浓核病毒作为表达载体，在真核生物中表达外源基因的特征受到人们的普遍关注。浓核病毒重组载体还可以转染到昆虫幼体，进行大规模、低成本的外源蛋白生产。目前已经构建的浓核病毒载体有 JcDNV、GmDNV 和 AaDNV。

浓核病毒由于在很多方面类似于感染脊椎动物的细小病毒，出于安全方面考虑，阻碍了这类病毒用于生物防治的研究。最近对浓核病毒安全性的研究表明，浓核病毒对人类和脊椎动物是安全的。浓核病毒不仅毒性强、宿主域窄，而且病毒粒子具有复制能力强、在环境中不易分解等特点，因而使用病毒浓度低，作为生物杀虫剂具有广阔的前景。蟑螂浓核病毒作为生物杀虫剂已广泛应用于消灭家庭及宾馆的蟑螂。

第二节　昆虫 RNA 病毒

昆虫 RNA 病毒包括双链 RNA 病毒和单链 RNA 病毒。双链 RNA 病毒包括呼肠孤病毒科和多分 RNA 病毒科，本节简要介绍呼肠孤病毒科，同时简要介绍单链正链 RNA 病毒的小 RNA 病毒科、双顺反子病毒科、野田村病毒科和 T4 病毒科。

一、呼肠孤病毒科

（一）呼肠孤病毒科的分类特征

呼肠孤病毒科（*Reoviridae*），又称呼肠病毒科，是一个相当庞大的病毒科，感染动物、植物和昆虫。根据 ICTV 第九次报告，呼肠孤病毒科分为刺突呼肠孤病毒和无刺突呼肠孤病毒 2 个亚科，共 15 个属。其中，刺突呼肠孤病毒亚科包括 9 个属，分别是正呼肠孤病毒属、水生动物呼肠孤病毒属、科罗拉多蜱传热症病毒属、水稻病毒属、斐济病毒属、真菌呼肠孤病毒属、质型多角体病毒属、昆虫非包涵体病毒属和迪诺维纳病毒属；无刺突呼肠孤病毒亚科包括 6 个属，分别是环状病毒属、东南亚十二 RNA 病毒属、微胞藻呼肠孤病毒属、河蟹呼肠孤病毒属、轮状病毒属和植物呼肠孤病毒属。感染昆虫的呼肠孤病毒有 3 个属，即质型多角体病毒属、昆虫非包涵体病毒属和迪诺维纳病毒属。此外，还有许多昆虫呼肠类似病毒，尚未鉴定与分类。病毒粒子的直径一般为 60～80nm，具有 1～2 个外膜蛋白和 1 个内膜蛋白，去除外膜的粒子称为核心，转录酶活性与核心密切相关。病毒粒子在氯化铯中的浮密度为 $1.43g/cm^3$，感染力在 pH3.0 时稳定，耐乙醚，对紫外线照射相对稳定，衣壳对蛋白水解酶有抗性。基因组由 10～12 节段双链线状 RNA 构成，相对分子质量为 $0.2×10^6$～$3.0×10^6$。每个 RNA 节段编码一个蛋白质的 ORF，表达的蛋白质无需进一步加工。

（二）质型多角体病毒属

质型多角体病毒属（*Cypovirus*，CPV）的成员有 249 种，鳞翅目 201 种、双翅目 39 种、膜翅目 7 种及鞘翅目 2 种。根据病毒粒子基因组双链 RNA 节段电泳图谱，把质型多角体病毒分成 12 个电泳型，电泳型之间至少有 3 个基因节段的迁移率不同。质型多角体病毒的命名，是将基因组电泳型与其原始宿主名相结合。例如，质型多角体病毒 1 型（2.55、2.42、2.32、2.03、1.82、1.12、0.84、0.62、0.56、0.35），以家蚕质型多角体病毒 1 型（*Bombyxmori cypovirus* 1，Bm-CPV-1）为代表，有 0.35～2.55kb 的 10 个双链 RNA 节段；质型多角体病毒 2 型（2.29、2.29、2.16、2.06、1.25、1.09、1.01、0.88、0.78、0.55），以菜粉蝶质型多角体病毒 2 型（*Pierisra-pae cypovirus* 2，PrCPV-2）为代表。

1. 质型多角体病毒的形态结构　CPV 多角体的形状有三角形、四角形、五角形、六角形、球形及立方体形，直径 0.1～10μm。多角体由相对分子质量为 $2.5×10^4$～$3.7×10^4$ 的主要蛋白质组成，多角体蛋白呈晶格状排列。球形病毒粒子随机地被包埋于这些晶格中。多角体蛋白晶格中包埋病毒粒子的数量因病毒的种类而已，BmCPV 每个多角体约含 10 000 个病毒粒子。CPV 与 DNV 不同，其病毒粒子没有膜包被。杆状病毒多角体蛋白质在核内形成多角体，可能有穿过核膜所需的核运输信号。CPV 多角体蛋白质在细胞质内结晶形成多角体，没有核运输信号。病毒粒子为二十面体，近球形；直径 50～65nm，位于二十面体的顶端有 12 根长达 20nm 的突起物，每根突起物的顶部附着一个直径约 12nm 的球状结构。这些突起物，特别是其顶端球状结构，是病毒感染细胞时的吸附部位（图 12-6）。

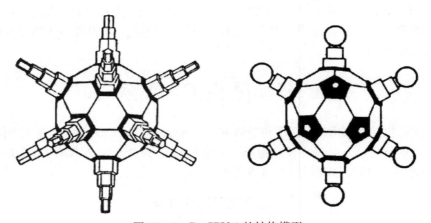

图 12-6　BmCPV-1 的结构模型

（左图显示突起形态，右图显示突起末端的球状小体；前面 3 个突起省略，以便显示基部五角棱亚基）

（仿 Hatta 和 Franki，1982）

2. 质型多角体病毒的基因组结构　CPV 基因组由 10 个等分子的双链 RNA 组成，大小为 0.35～2.55kb。病毒粒子 RNA 正链 5′ 端有帽子结构和甲基化。BmCPV-1 基因组的节段 8、9、10 编码非结构蛋白；节段 1、2、3、4、6、7 编码结构蛋白，节段 5 编码何种蛋白仍有争议。节段 8 编码 p44；节段 9 编码 NS_5，NS_5 在 BmCPV-1 中具有基因表达调控作用和增强其在宿主细胞中的复制的功能；节段 10 编码多角体蛋白。

3. 质型多角体病毒的复制　CPV 仅在中肠细胞质内复制。CPV 基因组每一节段都有与之结合的 RNA 聚合酶。每节段可以分别独立进行单链 RNA 的合成，但第一轮转录起始，10 个节段同步进行。CPV 病毒粒子的 RNA 聚合酶和甲基转移酶紧密结合于每个片段双链 RNA 上。RNA-酶复合物的酶部分由 3 种结构蛋白组成，即结构蛋白 VP_5、VP_4 和 VP_3。转甲基酶主要由结构蛋白 VP_5 组成。目前该蛋白被发现具有 RNA 分子伴侣活性，能够解旋 RNA 双链，又能促进互补双链的退火，能够在复制的过程中纠正错误折叠的双链。与 DNA 的半保留复制不同，CPV 的复制机制是全保留复制。BmCPV-1 基因组每个双链 RNA 节段都可分别独立地转录，每节段只编码一种蛋白。

4. 质型多角体病毒的宿主域和病理特征　与 NPV 相比，CPV 有较广泛的宿主域，有些 CPV 能感染不同种、属乃至不同科的昆虫。但迄今没有发现 CPV 感染脊椎动物和植物的报道。

鳞翅目昆虫食下 CPV 后，4d 开始显现病症。感病幼虫呈现食欲衰退、行动迟缓、下痢或吐胃液。虫体缩小，中肠呈淡黄色或乳白色。大部分 CPV 引起昆虫慢性疾病，对幼虫不致死，能发育到成虫。病毒侵袭并寄生于中肠上皮的圆筒形细胞，在细胞质中复制。细胞质最初出现网状的病毒发生基质，病毒髓核在此合成，而后包进衣壳内，在成熟病毒粒子的集合部位多角体蛋白集聚并结晶化，形成多角体。病毒粒子被随机包埋于多角体蛋白晶格中。不是所有病毒粒子都被包埋于多角体内，部分病毒粒子呈游离状态存在于细胞中。

二、单链正链 RNA 病毒

昆虫单链正链 RNA 病毒粒子均为无囊膜的球状颗粒（图 12-7），基因组是线状 RNA。单链正链 RNA 病毒包括传染性软腐病病毒科（*Iflaviridae*）、双顺反子病毒科（*Dicistroviridae*）、野田村病毒科（*Nodaviridae*）和 T4 病毒科（*Tetraviridae*）。其中双顺反子病毒科和传染性软腐病病毒科属于小 RNA 病毒目（*Picornavirales*）。

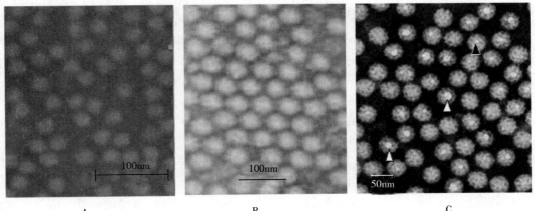

图 12-7 昆虫单链正链 RNA 病毒粒子磷钨酸负染后在透射电子显微镜下的形态

A. 茶尺蠖病毒 B. 武汉野田村病毒 C. 松毛虫 T4 病毒

（一）小 RNA 病毒目

1. 昆虫小 RNA 病毒目的分类特征 小 RNA 病毒是很古老的病毒，是对人、其他哺乳动物、昆虫及植物致病的、种类繁多的病毒。哺乳动物小 RNA 病毒是直径 22～30nm、无囊膜的正二十面体等轴颗粒，沉降系数 140S～165S，氯化铯中的浮力密度为 1.33～1.45g/cm^3。完整的病毒粒子由单链 RNA 和衣壳蛋白（capsid protein）组成。基因组长 7.2～8.5kb，5$'$端无帽子结构，有一个病毒编码的小分子质量蛋白 VPg 与 RNA 5$'$端的尿嘧啶残基共价结合，3$'$端有 poly（A）尾。衣壳蛋白有 60 个蛋白亚基，每个亚基由 4 个多肽（又称结构蛋白）构成（图 12-8），其中 3 个相对分子质量为 2.4×10^4～4.1×10^4，1 个为 5.5×10^3～13.5×10^3。衣壳组装由五邻体介导的 VP$_1$、VP$_3$ 和前体蛋白 VP$_0$ 组成，VP$_0$ 中 VP$_4$ 与 VP$_2$ 共价连接，在核酸包装进去成为稳定成熟颗粒的最后一步，VP$_0$ 切割。病毒粒子在高离子强度下稳定，对乙醚、氯仿及非离子去垢剂不敏感。

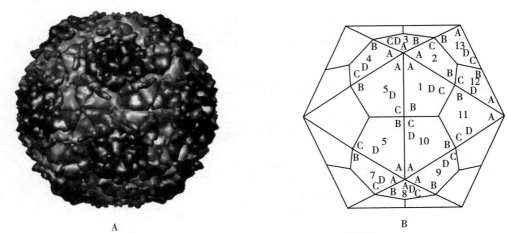

图 12-8 小 RNA 病毒空间结构及结构模式

A. 蟋蟀麻痹病毒的三维空间结构

B. 结构模式图，二十面体的每个平面的三角剖分数 $T=3$ 以及结构蛋白 A（VP$_4$）、

B（VP$_2$）、C（VP$_3$）和 D（VP$_1$）在五邻体中的位置

20 世纪 60 年代首次从蜜蜂中分离出与哺乳动物小 RNA 病毒形态及理化性质相似的病毒，此后从昆虫中分离出约 40 种昆虫类似小 RNA 病毒（insect picorna-like virus），其中 16 株病毒的基因组序列测定与分析已完成。ICTV 第九次报告依据病毒基因组结构特点，将昆虫小 RNA 病毒目

分为双顺反子病毒科和传染性软腐病病毒科。这些病毒较哺乳动物小 RNA 病毒基因组大，为 8.5～10kb，有些病毒衣壳有 3 种主要结构蛋白和 1 种小分子结构蛋白，有些病毒没有小分子结构蛋白。家蚕软化病毒（IFV）、蜜蜂囊雏病毒（SBV）、蟋蟀麻痹病毒（CrPV）和果蝇 C 病毒（DCV）的 5′端结合有 VP$_g$，其他未见报道。昆虫小 RNA 病毒常从杆状病毒感染罹病的虫体中发现，但对昆虫的毒性却不同。如家蚕软化病毒、蜜蜂囊雏病毒和蟋蟀麻痹病毒感染 3d 后，宿主出现严重病症，逐渐死亡；而榕透翅毒蛾小 RNA 病毒（*Perina nuda picorna-like virus*，PnPV）等仅使宿主发育变慢、生育力下降。

2. 昆虫小 RNA 病毒的基因组结构　昆虫小 RNA 病毒基因组 5′非编码区（UTR）长 178～964nt，比哺乳动物（600～1 200nt）短，有内部核糖体进入位点（internal ribosome entry site，IRES）。5′非编码区与病毒的包装、毒力及翻译密切相关。3′端有 poly（A）尾，非编码区较短，为 155～295nt，在病毒基因组负链合成中起重要作用。

传染性软腐病病毒科（*Iflaviridae*）包括家蚕软化病毒（IFV）、茶尺蠖病毒（EoV）、蜜蜂囊雏病毒（SBV）和榕透翅毒蛾小 RNA 病毒（PnPV）。基因组结构与哺乳动物小 RNA 病毒相似，是单顺反子的，即只有一个大的开放阅读框（ORF）。5′端编码结构蛋白，3′端编码复制蛋白，又称非结构蛋白（NS）。复制蛋白排列顺序从 5′端到 3′端依次是解旋酶、蛋白酶和 RNA 依赖的 RNA 聚合酶（RdRp）。这几种病毒有类似的病理特征，又称软化病毒。

双顺反子病毒科（*Dicistroviridae*）包括蟋蟀麻痹病毒、蜜蜂黑皇后系病毒、果蝇 C 病毒、禾谷缢管蚜病毒（RhPV）、吸血猎蝽病毒（TrV）、虱 P 病毒（HiPV）、大豆尺蠖病毒（PSIV）和蜜蜂急性麻痹病毒（ABPV）等。这些病毒基因组是双顺反子，两个开放阅读框被长短不同的间隔序列分开。与哺乳动物基因组相反，5′端 ORF 编码复制蛋白，而其 3′端 ORF 编码结构蛋白。复制蛋白排列顺序相同，即从 5′端到 3′端依次是解旋酶、蛋白酶和 RNA 聚合酶（图 12-9）。

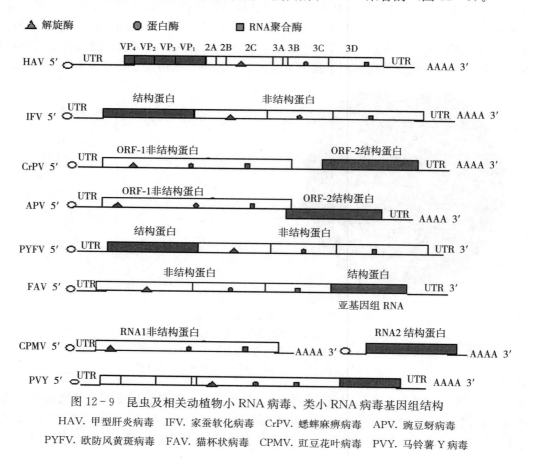

图 12-9　昆虫及相关动植物小 RNA 病毒、类小 RNA 病毒基因组结构

HAV. 甲型肝炎病毒　IFV. 家蚕软化病毒　CrPV. 蟋蟀麻痹病毒　APV. 豌豆蚜病毒
PYFV. 欧防风黄斑病毒　FAV. 猫杯状病毒　CPMV. 豇豆花叶病毒　PVY. 马铃薯 Y 病毒

3. 昆虫小 RNA 病毒的复制　昆虫小 RNA 病毒的复制发生在细胞质中，IFV 仅在中肠的上皮组织复制，主要靶细胞为杯状细胞。昆虫小 RNA 病毒的复制过程与哺乳动物小 RNA 病毒如口蹄疫病毒等相似，对于昆虫小 RNA 病毒复制过程研究最深入的是病毒蛋白的翻译机制。小 RNA 病毒利用宿主蛋白质合成系统合成病毒蛋白，但其基因组 5′端无帽子结构，其翻译机制也不同于一般的真核生物。最显著的特点是不依赖于帽子结构，不需要真核蛋白质翻译起始因子 eIF-1、eIF-1A 和帽子结合蛋白 eIF-4E。家蚕软化病毒从 5′非编码区的内部核糖体进入位点起始翻译，合成一个大的蛋白质前体，然后在病毒自身编码的蛋白酶的作用下，切割、加工产生成熟衣壳蛋白和复制蛋白。蟋蟀麻痹病毒基因组有两个开放阅读框，分别编码复制蛋白（ORF1）和结构蛋白（ORF2），两个 ORF 被间隔序列（intergenic region，IGR）分开（图 12-10）。IGR 具有内部核糖体进入位点（IRES）作用，ORF2 的翻译不仅从 IGR 的 IRES 独立起始，而且合成蛋白质的效率远远高于 ORF1。ORF2 的翻译不依赖起始密码子 AUG，在 CrPV 中 ORF2 起始密码子是 CUU。IGR 的二级结构有助于其 3′端茎-环上的碱基 GAA 与起始密码子 CUU 配对，进入核糖体 40S 亚基 P 位，这个 CUU 密码子不被翻译，第一个翻译的密码子 GAA 在核糖体的 A 位，从而起始蛋白质的翻译。ORF2 的翻译不需要 eIF-5、eIF-5B 和 GTP 水解，在延伸因子 1（EF1）作用下，氨酰 tRNA 进入核糖体 A 位，然后 80S 核糖体经过假节移位（即没有形成肽键），将 GAA 移入 P 位。

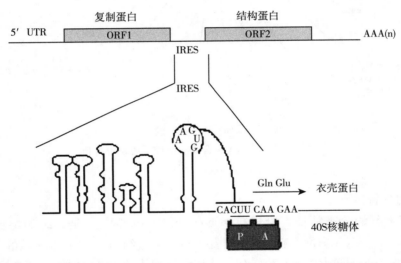

图 12-10　蟋蟀麻痹病毒基因组结构（上）与间隔序列 IRES 二级结构特点（下）

4. 昆虫小 RNA 病毒与其他小 RNA 病毒的进化关系　Strauss 等（1996）依据核酸序列同源性将单链正链 RNA 病毒分为 3 个超家族，同一超家族包括不同形态的病毒，也包括不同类型宿主的病毒，这些病毒被视为来源于同一祖先。超家族Ⅰ包括小 RNA 病毒、豇豆花叶病毒、杯状病毒、马铃薯 Y 病毒和冠状病毒等动植物病毒。其共同之处在于都含Ⅰ型 RNA 聚合酶和半胱氨酸-蛋白酶。但冠状病毒解旋酶为Ⅰ型，马铃薯 Y 病毒解旋酶是Ⅱ型，而小 RNA 病毒、豇豆花叶病毒和杯状病毒的解旋酶是Ⅲ型。此外这些病毒的形态大小、基因组结构、转录复制方式等都不同。

在动植物和昆虫小 RNA 病毒中 RNA 聚合酶的保守性最高，含有 8 个保守序列；其中，YG-DD 作为催化功能的核心基序，SGX_3TX_3N 作为核苷酸结合域，其保守性超过 95%。Koonin 等（1993）曾提议依据 RNA 聚合酶氨基酸序列的同源性，将单链正链 RNA 病毒分为三大家族，小 RNA 病毒、豇豆花叶病毒（CPMV）、杯状病毒和欧防风黄斑病毒构成超小 RNA 病毒家族。其中小 RNA 病毒和杯状病毒感染哺乳动物和昆虫，而豇豆花叶病毒和欧防风黄斑病毒感染植物。一般认为，小 RNA 病毒、豇豆花叶病毒、马铃薯 Y 病毒和欧防风黄斑病毒从共同的祖先进化而来，豌豆蚜病毒可能处于动植物病毒中间的衔接处。

RNA 聚合酶同源性分析（图 12-11）表明，家蚕软化病毒、蜜蜂囊雏病毒和榕透翅毒蛾小 RNA 病毒形成亲缘关系较近的一个分支，而蟋蟀麻痹病毒、蜜蜂黑皇后系病毒、果蝇 C 病毒、禾谷缢管蚜病毒、吸血猎蝽病毒、虱 P 病毒、大豆尺蠖病毒和蜜蜂急性麻痹病毒处于进化树的另一分支；豌豆蚜病毒处于哺乳动物小 RNA 病毒和植物小 RNA 病毒之间。这个进化分析与基因组结构一致，也符合病毒的宿主特性。

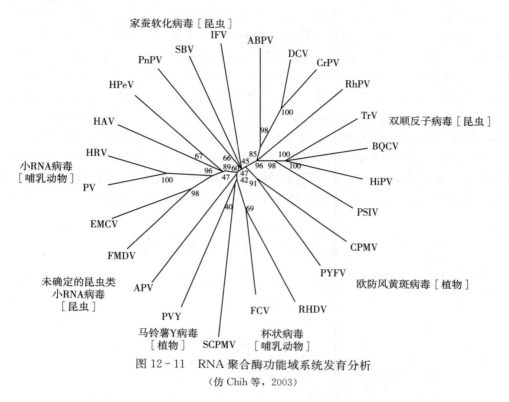

图 12-11　RNA 聚合酶功能域系统发育分析

（仿 Chih 等，2003）

（二）野田村病毒科

1. 野田村病毒科的分类特征　野田村病毒科（*Nodaviridae*）是一组病毒粒子直径为 29～32nm、无囊膜的正链 RNA 病毒。衣壳由一种相对分子质量约为 $4×10^4$ 的多肽的 180 个拷贝构成，排成三角剖分数为 3 的正二十面体对称结构。该病毒最初从日本野田村地区三带喙库蚊雌成虫中分离到，因而称为野田村病毒（*Nodamura virus*）（Schere，1967）。野田村病毒科分两个属：α 野田村病毒属（*Alphanodavirus*），主要感染昆虫，代表种为野田村病毒（*Nodamura virus*，NoV）；β 野田村病毒属（*Betanodavirus*），主要感染鱼类，代表种是条纹鲹神经坏死病毒（*Striped jack nervous necrosis virus*，SJNNV）。根据 ICTV 第九次报告，野田村病毒科包含已确定的 9 种病毒，还有 34 种尚未分类的成员和分离株。野田村病毒（NoV）对乙醚、氯仿有抗性，在 pH 3.0 条件下稳定。

2. 野田村病毒科的基因组结构与 RNA 的复制　野田村病毒科的基因组由两条单链线状分子即 RNA1 和 RNA2 所组成，这两条 RNA 分子被包装进同一个病毒颗粒。每条 RNA 分子的 5′端有帽子结构，3′端被共价修饰或二级结构所封闭，无 poly（A）尾。RNA1 长 3.0～3.2kb，编码蛋白 A，即 RNA 依赖的 RNA 聚合酶（RdRp）。RNA2 长 1.3～1.5kb，编码衣壳前体蛋白 α。除了 RNA1 和 RNA2 外，在复制过程中还产生一个不被包装进病毒颗粒的亚基组 RNA3。RNA3 的序列与 RNA1 的 3′端一致。RNA3 编码两个 ORF 相互重叠的蛋白 B1 和 B2（图 12-12）。

正链 RNA 病毒复制的一个共同的特征是必须有宿主细胞内膜的参与，病毒复制酶和 RNA 合成酶定位在宿主细胞内膜结构上。比如脊髓灰质炎病毒定位到溶酶体、内质网和高尔基体的膜上；

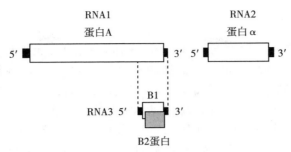

图 12 - 12　野田村病毒的基因组结构

（引自刘传凤，2011）

烟草花叶病毒（*Tobacco mosaic virus*）定位到 ER 等。α 野田村病毒 RNA 的复制发生在线粒体外膜上，RNA 的合成不受放线菌素 D 抑制。病毒的 RdRp 具有高度特异性，仅在感染细胞里选择性地复制病毒的 RNA，而且负链 RNA 因有更强大的复制起点，是 RdRp 偏好的模板，以合成正链的基因组 RNA。在病毒复制周期的大多数时间，RNA1 与 RNA2 的合成是偶联的，因而 RNA1 和 RNA2 的分子数相等。RNA3 仅在病毒复制的起始阶段产生，然后就完全被 RNA2 的复制所抑制。RNA2 的 3′端包含一个 RNA3 的顺式作用信号，RNA2 的复制受 RNA3 的反式调节。RNA3 对 RNA1、RNA2 的复制起协调作用。

3. 野田村病毒科蛋白的功能及翻译特点

（1）蛋白 A　RNA1 是蛋白 A 的信使 RNA。蛋白 A 是一个跨膜蛋白，能通过其 N 端的线粒体定位信号和跨膜结构域的作用将复制复合体锚定到线粒体外膜部分，C 端除了在去包装和 RNA 运输方面的作用外，在组装时对病毒 RNA 的特异识别起着重要的作用。蛋白 A 是复制酶活性的必需因子。在 RNA 复制中，蛋白 A 是以多聚体的形式来行使功能的。

（2）B1 和 B2 蛋白　B1 和 B2 蛋白是分别由 RNA3 的两个相互重叠的 ORF 分别翻译的。B2 蛋白目前被证明是一个具有多重抑制效应的 RNAi 抑制因子，以同源二聚体的形式在 RNA 水平上结合双链 RNA 和 siRNA，同时在蛋白质水平上与 Dicer-2 相互作用并结合 RNaseⅢ和 PAZ 结构域，从而有效抑制 Dicer 介导的双链 RNA 切割反应并阻止 siRNA 装配至沉默复合体（RNA-induced silencing complex，RISC）。此外，B2 蛋白通过其二聚体形成的一种特殊的六螺旋轴结构结合 RNA，并且 RNA 的结合对于病毒 RNAi 抑制因子的同源二聚化具有正反馈效应；RNAi 抑制因子同源二聚化是其结合 RNA 的必要条件，而 RNA 的结合又能反过来促进 RNAi 抑制因子同源二聚化。该效应很可能普遍存在于具有 RNA 结合功能的病毒 RNAi 抑制因子中，帮助它们更有效地抑制宿主的 RNAi 天然免疫。

在整个感染循环中，RNA1 和 RNA2 虽然分子数相等，但各自的翻译产物蛋白 A 和蛋白 α 的比例却有很大的差异。蛋白 A，其峰值出现在感染大约 5h 时，然后急剧减少，而此时，B2 蛋白和蛋白 α 的量却是持续增加。B2 蛋白的峰值出现在约感染后 8h 时，在感染后期 14h 左右，在感染细胞中主要合成蛋白 α，蛋白 α 持续增加直到在 48h 时达到整个细胞蛋白的 20% 左右。

4. 野田村病毒科的宿主域与病理特征　野田村病毒通过摄食进行水平传染，到目前为止，还没有一个 α 野田村病毒通过亲代传给子代进行垂直传染的证据。α 野田村病毒属的成员，虽然均从昆虫中分离而得，但其宿主范围却十分广泛。野田村病毒不仅感染多种昆虫，而且能感染哺乳动物。野田村病毒感染壁虱、印度谷螟、五带淡色库蚊，病毒能在虫体中增殖，但宿主没有出现外表症状；感染白纹伊蚊、蜜蜂及大蜡螟，均能发病致死。通过埃及伊蚊媒介将野田村病毒接种到乳鼠体内，病毒能增殖，并引起乳鼠后腿麻痹，感染后 7～14d 死亡。东方蜚蠊病毒（BBV）和巴拉奈病毒（BoV）的宿主范围仅限于鳞翅目和鞘翅目的昆虫。

野田村病毒可以在脊椎动物、植物以及昆虫细胞内复制，引起人们的广泛关注，被认为是病毒的祖先之一（Ball 等，1992）。

（三）T4 病毒科

1. T4 病毒科的分类特征　T4 病毒科（*Tetraviridae*）原称松天蛾 β 病毒组，1991 年 ICTV 第五次报告根据其特点——病毒粒子正二十面体的三角剖分数 $T=4$，将其重新命名为 T4 病毒科（Francki 等，1991）。ICTV 第九次报告将 T4 病毒科设两个属：βT4 病毒属（*Betatetravirus*）和 ωT4 病毒属（*Omegatetravirus*）。βT4 病毒属代表种是松天蛾 β 病毒（*Nudaurelia β virus*，NβV），病毒基因组为单分子单链线状 RNA，大小约 6.5kb。ωT4 病毒属代表种为松天蛾 ω 病毒（*Nudaurelia ω virus*，NωV），病毒基因组为二分子单链 RNA，其中 RNA1 大小约 5.5kb，RNA2 大小约为 2.5kb（Murphy 等，1995）。T4 病毒科目前包含 11 种已经确定的病毒和 10 种尚未分类的可能的成员。

T4 病毒科是一组病毒粒子直径为 32～41nm、无囊膜的单链正链 RNA 病毒，其中 NβV 和 NωV 病毒粒子的直径分别为 39.7nm 和 41.0nm，基因组 3′端没有 poly（A）尾，被一种独特的 tRNA 类似结构所取代。T4 病毒科的成熟病毒粒子含有两种衣壳蛋白，大衣壳蛋白的分子质量为 58～63ku，小衣壳蛋白的分子质量为 6.8～7.8ku，这两种衣壳蛋白由一种壳蛋白前体切割产生。衣壳蛋白排成 $T=4$ 的正二十面体对称结构。T4 病毒粒子非常稳定，氯仿、糜蛋白酶、胰蛋白酶以及 RNase A 对棉铃虫矮缩病毒（*Helicoverpa armigera stunt virus*，HaSV）活性几乎没有影响。在 pH 2.8～10.0 范围内，HaSV 活性不受影响。漂白粉、甲醛（1%）和高温（≥65℃）处理能使 HaSV 完全失活，乙醚、蛋白酶 K 和中温（22～55℃）处理能使 HaSV 部分失活。

2. T4 病毒的基因组结构与复制

（1）βT4 病毒属　基因组完全测序的仅松天蛾 β 病毒。松天蛾 β 病毒全基因组长 6 625nt，病毒基因组为二顺反子，两个开放阅读框有 1 827nt 重叠。5′端 ORF 编码复制蛋白，起始密码子位于 93～95 位核苷酸，编码一个含 1 925 个氨基酸残基、分子质量约为 216ku 的蛋白。该复制蛋白的功能域从 N 端到 C 端依次是甲基转移酶、解旋酶和 RNA 聚合酶。结构蛋白基因在 3′端，通过一个长约 2.5kb 的亚基因组 RNA 进行表达（图 12-13），翻译成分子质量约 66ku 的衣壳蛋白前体，经过 Asn_{536}/Gly_{537} 位点的切割产生分子质量分别为 58ku 和 8.0ku 的两个衣壳蛋白。

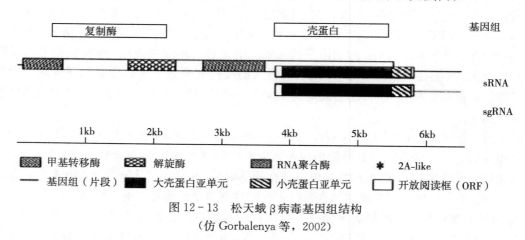

图 12-13　松天蛾 β 病毒基因组结构

（仿 Gorbalenya 等，2002）

（2）ωT4 病毒属　目前已经确定的 ωT4 病毒仅 3 种，其中棉铃虫矮缩病毒（HaSV）和松毛虫 T4 病毒（DpTV）的基因组全序列以及 NωV 的 RNA2 序列已经确定。HaSV 和 DpTV 的 RNA1 含一个 ORF，编码分子质量约为 180ku 的复制蛋白，复制蛋白功能域从 N 端到 C 端依次是甲基转移酶、解旋酶和 RNA 聚合酶。RNA2 有两个部分重叠的较大的开放阅读框，分别编码衣壳蛋白前体和一种分子质量约为 17ku 的非结构蛋白（P17）。松天蛾 ω 病毒的衣壳蛋白前体也要进行一次切割，产生分子质量分别为 60ku 和 7.0ku 的两种衣壳蛋白，这两种松天蛾 ω 类似病毒的切割位点在

Asn/Phe 位点，这种切割是 T4 病毒粒子成熟所必需的。

所有完全测序的 T4 病毒基因组 RNA 3′端的序列都能折叠成与 tRNA 类似的二级结构。T4 病毒是目前在动物病毒中发现的唯一具有这种 tRNA 类似结构的病毒，该结构与真核 tRNA^{Val} 具有较大的同源性，且都带有缬氨酸反密码子；与植物 RNA 病毒基因组 3′端类似 tRNA 二级结构也非常相似。植物病毒基因组 RNA 3′端的 tRNA 类似结构与 RNA 的复制有关，并且具有端粒的功能，在 RNA 的复制过程中保持末端序列的信息，并且还能保护 RNA 免受核酸外切酶的降解。推测 T4 病毒基因组 RNA 3′端的 tRNA 类似结构也具有这样的功能。

另外，HaSV 基因组 RNA 5′端帽子结构的下游核苷酸序列能形成独特的发卡结构，在发卡结构的环状区域含有 6 个保守核苷酸序列 GGUAAA，这种结构也与 RNA 的复制有关。

3. T4 病毒的宿主域和病理学特征　T4 病毒的宿主仅限于鳞翅目昆虫，但不同 T4 病毒所能感染的宿主范围不同。T4 病毒可能通过摄食进行水平传染和通过亲代传给子代进行垂直传染。T4 病毒感染宿主昆虫的症状变化很大，有的不表现出明显的症状，有的能引起宿主急性死亡。宿主表现出的症状不仅取决于宿主与病毒的组合，而且还与宿主生活世态、病毒的剂量以及是否有其他病毒存在等有关。

NβV 和桉蚕病毒（*Antheraea eucalypti virus*，AeV）能使所有的宿主幼虫体色变暗，身体软弱无力，或从树枝上掉下，或以前肢倒悬于树梢等待死亡。这些症状在感染后 7～9d 内表现非常明显，随之很快死亡。与这些外部症状相对应的是虫体内部液化，体壁保存完好。被 NβV 和 AeV 感染的宿主一般不能化蛹，即使化蛹，其翅膀也是严重萎缩。当用不同剂量的 HaSV 感染棉铃虫时，HaSV 的毒性与宿主的发育时期密切相关。当用适当的剂量感染新生的幼虫，能使其食量迅速降低，虫体萎缩，4d 之内宿主就会死亡，虫尸不液化。但病毒剂量太小时，幼虫生长轻微受阻，仍能正常发育。当用 HaSV 感染 5 龄以上的幼虫时，剂量很高，也没有明显的症状出现。在感染的幼虫内，T4 病毒的复制严格限制在肠腔细胞内，主要是中肠细胞。HaSV 的复制仅局限于被感染幼虫的中肠细胞内。HaSV 感染引起中肠上皮细胞迅速脱落而导致幼虫萎缩。HaSV 感染速度非常快，感染后第二天检测就能发现在原位有一半细胞被感染。而茸毒蛾病毒（*Dasychira pudibunda virus*，DpV）能够在中肠和前肠细胞内复制。

4. T4 病毒的应用　与杆状病毒相比，昆虫 RNA 病毒很少被用作生物杀虫剂来控制害虫。然而，椰黄褐刺蛾病毒（*Setora nitens virus*，SnV）和油棕刺蛾病毒（*Darna trima virus*，DtV）在马来西亚曾用来防治油棕榈刺蛾，获得很好的控制效果。来自虫尸的 DtV 和一种可能是小 RNA 病毒科成员的病毒一起制成水剂，进行喷洒，对害虫的致死率达到 86%～99%。

思　考　题

1. 何为昆虫病毒？昆虫病毒有哪些种类？研究昆虫病毒有什么意义？
2. 简述杆状病毒的特点及应用价值。
3. 简述浓核病毒的基因组结构。
4. 简述昆虫单链正链 RNA 病毒形态特征、基因组结构及宿主域。

主要参考文献

胡远扬，2004. 昆虫病毒研究的回顾与展望 [J]. 中国病毒学（19）：303-308.

凌同，2014. 昆虫杆状病毒表达系统的研究进展与应用 [J]. 微生物学免疫学进展，42（2）：70-78.

刘传凤，张珈敏，胡远扬，2011. 野田村病毒 RNA 的复制机制 [J]. 微生物学通报，38（9）：1418-1424.

吕鸿声，2001. 昆虫病毒分子生物学 [M]. 北京：中国农业科学技术出版社．

王璐，肖红，顾盼，等，2015. 猪繁殖与呼吸综合征病毒样颗粒的构建 ［J］. 中国兽医科学（11）：1142-1147.

王小纯，胡远扬，张珈敏，2003. 昆虫小 RNA 病毒研究进展 ［J］. 昆虫学报，46（5）：649-654.

谢天恩，胡志红，2002. 普通病毒学 ［M］. 北京：科学出版社.

易福明，张珈敏，刘传凤，等，2005. T4 病毒研究进展 ［J］. 昆虫学报，48（5）：792-798.

Ball L A，et al，1992. Replication of nodamura virus after transfection of viral RNA into mammalian cells in culture ［J］. J Virol（66）：2326-2334.

Bernard N F，et al，2005. Fields Virology ［M］. US：Lippincott Williams & Wilkins Press.

Glyn S，1990. Structure，function and evolution of picornaviruses ［J］. Journal of General Virology，71：2483-2501.

第十三章 植物病毒

植物病毒通过一定的传染途径（介体传播或非介体传播）侵入植物细胞，进行复制，引起多种植物产生不同程度的危害。茄科和十字花科植物有 50% 的病害为病毒病害；病毒病也是烟草和马铃薯的重要病害；在花卉上，病毒病常使花卉品质和产量降低，甚至影响进出口。本章从植物病毒研究概况以及不同类型的植物病毒（包括类病毒）等几个方面进行介绍。

第一节 植物病毒研究概况

一、植物病毒的分类

植物病毒大多为 RNA 病毒，其中以单链 RNA 病毒为多数。2016 年 ICTV 第九次报告（https：//talk. ictvonline. org/ictv-reports/ictv_9th_report/）中，植物病毒主要涉及以下种属：①单链 DNA 病毒，主要包括双生病毒科（*Geminiviridae*）和矮缩病毒科（*Nanoviridae*）；②DNA逆转录病毒，只包括花椰菜花叶病毒科，这是植物病毒中唯一具有双链 DNA 基因组的病毒科；③双链 RNA 病毒，包括呼肠孤病毒科（*Reoviridae*）和双分病毒科（*Partitiviridae*）；④单链正链 RNA 病毒，包括马铃薯 Y 病毒科（*Potyviridae*），黄症病毒科（*Luteoviridae*），番茄丛矮病毒科（*Tombusviridae*），雀麦花叶病毒科（*Bromoviridae*），长线形病毒科（*Closteroviridae*），甜菜坏死黄脉病毒属（*Benyvirus*），柑橘糙皮病毒属（*Cilevirus*），悬钩子病毒属（*Idaeovirus*），欧尔密病毒属（*Ourmiavirus*），一品红潜隐病毒属（*Polemovirus*），南方菜豆花叶病毒属（*Sobemovirus*），小 RNA 病毒目（*Picornavirales*）中的植物小 RNA 病毒科（*Secoviridae*），芜菁黄花叶病毒目（*Tymovirales*）中的甲型线形病毒科（*Alphaflexiviridae*）、乙型线形病毒科（*Betaflexiviridae*）和芜菁黄花叶病毒科（*Tymoviridae*），伞形病毒属（*Umbravirus*），帚状病毒科（*Virgaviridae*）等；⑤单链负链 RNA 病毒，包括布尼亚病毒科（*Bunyaviridae*），蛇形病毒科（*Ophioviridae*），单分子负链 RNA 病毒目（*Mononegavirales*）中的弹状病毒科（*Rhabdoviridae*）的部分病毒、纤细病毒属（*Tenuivirus*），欧洲山梣环斑病毒属（*Emaravirus*），巨脉病毒属（*Varicosavirus*）等。

另外，侵染植物的病毒样生物还有类病毒。它们仅在高等植物中发现，有些可致病，有些不致病。侵染植物的类病毒包括两个科：马铃薯纺锤形块茎类病毒科（*Pospiviroidae*）和鳄梨日斑类病毒科（*Avsunviroidae*）。

二、植物病毒的传播

（一）介体传播

介体传播指病毒依附在其他生物体上，借其他生物体的活动而进行的传播及侵染。病毒的介体传播有较强的专化性，一定的介体只能传播一定的病毒。在自然条件下，介体传播是植物病毒传播的主要方式，植物病毒的介体中最重要的为昆虫，其次为线虫、真菌和螨类等。已知昆虫介体主要为半翅目的蚜科和叶蝉科，其次为飞虱、粉虱、粉蚧、甲虫、蓟马、网蝽和潜叶蝇等。昆虫的传毒过程可分为获毒取食、接种取食和传毒 3 个时期。获毒取食期（acquisition feeding period）是指无毒昆虫在病株上开始取食至获得传播能力所需的时间。接种取食期（inoculation feeding period）是指带毒昆虫在健株上开始取食至能引起发病所需要的时间。潜育期（循回期）（latent period）是指昆虫从获毒取食开始，到能传播病毒所需的时间，亦即昆虫吸取病毒随同唾液进入肠道，渗过肠壁进入血淋巴，而后循回到达口器唾液中能再传播所需的时间。具有循回期的病毒都属循回型病毒（circulative virus）。能在昆虫体内增殖的病毒为增殖型病毒（propagative virus），不能增殖的病毒为非增殖型病毒（non-propagative virus）。传毒持续期指无毒昆虫获毒后，从开始传毒到停止传毒的那段时间。昆虫获毒后能保持传毒的时间叫作传毒的持久性（persistent）。

1. 蚜虫 已知约200种蚜虫可传播275种病毒，是许多经济植物、蔬菜、果树等重要病毒病的病原介体，病害症状多为花叶型。病毒在蚜虫体内传毒分持久性、半持久性和非持久性3种不同类型。非持久性传播所需获毒时间很短，只要几秒至数分钟（最短只要5s，以15～60s为最理想），取食时间延长反而降低传毒效率。获毒后即可接种传毒，病毒在虫体内没有循回期，获毒取食前饥饿处理能增加传毒效率。蚜传病毒大多属非持久性类型，非持久性传播的病毒往往存在于植物的薄壁细胞内，一般都能用汁液摩擦方法传毒。非持久性传播病毒与介体之间的专化性较差。半持久性传播获毒时间需数分钟，增加获毒期则传毒效率高。获毒后即可接种传毒，病毒在虫体内没有循回期，可在虫体内保持1～3d，获毒取食前饥饿处理不增加传毒效率。植物体内，半持久性病毒多存在于韧皮部，所以蚜虫取食时间越长，获毒率和传病率越高，而接种部位也必须在韧皮部。持久性传播需较长的获毒取食期（10～60min），获毒时间延长可增加传毒效率；有明显的循回期，获毒后需经过一段时间才能传毒；介体获毒后可保持传毒至少1周，有时介体可终身带毒，介体从食道获毒后可转位。这类病毒在介体内的循回过程一般是病毒随着植物汁液到达肠部，其后渗入肠壁，进入血淋巴中，再进入唾液腺，经唾液腺将病毒送出口针，进入植物组织内。持久性病毒通常存在于韧皮部或接近韧皮部的细胞内，常引起黄化和叶卷症状，一般不能经汁液传毒，少数能汁液传毒。持久性传播与介体之间通常具有较强的专化性。根据能否在介体内繁殖，持久性病毒可分为增殖型和非增殖型两类。

2. 叶蝉 叶蝉是仅次于蚜虫的植物病毒的重要介体。已知的约有49种叶蝉可传33种病毒。这类介体绝大多数只能传播一种病毒，少数能传播2～4种病毒，也有少数病毒能由2～4种叶蝉传播。叶蝉传播的病毒通常引起黄化、叶卷等症状。病毒主要存在于韧皮部，一般不能通过汁液传播。

3. 飞虱 约有24种飞虱可传24种病毒，主要危害稻、麦、玉米等禾谷类作物和牧草，病害症状多为黄化型。

（二）非介体传播

在病毒传递中没有其他有机体的介入，通过微伤口、种子及其他非生物因素而传播到另一寄主的传播方式称为非介体传播。非介体传播主要包括机械传播、嫁接传播、植物有性器官（花粉或种子）或无性繁殖材料传播、菟丝子传播、土壤中病残体传播等。

1. 机械传播 机械传播是指带有病毒的汁液，通过植物表面的机械微伤侵入细胞而引起发病。接种方法最常用的是摩擦接种法。机械传播也是研究植物病毒常用的方法，如用于病毒分离、侵染性测定、研究病毒与寄主相互关系等。农事活动如整枝打杈、平顶等也可以引起病毒从病株向健康植株的传递。

2. 嫁接传播 嫁接可以传播任何种类的病毒、植原体和类病毒病害。在嫁接过程中，当接穗或砧木带毒时，嫁接后病毒就能从带毒部位进入健康部位而使全株发病。传播的成败取决于病毒与组织的关系，如局限于韧皮部的病毒，则需接穗与砧木间维管束的完全愈合；而分布于薄壁组织的病毒，只要分生细胞愈合形成细胞连丝，即可通过胞间连丝传播。嫁接传播实验的方法很多，一般园艺实验的嫁接技术均可用于传播实验。

3. 种子传播 约1/5的植物病毒能够通过种子传播。种子带毒的危害主要表现在早期侵染和远距离传播。早期侵染提供初侵染来源，在田间形成发病中心，为病毒通过其他传播方式（如蚜虫）在作物群体中扩散创造了条件，极有可能造成严重危害。如莴苣花叶病毒（*Lettuce mosaic virus*，LMV）种子带毒率不足0.1%，但加上蚜虫传播可造成莴苣绝收。另外，种传率虽很低，但经过种子进出口、调拨、鸟类取食和介体进一步传播等途径，都会导致异地病毒病流行。有些病毒可在种子中长期存活，如烟草环斑病毒（*Tobacco ringspot virus*，TRSV）可在豆科种子中存活 5 年以上。种子还可能成为病毒越冬的场所，如黄瓜花叶病毒（*Cucumber mosaic virus*，CMV）可在多种杂草种子中越冬。

4. 植物有性器官传播　由花粉传播的病毒有 20 多种，且多数是木本寄主。研究表明，不少种子传播的病毒是可以通过花粉传毒的，凡是能花粉传毒的，种子一定能带毒。带毒花粉所引起的健康株种子带毒率常比感病母本植株和健康花粉交配后所产生的种子带毒率高。带毒花粉管伸入健康株雌蕊后，有时所带病毒还可以从雌蕊组织扩散到健康组织里，从而使健康株发病。

5. 无性繁殖材料传播　无性繁殖材料包括块茎、球茎、鳞茎、块根、插条、接穗等。病毒的系统侵染导致植物体内除生长点外各部位均可带毒，尤其是球茎、块茎、接穗芽等无性繁殖材料。所以，利用无性繁殖材料繁殖，往往造成病毒的传播。

6. 菟丝子传播　菟丝子传播的原理是建立在菟丝子的吸盘能同寄主的维管束衔接，从而使寄主中的病毒随营养物质进入菟丝子体内。菟丝子一旦带有这种病毒，便能以同样的方式将病毒传到另一株植物或另一种寄主上。这实际是一种自然嫁接作用，病毒在菟丝子内不繁殖，菟丝子起到管道作用。嫁接受亲和性的局限（往往同属），而菟丝子能使亲缘关系很远的植物之间传播病毒。所以有些生物介体不明的病毒，可用菟丝子传播。

三、植物病毒的生态学和流行特点

植物病毒生态学是研究植物病毒与其周围环境相互关系的科学。研究植物病毒生态学的目的是为了更好地控制植物病毒。要想有效地控制植物病毒的危害，就需将植物病毒放在一个生态环境中，详细地考察它与其寄主及同其他生物的关系。植物病毒的流行周期由病毒群体、寄主植物和介体种群等生物因素以及降水情况、风向、风速、土壤、气温等非生物因素构成。植物病毒如与寄主植物、环境条件处于平衡状态，就不易造成植物病毒病的大流行，一旦平衡被破坏，病毒就会发生流行。因此控制三者关系的平衡，就是控制病毒病的基本原理。

病毒病的流行具有明显的三性特征：暴发性、间歇性和地区间的迁移性。例如水稻黄矮病毒（*Rice yellow stunt virus*，RYSV）在福建西北地区曾三度流行，分别出现在 1966 年、1969 年和 1973 年；在云南省有两次大流行，分别出现在 1961 年和 1969 年。而 20 世纪 80 年代后却很少发生，仅 1996 年再次局部流行，此后特别是 2000 年以来，已几无踪迹。

植物病毒的流行至少取决于 4 个因素：病毒、寄主、介体（或非介体）以及环境。但在农业生态系统中，病害的流行程度是由一系列因素综合决定的，而不仅仅取决于这 4 个因素。影响病毒流行的重要生态因子主要有杂草及野生植物、栽培植物种类及品种的改变、农业措施、环境因素和病毒新株系的出现。许多病毒可以侵染杂草及野生植物，杂草和野生植物也是许多介体昆虫繁衍、越冬和越夏的场所，是病毒侵染循环中的重要环节，在病毒传播和流行中起重要作用。病毒在整个生态体系中，在各种因素的互相影响下会达到一个平衡，不易造成植物病毒病的大流行。但当栽培地方品种被新品种代替时，往往会加重病毒病发生，因为新品种一般是为满足某些特殊农艺性状而选育的，较少注意到抗病毒病的特性。如 20 世纪 80 年代末，随着超级稻的全面推广，为了追求高产，人们忽视水稻品种特性和稻田土壤的承受能力，结果带来了 2001—2014 年间歇性、跨省份的水稻条纹病毒（*Rice stripe virus*，RSV）病、水稻齿叶矮缩病毒（*Rice ragged stunt virus*，RRSV）病、水稻黑条矮缩病毒（*Rice black streaked dwarf virus*，RBSDV）病和南方水稻黑条矮缩病毒（*Southern rice black-streaked dwarf virus*，SRBSDV）病的暴发，给水稻生产造成重大损失。农业措施可以改变某一地区的生态关系，从而影响该地区的寄生物与寄主的关系，进而使某些植物病毒病的发生得到促进或抑制。如 20 世纪 60 年代后期推广玉米和小麦套作、棉花和小麦套作等耕作体制，为介体灰飞虱不断繁殖提供了有利条件，使玉米矮缩病传染给了小麦。气候条件和土壤因素也是病毒传播流行的一个重要因素。如南方菜豆花叶病毒（*Southern bean mosaic virus*，SBMV）在 16～20℃ 条件下，种子传毒率为 95％，而在 28～30℃ 种传率仅为 55％。马铃薯卷叶病毒（*Potato leaf roll virus*，PLRV）病在氮肥充足时发病更重。病毒可能会通过突变或重组而产生新株系，新株系可能使作物严重受害。如玉米褪绿矮缩病毒（*Maize chlorotic dwarf virus*，MCDV）在美国主要侵染甜菜及甘蔗，很少侵染玉米，但近年也开始侵染玉米，造成重大损失。

四、植物对病毒的抗性

几乎所有的高等植物，一旦生长在某地，通常不会移动，而病原体则往往可以借助外力或其他动物的活动在环境中扩散，并侵害其他植株。这些植株受到病毒侵染时，不会像动物那样直接抗御病毒入侵，而是通过调控自身基因表达系统，积极防卫和干扰病毒对自身的危害，最大限度地保卫自己。

寄主植物抑制或延缓病毒侵染的能力称为抗病性（disease resistance）。根据抗病能力的强弱，抗病性可分为免疫（非寄主）、抗病、系统获得抗性（systemic acquired resistance，SAR）和耐病等类型。如果一种植物表现为免疫，它就被认为是该病毒的非寄主（non-host），因而该病毒不能在完整植株的任何细胞或分离的原生质体中复制。

寄主植物至少有两种形式的抗性反应：专化性抗性反应和普通抗性反应。专化性抗性反应受到一个或多个寄主基因的控制，其产物与病毒的某些决定因子发生互作并限制病毒从初始的侵染点传播出去。这种限制通常是通过植物的过敏性反应（hypersensitive response，HR）而实现的。普通抗性是植物积累起来的针对外源核酸的抗性，就病毒而言，它通常是借助于转录后基因沉默（posttranscriptional gene silencing，PTGS）而发挥作用。这种特异性反应所导致的抑制作用很有可能并不总是通过过敏性反应而实现，有时可能是通过产生一种可见症状的机制。

植物本身具有的抗性称为组成型抗性，如皮层厚度、坚硬度，气孔大小、密度及开关状态，内含物成分等。植物组织或细胞受病毒侵染时，被动产生的一系列防卫性反应，称为诱发性抵抗，它是植物在一定的生物或非生物因子的刺激或作用下，对后续侵染产生的抗性，包括产生局部坏死斑、合成病程相关蛋白（pathogenesis-related protein，PR 蛋白）、产生调节植物保卫素有关的寡糖和脂类等。

五、植物病毒病的防治策略

（一）生态防治策略

人为-植物-病毒-介体-环境五者相互作用，必须坚持"预防为主，治虫防病"的原则进行生态防控，遵循抗、避、除、治的"四字"原则。"抗"指抗性利用，包括运用品种抗性，做好品种布局，利用生物多样性。"避"指避虫防病，包括依法检疫、严格管理，建立无病种苗基地，培育、选用无病种苗，耕作改制，采用网盖避虫。"除"指除虫防病，包括改变耕作制度，清除田间毒源，翻耕晒土，保护昆虫天敌。"治"指治求实效，包括使用弱毒疫苗、生物制剂等。

1. 采用抗病品种 寄主对病毒的抗性类型有感病、免疫、抗病、耐病或过敏性坏死。病毒不能侵入或侵染后病毒没有活性的品种具有免疫抗性。病毒能侵入，但增殖量极少，不能导致严重的病状，这种品种叫作抗病品种。如病毒侵入后能大量增殖，并导致一定症状，但对产量影响不大，则叫作耐病品种。如病毒侵入后能大量增殖，并导致严重的发病及减产，则叫作感病品种。如病毒侵染后局限在接种细胞或接种细胞周围，而这些细胞很快形成坏死斑，成为过敏性坏死品种。有时病毒通过维管束扩展导致植株迅速死亡。以上这些抗性和耐性，都由一定的基因组所控制，它们在杂交过程中能按一定的规律传给后代。除常规育种外，还可以用细胞工程进行遗传育种。

2. 生产无毒植株 不少经济作物为了保持其园艺特性，常常进行无性繁殖，一旦其被病毒侵染，病毒就通过繁殖材料传播蔓延，且逐年扩大。对这类病毒病的防治生产上常用热处理、组织培养与热处理相结合的方法进行脱毒。

3. 运用无毒繁殖材料　不少种子可以带毒，豆科、葫芦科和菊科种子最易带毒。另外，繁殖材料如块茎、鳞茎、插条、幼苗等经常会在组织内携带病毒。因此可以通过检疫手段控制带毒种子或繁殖材料的传播。对带毒种子，可以选择带毒率低的种子，同时进行种子消毒处理，对带毒繁殖材料可采用高温脱毒或热治疗以及与分生组织顶端培养相结合的方法获得无毒材料。

4. 改变耕作制度　耕作制度的改变往往会控制某些病毒病的危害，如美国芹菜在一年内重复种植，芹菜花叶病毒（*Celery mosaic virus*，CeMV）病发生严重，但通过与粮食作物的轮作，该病就能得到有效的控制。

5. 隔离种植　当某种病毒很难消除时，可将作物种植到远离毒源的地区，这一措施常用来培育马铃薯无毒块茎。

6. 消灭及减少侵染源　如消灭杂草及野生植物、去除病株等措施。

7. 消灭、驱除及避免传播介体　将作物种植在无介体或介体数量较少的地区。利用高秆的障栅作用来保护另一种较矮作物，使后者不被或减少有翅介体的直接侵染。改变播种期可以避免蚜虫迁飞高峰。化学药剂控制介体，对持久性传播的病毒，通过化学农药杀死介体可以有效控制病毒病；但对非持久性传播的病毒的介体效果不大，且化学防治成本大且存在抗药性问题。非化学方法控制介体，如用石蜡油或其他矿物油或植物油喷雾，对非持久性病毒效果很好，但对持久性病毒效果不稳定。

8. 交叉保护　交叉保护现象是由 Mckinney 等于 1929 年首次报道的。所谓交叉保护，是指预先感染了温和株系病毒的田间作物（如烟草、番茄、苹果等）可以预防与之亲缘关系相近的强毒株系病毒的侵染。Rust 于 20 世纪 70 年代利用亚硝酸对 TMV 进行人工突变，获得了弱株系，温室使用后，产量增加 15%。许多柑橘病毒如柑橘速衰病毒（*Citrus tristeza virus*，CTV），常用于防治强毒造成的危害。

9. 化学药剂控制病毒症状　最近发现有些内吸性杀菌剂虽然不能降低病毒的浓度，但是可以有效地抑制病毒的症状，如 Tomlinson 等发现苯来特能减轻 TMV 在烟草上的症状。有人认为这些杀菌剂具有细胞分裂素活性，可以推迟由病毒引起的叶绿体破裂。

（二）抗病基因工程

通过传统育种方法培育抗病品种不但费时费力，而且还存在抗性种质资源缺乏、抗性易于丧失等劣势，很难满足人们对抗性品种的需求。基因工程打破了种属间障碍，能够将外源基因导入植物培育出新型的抗病毒品种。1986 年，Powell Abel 等报道，通过基因工程技术将 TMV 的外壳蛋白基因转化烟草，转基因烟草表现出对 TMV 的抗性，开创了植物抗病毒基因工程育种的新时代。随后人们不断分离出来源于植物或病毒的基因，设计并试验了许多不同的策略来培育抗病毒转基因植物，为植物病毒病的防治开辟了一条崭新的途径。目前已经获得了一些抗病毒植物品种，有的已经或者即将进入大规模使用。下面介绍几种利用基因工程防治植物病毒病的主要策略。

1. 利用植物自身编码的抗病毒基因　随着生物技术的发展以及对植物与病毒相互作用研究的深入，人们试图将植物体内存在的抗病毒基因克隆出来，继而通过基因工程技术将其导入感病品种，在较短时间内培育出抗病品种。然而在自然条件下，许多植物不存在抗性基因或存在却又难以被利用，因此利用植物中克隆抗病毒基因并转化植物，从而获得抗性植株这一策略发展得比较缓慢。目前，有关这方面的报道主要有商陆抗病毒蛋白基因、N 基因和 PR 蛋白基因的克隆与应用。

（1）商陆抗病毒蛋白基因　商陆抗病毒蛋白是存在于植物商陆叶片细胞中的一种小分子糖蛋白质，它可以抑制多种不相关病毒的活性。Lodge 等（1993）将 PAP 的基因转化烟草，攻毒试验表明，表达 PAP 的转基因植物能抵抗多种不同病毒的侵染。

（2）N 基因　在植物诱导抗性中，过敏性坏死反应是一些植物对某些病毒侵染的一种强烈的抗病反应，它被认为是抗病的标志。如将 TMV 接种到心叶烟上，则在接种的叶片上产生坏死斑。过敏性坏死斑的形成是由于植物内含有控制坏死反应的 N 基因。因大多数过敏性坏死反应是由单个基因控制的，易被克隆利用，因此这方面的研究较多。例如人们已成功地将 N 基因克隆，转入番茄植株内，获得的转基因番茄对 TMV 表现为强烈的过敏性反应。

（3）PR 蛋白基因　　PR 蛋白是植物受病原物侵染或其他因子的刺激、胁迫产生的一类蛋白质。根据分子生物学特性、血清学关系将 PR 蛋白分为 5 组（PR-1～PR-5），其中 PR-1 与病毒抗性关系密切。其抗病机制可能是它们参与植物细胞壁抗侵染的作用，还有的认为这组 PR 蛋白可能是靠协调作用才能抵抗病毒。但转 PR 蛋白基因的植物，其抗性水平并不理想。

2. 利用病毒来源基因的策略　　1980 年，Hamiton 等推测植物病毒基因组中部分序列的 cDNA 整合入植物基因组后，可以使植物对病毒的侵染产生保护作用。随后，Sanford 和 Johnston（1985）提出了病原物介导抗性（pathogen mediated resistance）的概念。几乎同时，Powell Abel 等成功地将 TMV 外壳蛋白基因导入烟草，首次获得了抗 TMV 侵染的转基因植物。从此以后，应用病毒来源的其他基因如病毒复制酶基因、病毒运动蛋白（movement protein，MP）基因等，也获得了抗病毒基因工程植株。我国抗病毒基因工程起始于 20 世纪 80 年代末 90 年代初，将 TMV、CMV、PLRV、番木瓜环斑病毒（*Papaya ringspot virus*，PRSV）、水稻矮缩病毒（*Rice dwarf virus*，RDV）和大麦黄矮病毒（*Barley yellow dwarf virus*，BYDV）等病毒的抗性基因转化烟草、番茄、辣椒、马铃薯、番木瓜、水稻、小麦等作物，获得了多种抗病毒转基因作物，有的已经进入大田试验阶段。

（1）病毒外壳蛋白基因　　病毒外壳蛋白介导的抗性是研究最早、目前应用最多和最成功的植物抗病毒基因工程策略。自 1986 年 R. Beachy 首次将 TMV 的 CP 基因转入烟草，培育出能稳定遗传的抗病毒工程植物以来，已针对 15 个属的 30 余种病毒进行了外壳蛋白介导的抗性（CPMR）试验，转基因植物多达十几种。

（2）病毒复制酶基因　　复制酶是由病毒编码的聚合酶，在 RNA 病毒中能合成病毒正链和负链 RNA，其核心功能是合成全长的病毒基因组 RNA。1990 年，Colemboske 等首先应用这一策略将 TMV U1 株系核酸第 3 472～4 916bp 处的一段序列的 cDNA 转入烟草，所获得的转基因植物对 TMV 具有非常强的抗性。目前，已有 10 个植物病毒属的 13 种病毒的全长、缺失或突变的复制酶基因介导的抗病性在研究之中。

（3）运动蛋白基因　　植物病毒系统侵染寄主必须经过两个过程：病毒通过胞间连丝在细胞间的移动和通过维管束系统在器官间的转移。病毒在细胞间的移动，主要受病毒本身编码的运动蛋白（MP）和寄主基因控制。MP 一方面能够修饰胞间连丝，增加其有效孔径，另一方面能结合病毒核酸，使病毒核酸的三维结构改变成丝状的核酸-蛋白质复合体，这一复合体使病毒较容易地通过胞间连丝。目前已经将几种病毒的 MP 基因导入植物获得了抗病毒植株，如张振臣等（1999）将 MP 基因导入烟草，得到对 CMV 具有抗性的植株，并且这种抗性能够稳定遗传给后代。

（4）缺陷干扰型 RNA　　缺陷干扰型 RNA（defective interfering RNA，DI-RNA）是指那些直接来源于病毒的核酸序列，其所含的基因比正常病毒基因短、少，但是核酸两端以及复制起点等都和正常病毒的 RNA 分子相同。DI-RNA 自身不能复制，必须依赖病毒才能复制，因它与病毒核酸同源，所以当 DI-RNA 和正常病毒感染同一细胞时，DI-RNA 可以迅速增殖，利用正链 RNA 去竞争病毒复制酶的结合位点，干扰正常病毒的复制，限制病毒的扩散。Huntley 等用雀麦草花叶病毒（*Brome mosaic virus*，BMV）不同片段的核酸，经重组成缺陷干扰型 RNA 后导入水稻，转基因植株表现出显著的抗病毒特性。但是，这一策略具有一定的潜在危险性，因为在转基因植物内易发生 RNA 的重组，有产生新病毒的可能。

（5）卫星 RNA　　植物病毒卫星 RNA（satellite RNA，sat-RNA）是一类包被在辅助病毒衣壳内，只能依赖辅助病毒才能复制的低分子质量 RNA，它可抑制病毒的复制并减轻病毒引起的症状。

植物体内低水平表达的 RNA，就可对相应病毒产生较高水平的抗性，但是这种方法只适用于含有卫星 RNA 的病毒，卫星 RNA 的高突变率也成为该技术发展的限制因素。反义 RNA 是指能和 mRNA 碱基序列互补的 RNA。近年来已证明，反义 RNA 对原核生物和动物细胞的基因表达有抑制作用。到目前为止，在原核生物中发现天然存在的反义 RNA 共 11 例，在真核生物中尚未发现。反义 RNA 抑制基因表达的机制主要是它能与 mRNA 互补配对，抑制 mRNA 的翻译。根据此原理，如果将病毒外源 RNA 的 cDNA 反向结合在质粒启动子下面，再导入植物细胞，这样就在转化的植物细胞里得到反义基因，当外源病毒 RNA 侵染植物细胞后，和这些细胞转录出来的反义 RNA 互补，构成双链 RNA，使病毒无法复制，从而减轻病毒危害。

　　（6）其他策略　除上述几种策略外，在植物抗病毒基因工程中可利用的还有核酶、植物抗体基因、动物抗病毒蛋白基因、干扰素、植物的自杀基因、缺失的蛋白水解酶等。同时，为了进一步提高工程植株的抗性，人们也尝试了多种复合基因的策略，也收到了一定的效果。

第二节　植物 RNA 病毒

　　植物病毒病素有植物癌症之称。据估计，其在世界范围内对农作物产量和质量构成严重威胁，每年造成的减产达 10%～30%。仅我国每年因植物病毒病对粮食作物、经济作物、园艺作物等所造成的经济损失就达数百亿元。作为主要粮食作物的水稻和小麦在我国南方和北方地区大面积种植，各种植区的地势、气候和作物布局都很复杂，使病毒病的发生在各地区情况不同。本节对引起重大危害的植物 RNA 病毒的基本特性做一简要介绍。

一、单链负链 RNA 病毒

（一）纤细病毒属

　　纤细病毒属（*Tenuivirus*）代表种为水稻条纹病毒（*Rice stripe virus*，RSV）。

　　纤细病毒属病毒颗粒是直径为 3～10nm 的细丝状粒体，无包膜。粒体长度与包裹的 RNA 大小相关，呈螺旋状、分支状或环状（图 13 - 1）。病毒基因组为四分体至六分体基因组。其中 RNA1（大约 9kb）一般采用负链编码；RNA2（3.3～3.6kb）、RNA3（2.2～2.5kb）、RNA4（1.9～2.2kb）采用双链编码（图 13 - 2）。其中，玉米条纹病毒（*Maize stripe virus*，MSpV）和稗草白叶病毒（*Echinochloa hoja blanca virus*，EHBV）为五分体，含有一个负链编码的 RNA5（1.3kb）；水稻草状矮化病毒（*Rice grassy stunt*

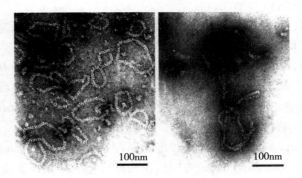

图 13 - 1　水稻白叶病毒的粒体特性
（引自 Attoui 等，2011）

virus，RGSV）为六分体基因组，均采用双链编码，RNA1、RNA2、RNA5、RNA6 与其他纤细病毒属病毒的 RNA1、RNA2、RNA3、RNA4 同源，RNA3（3.1kb）和 RNA4（2.9kb）是 RGSV 特有的。基因组每条单链 RNA 的 3′端和 5′端序列约有 20 个碱基几乎是互补的。RNA1 负链编码一个 PC1 蛋白，被鉴定为 RNA 依赖的 RNA 聚合酶（RNA-dependent RNA polymerase，RdRp）；RNA2 正链编码一个非结构蛋白 P2，被鉴定为弱的沉默抑制子，并且可以与水稻编码的基因沉默抑制子 3（suppressor of gene silencing 3，SGS3）互作；RNA2 负链编码一个 PC2 蛋白；RNA3 正链编码一个非结构蛋白 P3，是一个 RNA 沉默抑制子；RNA3 负链编码一个外壳蛋白（coat protein，CP，即 PC3）；RNA4 正链编码一个病害特异性蛋白（disease-specific protein，SP，即 P4），通过与寄主 PsbP 蛋白的互作，削弱寄主的防卫反应，提高病毒的侵染效率；RNA4 负链

编码一个 PC4 蛋白，被鉴定为运动蛋白（MP），并且与病毒致病相关。

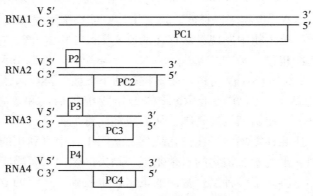

图 13-2　RSV 的基因组结构特征
V. 病毒链 RNA　C. 互补链 RNA

纤细病毒属单个病毒的寄主范围较宽，自然寄主都局限于禾本科植物。RSV 可侵染水稻（*Oryza astiva*）、普通野生稻（*Oryza rufipogon*）、普通小麦（*Triticum aestivum*）、大麦（*Hordeum distichum*）、燕麦（*Avena sativa*）、稗草（*Echinochloa crusgalli*）、看麦娘（*Alopecurus aequalis*）等 80 多种禾本科植物。病毒主要引起寄主植物的褪绿条纹症状。RSV 是水稻条纹叶枯病的病原，感病水稻一般从较幼嫩的新叶开始发病，发病植株新叶首先出现褪绿黄白斑，而后慢慢形成与叶脉平行的黄色条纹，但条纹间仍保持绿色，其茎秆有时也出现褪绿现象，能引起水稻抽穗畸形、枯心、结实少甚至不结实。但是这种外部症状受毒源、水稻品种、接种方式以及水稻生长期等因素影响，一般将其分为两种类型即展叶型和卷叶型。展叶型的病叶不捻转，不下垂枯死；而卷叶型则为典型的"假枯心"症状，表现为新叶褪绿、捻转并弧圈状下垂，严重的新叶枯死。

纤细病毒属病毒传播由介体昆虫以循回增殖型方式进行传播。主要介体有传播 RSV 的灰飞虱（*Laodelphax striatellus*），传播 MSpV 的蜡蝉（*Peregrinus maidis*），传播水稻白叶病毒（*Rice hoja blanca virus*，RHBV）的 *Tagosodes orizicolus*，传播 EHBV 的 *T. cubanus*，传播 RGSV 的褐飞虱（*Nilaparvata lugens*），传播尾稃草白叶病毒（*Urochloa hoja blanca virus*，UHBV）的 *Caenodelphax teapae*，传播伊朗小麦条纹病毒（*Iranian wheat stripe virus*，IWSV）的 *Ukanodes tanasijevici*，传播欧洲小麦条纹花叶病毒（*European wheat striate mosaic virus*，EWSMV）的 *Javesella pellucida* 和传播巴西小麦穗病毒（*Brazilian wheat spike virus*，BWSV）的 *Sogatella kolophon*。该属病毒可经昆虫卵传播，雌虫比雄虫传毒效率高。机械传毒较为困难。

（二）番茄斑萎病毒属

番茄斑萎病毒属（*Tospovirus*）代表种为番茄斑萎病毒（*Tomato spotted wilt virus*，TSWV）。番茄斑萎病毒属属于布尼亚病毒科（*Bunyaviridae*），是该科中唯一侵染植物的病毒属，属名由该属内发现的第一个病毒——番茄斑萎病毒命名而成。该属病毒粒子为球形，直径 85nm，表面有一层 5nm 厚的膜包裹，膜外层有 5～10nm 厚几乎连续的糖蛋白突起嵌入膜中（图 13-3）。病毒基因组为三分子单链线状 RNA，L（large）片段为负链 RNA，M（medium）和 S（small）片段为双链 RNA。基因组总长度为 16.6kb，其中

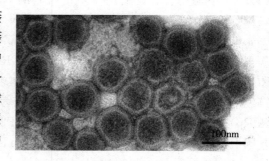

图 13-3　TSWV 病毒粒体的形态特征
（引自 Attoui 等，2011）

RNA-L 长约 9kb，RNA-M 长 4.8kb，RNA-S 长约 3.0kb。3 条链具有相同的 3′端（UCUCGUUA）和 5′端（AGAGCAAU）。病毒含有 4 种结构蛋白，包括两个外层糖蛋白 Gn 和 Gc，一个核衣壳蛋白 N 和一个编码 RdRp 的大蛋白 L。其中，病毒基因组的 L 片段编码 RdRp；M 片段的互补 RNA 编码两个糖蛋白 Gn 和 Gc，病毒链 RNA 编码非结构蛋白 NSm，是一个运动蛋白，并且与病毒的系统侵染相关；S 片段的互补链 RNA 编码外壳蛋白 CP，病毒链 RNA 编码非结构蛋白 NSs，是一个沉默抑制子，可结合长的 dsRNA 和短的 dsRNA（图 13-4）。NSs 在寄主细胞中可形成结晶状或纤维状内含体，其功能未知。

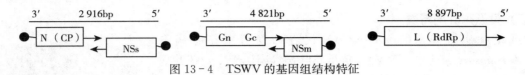

图 13-4 TSWV 的基因组结构特征

番茄斑萎病毒的寄主范围很广，可以感染 920 多种植物，涉及 70 多个科，而本属内的其他病毒寄主范围要窄得多。病毒在自然界的传播主要是蓟马持久性传播，至少有 13 种蓟马涉及该属病毒的传播，分别是花蓟马属（*Frankliniella*）9 种、蓟马属（*Thrips*）2 种、硬蓟马属（*Scirtothrips*）1 种和角蓟马属（*Ceratothripoides*）1 种。Gn 和/或 Gc 蛋白与蓟马传播特性相关。

二、单链正链 RNA 病毒

（一）马铃薯 Y 病毒属

马铃薯 Y 病毒属（*Potyvirus*）代表种为马铃薯 Y 病毒（*Potato virus Y*，PVY）。马铃薯 Y 病毒属属于马铃薯 Y 病毒科（*Potyviridae*），病毒粒子为弯曲线状，无包膜，直径 11～15nm，螺旋对称结构，螺距 3.4nm，属于单分体粒子，长度为 650～900nm，如 PVY 和李痘病毒（*Plum pox virus*，PPV）（图 13-5）。该属的烟草蚀纹病毒（*Tobacco etch virus*，TEV）和烟草脉斑驳病毒（*Tobacco vein*

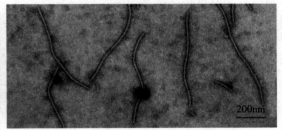

图 13-5 PVY 的结构（左）和 PPV 的粒体结构
（引自 Attoui 等，2011）

mottling virus，TVMV）被研究较为清楚。RNA 的 3′端为 poly（A），5′端为 VPg（图 13-6）。基因组编码一个长的多聚蛋白，随后切割成多个功能蛋白。其中 P1 蛋白在病毒复制过程中起重要作用；HC-Pro（helper component-protease）是一个基因沉默抑制子，并且与介体传播相关；P3 与病毒复制相关，并且在寄主范围和症状形成中起作用；6K1 功能未知；病毒在细胞质中产生特征性的柱状内含体（cylindrical inclusion，CI），它是由病毒基因组编码的蛋白质排列组成，可能与病毒的胞间运动有关；6K2 是一个小的跨膜蛋白，锚定复制复合体到内质网上；VPg（viral protein genome-linked）蛋白可以附加到基因组 5′端，是病毒复制和翻译必不可少的，并且与抑制 RNA 沉默相关；NIa-Pro 蛋白负责多聚蛋白多个位点的切割；NIb 是一个 RdRp；CP 是一个外壳蛋白，在病毒运动、基因组扩增和介体传播中起作用。最近研究发现一个小的 PIPO 阅读框（pretty interesting potyvirus ORF）嵌入到 P3 顺反子中，编码一个 P3-PIPO 蛋白，与病毒细胞间运动相关。

马铃薯 Y 病毒属是植物病毒中最大的一个属，包括 102 个确定种和 77 个暂定种。该属病毒由蚜虫以非持久非循回方式传播，可通过机械接种传播，有些病毒可通过种子传播。大多数寄主范围中等偏宽，少数病毒可感染 30 个科的植物。PVY 寄主范围为茄科及一些苋科、藜科、菊科、豆科的植物，机械接种可感染 120 种植物。

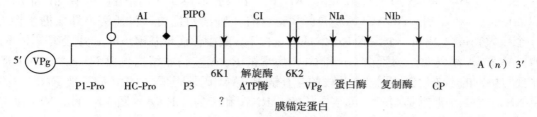

图 13-6　TEV 的基因组结构特征

（二）黄瓜花叶病毒属

黄瓜花叶病毒属（*Cucumovirus*）代表种为黄瓜花叶病毒（*Cucumber mosaic virus*，CMV）。黄瓜花叶病毒属属于雀麦花叶病毒科（*Bromoviridae*），病毒粒子为直径 26～35nm 的等轴对称二十面体，无包膜，电子显微镜下粒子表面可观察到细微结构，有一个直径约 12nm 的电子致密中心，呈中心孔结构（图 13-7）。RNA1 和 RNA2 分别包裹在 2 种粒子中，RNA3 和 RNA4 包裹在另一种粒子中，常存在卫星 RNA 分子。

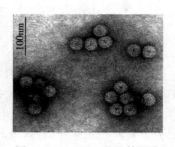

图 13-7　CMV 的粒体形态
（引自 Attoui 等，2011）

黄瓜花叶病毒属病毒基因组为三分体基因组和一个亚基因组，均为单链正链线状 RNA，具有 5′端帽子结构，3′端没有 poly（A）（图 13-8），但同种或分离物间序列高度保守，并形成一个较强的二级结构。外壳蛋白通过亚基因组编码，是病毒系统运动所必需的，有时也与细胞间扩散相关。RNA1、RNA2、RNA3 可直接作为 mRNA。RNA1 和 RNA2 各自编码一个大的蛋白，即 1a 和 2a，两者皆为病毒复制酶。RNA2 还可编码一个较小的 2b 蛋白，与细胞和细胞间运动和转录后基因沉默相关。3a 是一个运动蛋白，3b 是衣壳蛋白，编码自一个亚基因组。

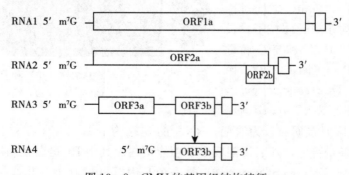

图 13-8　CMV 的基因组结构特征

黄瓜花叶病毒属能够侵染 85 科 365 属包括单子叶和双子叶植物在内的 1 000 多种植物，CMV 在禾谷类植物、牧草、木本和草本观赏植物、蔬菜和果树上发生很广，是危害最大的病毒。CMV 主要由 80 多种蚜虫以非持久方式传播，易机械接种传播。

（三）烟草花叶病毒属

烟草花叶病毒属（*Tobamovirus*）代表种为烟草花叶病毒（*Tobacco mosaic virus*，TMV）。烟草花叶病毒属属于帚状病毒科（*Virgaviridae*），病毒粒体无包膜，杆状或线状，直径 18nm，长 300～310nm，螺旋对称结构，螺距 2.3nm（图 13-9）。基因组为单链正链 RNA，有 5′端帽子结构（m⁷GpppG）和 3′端类似 tRNA 的结构（图 13-10）。基因组最少编码 4 种蛋白，靠 5′端的 ORF1 和 ORF2 编码 2 个与病毒复制有关的蛋白，其中后者是由前者终止子超读产生。另外 2 个蛋白是由 ORF3 编码的移动蛋白及 ORF4 编码的外壳蛋白，它们分别由不同的亚基因组表达产生。

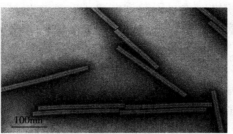

图 13-9　TMV 结构模式图（左）和 TMV 粒体形态特征（右）

（引自 Attoui 等，2011）

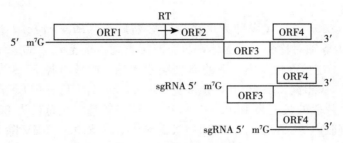

图 13-10　TMV 的基因组结构特征

烟草花叶病毒属病毒一般存在两种类型内含体：一种是结晶体，在光学镜下呈六角形片状、针状、纤维状等；另一种内含体是无定形的 X 体，经染色在光学显微镜下可看到。该属大多数病毒实验室寄主范围中等偏宽，自然寄主范围偏窄，可侵染茄科、十字花科、葫芦科和豆科植物，烟草花叶病毒寄主范围特别广泛。可经汁液摩擦接种传播，无介体，有些可经种子传播，地理分布为世界性的。

（四）马铃薯 X 病毒属

马铃薯 X 病毒属（*Potexvirus*）代表种为马铃薯 X 病毒（*Potato virus X*，PVX）。马铃薯 X 病毒属属于甲型线形病毒科（*Alphaflexiviridae*），病毒粒子弯曲线状或杆状，直径 13nm，长度 470～580nm，螺旋对称（图 13-11）。基因组为单分子单链线状 RNA 5.9～9.0kb，占病毒粒子总量的 5%～6%。病毒有 5′端有 m⁷G 帽子结构和 3′端 poly（A）结构（图 13-12）。马铃薯 X 病毒属的一些成员还含有一个较小的 3′端亚基因组。衣壳由单个 18～44ku 的多肽组成。ORF1 编码产物上游都有一个短的 5′-UTR 序列，与 RNA 病毒中"类似甲型病毒"（alphavirus-like）的聚合酶具有同源性，该蛋白含有保守的甲基转移酶（Mtr）、解旋酶（Hel）和 RdRp 基序，有些还含有一个 AlkB 结构域（alkylated DNA repair protein）。ORF2 至 ORF4 编码"三基因阻断"（triple gene block，TGB）蛋白，该蛋白与细胞间运动相关，ORF5 编码病毒衣壳蛋白。病毒的复制发生在细胞质中，ORF1 的产物是唯一已知参与该过程的病毒编码蛋白。

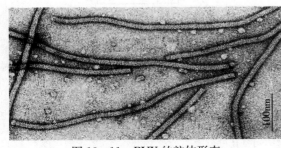

图 13-11　PVX 的粒体形态

（引自 Attoui 等，2011）

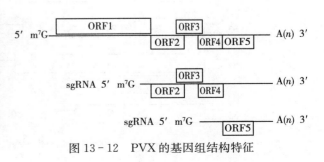

图 13-12　PVX 的基因组结构特征

马铃薯 X 病毒属有些病毒可引起许多单子叶植物和双子叶植物的系统花叶和环斑症状，有些病毒危害较轻，单一病毒寄主范围窄，PVX 仅感染茄科植物。在自然条件下通过机械接触传播。

三、双链 RNA 病毒

植物双链 RNA 病毒有呼肠孤病毒科（*Reoviridae*）和双分病毒科（*Partitiviridae*）。呼肠孤病毒科包括刺突呼肠孤病毒亚科（*Spinareovirinae*）和无刺突呼肠孤病毒亚科（*Sedoreovirinae*），包含 15 个属。其中，感染植物的有 3 个属，即属于刺突呼肠孤病毒亚科的水稻病毒属（*Oryzavirus*）、斐济病毒属（*Fijivirus*）和属于无刺突呼肠孤病毒亚科的植物呼肠孤病毒属（*Phytoreovirus*）。

（一）水稻病毒属

水稻病毒属（*Oryzavirus*）代表种为水稻齿叶矮缩病毒（*Rice ragged stunt virus*，RRSV）。水稻病毒属病毒粒子为等轴对称的二十面体，具有双层衣壳，直径 75～80nm，表面的 A 型突起宽 10～12nm，长约 8nm，连接在位于内核上的 B 型突起尾端。内核直径 57～65nm，表面有 12 个 B 型突起，高 8～10nm，基部宽 23～26nm，顶部宽 14～17nm（图 13 - 13）。病毒基因组为 10 个线状 dsRNA 片段，单个片段的长度为 1 162～3 849bp，RRSV 基因组总长为 26kb（图 13 - 14）。按照 7.5％聚丙烯酰胺凝胶电泳条带大小，基因组被命名为 S1～S10。RRSV 除 S4 片段含有 2 个大的 ORF 外，其他 9 个片段均含有单个大的 ORF。其中，S3、S8 和 S9 编码蛋白是病毒粒子的主要成分。S8 编码一个多聚蛋白，该蛋白可自我裂解成至少 2 个多肽，其中一个多肽是主要结构蛋白。S4 编码的较大蛋白是一种 RNA 依赖的 RNA 聚合酶。稗草齿叶矮缩病毒（*Echinochloa ragged stunt virus*，ERSV）基因组比 RRSV 稍微大一些。

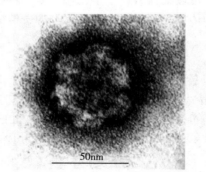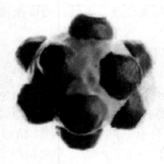

图 13 - 13　RRSV 的粒体形态（左）和粒体结构（右）

（引自 Attoui 等，2011）

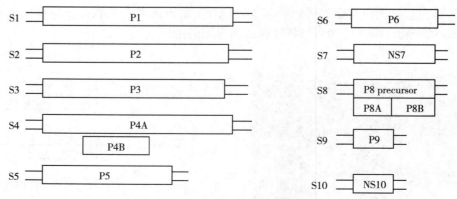

图 13 - 14　RRSV 的基因组结构特征

水稻病毒属病毒侵染禾本科植物，引起寄主植物韧皮部细胞增生，对水稻和稗草属植物造成危害。病毒粒子可在植物和介体昆虫组织中增殖，在细胞质中产生由纤维状物质组成的病毒原质（viroplasm）。该属病毒由韧皮部取食的稻飞虱传播，最短获毒取食时间为 3h，循回期为 9d，最短接种取食时间为 1h。飞虱若虫比成虫传毒效率高，不能卵传。

（二）斐济病毒属

斐济病毒属（*Fijivirus*）代表种为斐济病病毒（*Fiji disease virus*，FDV）。斐济病毒属病毒粒子有双层外壳，球形，直径 65～70nm，无包膜，如玉米粗缩病毒（*Maize rough dwarf virus*，MRDV）（图 13-15）。通常，粒子表面有 12 个 A 型突起物，长和宽均约 11nm。外壳易脱落，留下含有 12 个 B 型突起的内壳，直径约 55nm，B 型突起长 8nm，直径 12nm。病毒基因组为 10 个双链线状 RNA 片段，以聚丙烯酰胺凝胶电泳中的顺序命名，依次称为 S1～S10。大多数基因片段为单顺反子，有些片段具有 2 个 ORF。病毒复制发生在韧皮部相关细胞的细胞质中，伴随病毒原质产生。

该属病毒的自然宿主限于禾本科植物的少数几个属和飞虱科的介体昆虫。感染病毒后，寄主植物韧皮部肥大（包括细胞的膨大和增生），叶脉隆起，有时产生耳突和瘤，尤其是在叶背面。其他还有抑制开花、植株矮化、侧枝增生和引起暗绿色等症状。病毒经飞虱传播，均为增殖性传播，带毒昆虫可终生传播病毒。介体中未见特异性组织增生或严重病害。循回期大约 2 周。未见卵传或种传的报道。

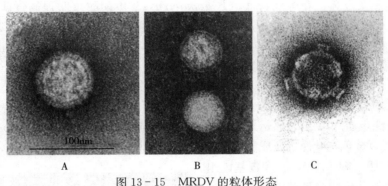

图 13-15 MRDV 的粒体形态

A. 醋酸双氧铀染色的 MRDV 粒体形态，显示 A 型突起 B. 中性磷钨酸盐染色的 MRDV，显示光滑表面

C. 醋酸双氧铀染色的 MRDV，显示 B 型突起

（引自 Attoui 等，2011）

斐济病毒属病毒在自然界有广泛分布。FDV 在澳大利亚和太平洋群岛有报道；水稻黑条矮缩病毒（*Rice black streaked dwarf virus*，RBSDV）在中国、韩国和日本有发现；马唐矮化病毒（*Pangola stunt virus*，PaSV）在南美洲北部地区、大洋洲、中国台湾和澳大利亚北部有发现；燕麦不孕矮缩病毒（*Oat sterile dwarf virus*，OSDV）在欧洲北部有发现；大蒜矮缩病毒（*Garlic dwarf virus*，GDV）仅在法国南部有发现。我国已报道的有 MRDV、RBSDV、FDV、南方水稻黑条矮缩病毒（*Southern rice black-streaked dwarf virus*，SRBSDV）等。

（三）植物呼肠孤病毒属

植物呼肠孤病毒属（*Phytoreovirus*）代表种为伤瘤病毒（*Wound tumor virus*，WTV）。伤瘤病毒含有 3 层外壳，包括一个不定型外层、一个明显的衣壳蛋白内层和一个直径 50nm 的光滑核心。水稻矮缩病毒（*Rice dwarf virus*，RDV）呈球形，双层外壳，粒子直径 70nm。植物呼肠孤病毒基因组包含 12 个双链 RNA 节段，根据它们在聚丙烯酰胺凝胶电泳过程中的迁移率命名，依次称为 S1～S12。除 RDV 的 S11 和 S12，水稻瘤矮病毒（*Rice gall dwarf virus*，RGDV）的 S9 和 WTV 的 S9 外，每条 dsRNA 均编码一个 ORF。植物呼肠孤病毒编码 6 个或 7 个结构蛋白，RDV 有 6 个结构蛋白 [P1（pol），P2，P3，P5（cap），P7 和 P8]。每个 RNA 的 3′端和 5′端都有特异的末端重复序列，植物呼肠孤病毒的末端重复序列可能与病毒的复制、转录、翻译和组装过程有关。病毒在感染细胞的细胞质中复制，并产生病毒原质。RGDV 的粒体形态如图 13-16 所示。

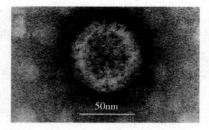

图 13-16　RGDV 的粒体形态
（引自 Attoui 等，2011）

该属病毒寄主范围为双子叶植物和禾本科植物。病毒经叶蝉传播，侵染禾本科植物，寄主和介体内都可复制。RDV 和 RGDV 寄主范围较窄并且重叠。RDV 在叶片上产生白色斑点和条纹，伴随矮化和分蘖增多等症状。RDV 是植物呼肠孤病毒中唯一不局限在韧皮部的病毒。RDV 不引起感病细胞的增大或增生，也不引起耳突或肿瘤。RGDV 可使寄主产生矮化、分蘖增多、叶片深绿和耳突等症状。植物呼肠孤病毒在介体内不产生可见病害。RDV 循回期为 10～20d。

第三节　植物 DNA 病毒

植物 DNA 病毒主要包括双生病毒科（*Geminiviridae*）和矮缩病毒科（*Nanoviridae*）。前者主要包括 9 个属：玉米线条病毒属（*Mastrevirus*）、甜菜曲顶病毒属（*Curtovirus*）、番茄伪曲顶病毒属（*Topocuvirus*）、菜豆金色花叶病毒属（*Begomovirus*）、伊朗甜菜曲顶病毒属（*Becurtovirus*）、芜菁曲顶病毒属（*Turncurtovirus*）、弯叶画眉草条纹病毒属（*Eragrovirus*）、大戟潜隐病毒属（*Capulavirus*）和弯叶画眉草线条病毒属（*Eragrovirus*）；后者主要包括矮缩病毒属（*Nanovirus*）和香蕉束顶病毒属（*Babuvirus*）两个属。

一、菜豆金色花叶病毒属

菜豆金色花叶病毒属（*Begomovirus*）代表种为菜豆金色花叶病毒（*Bean golden yellow mosaic virus*，BGYMV）。菜豆金色花叶病毒属成员的病毒粒子包含两个不完全的二十面体，其双颗粒大小为 18nm×30nm，无包膜（图 13-17）。病毒基因组含有 1 个或 2 个小的共价闭合环状单链 DNA 分子，分别称为单组分病毒基因组或双组分病毒基因组，大小为 2.5～3.0kb。有些病毒还含有一半大小的缺陷型组分或卫星组分。病毒通过产生双链复制中间体来滚环复制。病毒不编码 DNA 聚合酶，依赖寄主因子进行初始复制。

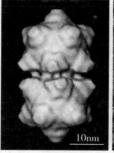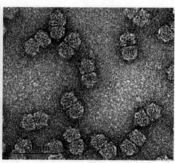

病毒 ORF 在病毒链（V）和互补链（C）上呈双向排列，病毒含有单一的 CP，未发现与病毒粒体相关的其他蛋白。ORF 数目因病毒种类不同而变化，非洲木薯花叶病毒（*African cassava mosaic virus*，ACMV）基因组含有 8

图 13-17　双生病毒在电子显微镜下的重构（左）和
病毒粒体形态特征（右）
（引自 Attoui 等，2011）

个 ORF，通常在各 ORF 之间存在不同大小的基因间隔区（IR）。ACMV 基因组的双组分单链 DNA，分别称为 DNA-A 和 DNA-B，DNA-A 的 IR 约为 300bp，DNA-B 的 IR 为 600bp，两个 IR 区之间还含有约 200bp 的共同序列（common region，CR）（图 13-18），共同序列区内含有 30 多个碱基，构成高度保守反向重复序列，该保守序列可形成茎-环结构，并且在发夹环中有 TA-ATATT/AC 序列。DNA-B 编码 2 个 ORF，其中 BV1 是一个核穿梭蛋白（nuclear shuttle protein，NSP），与细胞核定位有关；BC1 是一个运动蛋白 MP，与系统侵染相关。DNA-A 编码 6 个蛋白，AV1 编码 CP，与病毒运动相关；AV2 也与病毒运动相关；AC1 编码复制相关蛋白 Rep；

AC2 编码转录激活蛋白 TrAP；AC3 编码复制增强蛋白 REn；AC4 编码一个重要的致病因子。

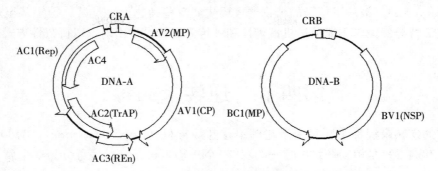

图 13-18 菜豆金色花叶病毒属双组分病毒的基因组结构特征

近年来越来越多的单组分菜豆金色花叶病毒属病毒被鉴定，并且多数伴有卫星分子（β 卫星和/或 α 卫星）。大小约为辅助病毒的一半（1.3kb 左右），除了茎-环结构区高度保守的 TA-ATATT/AC 九核苷酸序列外，与辅助病毒基本无序列同源性。所有的 β 卫星都在互补链上编码一个大小和位置都相对保守的 βC1 蛋白，βC1 蛋白是一个症状决定因子和转录后基因沉默抑制子。所有被鉴定的 α 卫星都包含一个类似于矮缩病毒科病毒复制起始所必需的九核苷酸序列 TAGTATT/AC，并且编码一个复制相关蛋白 Rep。

菜豆金色花叶病毒属病毒主要通过烟粉虱（*Bemisia tabaci*）以持久性方式传播，大多侵染寄主植物的韧皮部组织，可侵染大范围的双子叶植物，单一成员寄主范围有限。

二、香蕉束顶病毒属

香蕉束顶病毒属（*Babuvirus*）代表种为香蕉束顶病毒（*Banana bunchy top virus*，BBTV）。香蕉束顶病毒属病毒粒子为二十面体对称，直径 17～20nm，无包膜，基因组为单链 DNA，包括 6 种大小为 923～1 111nt 的单链环状 DNA，分别为 DNA-R、DNA-S、DNA-C、DNA-M、DNA-N 和 DNA-U3（图 13-19）。每种单链 DNA 成分包装在单独的颗粒中。该属病毒由蚜虫以持久性方式传播。病毒含有单一的 CP，大小约 19ku，未发现与病毒粒体相关的其他蛋白。病毒单链 DNA 均含有一个主要病毒链 ORF，分别编码主要复制起始蛋白（master replication initiator protein，M-Rep）、衣壳蛋白（CP）、细胞周期相关蛋白（cell-cycle link protein，Clink）、运动蛋白（MP）、核穿梭蛋白（NSP）和一个未知功能蛋白 U3，所有蛋白均单向转录，每个编码区域前是一个 TATA 框启动序列，后接 poly（A）信号。病毒的复制类似双生病毒，通过产生双链复制中间体来滚环复制。

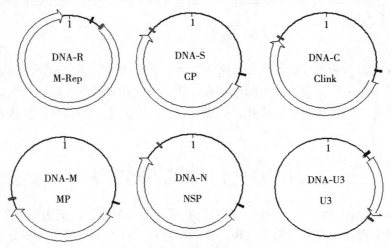

图 13-19 香蕉束顶病毒属病毒的基因组结构特征

香蕉束顶病毒属单一病毒宿主范围窄，只侵染很少的单子叶植物，如芭蕉科（*Musaceae*）和姜科（*Zingiberaceae*）。被病毒侵染的植物严重矮化，有些植物产生卷叶、褪绿甚至过早死亡。该属病毒为韧皮部特异侵染，不能通过机械传播和种传。自然界中由蚜虫以持久性方式传播，介体内不能复制。

第四节　逆转录病毒

感染植物的逆转录病毒主要集中于花椰菜花叶病毒科（*Caulimoviridae*），为 DNA 逆转录病毒。花椰菜花叶病毒科是植物病毒中唯一的双链 DNA 病毒科。该科病毒分为 8 个属：花椰菜花叶病毒属（*Caulimovirus*）、碧冬茄病毒属（*Petuvirus*）、大豆斑驳病毒属（*Soymovirus*）、木薯脉花叶病毒属（*Cavemovirus*）、杆状 DNA 病毒属（*Badnavirus*）、东格鲁杆状病毒属（*Tungrovirus*）、茄内源病毒属（*Solendovirus*）和玫瑰黄脉病毒属（*Rosadnavirus*）。

花椰菜花叶病毒属代表种为花椰菜花叶病毒（*Cauliflower mosaic virus*，CaMV），病毒为等轴颗粒（如 CaMV），或杆状颗粒［如鸭跖草黄斑驳病毒（*Commelina yellow mottle virus*，CYMV）］，无包膜（图 13-20）。病毒核酸为单分子双链 DNA，分子大小为 7.8～8.2kb，核酸分子环状，在特定区域上有缺口，负链上有 1 个缺口，正链上有 1～3 个缺口，基因组含有 6～8 个 ORF（图 13-21）。所有病毒都编码的蛋白有运动蛋白（MP）、衣壳蛋白（CP）、多功能病毒相关蛋白（virion-associated protein，Vap）、天冬氨酸蛋白酶和逆转录酶（polymerase polyprotein，Pol）。另外，CaMV 的 ORF2 编码一个蚜虫传毒因子（aphid transmission factor，Atf），ORF6 编码一个翻译反式激活因子（translation transactivator，Tav），并具有病毒沉默抑制子活性。病毒在寄主细胞复制过程中涉及逆转录。

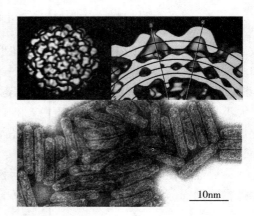

图 13-20　CaMV 粒体重构（左上）、剖面显示多层结构（右上）和 CYMV 粒体形态特征（下）

（引自 Attoui 等，2011）

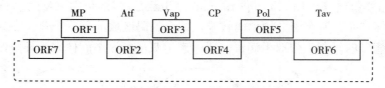

图 13-21　CaMV 的基因组结构特征

花椰菜花叶病毒属多数病毒的自然寄主范围较窄，并局限于双子叶植物。该属病毒由蚜虫以半持久性方式传播，不经种传。病毒产生的症状多样化，根据病毒种类、寄主和气候条件等的不同而不同。该属病毒可产生花叶或明脉的症状。病毒存在于细胞质中，病毒可产生病毒编码的蛋白质样内含体。

第五节　植物类病毒

类病毒（viroid）是一类小的、单链、环状、裸露的 RNA 分子，无蛋白质衣壳（图 13-22），可自我复制。类病毒现仅在高等植物中发现，有些可致病，有些不致病。类病毒包括马铃薯纺锤形块茎类病毒科（*Pospiviroidae*）和鳄梨日斑类病毒科（*Avsunviroidae*）两个科。马铃薯纺锤形块茎类病毒科包括马铃薯纺锤形块茎类病毒属（*Pospiviroid*）、啤酒花矮化类病毒属（*Hostuviroid*）、椰子死亡类病毒属（*Cocadviroid*）、苹果锈果类病毒属（*Apscaviroid*）和锦紫苏类病毒属（*Coleviroid*）等 5 个属。

马铃薯纺锤形块茎类病毒属类病毒基因组为一条单链环状 RNA，长度范围为 246～375nt。该属类病毒可分为 5 个功能区，即左手末端区（T_L）、致病区（P）、中央区（C）、可变区（V）和右手末端区（T_R）（图 13-23）。T_L 区含有一个末端保守区（TCR），C

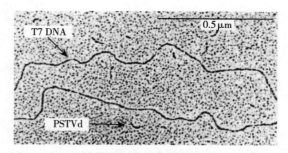

图 13-22　马铃薯纺锤形块茎类病毒（*Potato spindle tuber viroid*，PSTVd）在电子显微镜下的形态，病毒 T7DNA 用来比较 PSTVd 的大小（引自 Attoui 等，2011）

区含有一个中央保守区（CCR），两侧含有一个反向重复序列，可形成茎环结构。负链不能通过锤头状核酶结构进行自身切割，基因组不编码蛋白质。

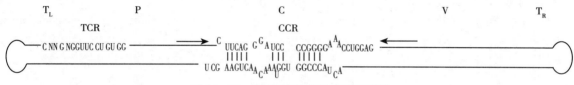

图 13-23　PSTVd 的基因组结构特征

类病毒的寄主范围有的较宽，有的较窄。一般来说，与鳄梨日斑类病毒科中的类病毒相比，马铃薯纺锤形块茎类病毒科中类病毒的寄主范围较广。马铃薯纺锤形块茎类病毒科中多数类病毒［如 PSTVd、啤酒花矮化类病毒（*Hop stunt viroid*，HSVd）、柑橘裂皮类病毒（*Citrus exocortis viroid*，CEVd）等］寄主范围较广，都能够侵染禾本科及木本科植物；但该科中有些类病毒的寄主范围也比较窄，例如，目前为止，锦紫苏是 6 种锦紫苏类病毒唯一的自然寄主。鳄梨日斑类病毒科的类病毒寄主范围普遍较窄，这可能是由于它们在叶绿体中进行复制的缘故。园艺植物的类病毒一般通过无性繁殖进行传播。通过种子繁殖的植物，可通过机械接触或种子、花粉进行传播。只有番茄整株结节类病毒（*Tomato planta macho viroid*，TPMVd）可由蚜虫传播。一些老的葡萄和柑橘栽培品种可能存在多达 5 种不同的类病毒复合感染。类病毒可造成植株叶片黄萎、坏死、植株矮化、裂皮、裂果等。极少数类病毒产生症状较轻或没有症状。高温和高光照的环境下往往症状更加明显。在农业生产上，类病毒曾经对农作物造成严重危害，例如，马铃薯纺锤形块茎类病毒（PSTVd）能够造成马铃薯 70% 以上的减产；椰子死亡类病毒（*Coconut cadang-cadang viroid*，CCCVd）能够导致椰子减产、果实变小，严重时曾导致菲律宾的椰子近乎绝产；鳄梨日斑类病毒（*Avocado sunblotch viroid*，ASBVd）和苹果锈果类病毒（*Apple scar skin viroid*，ASSVd）都能给果树生产带来严重危害；锦紫苏类病毒（*Coleus blumei viroid*，CbVd）和菊花矮化类病毒（*Chrysanthemum stunt viroid*，CSVd）能够严重降低花卉的观赏和药用价值。

思　考　题

1. 什么是植物病毒？什么是类病毒？两者异同点有哪些？
2. 植物病毒有哪些传播方式？其传毒原理如何？
3. 植物病毒的防治策略有哪些？
4. 根据核酸类型不同，植物病毒可以分为哪几大类？并举出几例病毒种。
5. 引起重要水稻病毒病害的植物病毒主要分布在哪几个属？分别是哪些病毒？

6. 植物 DNA 病毒主要有哪几个科？并简述其基因组结构特征。

主要参考文献

陈坤荣，许泽永，晏立英，等，2005. 番茄斑萎病毒属（*Tospovirus*）病毒研究进展［J］. 中国油料作物学报，27（3）：91-96.

贺鸣，2010. 植物抗病基因工程研究进展［J］. 现代农业科技（16）：53-54，58.

洪健，李德葆，周雪平，2001. 植物病毒分类图谱［M］. 北京：科学出版社.

洪键，周雪平，2014. ICTV 第九次报告以来的植物病毒分类系统［J］. 植物病理学报，44（6）：561-572.

侯红琴，谭志琼，张振臣，2008. 烟草花叶病毒属研究新进展［J］. 中国农学通报，24（5）：304-307.

姜冬梅，2013. 锦紫苏类病毒的遗传变异及其与寄主之间的关系［D］. 福州：福建农林大学.

孔令芳，2013. 水稻条纹病毒编码的 SP 蛋白功能及其与寄主因子 PsbP 的互作研究［D］. 杭州：浙江大学.

李向阳，陈卓，金林红，等，2014. 斐济病毒属植物病毒的基因组结构研究进展［J］. 农药，53（11）：781-784.

谢联辉，林奇英，2011. 植物病毒学［M］. 3 版. 北京：中国农业出版社.

谢联辉，林奇英，魏太云，等，2016. 水稻病毒［M］. 北京：科学出版社.

Attoui H，et al，2011. Ninth report of the International Committee on Taxonomy of Viruses［M］. London：Elsevier/Academic Press.

第十四章　噬菌体和真菌病毒

第一节　噬菌体概述

噬菌体（bacteriophage，phage）是地球上古老且数量丰富的生物，亦称细菌病毒，寄生细菌、放线菌、螺旋体等原核生物。依据国际病毒分类委员会（ICTV）第九次分类报告，噬菌体的种类已达 1 500 种以上，分类的主要依据是噬菌体的核酸性质和形态结构。在电子显微镜下，噬菌体有蝌蚪形、微球形和丝状 3 种基本形态类型，部分噬菌体有包膜。

从噬菌体将核酸导入宿主，到引起宿主细胞裂解并释放子代噬菌体的过程，称为噬菌体的生命周期（图 14 - 1）。依据噬菌体在宿主中的生命周期分为裂解性和溶原性两种类型。生命周期是裂解性的噬菌体称为烈性噬菌体（virulent phage），感染宿主细胞后复制增殖，产生子代噬菌体，并使宿主细胞裂解死亡。生命周期是溶原性的噬菌体称为温和噬菌体（tempe rate phage）。温和噬菌体感染宿主细胞后，通常保持潜伏状态，不产生子代噬菌体，而是将其基因组整合到宿主染色体上，随宿主 DNA 的复制而复制，并随细菌的分裂而传代。但在某些生长条件下，温和噬菌体也可以引起宿主细胞裂解死亡。还有一些噬菌体的生命周期具有中间类型，即发生假溶原化，噬菌体的基因组以质粒状的前噬菌体（prophage）形式存在于宿主细胞中，基因组不整合到细菌染色体上，也不能诱发细菌的裂解周期。携带噬菌体基因组的细菌称为溶原性细菌（lysogenic bacterium）。常见的噬菌体及其生命周期类型见表 14 - 1。

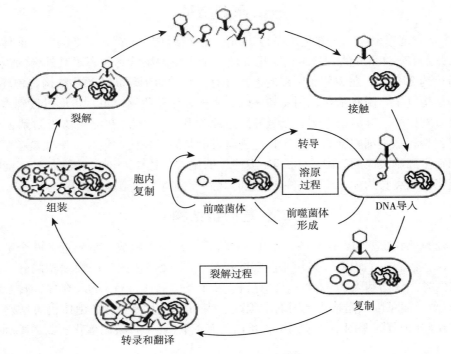

图 14 - 1　噬菌体的生命周期

（引自 George 等，2015）

表 14 - 1　常见的噬菌体

噬菌体	常见宿主菌	基因组类型	生命周期类型
MS2	大肠杆菌	线状 ssRNA	裂解性
Φ6	丁香假单胞菌	dsRNA	裂解性
ΦX174	大肠杆菌	环状 ssDNA	裂解性
M13	大肠杆菌	环状 ssDNA	无细菌死亡
T7	大肠杆菌	线状 dsDNA	裂解性
T4	大肠杆菌	线状 dsDNA	裂解性
Φ29	枯草芽孢杆菌	线状 dsDNA	裂解性
PRDI	革兰氏阴性菌	线状 dsDNA	裂解性
λ	大肠杆菌	线状 dsDNA	溶原性
Mu	大肠杆菌	线状 dsDNA	溶原性
P22	伤寒沙门菌	线状 dsDNA	裂解性/溶原性

第二节　T4 噬菌体

　　T4 噬菌体属于有尾病毒目（*Caudovirales*）肌尾噬菌体科（*Myoviridae*），其病毒粒体呈蝌蚪形，带有复杂的可收缩尾部。T4 噬菌体具有 T 偶数噬菌体的许多共同特征，例如基因组中通常由羟甲基胞嘧啶取代胞嘧啶等，与其他 T 偶数噬菌体具有血清学上的亲缘关系，基因组核苷酸同源性达 85％以上，在感染相同宿主细胞时可以各自不受干扰地自我增殖，并互换遗传信息，进行遗传重组。

一、形态特征

　　T4 噬菌体是有尾噬菌体，头部是长径约 95nm、横径约 65nm 的 $T=13$ 的二十面体，尾部是长 95～125nm、直径 13～20nm 的管状结构。尾部由一个中空的尾管和包裹于其外部的蛋白质尾鞘组成，尾管的内径约 2.5nm。在头部和尾部的连接处有一个六角形环状的颈环结构，颈环上附 6 根颈须。尾部末端结构复杂，附有基板、刺突和尾丝。基板在尾鞘收缩时由六角形过渡到六顶突出的星状。基板里含有溶菌酶、叶酸衍生物、二氢叶酸还原酶和 Zn^{2+} 等。在噬菌体吸附到宿主细胞表面后，溶菌酶起到裂解宿主细胞壁的作用，其他物质可能是激发反应的组分。尾丝是噬菌体的吸附器官，能够识别宿主细胞表面的吸附受体。T4 噬菌体的尾丝长达 130nm，在静态时缠绕在尾部的中部或由颈须缠绕。刺突长约 20nm，在感染细胞时起到连接宿主细胞壁的作用。

二、基因组结构

　　T4 噬菌体的基因组是线状 dsDNA，由 1.66×10^6 个核苷酸组成，编码近 200 个基因。整个基因组 DNA 中不含胞嘧啶，而以 5-羟甲基胞嘧啶代替。T4 噬菌体的基因根据功能分为代谢基因和颗粒装配基因两类。代谢基因共 82 个，其中只有 22 个是噬菌体进行 DNA 合成、转录和裂解所必需的。另外 60 个代谢基因只是宿主基因的翻版，这些基因发生突变后噬菌体仍可增殖，只是有时裂解量减少。在 53 个装配基因中，编码结构蛋白的基因有 34 个，编码催化所需的酶和蛋白质的基因有 19 个。

三、生活循环

　　T4 噬菌体属于 T 偶数噬菌体，生命周期是裂解性类型。噬菌体吸附到宿主细胞表面后，宿主细胞的蛋白质合成受阻，不能继续繁殖。T偶数噬菌体颗粒的脱壳与侵入是同时进行的。噬菌体颗粒在细胞外脱去壳体，基因组核酸与结合蛋白一起进入细胞，完成侵入。宿主受到噬菌体感染后，RNA聚合酶识别并转录早期T4噬菌体的基因，如降解宿主细胞DNA的核酸酶、噬菌体DNA合成酶系、复制和重组过程所需的蛋白质、修饰宿主细胞膜的蛋白质、保护T4噬菌体DNA不受限制性核酸内切酶切割的蛋白质、几个tRNA和至少一个晚期基因所需的σ因子等。其中一些早期转录产物作为引物，在特异性起点启动DNA复制。一旦T4噬菌体复制蛋白被合成出来，噬菌体DNA就开始复制。噬菌体DNA的复制在晚期转录中也是需要的。正在复制、结构发生改变的病毒DNA是晚期转录的模板。

T4噬菌体的DNA复制有两个特点：①DNA复制在开始前，必须由噬菌体编码的酶合成T4噬菌体DNA中取代胞嘧啶的羟甲基胞嘧啶；在T4噬菌体DNA合成后，羟甲基胞嘧啶被葡萄糖基化，以避免被宿主中的核酸酶降解。②在T4噬菌体DNA复制过程中，6~8个DNA拷贝以相同方向通过重复末端连接成多联体，这时噬菌体DNA的表达即从早期进入晚期模式。晚期模式中指导合成噬菌体结构蛋白、颗粒装配相关蛋白和细胞裂解及噬菌体颗粒释放的相关蛋白质。T4噬菌体DNA进入大肠杆菌后9min即开始进行晚期mRNA的转录。在同时合成了噬菌体装配所需的所有蛋白质后，4条独立的亚装配线同时运行。这4条亚装配线是头部装配（图14-2）、无尾丝的尾部装配（图14-3）、尾部与头部的自发结合及单独装配的尾丝与已装配好的颗粒相连（图14-4）。在装配过程中，每一种结构蛋白都发生构型改变，为另一蛋白质的结合提供可识别位点。前壳体的装配需要支架蛋白，完成装配后这些蛋白质被除去。之后，代谢基因编码的溶菌酶、穿孔素等发挥作用，在37℃下，T4噬菌体DNA进入后约22min，大肠杆菌发生裂解，释放约300个T4颗粒。

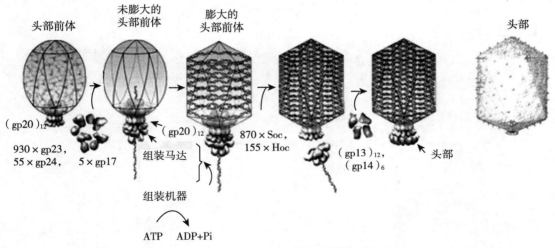

图14-2 T4噬菌体毒粒头部装配

（引自George等，2015）

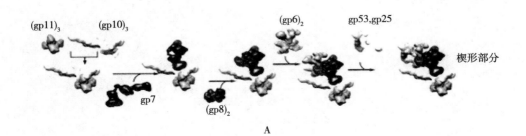

A

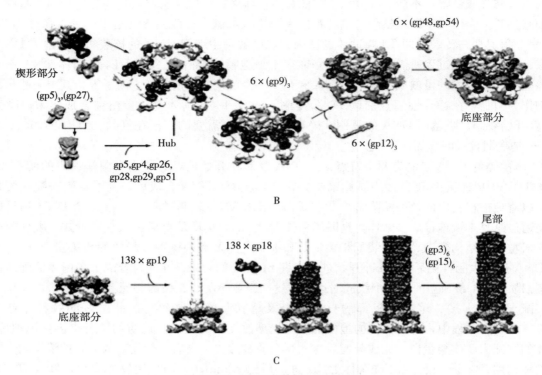

B

C

图 14-3　T4 噬菌体毒粒尾部装配
A. 楔形部分的装配　B. 底座部分的装配　C. 尾部的装配
（引自 George 等，2015）

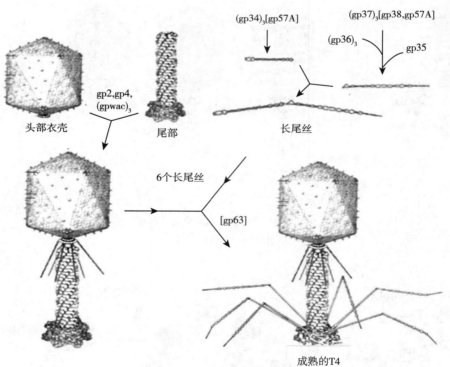

图 14-4　T4 噬菌体毒粒装配
（引自 George 等，2015）

第三节 ΦX174 噬菌体

ΦX174 噬菌体属于微噬菌体科，基因组是环状（＋）ssDNA，病毒粒体呈二十面体结构。成熟的 ΦX174 噬菌体结构简单，是研究噬菌体 DNA 复制、基因表达、DNA-蛋白质、蛋白质-蛋白质相互作用和形态建成等方面的模式系统。

一、形态特征

ΦX174 噬菌体直径 26nm，是 $T=1$ 的二十面体病毒。在噬菌体颗粒二十面体的五重顶点上有 12 个突出 3nm 的刺突。ΦX174 噬菌体首先由两个主要衣壳蛋白 F 和刺突蛋白 G 分别组装成 9S 和 6S 的中间粒体；然后 5 个折叠好的蛋白 B 结合在 9S 中间粒体的上面，引起 9S 中间粒体发生构型改变，结合主要的刺突蛋白 G、小刺突蛋白 H 和外部折叠的蛋白 D，形成大小为 18S 的中间粒体；在外部折叠蛋白的作用下，12 个 18S 的中间粒体结合在一起形成 108S 的衣壳蛋白前体；之后与含有基因组 ssDNA 分子的前起始复合物（preinitiation complex）结合，成为 50S 复合体，最终组装成 114S 的成熟病毒粒体（图 14-5）。

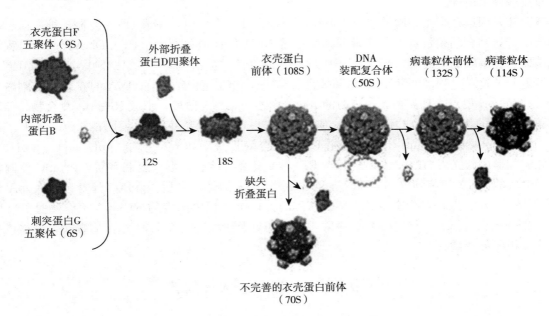

图 14-5 ΦX174 噬菌体的结构和组装
（引自 Asako 等，2005）

二、基因组结构

ΦX174 噬菌体的基因组是环状 ssDNA，编码 11 个基因：A、B、C、D、E、F、G、H、J、K 和 A^*（图 14-6）。成熟 ΦX174 噬菌体的蛋白质外壳由 gpF、gpG、gpH 和 gpJ 组成。gpA 是一个核酸内切酶，具有链特异性识别位点。gpE 控制细菌细胞的裂解。A^* 位于基因 A 的开放阅读框内，控制 DNA 复制的停止。

ΦX174 噬菌体的基因编码非常集约化，基因组 DNA 中不翻译的部分仅占 4%。编码蛋白质的 11 个基因只分别从 A、B 和 D 基因开始转录出 3 个 mRNA。功能上相关的基因以重叠基因和基因内基因的形式组织在一起，转录在同一个 mRNA 中。例如，基因 A 区含有 A、A^* 和 B 3 个基因，它们分别是从同一个读码框的不同位点起始翻译合成的。基因 E 位于基因 D 编码序列内，基因 K

与基因 *A* 和 *C* 的编码框有部分重叠。

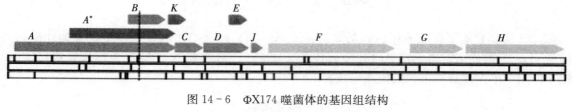

图 14 - 6　ΦX174 噬菌体的基因组结构
（引自 Pilar 等，2009）

三、生活循环

ΦX174 噬菌体感染大肠杆菌分 3 步：①结合大肠杆菌外膜脂多糖的核心多糖，吸附到宿主细胞表面；②释放 DNA，同时噬菌体颗粒永久失去感染性，即出现隐蔽反应；③病毒 DNA 在导航蛋白 gpH 的作用下进入宿主细胞，并结合到细胞膜的特异位点上。电子显微镜观察可见，ΦX174 噬菌体颗粒吸附到大肠杆菌表面的过程中，病毒颗粒上有 2～3 个刺突深埋在寄主细胞壁内，这一点与有尾噬菌体不同。

噬菌体基因组在宿主细胞的整个生命周期中要经过 3 个阶段以完成 DNA 复制。第一阶段，在病毒核酸特异结合的膜位点上，病毒基因组单链 DNA 转换成复制型（RF）DNA。这一过程不需要噬菌体自身编码的蛋白质，却需要至少 13 个大肠杆菌的蛋白质参与。第二阶段，（RF）DNA 的半保留复制。这一过程需要 ΦX174 噬菌体自身编码的 gpA 蛋白结合在 DNA 的 5′端，切割噬菌体 DNA 正链的 ori 位点，且需要大肠杆菌的 rep 蛋白参与。第三阶段，形成 RF-gpA 复合物，伴随成熟噬菌体颗粒的组装，合成环状 DNA 基因组。这一过程需要 ΦX174 编码的 gpA、gpB、gpC、gpD、gpF、gpG、gpH、gpJ 蛋白及宿主 DNA 聚合酶Ⅲ全酶和 rep 蛋白。gpF、gpG、gpH、gpJ 蛋白先装配形成衣壳蛋白的前体，然后与 RF-gpA 复合物结合，形成复制装置，由 gpC 控制将第二阶段形成的 DNA 包装到前体，gpJ 与 DNA 一起掺入前体。之后，gpB 离开复合物，gpA 切割 DNA 正链的 ori 位点，末端连接形成环状基因组。这个过程中产生的 RF-gpA 复合物是具有感染性的 132S 颗粒，当 gpD 从 132S 颗粒中除去时，即可形成稳定的 ΦX174 噬菌体颗粒，最终以裂解方式从大肠杆菌中释放。

第四节　噬菌体治疗

噬菌体治疗是利用烈性噬菌体感染并裂解宿主的特性，治疗细菌性感染的疾病方法。早在 20 世纪初，D'Hérelle 发现并利用噬菌体有效地控制了细菌性痢疾，掀起了噬菌体研究的热潮。后来抗生素迅速发展，广泛应用，噬菌体治疗不再受到重视。几十年后，滥用抗生素所造成的细菌耐药性和畜禽产品药物残留等现象日益严重，噬菌体治疗越来越受到医疗机构的关注，未来将用于治疗抗生素无法控制的感染，并在生态环境净化领域具有应用潜力。

一、噬菌体治疗的特点

噬菌体治疗相对于抗生素的应用，不但能够避免诸如细菌耐药性、人和动物正常菌群的失调、各种畜禽产品中药物残留等问题，还具备治疗效率高、安全性好等优势。

（一）噬菌体治疗具有特异的靶向性

噬菌体通过配体识别宿主表面对应的受体，并与之结合，吸附到宿主细菌的表面，引发其感染并完成增殖。一种噬菌体一般只裂解相应的宿主细菌，不能裂解其他细菌，对宿主细菌具有高度专一性。因此，噬菌体治疗的靶向性非常高，不会引起体内正常菌群的失调，不易造成继发感染或重复感染，亦不诱导目标菌群出现耐药性，对人、畜、禽安全。

（二）噬菌体治疗具有高效性

噬菌体感染宿主后，呈指数增殖。在条件适宜时，每个噬菌体可以在每个裂解周期内产生并释放出 200 个子代噬菌体。从理论上计算，噬菌体在宿主菌中将以 200^n 级指数方式增殖。4 个感染周期后，一个噬菌体就可杀灭数十亿个细菌。因此在应用中，少量噬菌体就可杀灭大量病原菌，治疗所需剂量小，且无需反复多次给药。

（三）噬菌体资源丰富、易生产

噬菌体是地球上最丰富的物种群体，几乎所有细菌生存的环境都存在相应的噬菌体，例如海水、土壤、人畜肠道等。以特定细菌为宿主，很易筛选出特异的裂解性噬菌体，在几天或几周的时间内就可能完成。若以耐药性细菌菌株作为宿主筛选噬菌体，则能够开发出用于治疗耐药菌感染的噬菌体制剂。

二、噬菌体治疗的应用

噬菌体治疗的应用范围包括人类、牲畜、禽类以及植物上的细菌性疾病。在用噬菌体治疗人类细菌感染的研究上，研究者已尝试利用针对假单胞菌、葡萄球菌、克雷伯菌、大肠杆菌和变形杆菌的噬菌体，通过口服和局部给药进行噬菌体治疗。对于志贺菌引起的细菌性痢疾，克雷伯菌引起的鼻黏膜感染，链球菌、大肠杆菌或变形杆菌引起的肺和胸膜感染，大肠杆菌或变形杆菌引起的肠道菌群失调，葡萄球菌、大肠杆菌或变形杆菌引起的泌尿系统感染，葡萄球菌、链球菌引起的腹膜炎、骨髓炎、肺脓肿和手术后伤口感染，铜绿假单胞菌引起的结膜炎等，用噬菌体治疗均取得了理想的治疗效果，比抗生素的疗效更显著。科学家在人的唾液中发现了其中稳定存在着能够杀死口腔致病菌（粪肠球菌）的噬菌体，为口腔疾病的治疗提供了新途径。

以实验动物为模型进行的噬菌体治疗研究试验在全世界范围内广泛开展。例如，美国学者在豚鼠烧伤模型上进行皮肤移植，移植之前用铜绿假单胞菌（绿脓杆菌）和噬菌体同时对创面进行感染，可使移植物全部存活，并未发生绿脓杆菌引起的感染。利用抗 K1 荚膜抗原的大肠杆菌噬菌体可治疗大肠杆菌引发的鸡败血症、脑膜炎及小鼠的全身性感染。英国 Houghton 动物疾病研究院发现利用噬菌体可以成功治疗由大肠杆菌引起的猪、牛、羊腹泻。噬菌体对仓鼠模型上由艰难梭菌引起的结肠炎也具有较好的治疗效果。

噬菌体治疗的给药方式主要有口服、注射、喷洒、超声雾化、水体投放等。口服是目前噬菌体治疗动物细菌性疾病最为常见的给药途径之一。通过口服或灌服不同剂量的噬菌体可以有效减少沙门菌、弯曲杆菌在鸡肠道内的数量；在蛋鸡基础日粮中添加针对 6 种不同血清型沙门菌的噬菌体混合制剂（每千克日粮 0.4g 或 0.8g），可以降低蛋鸡感染沙门菌的风险，且对蛋鸡产蛋性能和鸡蛋品质无不良影响。采用乳房注射金黄色葡萄球菌噬菌体治疗奶牛乳腺炎 2～5 次后，患病奶牛可恢复正常产奶能力。通过腹腔、肌内和皮下注射给予噬菌体，可有效地治疗烧伤小鼠铜绿假单胞菌感染，提高存活率。噬菌体还可通过水体投放的方式防控水产动物细菌性疾病。例如，将噬菌体按 10^8 PFU/mL 剂量投放到感染鳗弧菌的石斑鱼鱼苗养殖水体中，控制石斑鱼鱼苗的鳗弧菌感染，治疗组鱼苗的死亡率由 17％ 下降到 3％。噬菌体 pVp-1 被用于治疗感染副溶血弧菌药的牡蛎，经过药浴给药 72h 后，牡蛎体内的病原菌数量明显下降。此外，噬菌体也被用作新型的生物消毒剂，清除环境中的病原细菌，降低动物的患病风险。动物试验证明，向褥草上喷洒噬菌体可使肉鸡体重增快、死亡率降低，向感染沙门菌的蛋壳表面喷洒噬菌体，可使孵出的雏鸡关节炎症状明显减轻，甚至症状消失。通过超声雾化给药方式对绿脓杆菌感染引起的水貂出血性肺炎进行噬菌体治疗效果显著。

三、噬菌体治疗面临的挑战和发展前景

尽管大量的研究证实，噬菌体可以有效地控制细菌性感染，但其推广应用还面临着一些挑战。

（一）宿主谱窄

噬菌体具有高度的宿主专一性，宿主裂解谱一般较窄。这一特性使噬菌体治疗的靶向作用很好，但是也限制了噬菌体的应用。由于只有严格筛选出与病原菌对应的噬菌体才能发挥灭菌作用，在遇到急性感染时，治疗的难度很大，与抗生素相比不具备优势。

针对这一问题，Carlton 等提出，在治疗中混合使用不同裂解谱的噬菌体以提高治疗效果，这样的混合疗法称为联合疗法或噬菌体鸡尾酒疗法。事实证明，噬菌体鸡尾酒疗法安全、有效。例如，英国某医院已成功应用 6 种针对不同血清型宿主的噬菌体混合制剂，治疗多重耐药铜绿假单胞菌感染引起的慢性耳炎；噬菌体 CP14 和 CP68 混合制剂治疗鸡弯曲杆菌感染的效果，明显优于单独使用其中任何一种噬菌体。

21 世纪，噬菌体全基因组序列陆续公布，噬菌体与宿主相互识别的分子机制不断被揭示，多种细菌通用配体被发现。利用分子生物学技术改造噬菌体，扩大裂解谱，是噬菌体治疗中新的发展方向。T4 和 T2 系列噬菌体中，决定宿主谱特异性的序列分别存在于 gp37 的 C 端和 gp38 中。这些序列之间同源性很小，但是可以互相交换，从而改变噬菌体的宿主谱。例如，通过同源重组将裂解谱宽的 IP008 噬菌体的 g37 和 g38 基因替换到裂解谱较窄的 T2 噬菌体中，重组后的噬菌体与 IP008 裂解谱相同。这种现象称为 T 偶数噬菌体尾丝基因的可塑性，通过交换甚至可以超越种系界限，感染亲缘关系较远的宿主菌。λ 噬菌体对宿主菌的特异性吸附是由其 J 蛋白的 C 端部分决定的，J 蛋白 1 040、1 077 及 1 127 位点上的点突变能够导致噬菌体宿主谱扩大。因此，噬菌体的宿主谱可以通过基因工程技术改造而定向扩展。

（二）刺激机体免疫反应

噬菌体具有抗原性，能刺激机体免疫反应，产生抗体，抑制噬菌体对敏感细菌的感染。在治疗期间，噬菌体易被网状内皮系统摧毁，从循环系统中被清除。研究表明，噬菌体进入体内后，72h 便可被免疫清除。因此，延长噬菌体在机体内存活的时间，保证足够的循环期是噬菌体治疗迫切需要解决的问题。

美国科学家通过修饰 λ 噬菌体的核蛋白，可以使这些噬菌体在机体内的存活时间至少延长 15％。利用"系列病原体培育法"筛选培育出循环期较长的噬菌体，与野生型噬菌体相比，这些长循环期的噬菌体可以在一定程度上抵抗免疫系统的清除，在体内发挥作用的时间较长，重复裂解致病菌，更加适用于治疗疾病。

（三）给药时间、方式等需进一步优化

噬菌体控制细菌感染有被动治疗和主动治疗两种方式。被动治疗是应用高浓度噬菌体的初次感染作用直接杀死细菌细胞，在应用前期的使用剂量就要大大超过靶标细菌，使细菌细胞一次性吸附大量的噬菌体并迅速被裂解。从动力学角度讲，这种治疗方式几乎与传统抗生素等化学疗法相同。而主动治疗是利用噬菌体的自我复制特性，在被感染的细菌细胞中大量增殖后将其裂解。因此，主动治疗中噬菌体的数量只有在细菌密度达到某一阈值后才会发生，该阈值称为增殖阈（X_p）。在主动治疗过程中，细菌的繁殖数量只有在达到 X_p 之后才受到噬菌体的控制，达到 X_p 的时间点称为增殖开始时间（t_p）。接种噬菌体进行主动治疗的时间应适当早于 t_p，但不是越早越好。如果接种时间太早，噬菌体会被免疫系统清除。而且，接种剂量与接种时间密切相关。要保证治疗效果，必须合理优化噬菌体治疗的时间、剂量及给药方式等因素。

（四）噬菌体可能携带某些病毒基因

一些噬菌体携带不利于细菌病害治疗的基因。许多噬菌体能够将自身基因整合到宿主细菌的基因组中，但是其中某些基因的编码产物可以加重细菌感染。例如，白喉毒素和霍乱毒素都是由噬菌

体编码的，引起儿童溶血性尿毒综合征的一种病原性大肠杆菌 O157：H7 也带有由噬菌体编码的毒素。鼠伤寒沙门菌中的某些分离株含有 Gifsy22 原噬菌体，是 Gifsy22 原噬菌体的溶原菌。该原噬菌体能够激活和溶原化缺乏 Gifsy22 的菌株，利用其中编码的超氧化物歧化酶基因增强细菌的致病性，扩大致病菌的范围。霍乱弧菌的 VPIΦ 噬菌体编码一种纤毛，可以作为 CTXΦ 噬菌体（编码霍乱毒素）的受体，还有助于霍乱弧菌在人体消化道内定殖。

随着分子生物学技术和基因工程的迅猛发展，遗传改造和修饰后的噬菌体将更多投入到细菌病的治疗中，开辟噬菌体治疗的新局面，为解决细菌耐药性问题带来新的希望。

第五节　真菌病毒

真菌病毒（mycovirus 或 fungal virus）是感染丝状真菌、酵母和卵菌的病毒，最早于 1962 年在双孢蘑菇中被发现。目前，依据国际病毒分类委员会（ICTV）第九次分类报告，真菌病毒的种类已达 400 种以上，分类的主要依据是真菌病毒的核酸性质和形态结构。

在电子显微镜下，大多数真菌病毒具有球状的病毒粒体，还有一些是双联体状、杆状、线状等其他形状的。部分真菌病毒有包膜，还有一些没有真正的病毒粒体，在宿主细胞中形成囊泡。在已报道的真菌病毒中，只有少部分能长时间侵染寄主，并对其造成影响，大部分真菌病毒不会导致宿主真菌出现明显的症状。真菌病毒的基因组类型多数是 RNA，少数是 DNA。其中，双链 RNA（double stranded RNA，dsRNA）病毒占绝大多数，少数是单链 RNA（single strand RNA，ssRNA）病毒。

一、真菌病毒的分类

目前，真菌病毒主要分为 14 个科。其中，7 个科为 dsRNA 病毒，5 个科为 ssRNA 病毒，其余 2 个科为逆转录 RNA 病毒。

（一）dsRNA 病毒

1. 单分体病毒科　单分体病毒科（*Totiviridae*）病毒具有球状的病毒粒体，基因组是仅包含一个双顺反子的 dsRNA 片段，长度为 4.6～7.0kb。单分体病毒科下设 4 个属，其中 *Totivirus* 和 *Victorivirus* 包含侵染真菌的病毒。*Totivirus* 中的一些病毒侵染酿酒酵母（*Sacchromyces cerevisiae*）、红酵母属（*Rhodotorula*）真菌和黑粉菌属（*Ustilago*）真菌等；*Victorivirus* 只侵染丝状真菌。

2. 双分体病毒科　双分体病毒科（*Paritiviridae*）病毒具有球状的病毒粒体，基因组包含两个 dsRNA 片段，长度为 1.4～2.4kb，分别包被于不同的病毒粒体之中。双分体病毒科中 *Alphapartitivirus*、*Betapartitivirus* 和 *Gammapartitivirus* 3 个属的病毒可侵染真菌；*Alphapartitivirus* 和 *Betapartitivirus* 中既有侵染丝状真菌的病毒，也有植物病毒；*Gammapartitiviruses* 中的病毒只侵染丝状真菌。一般来说，被双分体病毒侵染的真菌大部分不出现明显症状。

3. 产黄青霉病毒科　产黄青霉病毒科（*Chrysoviridae*）病毒具有球状的病毒粒体，基因组是 dsRNA，包含 4 个单顺反子，长度为 2.4～3.6kb，5′非编码区相对较长，有 140～400 个核苷酸。产黄青霉病毒科中只有产黄青霉病毒属（*Chrysovirus*）1 个属，只侵染真菌产黄青霉属（*Pchrysogenum*）真菌。

4. 呼肠孤病毒科　1994 年首次发现真菌上存在"类呼肠孤病毒"颗粒。呼肠孤病毒科（*Reoviridae*）包括 *Inareovirinae* 和 *Reovirinae* 两个亚科，宿主范围包括动物、植物和真菌。其中，*Myoreovirus* 的病毒侵染真菌，包括分离自栗疫病菌（*Cryphonectira parasitica*）的 *Mycoreovirus 1* 和 *Mycoreovirus 2* 以及分离自白纹羽菌（*Rosellinia necatrix*）的 *Mycoreovirus 3*。*Myoreovirus* 病毒粒体呈球形，具有 11 或 12 个 dsRNA 片段，大小为 0.7～4.1kb。*Mycoreovirus* 对其自然宿主具有弱毒作用。

5. 内源 RNA 病毒科　内源 RNA 病毒科（*Endornaviridae*）病毒没有真正的病毒粒子。基因组全长 9.76～17.49kb。

（二）ssRNA 病毒

1. 裸露 RNA 病毒科　裸露 RNA 病毒科（*Narnaviridae*）病毒的基因组是（＋）ssRNA，全长 2.3～3.6kb，分为线粒体病毒属（*Mitovirus*）和裸露 RNA 病毒属（*Narnavirus*）。线粒体病毒属病毒主要寄生于丝状真菌的线粒体中。裸露 RNA 病毒属病毒主要寄生于酿酒酵母和卵菌的细胞质中。

2. 弱毒病毒科　弱毒病毒科（*Hypoviridae*）病毒的基因组是（＋）ssRNA，基因组全长 9～13kb。弱毒病毒科病毒的真菌宿主包括栗疫病菌（*Cryphonectria parasitica*）、苹果黑腐皮壳（*Valsa mali*）、核盘菌（*Sclerotinia sclerotiorum*）、大豆拟茎点霉（*Phomopsis longicolla*）和禾谷镰孢（*Fusarium graminearum*）等植物病原菌。这些植物病原真菌受到弱毒病毒科病毒侵染后，有些会出现弱毒现象，对植物的致病力下降。弱毒病毒科病毒没有病毒粒体，侵染真菌后在菌丝体中形成包含有病毒 RNA 和复制相关蛋白的多形性囊泡。

3. 杆菌状 RNA 病毒科　杆菌状 RNA 病毒科（*Barnaviridae*）病毒的基因组是（＋）ssRNA，仅有杆菌状病毒（*Barnavirus*）一个属，病毒粒体是大小为 19nm×50nm、无包膜的芽孢状，主要寄生双孢蘑菇（*Agaricus bisporus*），常与 dsRNA 病毒同时侵染。

4. 单分子负链 RNA 病毒目　单分子负链 RNA 病毒目（*Mononegavirales*）下分 9 个属，基因组是（－）ssRNA，基因组全长 8.9～19kb。这类病毒的病毒粒体形态多变，具有包膜结构。*Mymonaviridae* 和 *Rhabdoviridae* 两个属中包括寄生真菌的病毒。

（三）逆转录 RNA 病毒

伪病毒科（*Pseudoviridae*）和转座病毒科（*Metaviridae*）属于逆转录 RNA 病毒，广泛分布于动物、植物和真菌。伪病毒科病毒主要寄生酵母，转座病毒科中转座病毒属（*Metavirus*）病毒寄生于酵母或丝状真菌，如黄枝孢霉（*Cladosporium fulvum*）和尖孢镰刀菌（*Fusarium oxysporum*）。

（四）DNA 病毒

DNA 病毒目前只有 SsHADV1（*Sclerotinia sclerotiorum hypovirulence associated DNA virus 1*）一个。其基因组是 ssDNA，侵染核盘菌（*S. sclerotiorum*）后导致致病力衰退。

二、真菌病毒的传播

真菌病毒的自然传播方式有两种：垂直传播和水平传播。垂直传播是真菌通过各种孢子（包括无性孢子和有性孢子）将病毒传播到子代个体，主要通过无性过程进行，无性孢子带毒频率远高于有性孢子的带毒频率。真菌病毒的水平传播是通过菌丝间的融合将真菌病毒传播给不带病毒的菌株。对于许多真菌而言，菌丝的融合只发生在营养体亲和型相同的菌株之间。营养体不亲和的菌株在菌丝融合过程中经常会出现细胞程序化死亡，这限制了病毒的水平传播，但并不能完全阻止病毒的传播。

通过原生质体融合、电击法和病毒粒子转染等技术可以人为地实现真菌病毒的传播。直接喷洒到寄主菌丝或植物上的真菌病毒可以从体外侵染寄主。真菌发酵液中的稻瘟菌病毒粒子能够感染不携带病毒的菌株。SsHADV1 的病毒粒子能够在 PDA 培养基或植物叶片上主动侵入健康的核盘菌菌丝，还能够通过取食真菌的蕈蚊传播。

三、真菌病毒的应用

栗疫病菌病毒（*Cryhonectria hypo virus 1*，CHV1）是目前唯一应用于防治实践的真菌病毒。早在 20 世纪前期，板栗疫病在北美和欧洲迅速流行，摧毁了几十亿棵板栗植株。意大利植物病理学家 Antonio Biraghi 首次观察到部分病树上的溃疡病斑能够愈合，法国真菌学家 Jean Grente 发现这些愈合病斑上的分离物具有异常的培养特性，并具有传播能力。1978 年，Grente 等将具有弱毒特性的板栗疫病菌株人工接种到板栗树溃疡病斑上，有效控制了法国板栗疫病的危害。后来，这种方法被用于控制北美板栗疫病，却没有达到理想的效果。

随着真菌病毒研究的深入，目前已在核盘菌、纹枯菌、灰霉菌、蠕孢菌、镰刀菌等植物病原真菌中都发现了能导致它们致病性减退的病毒，这些病毒在未来的植物病害防治中具有应用潜力。

思 考 题

1. 试述 T4 噬菌体的结构特征。
2. 试述 ΦX174 噬菌体的结构特征。
3. 试论噬菌体和抗生素在细菌病治疗中的应用现状和前景。
4. 试述真菌病毒的分类、传播和应用。

主要参考文献

贾盘兴，2001. 噬菌体分子生物学 ［M］. 北京：科学出版社.

沈萍，2000. 微生物学 ［M］. 北京：高等教育出版社.

王贺祥，2003. 农业微生物学 ［M］. 北京：中国农业大学出版社.

Arisaka F，Yap M L，Kanamaru S，2016. Molecular assembly and structure of the bacteriophage T4 tail ［J］. Biophys Rev，8（4）：385 – 396.

Baker C W，Miller C R，Thaweethai T，2016. Genetically determined variation in lysis time variance in the Bacteriophage ΦX174 ［J］. G3 (Bethesda)，6（4）：939 – 955.

Doore S M ，Fane B A，2016. The microviridae：diversity，assembly，and experimental evolution ［J］. Virology（491）：45 – 55.

Ghabrial S A，Castón J R，Jiang D，2015. 50 – plus years of fungal viruses ［J］. Virology，479 – 480：356 – 368.

Jiang D，Fu Y，Guoqing L，2013. Viruses of the plant pathogenic fungus Sclerotinia sclerotiorum ［J］. Adv Virus Res，86：215 – 248.

Liu L，Xie J，Cheng J，2014. Fungal negative-stranded RNA virus that is related to bornaviruses and nyaviruses ［J］. Proc Natl Acad Sci U S A ，111（33）：12205 – 12210.

Liu S，Xie J，Cheng J，Li B，. 2016. Fungal DNA virus infects a mycophagous insect and utilizes it as a transmission vector ［J］. Proc Natl Acad Sci U S A，Oct 24. pii：201608013.

Mahmoudabadi G，Milo R，Phillips R，2017. Energetic cost of building a virus ［J］. Proc Natl Acad Sci USA，May 16. pii：201701670.

Mark Ptashne，2006. 基因开关 ［M］. 孙超，彭学贤，译. 北京：化学工业出版社.

M K 沃尔德，D I 弗里德曼，S L 阿迪亚，2007. 噬菌体 ［M］. 艾云灿，孟繁梅，等译. 北京：科学出版社.

Nibert M L，Ghabrial S A，Maiss E，2014. Taxonomic reorganization of family partitiviridae and other recent progress in partitivirus research ［J］. Virus Res，188：128 – 141.

Roznowski A P ，Fane B A，2016. Structure-function analysis of the ΦX174 DNA-piloting protein using length-altering mutations ［J］. J Virol，90（17）：7956 – 7966.

Speck P ，Smithyman A，2016. Safety and efficacy of phage therapy via the intravenous route ［J］. FEMS Microbiol Lett，363（3）.

Spiering M M，Hanoian P，Gannavaram S，2017. RNA primer-primase complexes serve as the signal for polymerase recycling and Okazaki fragment initiation in T4 phage DNA replication ［J］. Proc Natl Acad Sci U S A. pii：201620459.

Wu S，Cheng J，Fu Y，2017. Virus-mediated suppression of host non-self recognition facilitates horizontal transmission of heterologous viruses [J]. PLoS Pathog，13（3）：e1006234.

Xie J，Jiang D，2014. New insights into mycoviruses and exploration for the biological control of crop fungal diseases [J]. Annu Rev Phytopathol，52：45 - 68.

Yu X，Li B，Fu Y，2013. Extracellular transmission of a DNA mycovirus and its use as a natural fungicide [J]. Proc Natl Acad Sci U S A，110（4）：1452 - 7.

附录 常用病毒学词汇英中文对照

α-amanitin α 鹅膏蕈碱

abortive infection 流产感染

accepted name 接受名

aciclovir 阿昔洛韦

acquired immunodeficiency syndrome，AIDS 艾滋病/人类获得性免疫缺陷综合征

acquisition feeding period 获毒取食期

activation-induced cell death，ACID 活化诱导的细胞死亡

Acute bee paralysis virus，ABPV 蜜蜂急性麻痹病毒

acute respiratory distress syndrome，ARDS 急性呼吸窘迫综合征

adenine，A 腺嘌呤

Adeno-associated virus，AAV 腺联病毒

Adenovirus 腺病毒

Aedes aegypti densovirus，AaDNV 埃及伊蚊浓核病毒

AIDS-related complex，ARC AIDS 相关综合征

alanine aminotransferase，ALT 丙氨酸氨基转移酶

Alfalfa mosaic virus，AMV 苜蓿花叶病毒

Alphanodavirus α 野田村病毒属

Alzheimer disease 阿尔茨海默病

amantadine 金刚烷胺

Antheraea eucalypti virus，AeV 桉蚕病毒

antibody-dependent cell-mediated cytotoxicity，ADCC 抗体依赖细胞介导的细胞毒反应

antigenic drift 抗原漂移

antigenic shift 抗原转移

antisense RNA 反义 RNA

Aphaniptera 蚤目

apoptosis 细胞凋亡

arbitrary classification 任意分类

arbovirus 虫媒病毒

Ascoviridae 泡囊病毒科

assembly 装配

atypical pneumonia 非典型肺炎

Autographa californica nucleopolyhedrovirus，AcMNPV 苜蓿银纹夜蛾核型多角体病毒

Avian leukosis virus，ALV 禽白血病病毒

azidothymidine，AZT 叠氧胸苷

bacteria-phage 噬菌体

Baculoviridae 杆状病毒科

Banana bunchy top virus，BBTV 香蕉束顶病毒

Barley stripe mosaic virus，BSMV 大麦条纹花叶病毒

Barley yellow dwarf virus，BYDV 大麦黄矮病毒

base plate　基板

Bean golden yellow mosaic virus，BGYMV　菜豆金色花叶病毒

Beet yellow virus，BYV　甜菜黄化病毒

beetle　甲虫

Betanodavirus　β 野田村病毒属

Birnaviridae　双 RNA 病毒科

Black beetle virus，BBV　东方蜚蠊病毒

Blattariae　蜚蠊目

Bombyx mori densonucleosis virus，BmDNV　家蚕浓核病毒

Bombyx mori nucleopolyhedrovirus，BmNPV　家蚕核型多角体病毒

Bombyx mori cypovirus 1，BmCPV-1　家蚕质型多角体病毒 1 型

bovine spongiform encephalopathy，BSE　牛海绵状脑病

Brevidensovirus　简短病毒属

Bromoviridae　雀麦花叶病毒科

budded virus，BV　出芽型病毒

β-chemokine receptor　β 趋化因子受体

Caliciviridae　杯状病毒科

calmodulin，CAM　钙调素

candidate name　候选名称

capsid　衣壳

capsid protein　衣壳蛋白

capsomere　壳粒

caspase inhibitor　半胱氨酸酶抑制因子

Cauliflower mosaic virus，CaMV　花椰菜花叶病毒

Celery mosaic virus，CeMV　芹菜花叶病毒

cell-released virus，CRV　细胞释放型病毒

central nervous system，CNS　中枢神经系统

chaperone　伴侣蛋白

chitinase　几丁质酶

chronic infection　慢性感染

chronic wasting disease of mule deer and elk　黑尾鹿和麋鹿的慢性消耗病

Citrus tristeza virus，CTV　柑橘速衰病毒

Classical swine fever virus，CSFV　猪瘟病毒

cleavage and polyadenylation specificity factor，CPSF　切割与多聚腺苷酸化特异因子

Closterovirus　长线形病毒属

coat protein mediated resistance，CPMR　外壳蛋白介导的抗性

coat protein，CP　外壳蛋白

Coleoptera　鞘翅目

colony-stimulating factor，CSF　集落刺激因子

comparative titration　比较滴定法

complementary DNA，cDNA　互补 DNA

conditionally defective virus　条件性缺损病毒

coreceptor　辅助受体

core　核心

Coronaviridae　冠状病毒科

Cowpea mosaic virus，CPMV　豇豆花叶病毒

Creutzfeldt-Jakob disease，CJD　克-雅氏病

Cricket paralysis virus，CrPV　蟋蟀麻痹病毒

Cripavirus　蟋蟀麻痹病毒属

Cucumber mosaic virus，CMV　黄瓜花叶病毒

cyclin　细胞周期蛋白

cyclin-dependent kinase，CDK　细胞周期蛋白依赖性激酶

cyclin-dependent kinase inhibitor，CKI　细胞周期蛋白依赖性激酶抑制因子

Cypovirus，CPV　质型多角体病毒属

cysteinyl aspartate-specific proteinase，caspase　半胱氨酸天冬氨酸特异性蛋白酶

cytosine，C　胞嘧啶

cytotoxic T lymphocyte，CTL　细胞毒性 T 淋巴细胞

Darna trima virus，DtV　油棕刺蛾病毒

Dasychira pudibunda virus，DpV　茸毒蛾病毒

death receptor　死亡受体

defective interfering particle　DI 颗粒，干扰或干扰缺损病毒颗粒

defective interfering RNA，DI-RNA　缺陷干扰型 RNA

defective virus　缺损病毒

defective virus particle　缺损病毒颗粒

delavirdine　地拉韦定

delayed-type hypersensitivity T cell，T_{DTH}　迟发性超敏反应性 T 细胞

dendritic cell　滤泡树突状细胞

Dendrolimus punctatus tetraviridae virus，DpTV　松毛虫 T4 病毒

Dengue virus　登革热病毒

Densovirinae　浓核病毒亚科

Densovirus　浓核病毒属

Dicistroviridae　双顺反子科

2，3-dideoxycytidine，DDC　双脱氧胞苷

2′，3′-dideoxyinosine，DDI　双脱氧肌苷

dimethyl sulfoxide，DMSO　二甲基亚砜

Diptera　双翅目

dithiothreitol，DTT　二硫苏糖醇

double rolling circle　双滚环

double stranded RNA-activated adenosine deaminase，DRADA　双链 RNA 激活腺苷酸脱氨酶

double-stranded RNA-activated protein kinase，PKR　双链 RNA 依赖的蛋白激酶

Drosophila c virus，DCV　果蝇 C 病毒

dsDNA　双链 DNA

dsRNA　双链 RNA

eclipse period　隐蔽期

ecological niche　生态位

efavirenz　依法韦仑

emivirine　依米韦林

endocytosis　内吞作用

endoplasmic reticulum，ER　内质网

endosome　内吞小体

envelope　囊膜

envelope fusion protein，EFP　膜融合蛋白

enzyme immunoassay，EIA　酶免疫技术

Epstein-Barr virus　EB 病毒

Escherichia coli　大肠杆菌

euphonious name　谐音名

euvirus　真病毒

exocytosis　细胞外吐

family　科

Feline infectious peritonitis virus，FIPV　猫传染性腹膜炎病毒

filterable virus　滤过性病毒

fixed strain　固定毒株

Flaviviridae　黄病毒科

Flock house virus，FHV　羊舍病毒

Foot-and-mouth disease virus，FMDV　口蹄疫病毒

fusin　融合素

fusion protein，F　融合蛋白

Galleria mellonella densovirus，GmDNV　大蜡螟浓核病毒

Geminiviridae　双生病毒科

gene delivery system　基因递送系统

gene economy　基因经济性

gene therapy　基因治疗

genome　基因组

genotype　基因型

genus　属

Gerstmann-Straussler syndrome，GSS　格-史氏综合征

glycoprotein，gp　糖蛋白

Golgi apparatus　高尔基体

granulin　颗粒体蛋白

Granulovirus，GV　颗粒体病毒属

guanidine thiocyanate　硫氰酸胍

guanine，G　鸟嘌呤

HBV core antigen，HBcAg　HBV 核心抗原

HBV e antigen，HBeAg　乙型肝炎 e 抗原

HBV surface antigen，HBsAg　乙型肝炎表面抗原

Helicoverpa armigera stunt virus，HaSV　棉铃虫矮缩病毒

helper T cell，Th　辅助性 T 细胞

helper virus　辅助病毒

hemagglutinin，HA　血凝素

hemagglutinin-neuraminidase，HN　血凝素-神经氨酸酶

Hemiptera　半翅目

Hepadnaviridae　嗜肝 DNA 病毒科

Hepatitis A virus，HAV　甲型肝炎病毒

Hepatitis B virus，HBV　乙型肝炎病毒

Hepatitis C virus，HCV　丙型肝炎病毒

Hepatitis D virus，HDV　丁型肝炎病毒

Hepatitis E virus，HEV　戊型肝炎病毒

Hepatitis F virus　己型肝炎病毒

Hepatitis G virus　庚型肝炎病毒

hepatitis virus　肝炎病毒

hepato-cellular carcinoma，HCC　原发性肝细胞癌

heterodimer　杂合二聚体

hexon　六邻体

Holmes ribgrass mosaic virus，HRV　霍氏车前花叶病毒

host range factor-1，HRF-1　宿主范围因子 1

Human cytomegalovirus，HCMV　人巨细胞病毒

Human immunodeficiency virus，HIV　人类免疫缺陷病毒

human leukocyte antigen，HLA　人白细胞抗原

Human T lymphotropic virus，HTLV　人嗜 T 淋巴细胞病毒

hydrophobia　恐水病

hypersensitive response，HR　过敏性反应

Hymenoptera　膜翅目

immunofluorescence assay，IFA　免疫荧光技术

in situ hybridization　原位杂交

inactivated vaccine　灭活疫苗

inclusion body　包涵体

induced mutation　诱发突变

Infectious bronchitis virus，IBV　鸡传染性支气管炎病毒

Influenza virus　流感病毒

inhibitor of apoptosis，IAP　细胞凋亡抑制因子

inoculation feeding period　接种取食期

insect picorna-like virus　昆虫类似小 RNA 病毒

integration　整合

interferon，IFN　干扰素

interferon-α，IFN-α　α 干扰素

interferon-γ，IFN-γ　γ 干扰素

intergenic region，IR　基因间隔区

intergenic sequence，IS　基因间隔序列

interleukin，IL　白细胞介素

internal ribosome entry site，IRES　内部核糖体进入位点

internalization　内化作用

International Committee on Taxonomy of Viruses，ICTV　国际病毒分类委员会

International Committee on Nomenclature of Viruses，ICNV　国际病毒命名委员会

invertebrate virus　无脊椎动物病毒

inverted terminal repeats，ITR　末端倒置重复序列

Iridoviridae　虹彩病毒科

Isoptera　等翅目

Iteravirus　相同病毒属

Japanese encephalitis virus　日本脑炎病毒（即乙型脑炎）

Junonia coenia densovirus，JcDNV　鹿眼蝶浓核病毒

lamivudine　拉米夫定

Langerhans cell　朗格罕氏细胞

late expression factor，LEF　晚期表达因子

latent infection　潜伏感染

latent period　潜育期（循回期）

leader RNA　RNA 引导序列

Lepidoptera　鳞翅目

Lettuce mosaic virus，LMV　莴苣花叶病毒

Lettuce necrotic yellows virus，LNYV　莴苣坏死黄化病毒

liquification　乳化、液化

long terminal repeat，LTR　长末端重复序列

Lymantria dispar MNPV，LdMNPV　舞毒蛾核型多角体病毒

Lymphadenopathy associated virus，LAV　淋巴结病相关病毒

lysis　裂解

lysogenic bacterium　溶原性细菌

lysogenic pathway　溶原性方式

lysogen　溶原菌

lysosome　溶酶体

lysozyme　溶菌酶

Lyssavirus　狂犬病毒属

lytic pathway　溶菌性方式

macropinocytosis　巨胞饮作用

Maize chlorotic dwarf virus，MCDV　玉米褪绿矮缩病毒

Maize streak virus，MSV　玉米线条病毒

major histocompatibility complex Ⅰ，MHC-Ⅰ　Ⅰ类主要组织相容性复合体

major histocompatibility complex Ⅱ，MHC-Ⅱ　Ⅱ类主要组织相容性复合体

marker vaccine　标记疫苗

matrix protein，MP　基质蛋白

methisoprinol　异丙肌苷

molecular virology　分子病毒学

monoclonal antibody，McAb　单克隆抗体

movement protein　病毒运动蛋白

Multicomponent virus　多分体病毒

Multiple nucleocapsid nucleopolyhedrovirus，MNPV　多粒包埋核型多角体病毒亚属

multiplicity of infection，m. o. i.　感染复数

mutagen 诱变剂

mutant 突变体

mycovirus 真菌病毒

natural killer cell，NK 自然杀伤性细胞

nelfinavir 奈非那韦

nested set 套式系列

neuraminidase，NA 神经氨酸酶

Neuroptera 脉翅目

nevirapine 奈韦拉平

new variant，NV 新变异型

Newcastle disease virus，NDV 新城疫病毒

Nidovirales 套病毒目

Nodamura virus，NoV 野田村病毒

Nodaviridae 野田村病毒科

non permissive cell 非允许细胞

non-productive infection 非增殖性感染

3′-nontranslate region，3′-NTR 3′非编码区

5′-nontranslate region，5′-NTR 5′非编码区

nonstructural protein，NS 非结构蛋白

nuclear localization signal，NLS 核定位信号

nuclear matrix 核质内

nucleocapsid 核衣壳

Nucleopolyhedrovirus，NPV 核型多角体病毒属

Nudaurelia β virus，NβV 松天蛾β病毒

Nudaurelia β-like virus genus 松天蛾β类似病毒属

Nudaurelia ω virus，NωV 松天蛾ω病毒

Nudaurelia ω-like virus genus 松天蛾ω类似病毒属

occluded virus，OV 包埋型病毒

Odonata 蜻蜓目

Office International Des Epizooties，OIE 世界动物卫生组织

one-step growth curve 一步生长曲线

one-step growth experiment 一步法生长试验

open reading frame，ORF 开放阅读框

order 目

Orgyia pseudotsugata MNPV，OpMNPV 黄杉毒蛾核型多角体病毒

Orthomyxoviridae 正黏病毒科

Orthomyxovirus 正黏病毒属

Orthopera 直翅目

Papaya ringspot virus，PRSV 番木瓜环斑病毒

Parvoviridae 细小病毒科

Parvovirinae 细小病毒亚科

passenger virus 过客病毒

pathogen mediated resistance 病原物介导抗性

pathogenesis-related protein，PR　病程相关蛋白

pathogenic virus　病原病毒

Pefudensovirus　黑胸大蠊浓核病毒属

penton　五邻体

Perina nuda-picorna-like virus，PnPV　榕透翅毒蛾小 RNA 病毒

permissive cell　允许细胞

pH-dependent mechanism　pH 依赖机制

pH-independent mechanism　pH 非依赖机制

Phyto reovirus　植物呼肠孤病毒

Phyto rhabdovirus　植物弹状病毒

Picornaviridae　小 RNA 病毒科

Pierisrapae cypovirus 2，PrCPV-2　菜粉蝶质型多角体病毒 2 型

plant hopper　飞虱

Platonic solid　柏拉图体

Plautia stali intestine virus，PSIV　大豆尺蠖病毒

Plodia interpunctella GV，PiGV　印度谷螟颗粒体病毒

point mutation　点突变

pokeweed antiviral protein，PAP　商陆抗病毒蛋白

poly（A）-binding protein Ⅱ，PAB-Ⅱ　多聚腺苷酸结合蛋白 Ⅱ

poly（A），PA　多聚腺苷酸

polycistronic mRNA　多顺反子 mRNA

Polydnaviridae　多分病毒科

polh　多角体蛋白基因

polyhedrin　多角体蛋白

polymerase chain reaction，PCR　聚合酶链式反应

polythetic class　多原则分类

Porcine respiratory coronavirus，PRCV　猪呼吸道冠状病毒

Potato leaf roll virus，PLRV　马铃薯卷叶病毒

Potato spindle tuber viroid，PSTVD　马铃薯纺锤形块茎类病毒

Potato virus X，PVX　马铃薯 X 病毒

Potato virus Y，PVY　马铃薯 Y 病毒

Poxviridae　痘病毒科

primary infection　原发感染

prion　朊病毒

productive infection　增殖性感染

programmed cell death，PCD　细胞程序性死亡

proliferation cell nuclear antigen，PCNA　细胞增殖核抗原

propagative virus　增殖型病毒

prophage　前噬菌体

proteinaceous infectious particle　传染性蛋白质颗粒

proto-oncogene　原癌基因

protovirus　原病毒

protozoal virus　原生动物病毒

provirus　前病毒

pulse-chase　脉冲示踪

rabies　狂犬病

rabies related virus，RRV　狂犬病相关病毒

Rabies virus　狂犬病毒

radio immunoassay，RIA　放射免疫法

recombinant vaccinia virus，rVV　重组痘苗病毒

reenvelopment　再次囊膜化

regulator gene　调节基因

related protein，Rep　相关蛋白

Reoviridae　呼肠孤病毒科

replicating lineage　复制谱系

replicative form DNA，RF-DNA　复制型 DNA

replicative protein，RP　复制蛋白

restrictive infection　限制性感染

retinoblastoma，Rb　视网膜母细胞瘤

retrotransposon　逆转座子

reverse transcriptase，RT　逆转录酶

reverse transcriptional polymerase chain reaction，RT-PCR　逆转录聚合酶链式反应

Rhabdoviridae　弹状病毒科

Rhinovirus　鼻病毒

Rhopalosiphum padi virus，RhPV　禾谷缢管蚜病毒

ribozyme　核酶

Rice dwarf virus，RDV　水稻矮缩病毒

ritonavir　利托那韦

Rice stripe virus　RSV　水稻条纹病毒

Rice ragged stunt virus，RRSV　水稻齿叶矮缩病毒

Rice black streaked dwarf virus，RBSDV　水稻黑条矮缩病毒

RNA editing　RNA 编辑

RNA inference，RNAi　RNA 干扰技术

RNA-directed RNA polymerase，RdRp　RNA 依赖的 RNA 聚合酶

RNA pol Ⅱ　RNA 聚合酶 Ⅱ

Rotavirus　轮状病毒属

Rous sarcoma virus，RSV　劳斯肉瘤病毒

Sacbrood virus of the honey bee，SBV　蜜蜂囊雏病毒

saquinavir　沙奎那韦

Satellite maize white line mosaic virus，SMWLMV　卫星玉米白线花叶病毒

Satellite panicum mosaic virus，SPMV　卫星稷子花叶病毒

satellite RNA，SAT-RNA　病毒卫星 RNA

Satellite tobacco mosaic virus，STMV　卫星烟草花叶病毒

satellite virus　卫星病毒

scaffolding protein　支架蛋白

scrapie　羊瘙痒病

scrapie-associated fibril，SAF　羊瘙痒病相关纤维

secondary infection　继发感染

segment　节段

self-assembly　自我装配

Sequiviridae　欧防风黄斑病毒科

serine protease inhibitor，Serpin　丝氨酸蛋白酶抑制剂

severe acute respiratory syndrome，SARS　严重急性呼吸综合征

sialic acid，SA　唾液酸

sialyloligosaccharides　唾液酸低聚糖

silence mutation　沉默突变

Simian virus 40，SV40　猴病毒 40

Single nucleocapsid nucleopolyhedrovirus，SNPV　单粒包埋核型多角体病毒

single strand RNA，ssRNA　单链 RNA

slow infection　慢发感染

smallpox　天花

Sonchus yellow net virus，SYNV　苦苣菜黄脉病毒

Southern bean mosaic virus，SBMV　南方菜豆花叶病毒

Southern rice black-streaked dwarf virus，SRBSDV　南方水稻黑条矮缩病毒

species　种

spike　纤突

spontaneous mutation　自发突变

ssDNA　单链 DNA

standard virus　标准病毒

street strain　街毒株

Striped jack nervous necrosis virus，SJNNV　条纹鲹神经坏死病毒

structural gene　结构基因

subfamily　亚科

subgenomic deletion mutant　亚基因组缺失突变体

subunit　亚单位

subvirus　亚病毒

suppressor T cell，Ts　抑制性 T 细胞

swine fever　猪瘟

syncytium　合胞体

systemic acquired resistance，SAR　系统获得抗性

tail fiber　尾丝

tail pin　刺突

tail sheath　尾鞘

tail tube　尾管

tagetitoxin　万寿菊菌毒素

tegument protein　被膜蛋白

temperate phage　温和噬菌体

temperature sensitive mutant　温度敏感突变体

tentative species　暂定种

Tetraviridae　T4 病毒科

the rule of priority　优先法则

thiosemicarbazone　缩氨基硫脲

thrip　蓟马

thymine，T　胸腺嘧啶

Tobacco mosaic virus，TMV　烟草花叶病病毒

Tobacco rattle virus，TRV　烟草脆裂病毒

Tobacco ringspot virus，TRSV　烟草环斑病毒

Tomato black ring virus，TBRV　番茄黑环病毒

Tomato bushy stunt virus，TBSV　番茄丛矮病毒

transcription factor Ⅱ-D，TFⅡ-D　转录因子Ⅱ-D

transesterification　转酯作用

transforming growth factor，TGF　转化生长因子

transgenic mice　转基因小鼠

Transmissible gastroenteritis virus，TGEV　猪传染性胃肠炎病毒

transmissible mink encephalopathy　水貂传染性脑病

transmissible spongiform encephalopathy，TSE　传染性海绵样脑病

transmission　传播

transport vesicle　转运囊泡

Triatoma virus，TrV　吸血猎蝽病毒

Trichoptera　毛翅目

trimer　三聚体

tumor necrosis factor，TNF　肿瘤坏死因子

Turnip mosaic virus，TuMV　芜菁花叶病毒

type species　代表种

unassigned species　未确定种

uncoating　脱壳

untranslated region，UTR　非编码区

uracil，U　尿嘧啶

vaccinia virus，VV　痘苗病毒

valid names　有效名

variant　变异体

vector transmission　介体传播

vertebrate virus　脊椎动物病毒

Vesicular stomatitis virus，VSV　水疱性口炎病毒

vibavirin　利巴韦林

vidarabine　阿糖腺苷

Vira　病毒门

virion　病毒体

viroid　类病毒

virology　病毒学

virulent phage　烈性噬菌体

virus attachment protein，VAP　病毒吸附蛋白

virus gene　病毒基因

virus like particle，VLP　病毒状颗粒

virus receptor　病毒受体

virus replication cycle　病毒的复制周期

virusoid　拟病毒

virus　病毒

visual agnosia　视觉失认症

Wheat streak mosaic virus，WSMV　小麦条纹花叶病毒

whitefly　粉虱

wild strain　野毒株

Woodchuck hepatitis virus，WHV　土拨鼠肝炎病毒

World Health Organization，WHO　世界卫生组织

zanamivir　扎那米韦

zidovudine　齐多夫定

zoonosis　人畜共患病